热 工 基 础

（第四版）

童钧耕　叶　强　王平阳　**编著**

上海交通大学出版社
SHANGHAI JIAO TONG UNIVERSITY PRESS

内容提要

本书是热工技术理论基础教材,是在第三版的基础上,总结近几年热工教学改革经验修订而成的。

全书分为工程热力学和传热学两部分。工程热力学部分共 6 章,讲述工程热力学的基本概念,热力学第一定律和第二定律,气体、蒸汽和湿空气的性质,气体的热力过程,热功转换设备和装置的热力分析及热能合理利用等。传热学部分共 5 章,讨论传热学的基本机理,以及导热、对流换热、辐射换热的基本规律,传热过程及其强化和削弱,换热器的基本热计算等。

热工基础知识是工科各类专业人才工程素质的重要组成部分。为适应 21 世纪人才培养的需要,本书力求做到在传统经典内容的基础上引进现代热工科技的新成果,同时注意选编密切联系工程实际的例题、思考题及习题,以培养学生的工程意识,提高学生分析和解决实际问题的能力。

本书可作为非能源动力类各专业大学本科 40～60 学时热工基础、工程热力学与传热学课程教材或教学参考书,也可供机械、冶金、化工、环境、交通运输、电子、信息工程、航空航天及生物医学工程等专业的学生及工程技术人员参考。

图书在版编目(CIP)数据

热工基础 / 童钧耕,叶强,王平阳编著. —4 版
. —上海:上海交通大学出版社,2023.6(2025.1 重印)
ISBN 978 - 7 - 313 - 28592 - 8

Ⅰ.①热… Ⅱ.①童… ②叶… ③王… Ⅲ.①热工学
—教材 Ⅳ.①TK122

中国国家版本馆 CIP 数据核字(2023)第 066939 号

热工基础(第四版)

RE GONG JICHU(DI-SI BAN)

编   著:童钧耕 叶 强 王平阳

出版发行:上海交通大学出版社   地   址:上海市番禺路 951 号
邮政编码:200030   电   话:021 - 64071208
印   制:上海景条印刷有限公司   经   销:全国新华书店
开   本:787 mm×1092 mm 1/ 16   印   张:19.5
字   数:482 千字   插   页:2
版   次:2001 年 1 月第 1 版 2023 年 6 月第 4 版   印   次:2025 年 1 月第 23 次印刷
书   号:ISBN 978 - 7 - 313 - 28592 - 8
定   价:50.00 元

第四版前言

为适应时代的需要,我们根据教育部热工课程教学指导委员会制订的高等工业学校《热工原理教学基本要求》的精神,总结上海交通大学及兄弟院校近年来热工课程的教学经验,对《热工基础(第三版)》进行了修订。

随着科学技术的发展,热工理论进一步影响到国民经济的众多领域,为推动这些领域的进步起着重要作用,并且在当代能源、大数据、智能产业等科技领域的飞速发展中做出极大贡献。热工理论作为新时代工程类专业从业人员的必备科技素质基础的地位更为突出。

本书前三版围绕热能的传递、转换和利用阐述热工理论的基本概念、基本定律及热工问题分析计算的基本方法,内容选择强调"提高起点、重心后移",在正确阐述传统经典内容的基础上适当引进现代热工科技的新成果。综观近年来世界科技发展情势可以看到,热工科学基本的核心理论并没出现实质性的跃变。故本书保持了第三版的内容体系,但更强调密切联系我国工程实际,删除了部分不是十分必要的证明和推导,增加了一些来自工程实践的习题,对部分内容进行了补充、修改,加强了论述的科学性。与前面三个版本相比,第四版主要的变动如下:在绪论部分即提出能量的可用性,提出㶲概念,建立能量品位的概念,以形成科学、合理用能的理念;工程热力学部分将第三版 1.2 节和 1.3 节合并为本书的 1.2 节,总能部分则归入本书的 1.4 节;删除或改写一些理论推导,如改写了克劳修斯积分不等式和积分等式部分、理想气体可逆多变过程方程的导出等;将第三版 4.4 节移至本书的第 5 章,于是本书的第 4 章和第 6 章构成闭口系统的能量分析,第 5 章则为开口系统的能量分析;加强对实际工程现象简化的描述,增设气体动力循环简化所需的空气标准假设的阐述;增设若干源自工程实践的例题和习题。传热学部分为突出把传热学原理付诸工程实践,做了下列变动:增加了对各种材料导热系数性质的描述;删除了确定特征数实验关联式步骤的叙述;适当增加对狭窄的空间中发生的自然对流的阐述;灰体辐射换热的辐射网络法单独成一节。为使读者能从系统、全局的角度认识传热过程的强化或削弱,本书与第三版一样在热传导、对流换热和辐射换热各章并没有单独开设强化和削弱传热的内容,而是将其综合归纳在第 11 章。本书还对部分章节的"小结"进行了补充,各章小结仍然坚持归纳该章主要内容,指出内容之间的内在逻辑,以便读者学习和掌握该章的知识。例题则是加深知识点理解的重要环节,为避免仅仅关注解题过程的本身和答案而忽略透过例题应掌握的概念,本书保留在每个例题后设置了讨论,点出解题过程以及答案后面的原理和注意点。

本书由童钧耕、叶强、王平阳共同编写,童钧耕担任主编并对全书统稿。编写过程中得到洪芳军教授、于娟副教授、范云良高级工程师和教研组许多同仁的帮助,在此深表谢意。由于编者水平有限,书中有疏漏和不妥之处,敬请读者批评指教。

编　者

2023 年 4 月于上海交通大学

主 要 符 号

a 热扩散率,m^2/s

A 面积,m^2

c 比热容(质量热容),$J/(kg \cdot K)$;
        声速、光速,m/s

c_f 流速,m/s

c_p 比定压热容,$J/(kg \cdot K)$

c_V 比定容热容,$J/(kg \cdot K)$

$C_{p,m}$ 摩尔定压热容,$J/(mol \cdot K)$

$C_{V,m}$ 摩尔定容热容,$J/(mol \cdot K)$

E 总能(储存能),J

E_x 㶲,J

$E_{x,Q}$ 热量㶲,J

$E_{x,U}$ 热力学能㶲,J

$E_{x,H}$ 焓㶲,J

h 比焓,kJ/kg;
        表面传热系数,$W/(m^2 \cdot K)$

H 焓,J

I 做功能力损失(㶲损失),J

J 有效辐射,W/m^2

k 传热系数,$W/(m^2 \cdot K)$

M 摩尔质量,kg/mol

M_{eq} 平均摩尔质量,kg/mol

n 多变指数;物质的量,mol

p 绝对压力,Pa

p_0 标准状态压力,Pa

p_b 大气环境压力,背压力,Pa

p_e 表压力,Pa

p_i 分压力,Pa

p_s 饱和压力,Pa

p_v 真空度,湿空气中水蒸气分压力,Pa

q 热量,J/kg;
        热流密度,W/m^2

Q 热量,J

q_m 质量流量,kg/s

q_V 体积流量,m^3/s

R 摩尔气体常数,$J/(mol \cdot K)$

R_g 气体常数,$J/(kg \cdot K)$

$R_{g,eq}$ 平均气体常数,$J/(kg \cdot K)$

S 熵,J/K

S_g 熵产,J/K

S_f (热)熵流,J/K

S_m 摩尔熵,$J/(mol \cdot K)$

T 热力学温度,K

t 摄氏温度,$℃$;
        干球温度,$℃$

t_w 湿球温度,$℃$

U 热力学能,J

V 体积,m^3

W 膨胀功,J

W_{net} 循环净功,J

W_s 轴功,J

W_t 技术功,J

W_u 有用功,J

w_i 质量分数

x 干度

x_i 摩尔分数

z	压缩因子	φ_i	体积分数
α	吸收比	ω	比湿度,kg(水蒸气)/kg(干空气)
α_V	体膨胀系数,K^{-1}	Φ	热流量,W
β	肋化系数	下标	
γ	比热容比;	a	湿空气中干空气的参数
	汽化潜热,J/kg	c	卡诺循环;冷库参数
ε	制冷系数;	CM	控制质量
	压缩比	cr	临界点参数;
ε'	供暖系数		临界流动状况参数
η	肋片效率;	CV	控制体积
	动力黏度,Pa·s	irr	不可逆
η_c	卡诺循环热效率	iso	孤立系统
$\eta_{c,s}$	压气机绝热效率	m	每摩尔物质的物理量
η_T	蒸汽轮机、燃气轮机的相对内效率	rev	可逆过程
η_t	循环热效率;	s	饱和参数
	肋面总效率	v	湿空气中水蒸气的物理量
κ	等熵指数	0	环境的参数
θ	过余温度,K	特征数	
λ	定容增压比;		
	热导率(导热系数),W/(m·K)		

$$Bi = \frac{hl}{\lambda}\text{ 毕渥数}(\lambda \text{ 为固体的热导率})$$

π	压力比(增压比)
ν	运动黏度,m^2/s
ν_{cr}	临界压力比

$$Gr = \frac{g\alpha_V \Delta t l^3}{\nu^2}\text{ 格拉晓夫数}$$

ρ	密度,kg/m^3;
	预胀比;
	反射比

$$Nu = \frac{hl}{\lambda}\text{ 努塞尔数}(\lambda \text{ 为流体的热导率})$$

φ	相对湿度;
	喷管速度系数

$$Pr = \frac{\nu}{a}\text{ 普朗特数}$$

$$Re = \frac{ul}{\nu}\text{ 雷诺数}$$

目　　录

工程热力学篇

传 热 学 篇

绪　　论

0.1　能量和能量利用

　　众所周知,能源是人类社会不可缺少的物质基础,人类社会的发展史与人类开发利用能源的广度和深度密切相关。所谓能源,是指提供各种有效能量的物质资源,自然界中可被人们利用的能量主要有煤、石油、天然气等矿物燃料的化学能,以及风能、水力能、太阳能、地热能、核能、生物质能等。其中,风能和水力能是机械能形式的能量,其他则主要以热能的形式或者转换为热能的形式供人们利用(见图 0-1)。因此,可以认为能量的利用过程实质上是能量的传递和转换过程,热能的开发利用对人类社会发展有着巨大意义。

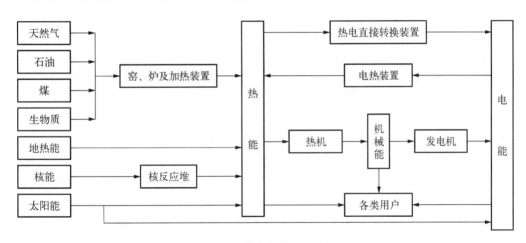

图 0-1　热能及其工程应用

　　热能的利用原则上有两种不同的方式:一种是直接利用,即把热能直接用于加热物体,诸如烘干、采暖、冶炼;另一种是动力利用,即把热能转化成机械能或电能,为生产及生活提供动力。这两种利用方式,均需要经过一定热力设备或过程才能实现。因此,热能利用的实质是能量的转换和热量的传递,能量的利用过程很大程度上是能量传递和转换的过程。热量的传递不仅在热能动力装置中普遍存在,而且是自然界和生产技术中一种非常普遍的现象。

　　数千年的社会实践证明,任何形式的能量,既不能消灭也不能创造,只能从一种形式转换成另一种形式,在转换过程中能量的总量保持恒定,这就是能量守恒和转换定律。人类在用能实践中还发现能量不仅具有数量的属性,就其用途而言还有品质的属性,如对于人类利用动力而言,能量在传递和转换过程中虽然能量的数量保持不变,但其可转换成动力(机械能)的份额不断下降,可见在能量传递、转换过程中能量的品质属性在不断下降。若简单地将能量中理论上可以转化成机械能的部分称作烟,而不可转换部分称作烷,则可得能量在传递和转换过程中烟不断减少,烷不断增加。

迄今,人类利用得最多的能源之一是燃料的化学能。通过燃烧,燃料的化学能转换成热能,再将热能转换成机械能或电能供人们使用。20 世纪 60 年代以来,人们已开始把原子内部蕴藏的巨大能量通过裂变反应释放出来,加以和平利用。能源的开发利用,一方面为人类社会的发展提供了必需的能量,另一方面也造成了对自然环境的破坏和污染。与能源开发利用密切相关的温室效应、酸雨、核废料辐射等对地球的生态系统造成了严重威胁,因此人们正以极大热情关注节能、可再生能源和储能技术的开发等。中国政府庄严宣布在 2030 年实现"碳达峰",到 2060 年实现"碳中和"的目标,代表中国人民努力在满足人类社会对能量需求的同时不破坏或少破坏自然环境,实现可持续发展,为后代留下良好的生存空间的崇高意愿和决心。在可预见的将来人类还不能彻底摆脱将热能转变为机械能加以利用的局面,譬如火电将在较长的一段时间内作为我国电网保供的基础,所以"双碳"目标要求人们更好地掌握能量转换和利用的理论,科学合理地用能。

0.2　热工理论的研究对象和方法

由于能源对人类文明进步的意义,研究和提高能源利用的方式和效果,降低对自然环境的影响是当今世界的重要课题。热工理论就是研究能量转换,特别是热能转换成机械能以及热量传递的规律的科学,是动力和能源工程、航空航天工程、化学工程及机械工程等专业的重要的技术基础课。现代能源、环境、航空航天、微电子、信息工程、生物医学工程、军事等领域内的许多进展都直接或间接建立在热工学科研究进展的基础之上。可以预见在今后的年月里,热工理论的研究仍将在高新科技发展中占有重要地位。因此,热工类课程是高等院校工程类专业的重要基础课程,是上述各类专业的学生提高知识层次和自身科技素质的重要课程。

热工理论包括工程热力学和传热学两部分。工程热力学主要是研究热能与机械能相互转换的规律及合理利用;传热学主要研究热量传递的规律及其工程应用。热工理论为研究热力设备的工作情况及提高转换效率提供必需的理论基础。

早期工程热力学作为制造热机的理论基础,是为研究提高热力发动机中热能转变成机械能效率而形成的一门学科。随着工业生产和科学技术的发展,工程热力学的研究范围从各种热能动力装置的能量转换规律逐步延伸到燃烧化学、溶液、低温超导、高能激光、海水淡化、气象、太阳能利用及生物工程等各个领域。目前,一些学者在探索组织联合循环,如研究在蒸汽动力循环组合热泵循环,利用热泵循环取代锅炉,以期为"双碳"目标的实现做出贡献。

热能转变为机械能必须借助某种传递能量的载能物质——工质和设备(热能动力装置、制冷设备,简称热机)。为实现工质在热机中状态的变化,热机源源不断地把热能转变成机械能对外输出并提高转换效率,必须掌握热能和机械能转换的基本理论,了解工质的性质以及能量转换过程中工质参数变化的特性。因此,工程热力学的主要内容包括:基本概念和基本定律——热力学第一定律和第二定律;工质在热能动力设备中进行吸热、膨胀、做功等状态变化过程的特点及热量和功量的计算分析;常用工质的热力性质和化学反应,特别是燃烧过程中遵循的规律。

工程热力学主要采用经典热力学的宏观研究方法,把组成物质的大量分子、原子等微粒作为一个整体,研究其所表现出来的宏观性质和规律。以人们在长期社会实践中观察总结无数事实得到的热力学第一定律和第二定律等为基础,通过物系的压力、温度、体积等宏观参数和受热、冷却、膨胀、收缩时的整体行为,运用严密的逻辑推理,对宏观现象和热力过程进行研究,形成有关能量转换,特别是热、功转换的理论。这种方法不需要对物质的微观结构进行任何假设,而是把与物质内部结构有关的具体性质当作宏观真实存在的物性数据予以肯定,因此分析推理的结果具有高度可靠性和普遍适用性。有时为了解释一些热现象的本质,工程热力学也需要引用气体分子运动学说和统计物理的基本观点及研究成果。此外,与大多数工程学科一样,工程热力学还普遍采用抽象、概括、理想化和简化处理的方法,突出实际现象的本质和主要矛盾,忽略次要因素,建立合理简化的物理模型,反映热力过程的本质。

读者可在工程热力学的学习过程中,逐步铭记工程热力学的基本概念和基本理论,正确获取常用工质的热物理性质,在对基本热力过程分析计算基础上进行常用热力设备的工作过程分析和计算,最终树立起合理用能、节约能源、保护环境的观念。

传热学是在热力学第一定律和第二定律基础上研究热量传递规律的科学。热力学第二定律指出:凡存在温度差的地方,热量就会自发地由高温物体传向低温物体(或由物体的高温部分传向低温部分)。由于在自然界和各生产领域中普遍存在着温度差,因此,传热现象是一种非常普遍的自然现象。根据物理过程的不同,热量的传递可以分为三种基本方式:热传导(导热)、热对流和热辐射。随着现代高新技术的发展,如电子技术中为解决超大规模集成电路的冷却而引起的微尺度的传热问题,航天领域中为航天器、载人飞船的热控制而产生的微重力、零重力条件下的热系统管理问题,生物医学领域中的生物活体组织的传热问题,等等。热力学和传热学与其他学科领域的关系愈来愈密切,并且不断深入到这些学科领域内,形成新的边缘学科、交叉学科,使热工理论在许多高科技领域都发挥着极其重要的作用。

工程上的传热问题大致有两类:一类是如何更有效地增强或削弱热量的传递;另一类则侧重于确定物体内的温度分布。传热学的研究方法主要有解析方法、实验方法和数值计算方法。解析法是对描述热量传递的微分方程组用数学分析方法进行求解;实验方法是利用实验对复杂的热传递过程进行测量,并在传热理论的指导下建立经验性的方程;数值方法是利用计算机求解用解析方法难以解决的传热微分方程组。这几种方法可以独立运用,也可以相辅相成、互相补充。计算机在传热领域的广泛应用使传热学研究获得了飞速的发展。

读者在学习传热知识的同时,要注重培养运用基本传热理论对实际问题做出合理的假设,使问题得到简化,进而正确判断所论问题的类型,选择合适的方法,进行分析求解。

工程热力学和传热学是从不同的角度来研究热能及其传递的问题,传热学建立于工程热力学基础上。例如,一杯热水放在桌上冷却,工程热力学研究热水温度下降到室温所放出的热量;传热学则研究热量的传递方式、放热过程的快慢、强化或削弱传热的手段等。

读者在学习热工基础课程时,要注重对基本物理概念的理解,并学会正确运用这些概念,而不是仅仅满足于知道概念的内容。解题时首先应该做出合理的假设使问题得到简化,然后选用恰当的计算公式求解,最后对相关问题进行归纳和分析讨论。

0.3　热工理论发展简史

古代人类早就学会了用火和灭火,并在 1690 年便诞生了第一台带活塞的蒸汽机。1705 年,纽可门(T. Newcomen,1663—1729)制造了一台带有锅炉的活塞式蒸汽机。1769—1782 年间,瓦特(J. Watt,1736—1819)多次改良了纽可门蒸汽机,并为蒸汽机配置了冷凝器,使蒸汽机的热效率大为提高,很快应用到矿业、纺织、交通等各领域。但到17世纪末人类还对温度和热量这两个基本概念有错误的认识。当时在科学界,占统治地位的是所谓的"热质说",把热看成是由没有重量、可以在物体中自由流动且具有相互排斥性的"热质"组成的,既不能被创造,也不能被消灭,温度则是热质的强度。直到18世纪末,朗福德(C. Rumford,1753—1814)观察到钻头钻炮筒时,消耗机械功使钻头和筒身温度升高;戴维(H. Davy,1778—1829)用两块冰相互摩擦,致使表面融化才对"热质说"造成致命的打击。19世纪中叶,迈耶(J.R. Mayer,1814—1878)提出了能量守恒理论,指出热是能的一种形式,可与机械能相互转化。1842年,焦耳(J.P.Joule,1818—1889)用不同方式测定了热功当量,科学界才彻底抛弃了"热质说",建立起实质为能量守恒和转换定律的热力学第一定律。

在建立第一定律的前后,基于当时生产实践迫切要求寻找大型、高效的热机,卡诺(S. Carnot,1796—1832)在1824年提出了著名的卡诺定理,指明工作在给定温度范围内热机所能达到的效率极限,这在实质上已建立了热力学第二定律。但因卡诺受"热质说"的影响,他的证明方法是错误的。1850年和1851年,克劳修斯(R. Clausius,1822—1888)和开尔文(L. Kelvin,1824—1907)先后提出了热力学第二定律,并在此基础上重新证明了卡诺定理(热力学第二定律),提出能量有品质高低之分,从高品质能转换为低品质能的过程可自发进行。

热力学第一定律和第二定律奠定了热力学理论基础。1906年,能斯特(H.W. Nernst,1864—1941)根据低温下化学反应的许多实验事实,归纳得出热力学第三定律,指出绝对零度不能达到。第三定律的建立使热力学理论更臻完善。1942年,凯南(J.H. Keenan,1900—1977)在泰特(P.G. Tait,1831—1901)、吉布斯(J.W. Gibbs,1839—1903)等前人工作的基础上全面建立了可用能的概念和方法。1953年和1962年,朗特(Z. Rant,1904—1972)进一步提出㶲和㶲的概念,使对热能装置的分析从能量的数量提升到能量的数量和质量相结合。

人们在探讨提高热机的功率及效率和更有效利用热能的过程中发现,迫切需要对热量传递的基本规律进行深入研究,以便更有效地利用热能。这样就导致了"传热学"的产生和发展。1822年,傅里叶(J. Fourier,1768—1830)总结出热传导定律,奠定了导热理论的基础。他从傅里叶定律和能量守恒定律推出的导热微分方程是导热问题正确的数学描写,成为求解大多数工程导热问题的出发点。在对流研究领域,流体流动的理论是对流传热理论的必要前提,1845年,斯托克斯(G.G. Stokes,1819—1903)改进了纳维(M. Navier,1785—1836)于1823年提出的流动方程,完成了建立流体流动方程的基本任务。由于纳维-斯托克斯方程的复杂性,只有少数简单流动方程才能进行求解。这种局面一直到1880年雷诺(O. Reynolds,1842—1912)提出了一个对流动有决定性影响的、后来被称为雷诺数的、无量纲的物理量群之后才开始有所改观。努塞尔(W. Nusselt,1882—1957)在1910年和1916年分别提出的管内换热的理论解及凝结换热理论解对对流传热研究做出了重大贡献,他对强制对流和自然对流的基本微分方程及边界条件进行量纲分析,获得了有关无量纲的量之间的原则关系,开辟了在无量纲的量原则关系正确指导下,通过实验研究求解对流传热问题的基本方法,有力地促进了对流传热研究的发展。普朗特(L. Prandtl,1875—1953)于1904年提出的边界层概念,简化了微分方程,有力推进了对流传热微分方程理论求解的发展。1929年的普朗特比拟,1939年的卡门(Th. von karman,1881—1963)比拟开始了湍流计算模型的发展历程,有力地推动了理论求解向纵深发展。在热辐射的研究中,19世纪末斯忒藩(J. Stefan,1835—1893)根据实验确立了黑体辐射力正比于它的热力学温度(又称绝对温度)的四次方的规律,后来在理论上被玻耳兹曼(L. Boltzmann，1844—1905)所证实。这个规律被称为斯忒藩-玻耳兹曼定律。1900 年，普朗克(M. Planck，1858—1947)总结了维恩(W. Wien，1864—1928)、瑞利(L. Rayleigh，1842—1919)等人对辐射的研究成果，提出了与经典物理学的连续性概念根本不同的能量子假说，得出在整个光谱与实际情况完全符合的光谱能量分布公式——普朗克公式，正确地揭示了黑体辐射能量光谱分布的规律，奠定了热辐射理论的基础。20 世纪 60 年代电子计算机开始普及，利用计算机辅助进行传热现象的研究随之兴起，对传热学的发展做出了卓越的贡献。总之，自 19 世纪以来"传热学"的发展取得辉煌成果，并将在广度及深度上得到进一步发展。

　　由于现代能源、机械、环境、航空航天、微电子、信息工程、生物和医学工程、军事等领域内的大量复杂系统对热的管理和控制需求，促使热力学、传热学问题与其他学科的关系愈来愈密切，正在向形成热系统的综合管理方向发展，可以相信这将对这些领域技术的发展产生重大的影响。

工程热力学篇

　　工程热力学是研究能量转换规律和合理利用的一门学科,研究范围遍及能源动力、化工、航空航天、低温超导、高能激光、气象、太阳能利用及生物工程等各个领域。

　　能量同时具备数量属性和质量属性。任何形式的能量,既不能消灭也不能创造,只能从一种形式转换成另一种形式,在转换过程中能量的总量保持恒定,就是遵循能量守恒和转换定律。对于人类利用动力而言,各种能量在传递和转换过程中可转换成机械能的份额必定减少,意味其品质不断下降。

　　本课程围绕过程中能量数量守恒、能量品质下降的主线展开。第1章引进基本概念和术语,为建立热力学理论体系构造基础,介绍热力学第一定律和热力学第二定律,建立能量数量和能量品质的概念,指出热力过程必须满足能量数量守恒,同时具有方向性,指出过程方向性的标志是孤立系统的熵增。第2章介绍工程应用的理想气体、水蒸气的性质。第3章讨论混合气体及湿空气的性质及参数确定。第4章聚焦于闭口系统的能量分析,以及基本热力过程和工程上常见的压气机内过程的能量转换。第5章讨论工程多见的开口系统——管内流动问题,分析喷管、阀门等设备内流动过程的气体(包含湿空气)状态变化及能量转换特征。第6章讨论常见热力循环的构成,探究影响循环热效率的因素,以及寻找提高热效率的途径。

　　通过本篇的学习,读者可应用工程热力学的基本概念、基本定律,对实际的热过程进行抽象简化,利用适当工具,如图、表、软件等确定常用工质的热物理性质,讨论常见热力设备的工作原理,分析计算基本热力过程和简单热力循环的各项参数,从热力学角度提出提高循环经济性的措施。树立节约用能、合理用能、科学用能的观念。

第1章 热力学第一定律和热力学第二定律

本章阐述工程热力学的术语、基本概念和基本理论——热力学第一定律和热力学第二定律,它们是进行能量转换分析研究和热工计算的基础,也是热力学宏观分析法的主要依据。

1.1 系统和平衡状态

1.1.1 热能与机械能的转换

人类社会的发展,离不开对自然界各种能源的开发和利用,自然界中蕴藏着各种不同形式的能量,其中,热能的利用和研究对人类的生产和生活有着巨大的意义。热能的利用原则上有两种不同的方式,一种是直接利用,另一种是动力利用。动力利用是把热能转化成机械能或电能,为生产及生活提供动力。这两种利用方式,均需要经过一定的热工设备或过程才能实现。

把热能转换为机械能的整套设备称为热能动力装置,简称热机。燃料在热能动力装置中燃烧,产生热能,热能再转变为机械能。热能动力装置可分为两大类:蒸汽动力装置和燃气动力装置。前者如火力发电厂的蒸汽动力装置及压水堆核动力装置等;后者如内燃机、燃气轮机装置及喷气发动机等。制冷、热泵和空气分离装置等原则上属于将机械能转换为热能的设备,在热力学分析上与热能动力装置本质上相似。

图1-1为压水堆核电厂蒸汽动力装置的系统示意简图。它是由反应堆、蒸汽发生器、汽轮机、冷凝器、泵等组成的热力装置系统。在主泵驱动下流经反应堆,吸收核燃料裂变释放的能量的高温压力水流入二回路的蒸汽发生器的管簇,加热流经管簇外壁的凝水,返回反应堆吸热,进行(一回路)循环。流经蒸汽发生器管簇壁外的水吸热后变为水蒸气进入主蒸汽管道。此时,蒸汽处于高温、高压状态,具有做功的能力。蒸汽进入汽轮机后,在其中膨胀,压力降低,速度增大,推动汽轮机叶片使轴转动而输出功。做功后流出汽轮机的蒸汽(称为乏汽)排入冷凝器,被冷却水(或其他环境介质)冷却凝结成水,由凝水泵送入蒸汽发生器内再被加热成蒸汽,完成二回路循环。如此循环不息,源源不断向外输出功。常见的燃煤(或其他化石燃料)电厂中锅炉取代了蒸汽发生器,煤在锅炉内燃烧时化学能转变成热能取代了反应堆内核燃料裂变产生热能。其余原则上与压水堆核电厂二回路相同。

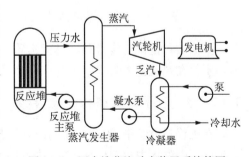

图1-1 压水堆蒸汽动力装置系统简图

图1-2为内燃机的示意图。它主要由气缸和气缸中的活塞构成。内燃机工作时,活塞做往复运动,并借助连杆和曲柄,使发动机的轴转动,以带动工作机器。把燃料和空气送入气缸中,并使其在气缸中燃烧,由于燃烧产生气体(燃气)的压力和温度大大高于周围介质的压力和

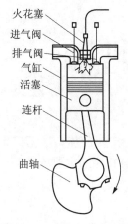

图 1-2   内燃机示意图

火花塞
进气阀
排气阀
气缸
活塞
连杆
曲轴

温度,燃气在气缸中膨胀,推动活塞,燃烧气体的部分能量就以机械功的形式,通过连杆和曲柄传给轴,变成了轴和飞轮的旋转动能。飞轮所储存的能量中的一部分,用来使活塞做返回运动,把做完功的废气排出缸外,并使新的燃料和空气进入气缸。活塞连续不停地做往复运动,内燃机的轴和飞轮不停地旋转,飞轮中所储存能量的剩余部分,也不断地传给工作机器,实现热变为功的过程。

从蒸汽动力装置及内燃机工作过程的简单介绍可以看出,为使热能连续不断地转化为机械能:① 必须凭借工质(水蒸气、燃气)作为中间媒介;② 工质热力状态发生循环往复的连续变化,源源不断地从热源吸取热量,膨胀做功;③ 必须向温度较低的物质系统排出一部分热量。

热能动力装置从原理上可进一步抽象[见图 1-3(a)],其中:T_1 表示提供热量的热源;T_2 表示吸收工质排出热量的低温热源(或称冷源);E 表示热机装置,工质在其中循环变化、吸热、膨胀、排热,把热能不断转换成机械功。

制冷装置的目的在于把热量从低温物体向高温物体转移,为此,需要外界花费一定的代价,如输入功,热泵是实施从低温物体吸热并向高温物体输送热量的装置,其原理与制冷装置相同。两种装置的工作原理可抽象为图 1-3(b)所示。以制冷装置工作过程为例,如图 1-4 所示,制冷工质气体在压缩机中被压缩,压力、温度升高,接着在冷凝器中放热冷凝成液体,然后,工质通过节流阀将温度降低到冷库温度以下,最后在冷库中吸热汽化,返回压缩机完成循环。如同热能动力装置一样,工质周而复始,吸热、压缩、放热,实施把热量从低温物体传向高温物体。

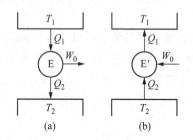

图 1-3   热能动力装置抽象图

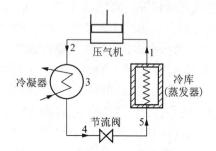

图 1-4   制冷装置系统示意图

上面的讨论说明能量利用过程实质上是能量的传递和转换过程。在能量传递中,热量的传递不仅在热能动力装置中普遍存在,而且是自然界和生产技术中一种非常普遍的现象。

1.1.2   系统、平衡状态和状态参数

在工程热力学中,为了分析问题方便起见,和力学中取分离体的方法一样,通常把分析的对象从周围物体中分割出来,工程热力学把它们称为"热力系统"或简称为"系统""体系",与系统发生质量、能量交换的物质系统称"外界",系统与外界的分界面(线)称为边界(见图 1-5)。边界可以是假想的或实际的,也可以是固定的或移动的(见图 1-6)。系统通过边界与外界进行质量的交换及热能和机械能或其他形式能量的传递。要实现热能的传递和把热能转化为机械能,需要借助于能够携带热能的工作物质才能实现,这种工作物质在热力工程中被称为"工

质"。充当工质的最基本条件：要有好的流动性和受热后有显著的膨胀性,并有较大的热容量及安全可靠,对环境无破坏作用。工程中最适合的工质：气体或由液态过渡为气态的蒸气,如蒸汽轮机中的蒸汽、内燃机中的燃气、制冷装置中的制冷剂蒸气等。

图 1-5　系统、外界和边界

图 1-6　移动边界

与外界只有能量交换而无物质交换的热力系统,称为闭口(或封闭)系统,显然闭口系统的质量保持不变。工程实践中有一类机器,如内燃机,当进气阀关闭后,排气阀尚未开启前,封闭在气缸内的气体,可将其看作闭口系统。这类热机利用工质受热后压力增加,推动活塞向外膨胀做功。在热力工程中,还广泛采用另一类旋转式热机,如汽轮机、燃气轮机等,它们是利用高速气流的动能来做功。在这类热机中,工质源源不断地流过热工设备,这种与外界不仅有能量交换又有物质交换的热力系统,称为开口系统。开口系统实际上只是空间的一个控制体积,而并不是一些确定的物质。自然界的动物通过呼吸、进食、排污与外界交换物质,因此生物体是热力学意义上的开口系统。值得注意的是,只要进入系统的质量与离开系统的质量相同,那么开口系统的质量也不变,所以,系统质量是否改变不是判别系统是闭口系统还是开口系统的标准。

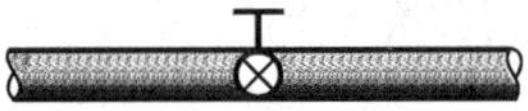

若系统与外界无热量交换,则此系统称为绝热系统。绝热系统可以与外界进行物质和其他形式的能量交换。图 1-7 是工程中常见的保温管道,就是开口绝热系统的例子,而图 1-8 则是与外界进

图 1-7　开口绝热系统

行其他形式能量(功)交换的绝热系统。当系统与外界既无任何物质交换又无任何形式的能量交换,则该系统称为孤立系统。自然界中没有严格意义上的孤立系统,孤立系统是热力学的抽象概念。把系统和与之发生质、能交换的外界作为系统,则此复合系统就是孤立系统。例如,把动物和环境作为系统,即孤立系统。

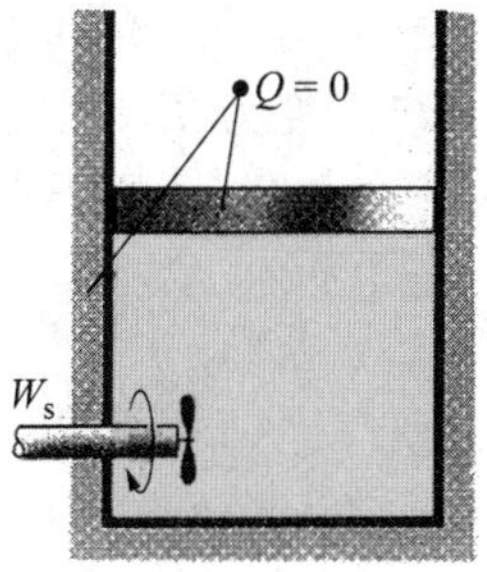

热力学中把系统的某种宏观状况称为工质的热力状态,简称状态。所谓平衡状态是指在没有外界作用的情况下工质宏观性质可长久保持不变的状态。气体在平衡状态下,各部分的性质都均匀一致。对于一个系统：如果它的压力到处相同,并与外界平衡称之为达到力平衡或机械平衡；如果它的温度到处相同,并与外界平衡则称之为达到热平衡。在无化学反应及无相变的条件下,如果一个系统同时处于力平衡和热平衡,该系统就处于热力平衡状

图 1-8　闭口绝热系统

态,简称平衡状态。一个平衡的热力系统,只要不受到外界的影响,它的状态就不会随时间而改变。如果受到外界作用,引起系统内压力不均匀或温度不均匀,破坏了系统的平衡状态,则当外界作用停止后,系统内压力不同及温度不同的各部分物质之间,将产生机械作用和热作用,并最终趋向新的平衡状态。

处于平衡状态的工质可用一组确定的宏观物理量描述,每个宏观物理量即是状态参数。常用的状态参数有压力 p、温度 T、体积 V、热力学能 U(以前习惯称内能)、焓 H 和熵 S 等。实践证明,要确定处于平衡状态的简单可压缩系统(由可压缩物质构成,无化学反应,与外界的功交换仅为体积变化功的系统,工程实践大多数工质可作为简单可压缩系)的状态,只要知道其中任意两个独立状态参数的值,其他状态参数都表示为这两个独立参数的函数,即简单可压缩系统只有两个独立的状态参数。

状态参数只是状态的函数,与如何达到该状态的过程无关。在数学上表现为点的函数,其微量是全微分,它沿闭合路径的积分为零。

状态参数可分为两类:一类称为强度量,如温度和压力,它们的值与物质的量无关;另一类称为广延量,它们的值正比于物质的量,如物质的体积、热力学能、焓和熵等。

若系统两平衡状态的各状态参数均一一对应相等,称此两平衡状态相等;反之,相等的两状态则其状态参数必然一一对应相等。简单可压缩系统只要两个独立的状态参数对应相等,就可判定系统两平衡状态相等。

平衡状态是经典热力学的抽象概念,平衡状态下热力设备内工质所有参数都处处相等,这与工程实践有很大的差距,于是常引用局部平衡状态假设。局部平衡假设是把处在不平衡状态的体系,分割成许多小部分(这些宏观上"小"的部分,在微观上仍包含有大量的粒子),假设每小部分各自近似地处于平衡状态。这样,每个子体系就可用状态参数来描述。例如,汽轮机内各点蒸汽的参数不同,因此并没有处于平衡状态,但可以假想将汽轮机内蒸汽分割成许多薄层,近似认为每个薄层内各点蒸汽的参数相同,因而认为薄层内工质处于平衡状态,相邻薄层的同名参数相差很小的量。对于像热力学能、熵等这样的广延参数,将各层的数值相加,即可得汽轮机内的值,而温度和压力这类强度参数,可看作连续分布,形成所谓的"场"的概念。

两个独立的状态参数为坐标轴可构成所谓的状态参数图。因为简单可压缩系统只有两个独立的状态参数,所以状态参数图上的一点可表示简单可压缩系统的一个确定的状态,而简单可压缩系统的每个确定的状态都可在状态参数图找到对应的点。由于没有处于平衡状态的系统不能用状态参数描述,所以非平衡态不能用状态参数图上的点表示。常用的状态参数图有压容(p-v)图、温熵(T-s)图和焓熵(h-s)图等,如图1-9所示。例如:压力 p_1 和比体积 v_1 的气体,它所处的状态1可用 p-v 图上点1表示该状态;若系统温度为 T_2,比熵是 s_2,则可用 T-s 图上点2表示该状态。当然,p-v 图上点1必定能在 T-s 图找到确定的对应点,反之亦然。

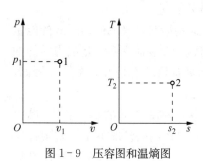
图1-9　压容图和温熵图

1.2　常用状态参数

工程热力学中研究工质的状态时,为使问题简化,常假定系统处于平衡状态。处于平衡状态的单相系统各部分均匀一致,每个状态参数只有一个确定的数值。

工程热力学常用的状态参数:温度 T、压力 p、体积 V、热力学能 U、焓 H 和熵 S。其中,p、T、V 可以直接或间接用仪器测量,是最常用的状态参数,称为基本状态参数,U、H、S 可由基本状态参数导出。

1.2.1　温度

众所周知,当两个冷热不同的物体相互接触时,会有一股净能量——热量,从热物体传向冷物体,使热物体变冷,冷物体变热,最后当两物体的冷热程度相同时,净能流的交换停止,此时称该两物体达到热平衡。可见,物体具有某种宏观性质,当这种性质不同的两个物体接触时,会发生热量传递;当物体间达到热平衡时,它们的该项性质相同。把这种驱动热量传递的宏观性质称为温度。因此,正如压力是功传递的"势"一样,温度是驱动热量传递的"势",物体温度的高低确定了热量传递的方向:温度高的物体自发地把热量传递给温度低的物体。根据气体分子运动理论,气体温度的高低与大量分子热运动的动能成正比,气体分子热运动的动能愈大,气体温度就愈高,温度高低不同的大量分子碰撞的宏观效果是动能大的分子向动能小的分子输送能量。

工程上用温度计或其他测温仪表测量物体的温度。同时,与第三个物体 C 达到热平衡的两个物体 A 和 B 相互处于热平衡,处于热平衡的物体,都具有相同的温度。这一事实,是我们用温度计测量物体温度的依据。当温度计与被测物体达到热平衡时,温度计指示的温度就等于被测物体的温度。

为了进行温度计量,需要建立温度的标尺,即温标。国际单位制(即 SI 制)中,以热力学温标作为基本温标。它所定义的温度称为热力学温度,其符号为 T,单位为开尔文,单位符号为 K。热力学温标以水的三相点,即水的固、液、气三态平衡共存时的温度为基本定点,并定义其温度为 273.16 K。于是,1 K 就是水的三相点热力学温度的 $\dfrac{1}{273.16}$。热力学温度也曾称为绝对温度。由于热力学温标实施困难,国际上定义了国际摄氏温标,与热力学温标并用,国际摄氏温标的符号为 t,摄氏温度的单位是摄氏度,符号为 ℃。

热力学温标 1 K 与国际摄氏温标 1 ℃ 的间隔是完全相同的。热力学温度与摄氏温度存在着下述的关系:

$$\{t\}_℃ = \{T\}_K - 273.15 \tag{1-1}$$

因此,水的三相点的摄氏温度是 0.01 ℃。

1.2.2　压力

压力是单位面积上所承受的垂直作用力(物理上称为压强)。其物理本质可据气体分子运动理论理解:在容器中的气体分子处于永远不停的热运动之中,它们除了相互碰撞之外,还不断地与容器壁碰撞。大量分子碰撞容器壁形成了气体对容器壁的压力。

压力单位是帕斯卡,简称帕,单位符号为 Pa,$1\ Pa = 1\ N/m^2$。工程上还常用千帕、兆帕作单位,符号分别为 kPa、MPa,$1\ kPa = 1\ 000\ Pa$、$1\ MPa = 10^6\ Pa$。

工程上曾经使用的压力单位有巴和标准大气压等。它们与 Pa 的换算关系见表 1-1。

表 1-1   各种压力单位与 Pa 的换算关系

单 位 名 称	单 位 符 号	与 Pa 的换算关系
巴	bar	$1 \text{ bar} = 10^5 \text{ Pa 或 } 0.1 \text{ MPa}$
标准大气压	atm	$1 \text{ atm} = 101\ 325 \text{ Pa} = 1.013\ 25 \text{ bar}$
毫米水柱	mmH_2O	$1 \text{ mmH}_2\text{O} = 9.806\ 65 \text{ Pa}$
毫米汞柱	mmHg	$1 \text{ mmHg} = 133.322 \text{ Pa}$
工程大气压	at	$1 \text{ at} = 98\ 066.5 \text{ Pa}$

工程上测量压力常采用弹簧管式压力表和电子测压设备,当压力不高时也可用 U 形管压力计来测定。无论什么压力计,因为测压元件本身都处在当地大气压力作用下,因此测得的压力值都是工质的真实压力与当地大气压力间的差(见图 1-10)。

工质的真实压力称为"绝对压力",以 p 表示。当地大气压力以 p_b 表示,绝对压力大于当地大气压力时,压力表指示的压力值称为"表压力",用 p_e 表示:

$$p = p_b + p_e \tag{1-2}$$

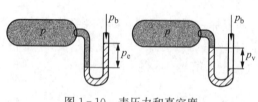

图 1-10   表压力和真空度

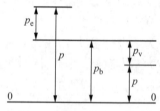

图 1-11 p 和 p_b、p_v 关系

当绝对压力低于当地大气压力时,测压仪器称为真空表,用真空表测得的数值,即绝对压力低于当地大气压力的数值,称为"真空度",用 p_v 表示:

$$p = p_b - p_v \tag{1-3}$$

气体压力与表压力或真空度的简明关系如图 1-11 所示。

当地大气压力的值可用气压计测定,其数值随所在地的纬度、高度和气候等条件而有所不同。因此,即使绝对压力不变,随着当地大气压的改变,表压力和真空度也会发生变化。表示工质状态参数的压力,只能是绝对压力。

1.2.3   比体积

比体积是指单位质量的工质所具有的体积,以符号 v 表示(工程热力学中约定用小写字母表示单位质量工质的参数),其单位为 m^3/kg。

$$v = \frac{V}{m} \tag{1-4}$$

式中：m 为工质的质量；V 为工质的体积。

单位体积工质所具有的质量称为密度，以符号 ρ 表示，其单位为 kg/m^3。

$$\rho = \frac{m}{V} = \frac{1}{v} \tag{1-5}$$

故比体积与密度互为倒数。

由于一定质量气体的体积通常因所处环境的温度和压力的不同而不同，即气体的比体积随温度和压力而变化，实用中往往需要规定某个状况为标准状态。国际上把压力为 101 325 Pa，温度为 0 ℃（即 273.15 K）的状态规定为标准状态。习惯把标准状态的压力、温度、比体积分别记作 p_0、T_0、v_0，体积记作 V_0。

【例 1-1】 某热电厂新蒸汽的表压力为 100 at，凝汽器的真空度为 94 620 Pa，送风机表压为 145 mmHg，当时气压计读数为 755 mmHg。试问新蒸汽、凝汽器中蒸汽、送风机送出的空气的绝对压力分别为多少？

【解】 大气压力 $p_b = 755$ mmHg $\times$ 133.322 Pa/mmHg $= 100\,660$ Pa
新蒸汽的绝对压力为

$$p_1 = p_b + p_e = 100\,660 \text{ Pa} + 100 \text{ at} \times 98\,066.5 \text{ Pa/at} = 9\,907\,300 \text{ Pa}$$

凝汽器中蒸汽的绝对压力为

$$p_2 = p_b - p_v = 100\,660 \text{ Pa} - 94\,620 \text{ Pa} = 6\,040 \text{ Pa}$$

送风机送出的空气，其绝对压力为

$$p = p_b + p_e = 100\,660 \text{ Pa} + 145 \text{ mmHg} \times 133.322 \text{ Pa/mmHg} = 119\,990 \text{ Pa}$$

【点评】 测压仪表处于所在环境中，表压力反映的是工质压力高于当地大气压的部分，而真空度则为低于当地大气压的部分。

【例 1-2】 容器被分隔成 A、B 两室，如图 1-12 所示，已知当地大气压 $p_b = 0.101\,3$ MPa，气压表 1 的读数 $p_{e1} = 0.294$ MPa，气压表 2 的读数 $p_{e2} = 0.04$ MPa，求气压表 3 的读数（用 MPa 表示）。

【解】 对于表 1 和表 3，当地大气压即 p_b，但对于表 2，当地大气压则为 p_B。故

$$p_A = p_b + p_{e1} = 0.101\,3 \text{ MPa} + 0.294 \text{ MPa} = 0.395\,3 \text{ MPa}$$
$$p_A = p_B + p_{e2}$$
$$p_B = p_A - p_{e2} = 0.395\,3 \text{ MPa} - 0.04 \text{ MPa} = 0.355\,3 \text{ MPa}$$
$$p_{e3} = p_B - p_b = 0.355\,3 \text{ MPa} - 0.101\,3 \text{ MPa} = 0.254 \text{ MPa}$$

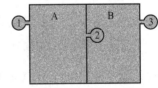

图 1-12 例 1-2 附图

【点评】 当地大气压不一定是当地的大气压力，而是测压仪表所在环境的压力，如本题表 2 的当地大气压即为 B 室内的绝对压力。

1.2.4 热力学能

组成气体的分子是处于不断运动的状态中，不仅分子本身做直线运动、旋转运动和相对于

其他分子的振动,并且构成分子的内部原子亦不断地振动,这些运动着的分子与原子都具有动能,称为气体的内动能(微观动能),气体的温度越高,内动能越大。

气体分子之间存在着相互作用力,因此,气体内部就具有因克服分子之间的作用力而形成的分子位能,称为气体的内位能(微观位能)。内位能的大小与分子间的距离有关,因此,气体的内位能与气体的温度及体积有关。

此外还有与物质分子结构有关的化学能及与原子核结构有关的原子能。以上构成气体的粒子所具有的微观形态能量的总和,称为气体的热力学能。1 kg 气体的热力学能称为比热力学能,以 u 表示。质量为 m 的气体的热力学能以 U 表示,$U = mu$。

气体的内动能和内位能都是和热能有关的能量,两者之和称为气体的内热能,与其温度和压力相关。本书讨论的过程大多可不考虑化学能和原子核能的变化,此时,气体热力学能的变化就等于气体内热能的变化。

气体的热力学能既然取决于它的温度和体积,也就取决于它的状态。因此,热力学能也是气体的状态参数,$U = f(T, V)$。热力学能 U 的单位是焦耳,符号为 J,比热力学能 u 的单位符号为 J/kg,工程上常分别用 kJ 和 kJ/kg 表示。

物质的运动是永恒的,要找到一个没有运动而热力学能为绝对零值的基点是不可能的,因此热力学能的绝对值无法确定。工程计算中所关心的是热力学能的相对变化量 ΔU,所以实际上可任意选取某一状态的热力学能为零值,以此作为计算基准。

1.2.5　焓

在提出焓的概念前,先介绍开口系统引进或排出工质关联的推动功和流动功。在图 1-13 所示的热力设备的进口端与出口端,任取 I 和 II 两个截面,其截面积分别为 A_1 和 A_2。截面 I 和 II 处的压力、比体积、热力学能及流速分别为 p_1、v_1、u_1、c_{f1} 及 p_2、v_2、u_2、c_{f2}。假定 I 截面外用阴影所表示的一小块工质为 1 kg,此工质要越过截面 I 进入系统,工质需要克服反抗力 $p_1 A_1$ 移动 Δx_1 距离,因而外界需要做功 $p_1 A_1 \Delta x_1 = p_1 v_1$,此功称为推动功;同样,当工质流出截面 II 时,需要推动前方的工质,克服外界的反抗力 $p_2 A_2$,因而系统做出推动功 $p_2 A_2 \Delta x_2 = p_2 v_2$,两者之差 $(p_2 v_2 - p_1 v_1)$ 是开口系统保持工质流进、流出必须付出的代价,称为流动功。

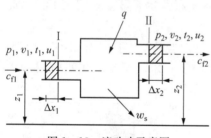

图 1-13　流动功示意图

开口系统引入工质时,工质的热力学能和推动功一起传输进入系统;输出工质时,工质的热力学能和推动功一起传输出系统。在传输过程中工质的状态没有改变,当然它的热力学能也没有改变,因此引入工质时推动功不是进入开口系统的物质本身所为,而是在后方某处的物质系统所为,这样的物质系统称为"外部功源"。系统排出工质时,推动功是由系统内的物质状态变化产生的。

热力学中把 $U + pV$ 两项合并为一项,以 H 表示之,称为焓,即

$$H = U + pV \tag{1-6}$$

由于 U、p、V 都是状态参数,所以焓也是工质的一个状态参数。对于一定状态的工质,U、p、V 都有确定的值,焓的值也就随之而定,质量为 m 的工质的焓 H,单位为 J 或 kJ。1 kg 工质的

焓称为比焓,用 h 表示,单位符号为 J/kg 或 kJ/kg,即

$$h = \frac{H}{m} = u + pv \tag{1-7}$$

热力学能 U 是工质本身所具有的能量,推动功 pV 则是随工质流动而转移的能量,因此焓代表工质流入(或流出)开口系统时传递入(或传递出)系统的能量。由于热力工程中常碰到工质连续不断流过热力设备的情况,随工质流动而转移的能量不仅是热力学能,而应是焓,因此焓的应用比热力学能更广泛。

工质的焓和热力学能一样,无法测定其绝对值。在热工计算中只关心两个状态间焓的变化,因此,可选取某一状态的焓值为零作为计算基准。

1.2.6　熵

状态参数熵是由研究热力学第二定律而得出的,像状态参数焓一样,熵也是以数学式给以定义,即

$$ds = \frac{\delta q}{T} \bigg|_{rev} \tag{1-8}$$

式中: ds 为微元过程中 1 kg 工质比熵的变量,单位符号为 J/(kg·K) 或 kJ/(kg·K); δq 为工质在可逆(可逆概念详见 1.3 节)微元过程中与外界交换的微小热量,因热量不是状态参数,故微小热量用 δq 表示,以表示其与全微分的差别; T 为换热时工质的热力学温度。

对于质量为 m 的气体,其总的熵变量为

$$dS = \frac{\delta Q}{T} = m\frac{\delta q}{T} = m ds \tag{1-9}$$

式中: dS 为质量为 m 的气体的熵变量,单位符号为 J/K 或 kJ/K。

可以证明熵也是状态参数,和热力学能及焓一样,热工计算中一般只关心熵的变化量,故可人为地选择一个状态,规定此时熵值为零,如规定气体在标准状态 ($p = 101\,325$ Pa, $T = 273.15$ K) 下熵值为零。20 世纪初期,能斯特总结了人们在低温领域内的大量试验结果,指出:纯物质在温度趋向绝对零度时,其熵趋于零。

热力工程中以 T 和 s 一起组成的温熵图在循环分析时提供了很大的方便。

【例 1-3】　5 kg 温度为 100 ℃的水在 1 atm 下可逆定压汽化,已知 1 atm 时水定压汽化的潜热 $\gamma = 2\,257.6$ kJ/kg,试计算水在汽化前后两个状态间的熵变量。

【解】　据熵的定义式,在可逆过程中

$$ds = \frac{\delta q}{T} \bigg|_{rev}$$

由于水定压汽化过程温度也保持不变,所以有

$$\Delta s = \int_1^2 ds = \int_1^2 \frac{\delta q}{T} = \frac{\gamma}{T} = \frac{2\,257.6 \text{ kJ/kg}}{(273.15+100)\text{K}} = 6.05 \text{ kJ/(kg·K)}$$

5 kg 水的总熵变量为

$$\Delta S = m\Delta s = 5 \text{ kg} \times 6.05 \text{ kJ/(kg} \cdot \text{K)} = 30.25 \text{ kJ/K}$$

【点评】 若水的加热过程中加热炉的温度保持 400 ℃,其熵变量还是上述数值,因为熵是状态参数,仅取决于状态,加热炉的温度保持 400 ℃ 并没有改变水的初、终态,故 Δs 不变。

1.3 可逆过程及功和热量

1.3.1 可逆过程

热能和机械能的相互转化必须通过工质的状态变化过程才能完成,过程是指系统从一个平衡状态向另一个平衡状态变化时经历的全部状态的总合。在实际设备中进行的一切过程都是平衡被破坏的结果。若过程进行得相对缓慢,工质在平衡被破坏后自动回复平衡,随时都不致显著偏离平衡状态,这样的过程称为准平衡过程,准平衡过程又称为准静态过程。气态系统进行准平衡过程的条件是促使系统平衡被破坏的压力差及温度差为无限小,过程进行的时间非常长。

准平衡过程是实际过程的理想化。由于实际过程都是在有限的温差和压差作用下进行的,因而都是不平衡过程,但是在适当的条件下可以把实际设备中进行的过程当作准平衡过程处理。例如活塞式机器中,活塞运动的速度通常不足 10 m/s,而气体分子运动的速度、气体内部压力波的传播速度都在几百米每秒以上,故当气体内部或气体和外界一旦出现不平衡而造成某些不均匀性时,可以迅速得以消除,工质有足够时间得以回复平衡,使气体的变化过程比较接近准平衡过程。

据对准平衡过程的描述可知,准平衡过程在状态参数坐标图中可用连续曲线表示。

如果系统经历了一个过程后,系统可沿原过程的路线反向进行,回复到原状态,而且不在外界留下任何影响,则该过程称为可逆过程。

工质经历了不平衡过程,例如,热能自高温热源转移到低温热源或机械能转化为热能等,必将产生一些不可回复的后遗效果。虽然可以使热能自低温热源返回高温热源,也可使热能转化成机械能,但是这都要付出一定的代价,或者说不可能使过程所牵涉到的系统和外界全部都回复到原来状态。这样的不平衡过程必定是不可逆过程。因此,判别系统是否经历了一个可逆过程的关键并不在于其是否能回复到原状态,而在于是否系统在回复到原状态的同时不给外界留下任何影响。运动无摩擦、传热无温差的准平衡过程是可逆过程。自然界中一切过程均是不可逆的,可逆过程只是一种抽象概念,但对可逆过程的分析和计算,无论在理论上或是在实际应用上都有重要意义。

可逆过程在状态参数坐标图中可用连续曲线表示。

所有实际的传热过程都是在一定温差作用下进行的,例如蒸汽动力装置中锅炉烟气的平均温度远高于水和水蒸气的平均温度,传热是不可逆的。但若设想烟气和水蒸气之间有一个假想的物体,此物体分别与烟气和水蒸气接触面的温差均为无限小,则两传热过程均为可逆。对于水蒸气和烟气而言,两者直接换热与烟气通过假想物体将等值热量传递给水蒸气并无热量传递上的区别,但使水蒸气吸热过程变为可逆过程,这会为热力学研究带来极大方便。经这样处理的传热过程称之为内部可逆过程。

1.3.2　功和可逆过程体积变化功

能量的传递和相互转化必须借助于工质的状态变化过程,一般说来,工质在其状态变化过程中,与其周围的其他物质系统进行热量和功的交换。工程热力学把功定义为:通过边界传递的能量,其全部效果可表现为举起重物。所谓"举起重物"并非指一定要举起重物。因为举起重物时使重物的位能增加,所以举起重物是广义地指转变为机械能。由此,可以认为功是传递过程中的机械能。

前已述及,热能转变为机械能通常须通过工质的膨胀才能实现。考虑如图 1-14(b)所示气缸中的 1 kg 气体,气缸一端装有可自由移动的活塞,不计活塞与气缸的摩擦,由外界热源对缸内气体加热,缸内气体时刻保持平衡状态。开始时,气体与外界的压力保持平衡,活塞静止不动,但当气体压力升高到 $p+\mathrm{d}p$ 时,活塞开始向右移动,气体体积也随之增大,克服外力而做功,称为膨胀功。反之,若缸内气体的压力低于外界压力,为 $p-\mathrm{d}p$ 时,则活塞向左移动,气体的体积随之缩小,这时,外力向气体做功,称为压缩功,为压缩过程。膨胀功和压缩功统称体积变化功。

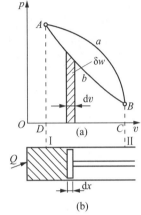

图 1-14　可逆过程的功

设缸内的气体质量为 1 kg,开始时的状态为 A,按 A—b—B 的过程膨胀至状态 B,活塞由位置Ⅰ移动至位置Ⅱ(见图 1-14)。现取其行程中一段位移 $\mathrm{d}x$ 来计算其功。虽然在整个过程中气体的压力是连续地变化着,但在微位移中可视为常数,设气体的压力为 p,活塞的面积为 A,于是作用在活塞上的力 pA 亦为常数,因此,在 $\mathrm{d}x$ 位移中气体因膨胀对外所做的微元功为

$$\delta w = pA\mathrm{d}x = p\mathrm{d}v$$

1 kg 气体在整个膨胀过程(A—b—B)中的功为

$$w = \int_A^B \delta w = \int_{v_1}^{v_2} p\mathrm{d}v \tag{1-10}$$

由数学知识可知,积分 $\int_{v_1}^{v_2} p\mathrm{d}v$ 的值就是 p-v 图中曲线 AbB 与横轴所形成的封闭部分 $ABCD$ 的面积。

若气体的状态变化是自 A 至 B 的膨胀过程,则 $\mathrm{d}v > 0$,由积分而得的功为正值。反之,当气体是自 B 至 A 的压缩过程,则 $\mathrm{d}v < 0$,由积分而得的功为负值。膨胀功是气体向外界做功,而压缩功是外界向气体做功。

如果气体质量是 m,则

$$W = mw = m\int_{v_1}^{v_2} p\mathrm{d}v = \int_{V_1}^{V_2} p\mathrm{d}V \tag{1-11}$$

式中:V_1、V_2 分别为气体在状态变化开始时与结束时的体积。

由式(1-10)可知,工质膨胀时,比体积增加,系统对外做功;反之,工质被压缩时,其比体积减小,外界对系统做功。故在可逆过程中,工质比体积变化量的正、负可用来判断进行的过

程是对外做正功还是做负功。在 $p-v$ 图中：过程线从左向右的，是比体积增大的过程，因而是对外做功过程；过程线从右向左的过程，比体积减小，是外界对系统做功过程。

如果气体仍由 A 变化到状态 B，但中间过程不一样，如图 1-14 中 $A—a—B$ 所示，则过程线下面积(即功)就与 $A—b—B$ 过程不一样了。由此可见，功的数值不仅取决于工质的初态和终态，而且还和过程经过的途径有关，即与过程的性质有关。因此，功不是状态参数，而是过程函数。

我国法定单位制中，功、热量和能量的单位相同，都用焦耳(J)或千焦耳(kJ)表示。

工程热力学中约定系统向外界做功为正，外界对系统做功为负，即工质膨胀做功为正，工质被压缩为负。

系统在单位时间内所做的功称为功率，单位符号为 W 或 kW。功率为 1 kW 的系统在 1 h 内所做的功称千瓦·时(kW·h)。

$$1\ \text{W}=1\ \text{J/s}；1\ \text{kW}=1\ \text{kJ/s}；1\ \text{kW·h}=1\ \text{kJ/s}×3\ 600\ \text{s}=3\ 600\ \text{kJ}$$

【**例 1-4**】　某种气体工质从状态 $1(p_1，v_1)$ 可逆膨胀到状态 $2(p_2，v_2)$，如图 1-15 所示。若：(1) 过程中工质的压力与比体积的乘积保持不变，即 $pv=$ 常数；(2) 工质的压力 p 与气体比体积成线性关系，即 $p=av+b$，其中 a、b 为常数。分别求两过程中气体的膨胀功 w。

【**解**】　(1) 因为过程中 $pv=$ 常数，所以

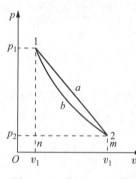

图 1-15　例 1-4 示意图

$$w_b=\int_1^2 p\,\mathrm{d}v=\int_1^2 pv\,\frac{\mathrm{d}v}{v}=p_1 v_1\int_1^2\frac{\mathrm{d}v}{v}=p_1 v_1\ln\frac{v_2}{v_1}$$

(2) 过程中 $p=av+b$，故

$$w_a=\int_1^2 p\,\mathrm{d}v=\int_1^2 (av+b)\,\mathrm{d}v=\frac{a}{2}(v_2^2-v_1^2)+b(v_2-v_1)$$

w_a 和 w_b 可分别用 $p-v$ 图上过程线下面积 $1a2mn1$ 和 $1b2mn1$ 表示。

【**点评**】　气体的膨胀功除与过程的初态、终态有关，也与状态变化经历的途径有关。

1.3.3　热量和可逆过程热量

两个温度不同的物体通过表面相互接触进行能量交换，最终效果是一股净能流从高温物体流向低温物体。工程热力学中把依靠温差而通过边界传递的能量称为热量。工程和生活实践中热量传递的方式有热传导、对流换热和热辐射。热量的单位是焦(耳)，符号用 J 表示。工程上常用千焦(kJ)表示，1 kJ=1 000 J。工程热力学约定：工质从外界吸热，热量为正；工质向外界放热，热量为负。

热量与热能不同，热量不是状态参数，是系统在过程中由于温差而通过边界传递的能量，它不仅与过程的初、终态而且与过程如何进行密切相关。热能则是物系热运动形态的反映，仅取决于状态，是状态参数。

据熵的定义式(1-9)，可逆过程的热量

$$Q=\int_1^2 m\delta q=\int_1^2 mT\,\mathrm{d}s \tag{1-12}$$

对于 1 kg 工质,存在

$$q = \int_1^2 T\mathrm{d}s \tag{1-13}$$

因此,如同膨胀功可用压容图上过程线下面积表示,过程的热量可用温熵图上过程线下面积表示,如图 1-16 所示。由式(1-13)可知:工质吸热时,熵增加;反之,工质放热时,熵减小。故在可逆过程中,工质熵变量的正、负可用来判断进行的过程是吸热还是放热。在 T-s 图中过程线从左向右的过程,熵增大,是吸热过程;过程线从右向左的,熵减小,是放热过程。

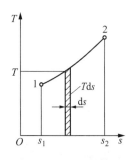

图 1-16　过程的热量

总之,功和热量都不是状态参数,它们都是过程量。过程中系统与外界交换的功和热量不仅与系统的初态、终态有关,而且与系统经历的具体过程有关。但功与热量本质上是不同的两种能量形态:前者是与宏观整体的运动形态相关的能量,推动功传递的势是压力差;后者是与杂乱的微粒运动相联系的能量,推动热量传递的势是温度差。由功转换成热量是无条件的;反之,是有条件的,必然伴随某种补偿过程。

工程上的一切实际过程都是不可逆的,对于不可逆的过程不能直接利用式(1-10)和式(1-13)计算功和热量,但是可以利用能量守恒原理和人们从实践中总结的经验性规律,如傅里叶定律、牛顿冷却公式等进行计算。

这里,必须再次指出,功、热量和热力学能虽然都具有能量的因次,但它们本质上有所不同。热力学能是状态的函数,它仅取决于状态,所以系统在两个平衡状态之间热力学能的变化量仅由初、终两个状态的热力学能的差值确定,与中间过程无关。功和热量不是状态参数,是过程量,不仅与初态、终态有关,而且与状态变化的过程有关。因此,说“一大桶水有多少热量”或“水库愈高,库内所蓄的水的功就愈大”是没有意义的,只能说在某个过程中工质(如水)做多少功或放出多少热量。

1.4　热力学第一定律

热力学第一定律是能量守恒与转换定律在热现象中的应用,指出了系统间的能量交换时的数量关系,其正确性和合理性可以由人类数千年的实践所证明。

1.4.1　总能

热力系统可以储存不同形式的能量。在不考虑化学能和原子核能的变化的条件下,系统的总能量除应考虑物质分子的热运动而具有热力学能外,还应包括系统在参考坐标系中作为一个整体,因宏观运动速度而具有动能,以及因不同高度而具有位能。前一种能量称为内部储存能,后两种能量则称为外部储存能。热力学能是热能,而宏观动能和位能则是机械能。内部储存能和外部储存能的总和,即热力学能与宏观动能和位能的总和,称为热力系统的总储存能,简称总能。若总能用 E 表示,宏观动能和宏观位能分别用 E_K 和 E_P 表示,则存在

$$E = U + E_K + E_P \tag{1-14}$$

对于闭口系统,由于质量保持恒定,当把系统作为一个整体来计算其动能和位能时,可将其作为力学上一个具有恒定质量的质点来处理。若系统的质量为 m,速度为 c,在重力场中的高度为 z,则宏观动能 $E_K=\dfrac{1}{2}mc^2$,重力位能 $E_P=mgz$,式中,c、z 均为力学变量。c 和 z 在相同的系统可以有不同的热力学状态,宏观动能和重力位能只决定于系统在参考坐标系中的速度和高度。

这样,闭口系统的总能可表示为

$$E=U+\frac{1}{2}mc^2+mgz \tag{1-15}$$

1 kg 工质的总能,即比总能 e,可表示为

$$e=u+\frac{1}{2}c^2+gz \tag{1-16}$$

1.4.2   热力学第一定律及其解析式

能量守恒与转换定律是自然界的基本规律之一,它指出:自然界中一切物质都具有能量,能量不可能被创造,也不可能被消灭;但能量可以从一种形态转变为另一种形态;在能量转化的过程中,能量总量保持不变。热力学第一定律指出热能是能量的一种,热能可与其他形态的能,诸如机械能、化学能等相互转化并保持总量守恒。在工程热力学中,主要是热能和机械能之间的相互转化和总量守恒,因此,热力学第一定律可表述为:"热是能的一种,机械能变热能或热能变机械能的时候,它们间的比值是一定的。"

根据热力学第一定律,一定形式的能可以部分或全部转换为其他形式的能,但能的总量保持不变,应用于系统的能量变化时可表述为:"进入系统的能量减去离开系统的能量等于系统中储存能量的增量"。

与外界无物质交换的闭口系统,进入和离开的能量只包括热量和功,若系统在过程中吸热 Q,对外做功 W,总能改变量 $\Delta E=E_2-E_1$,则

$$Q=\Delta E+W,\ q=\Delta e+w \tag{1-17}$$

式(1-17)称为热力学第一定律的解析式,或称为基本能量方程式,指出系统与外界的换热量部分转变为工质的热力学能,其余的转变为功。这是热转变为功的基本表达式,它直接来自能量守恒原理,因此适用于一切工质的任何热力过程。式中功和热量的数值正、负符号规定如前文:工质从外界吸热为正,向外界放热为负;工质膨胀做功为正,被外界压缩做功为负。

1.4.3   闭口系能量方程

若不计系统化学能和核能的变化并忽略物系宏观动能和位能的变化,式(1-17)可表示为

$$Q=\Delta U+W,\ q=\Delta u+w \tag{1-18}$$

对于微小的变化过程,则可表示为

$$\delta Q = \mathrm{d}U + \delta W, \ \delta q = \mathrm{d}u + \delta w \qquad (1-19)$$

对于可逆过程,则有

$$\delta Q = \mathrm{d}U + p\,\mathrm{d}V, \ \delta q = \mathrm{d}u + p\,\mathrm{d}v \qquad (1-20)$$

上述各式中: $Q = mq$; $\Delta U = m\Delta u = U_2 - U_1$; $W = mw$。 m 为气体质量,单位符号为 kg。

式(1-18)、式(1-19)和式(1-20)即为闭口系能量方程,是所有能量计算的基础。

许多热力设备中工质通过不断的吸热、膨胀、排热、被压缩,以进行循环,形成封闭的热力过程。闭口系统进行循环后回复到原始状态,所有的状态参数全部回复到原值。

若循环中全部过程都可逆,则该循环称为可逆循环;若循环中部分过程或全部过程都不可逆,则该循环称为不可逆循环。因为实际过程都是不可逆的,可逆过程是热力学的一种抽象概念,所以可逆循环也只是一种抽象概念。如果循环中系统内部的摩擦等可以忽略不计,但工质与热源的传热过程存在很大的不可逆性,则不能忽略。此时,可以利用内部可逆传热过程简化该传热过程。这样,就可将工质的循环看成是可逆循环,这样的循环称为内可逆循环。(内)可逆循环在状态参数图上形成闭合的实线。

将式(1-19)应用于循环,得 $\oint \delta q = \oint \mathrm{d}u + \oint \delta w$, 由于热力学能是状态参数,工质循环过程后 $\oint \mathrm{d}u = 0$, 所以

$$\oint \delta q = \oint \delta w \qquad (1-21)$$

式中: $\oint \delta q$ 为循环中工质从高温热源吸热和向低温热源放热的代数和,称为循环的净热量,用 q_{net} 表示,若用 q_1 表示工质从各高温热源吸热的总量,用 q_2 表示工质向各低温热源放热的总量,则 $\oint \delta q = q_{\mathrm{net}} = q_1 - q_2$; $\oint \delta w$ 为循环中工质与外界交换功的代数和,称为循环的净功,用 w_{net} 表示,则 $\oint \delta w = w_{\mathrm{net}}$。

式(1-21)也可写成循环的净功等于净热量,即

$$q_{\mathrm{net}} = w_{\mathrm{net}} \qquad (1-22)$$

把式(1-18)应用于孤立系统,因为孤立系统与外界没有任何能量和质量的交换,当然也不存在换热和做功,所以

$$\Delta U_{\mathrm{iso}} = 0 \qquad (1-23)$$

若考虑系统本身的宏观运动的能量,则有

$$\Delta E_{\mathrm{iso}} = 0 \qquad (1-24)$$

因此,得出:孤立系统内不论经历什么过程,其总能量不变。

【例 1-5】 气体在某一过程中吸收了 50 kJ 的热量,同时热力学能增加了 84 kJ,问此过程是膨胀过程还是压缩过程? 对外做功是多少? 若气体经历反方向的过程后恢复到原状态,此反向过程中气体吸热 30 kJ,问对外做功多少?

【解】 据第一定律解析式 $Q=\Delta U+W$,故有 $W_{1-2}=Q_{1-2}-\Delta U_{1,2}$。据题意,$Q_{1-2}=50\ \text{kJ}$,$\Delta U_{1,2}=84\ \text{kJ}$,于是

$$W_{1-2}=50\ \text{kJ}-84\ \text{kJ}=-34\ \text{kJ}$$

由于约定工质膨胀做功为正,接受外界压缩功为负,所以断定工质经历了压缩过程。

气体在反向过程中回复到原状态,故气体经历了循环,所以 $Q_{\text{net}}=W_{\text{net}}$,即

$$W_{2-1}=Q_{1-2}+Q_{2-1}-W_{1-2}=50\ \text{kJ}+30\ \text{kJ}-(-34\ \text{kJ})=114\ \text{kJ}$$

或气体在反向过程中回复到原状态,故 $\Delta U_{2,1}=-\Delta U_{1,2}=-84\ \text{kJ}$

$$W_{2-1}=Q_{2-1}-\Delta U_{2,1}=30\ \text{kJ}-(-84\ \text{kJ})=114\ \text{kJ}$$

【点评】 工质经历循环后包含热力学能在内的所有状态参数均回复原值,故循环输出的净功必定是循环中工质与热源、冷源换热量的净值,所以 $Q_{\text{net}}=W_{\text{net}}$ 或 $\Delta U_{2,1}=-\Delta U_{1,2}$ 是求解本题的关键。

【例 1-6】 一个刚性容器内有 0.125 3 kg 的 R134a,容器内设有电阻丝连接在 6 V 的电池上。电阻丝通以 10 A 的电流,10 min 后容器内 R134a 的温度升高到 40 ℃,求过程中容器的散热量。已知:初态时 R134a 的热力学能是 335.5 kJ/kg,终态时的热力学能是 409.9 kJ/kg。

【解】 取容器内工质为闭口系统,过程中系统质量不变,体积不变,$W=0$。设系统向环境介质散热为 Q,与电阻丝交换热量为 Q' 为

$$Q'=IU\Delta\tau=10\ \text{A}\times 6\ \text{V}\times 600\ \text{s}=36\ 000\ \text{J}=36\ \text{kJ}$$

据第一定律解析式 $Q+Q'=\Delta U+W$,得出

$$Q=\Delta U+W-Q'=m(u_2-u_1)-Q'$$
$$=0.125\ 3\ \text{kg}\times(409.9\ \text{kJ/kg}-335.5\ \text{kJ/kg})-36\ \text{kJ}=-26.7\ \text{kJ}$$

因此,过程中容器放热 26.7 kJ。

【点评】 系统并没有包括电阻丝,故容器内工质与外界仅交换热量。若取容器内工质和电阻丝为系统,系统仍是闭口系统,能量方程有变化吗?

1.4.4   稳定流动能量方程式

现在来考察工质在开口系统中的能量平衡。这里限于篇幅,主要研究稳定流动(即定常流动)的情况。所谓稳定流动就是指工质在流动情况下,流道中任何截面上的各种参数(温度、压力、比体积、流速等)及质量流量都不随时间而改变;系统在单位时间内与外界的热量及功的交换也不随时间而改变。由于稳定运行的开口系统各截面上的参数都不随时间而改变,因此开口系统内的热力学能、熵、质量等这些广延性量的总值也不随时间而改变,即在不同时刻都是相同的。实际热机除了启动、改变负荷、停机等过程外,在稳定运行时大多可认为是稳定过程。

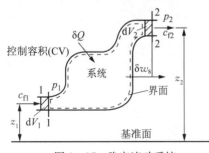

图 1-17   稳定流动系统

参见图 1-17,工质在流过截面 1-1 和 2-2 之间时,据质量守恒原理,通过流道的任一截面质量流量必

相等,所以

$$q_{m1} = \frac{A_1 c_{f1}}{v_1} = \frac{A_2 c_{f2}}{v_2} = q_{m2} \tag{1-25}$$

1 kg 工质自外界吸热 q,对外界做机械功 w_s,热力学能变化 $\Delta u = u_2 - u_1$;动能改变 $\frac{\Delta c_f^2}{2} = \frac{1}{2}(c_{f2}^2 - c_{f1}^2)$;位能改变 $g\Delta z = g(z_2 - z_1)$;为维持流动,消耗了流动功 $\Delta(pv) = p_2 v_2 - p_1 v_1$。

而由于稳定流动中任何截面的各种参数都不随时间改变,所以系统内总热力学能的变化量为零,即 $\Delta U = U(\tau + \Delta\tau) - U(\tau) = 0$,其中 $U(\tau)$ 和 $U(\tau + \Delta\tau)$ 分别为工质流入和流出时刻系统的总热力学能。根据热力学第一定律,可表示为

$$\left[u_1 + p_1 v_1 + \frac{c_{f1}^2}{2} + gz_1 + q\right] - \left[u_2 + p_2 v_2 + \frac{c_{f2}^2}{2} + gz_2 + w_s\right] = 0 \tag{1-26}$$

整理后得

$$q - (u_2 - u_1) = (p_2 v_2 - p_1 v_1) + \frac{1}{2}(c_{f2}^2 - c_{f1}^2) + g(z_2 - z_1) + w_s \tag{1-27}$$

式(1-27)右端:第一项是流动功,是开口系统维持流动必须付出的代价;中间两项是工质流经开口系统的机械能增量;最后一项是开口系统输出的轴功。左端则是流经开口系统的工质与外界交换的热量中转变为功的部分。可见工质稳定流经开口系统时的机械能增量及对外输出的轴功的根本来源是,工质通过状态变化把吸收的热量的一部分转变成的机械功。

重新整理式(1-26),有

$$q = (u_2 - u_1) + \frac{1}{2}(c_{f2}^2 - c_{f1}^2) + g(z_2 - z_1) + w_s + (p_2 v_2 - p_1 v_1)$$

$$q = (u_2 + p_2 v_2) - (u_1 + p_1 v_1) + \frac{1}{2}(c_{f2}^2 - c_{f1}^2) + g(z_2 - z_1) + w_s$$

即

$$q = h_2 - h_1 + \frac{1}{2}(c_{f2}^2 - c_{f1}^2) + g(z_2 - z_1) + w_s \tag{1-28}$$

对于微元过程,有

$$\delta q = dh + \frac{dc_f^2}{2} + g\,dz + \delta w_s \tag{1-29}$$

将比焓的定义式 $h = u + pv$ 进行微分可得 $du = dh - p\,dv - v\,dp$,将之代入热力学第一定律解析式 $\delta q = du + p\,dv$,得

$$dh = \delta q + v\,dp \tag{1-30}$$

将式(1-30)代入式(1-29)得,$-v\,dp = \frac{dc_f^2}{2} + g\,dz + \delta w_s$,积分后得

$$w_t = -\int_1^2 v\mathrm{d}p = \frac{1}{2}(c_{f2}^2 - c_{f1}^2) + g(z_2 - z_1) + w_s \qquad (1-31)$$

式中：w_t 称为技术功，表示技术上可以利用的功。式中负号表明，压力降低做正功。同时，由式(1-31)看出，它等于 $\frac{1}{2}(c_{f2}^2 - c_{f1}^2)$、$g(z_2 - z_1)$ 及轴功 w_s 三者之和。当工质在进出口处的流速变化不大且进出口的高度差也可不考虑时，则动能变化及位能变化均可忽略不计。此时，轴功就等于技术功。

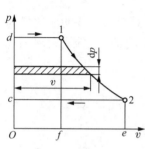

图 1-18　技术功

$w_t = -\int_1^2 v\mathrm{d}p$，技术功可以用 $p-v$ 图上的面积来表示，如图 1-18 中的面积 $12cd1$，所以 $p-v$ 图上过程线与 p 轴包围的面积即代表技术功的量。从图上还可以看出：面积 $12cd1$ = 面积 $1fod1$ + 面积 $12ef1$ - 面积 $2eoc2$，即

$$w_t = -\int_1^2 v\mathrm{d}p = p_1v_1 + \int_1^2 p\mathrm{d}v - p_2v_2 = w - (p_2v_2 - p_1v_1)$$

也就是说，气体在过程中的技术功等于气体的膨胀功减去工质的流动功，因为无论是轴功和气流机械能的变化，均是由气体的膨胀功转变而来，而为了维持流动，膨胀功还需要减去保持工质流动的代价——流动功。

利用技术功概念，稳流能量方程可改写为

$$q = \Delta h + w_t \qquad (1-32)$$

对于可逆微元过程

$$\delta q = \mathrm{d}h - v\mathrm{d}p \qquad (1-33)$$

式(1-28)、式(1-29)、式(1-32)和式(1-33)就是工质稳定流动的能量方程式，即热力学第一定律应用于稳定流动的数学表达式。其符号规定工质吸热为正、放热为负；工质对外做功为正、接受外功为负。值得注意的是，式中的轴功 w_s 是工质流经热力设备的过程中通过轴与外界交换的功，并非闭口系统的体积变化功 w。

稳定流动能量方程式反映了工质在稳定流动过程中能量转换的一般规律。由于常可认为正常运行的热工设备中工质是稳定流动，因此这个方程在工程上应用很广泛。在热工计算中，对于一些具体的热力设备，有时可将某些次要因素略去不计，使能量方程式得到进一步简化。现以几种典型的热力设备和过程为例，说明稳定流动能量方程式的具体应用。

1) 锅炉、换热器及其他加热(或冷却)设备

图 1-19 所示是汽车上的散热器，汽车发动机水套中的热水在散热器中向大气散热。因为水在流过散热器时，与外界没有轴功的交换，进出口动能差和位能差也可忽略，因此根据式(1-28)，过程的热量可简化为

$$q = h_2 - h_1$$

即水散热器中散热量等于水的焓差。同样，工质在锅炉等这类热交换设备中，工质所吸收的热量等于工质焓的增量。若求得的 q 是负

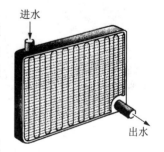

进水

出水

图 1-19　汽车散热器

值,则为工质向外放热。

2) 汽轮机及燃气轮机

由于工质(水蒸气或燃气)流过汽轮机及燃气轮机等这类动力机械的时间很短,因而工质与外界的热交换很少而可以忽略,同时若进出口的动能和位能的变化也可以忽略,则式(1-28)可简化为

$$w_s = h_1 - h_2$$

由此得出,在汽轮机和燃气轮机中,工质所做的轴功等于工质的焓降。

3) 泵和风机

流体流经泵和风机时,外界对工质做功,使流体压力增加,工质做的是负功;工质流经设备的时间很短,散热很少,并且一般外界也不对流体加热,过程为绝热过程。通常,进出口的动能差和位能差都很小,可以忽略。因此,根据式(1-28)可得

$$-w_s = h_2 - h_1$$

故流体在泵和风机内被绝热压缩时,外界所消耗的轴功等于工质焓的增加。

4) 绝热滞止

在热力过程中,常要处理流体流经诸如管道等设备时的流动过程。大量的流动过程中工质不对设备做功,与外界交换热量很小,可近似为不做功的绝热过程。若位能差也可忽略不计,则由式(1-28)可得 $\frac{1}{2}(c_{f2}^2 - c_{f1}^2) = h_1 - h_2$。气体在绝热流动过程中,因受到某种物体的阻碍,而流速降低为零的过程称为绝热滞止过程(见图1-20)。例如,燃气轮机中燃气冲刷叶轮上的叶片时燃气在叶片前缘经历的过程,以及消防水龙射出的水流冲到墙上的过程,都可近似为绝热滞止过程。据稳定流动能量方程式(1-28),可忽略位能差的不做功的绝热过程中,流道任意一个截面上气体的焓和气体流动动能的和恒为常数。当气体绝热滞止时,速度为零,故滞止时气体的焓——滞止总焓(简称滞止焓)h^* 为

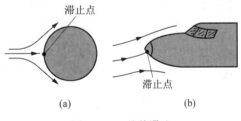

图 1-20　绝热滞止

$$h^* = h_1 + \frac{c_{f1}^2}{2} = h_x + \frac{c_{fx}^2}{2} \tag{1-34}$$

式中:h_x 为任意截面上气流的焓;c_{fx} 为同一截面气流动能。

气流滞止时的温度和压力分别称为滞止温度和滞止压力,分别用符号 T^* 和 p^* 表示。

【例1-7】　已知进入汽轮机时蒸汽的焓 $h_1 = 3\,232$ kJ/kg,流速 $c_{f1} = 50$ m/s,流出汽轮机时蒸汽的焓 $h_2 = 2\,302$ kJ/kg,流速 $c_{f2} = 120$ m/s,散热损失和位能差可略去不计。求 1 kg 蒸汽流经汽轮机时对外界所做的功。若蒸汽流量为 10 t/h,求汽轮机的功率。

【解】　由式(1-28)可得

$$q = (h_2 - h_1) + \frac{1}{2}(c_{f2}^2 - c_{f1}^2) + g(z_2 - z_1) + w_s$$

据题义，$q=0$，$g(z_2-z_1)=0$，所以 1 kg 蒸汽所做的功为

$$w_s = h_1 - h_2 - \frac{1}{2}(c_{f2}^2 - c_{f1}^2)$$

$$= (3\,232\ \text{kJ/kg} - 2\,302\ \text{kJ/kg}) - \frac{1}{2 \times 1\,000} \times \left[(120\ \text{m/s})^2 - (50\ \text{m/s})^2\right]$$

$$= 930\ \text{kJ/kg} - 5.95\ \text{kJ/kg} = 924\ \text{kJ/kg}$$

汽轮机的功率为

$$P = q_m w_s = \frac{10\,000}{3\,600}\ \text{kg/s} \times 924\ \text{kJ/kg} = 2\,567\ \text{kW}$$

【点评】 本例中，动能差与焓差的比例是 5.95/930=0.64%，可见，当蒸汽进、出口速度改变达 70 m/s 时，动能差所占的比例仍很小。由于气体的密度小，热工设备的高度也有限，所以气体的位能变化更小。因此，一般热力计算中忽略动能差和位能差不会引起很大的误差。

1.5 热力学第二定律

热力学第一定律揭示了热力过程中参与转换与传递的各种能量在数量上是守恒的。但是它没有说明，满足能量守恒原则的一切过程是否都能实现。事实上人们从长期的实践经验中发现，自然现象的进行总是有一定的方向。热力学第二定律是阐明与热现象有关的各种过程进行的方向、条件和进行的限度的定律。只有同时满足热力学第一定律和热力学第二定律的过程才能实现，而且所有这些过程都表现为使孤立系统熵增大。

1.5.1 过程的方向性

让我们考察分析一些自然界自发进行的过程。

1）传热过程

放在桌上的一杯开水，热量不断地传向温度较低的环境大气、桌子等而慢慢地变凉，直至与大气温度相同。这个过程是自发的，不需付出任何代价。那么其逆过程，即一杯凉水能否自发地，不需任何代价地从环境大气等中吸收热量，重新变成开水呢？经验告诉我们，这是绝对不可能的，尽管只要大气放出的热量等于凉水吸收的热量，它就不违反热力学第一定律。当然花费一定的代价，这个过程的逆过程也是可以进行的，如用冰箱、热泵就是消耗电能等使热量从低温物体传向高温物体。电能转变成热能是热量从低温物体传向高温物体的补偿过程。由于过程的逆向进行要耗电，即在外界留下影响，故自发的传热过程是不可逆的。

2）摩擦

图 1-21 所示的刚性、绝热、密闭容器中盛有气体。重物下降做功，带动搅拌器，由于摩擦，气体温度升高。这个过程可无条件自发进行，而其逆过程：气温下降，使搅拌器反向转动，带动重物上升到原位置，则不可能自然发生。尽管只要气体放出的热量等于重物上升位能的增加，它就不违反热力学第一定律。

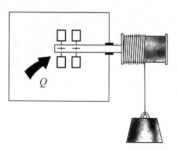

图 1-21 机械能转变成热能

在气体和环境之间设置热机,高温气体放出的热量中的一部分可转变为功带动重物上升一段距离,而另一部分热量不可逆转地传向环境,是补偿条件。因此通过摩擦使机械能转变为热能的过程是不可逆的。

　　3) 电阻的热效应

　　电流通过电阻时,产生热效应: $Q = I^2 R$。反之,若对电阻加热,不能期望在电阻内产生与加热量等量的电能。同样,这样的结果并不违反热力学第一定律。通过发电设备,可以把热量中的一部分转变成电能,其余部分则传向环境,作为补偿条件。

　　这样的例子还可以列举许多,如压缩气体向真空做自由膨胀、不同种类气体的混合等。所有这些例子说明了自发过程是有方向的,并且自发过程不可逆。自发过程的逆过程必须伴随有补偿过程才能进行,因此过程进行具有方向性。这种过程的方向性可以从能量在传递和转换过程中能量品质的降低来说明。

　　可以把涉及热过程的能量分为三种。第一种是机械能、电能,它们可以几乎是 100% 地转换成任何其他形式的能量,称为无限可转换能。第二种是有限可转换能,如温度不同于环境温度的物质系统的热力学能,它们只能部分地转变为机械能。而且温度愈接近环境温度,转换的份额愈低。第三种是不可转换能,如环境介质的热力学能。它们不可能转换成机械能。热量从高温物体传向低温物体,虽然能量的数量没变,但可以转换成机械能的份额降低,所以能量的品质下降;而热量从低温物体(温度高于环境温度)传向高温物体,可以转换成机械能的份额增大,所以能量的品质上升。使能量品质降低的过程可自发进行,反之不可自发进行,必须有补偿过程才能进行。通过摩擦,机械能转变成热能,虽然数量没变,但是无限可转化能变成了部分可转化能,能量的品质下降,故可自发进行。其逆过程将使能量品质上升,必须另外花费代价,即有补偿过程才能进行。其他自发过程也有同样特性。由此可知,在热过程中仅考虑能量的数量是不全面的,还应同时考虑能量的品质。在以后的章节里将揭示过程的方向性和系统状态参数熵的关系。

1.5.2　热力学第二定律的表述

　　与热力学第一定律一样,热力学第二定律是人类生产和生活实践的总结,虽说不能从更基本的公理推导得出,但是人类千百年的实践证明了它是自然界的基本定律之一。

　　自然界是多姿多彩的,人们观察自然界的角度不尽相同,因此对同一问题,总结的经验、表达的方式也会有所不同。热力学第二定律的表述就有许多,但它们反映的是同一自然规律,因此各种表述之间有内在的联系,具有等效性,违反了一种表述,必然导致违反另外的表述。下面介绍两种经典的表述。

　　1850 年,克劳修斯从热量传递的方向性角度,将热力学第二定律表述为:热量不可能自发地、不花任何代价地从低温物体传向高温物体。这里的关键在于“自发地、不花任何代价地”,热量从低温物体传向高温物体是非自发过程,它的实现必须花费一定的代价。

　　1851 年,开尔文从热功转换的角度提出了热力学第二定律的一种说法,此后不久,普朗克也发表了类似的说法,开尔文-普朗克表述为:不可能制造从单一热源吸热,使之全部转化为功而不留下任何变化的热力循环发动机。这里的关键是“单一热源”“不留下任何变化”。在一些特殊的过程中,工质可将自单一热源吸收的热量全部转变为功,但是这必定会在系统或外界留下一些变化,使之回复原态必须花费代价,而且也不能持续不断地从单一热源吸热,将之全部变为功。

表面看起来,上述两种表述没有什么联系,但可证明违反了克劳修斯说法,必导致违反开尔文-普朗克说法;同样,违反开尔文-普朗克说法必然导致违反克劳修斯说法。有兴趣的读者可参阅较为详细的工程热力学教科书。

热力学第一定律否定了创造能量与消灭能量的可能性,宣告第一类永动机不可能制成。热力学第二定律则指明第二类永动机,即利用大气、海洋作为单一热源,从中汲取热量,转变为功的热机是不可能制造成功的。因为它虽然不违反热力学第一定律,但违反了热力学第二定律。

自克劳修斯、开尔文等人之后,不断有人从各种角度出发提出热力学第二定律的表述,这里不再一一陈述。

1.6　卡诺循环和卡诺定理

蒸汽机发明后,不少人为提高它的热效率进行了大量研究,在此基础上,卡诺在 1824 年提出了一个理想循环,分析了它的热效率,并得出结论,它的效率与所用的工质的性质无关,以及它的效率是一切在相同温限之间任何循环的最高极限,即所谓的卡诺定理。其后,于 1850 年左右,克劳修斯对这些结论做了充分的证明。

1.6.1　循环经济性指标

根据循环的热力学特征,通常把循环分为正向循环和逆向循环。正向循环是输出功,如发电厂的蒸汽循环输出电力,故又称动力循环。逆向循环是把热量自低温系统传向高温系统,具体应用又可分为排出低温冷库热量以保持低温冷库温度的制冷循环和利用排向高温热源的热量加热的热泵循环。前者如冷库制冷剂进行的循环,后者如热泵型空调器内工质的循环。

工程上衡量循环的完善程度的指标之一是循环的经济性。循环的经济性指标是循环的收益与其代价之比。

动力循环的经济性指标称为循环的热效率,用 η_t 表示,定义为循环输出的净功与循环的吸热量之比,其公式为

$$\eta_t = \frac{w_{net}}{q_1} \qquad (1-35)$$

式中:w_{net} 为循环输出的净功;q_1 为循环中工质自热源的吸热量。

循环热效率小于 1。

制冷循环的经济性指标称循环的制冷系数,用 ε 表示,定义为

$$\varepsilon = \frac{q_c}{w_{net}} \qquad (1-36)$$

式中:w_{net} 为循环输入的净功;q_c 为循环中工质自低温冷库的吸热量。

循环的制冷系数可以大于 1 或小于、等于 1。

热泵循环的经济性指标称循环的供暖系数,用 ε' 表示,定义为

$$\varepsilon' = \frac{q_1}{w_{\text{net}}} \tag{1-37}$$

式中：w_{net} 为循环输入的净功；q_1 为循环中工质向高温热源的放热量。

热泵的供暖系数总是大于 1 的。

热效率、制冷系数和供暖系数从能量数量上的利用程度考虑循环的完善程度，近年来，一种同时从能量数量及质量上的利用程度来考虑循环的完善程度的指标——㶲效率，正在逐渐被接受。

1.6.2　卡诺循环

在建立热力学第一定律的前后，基于当时生产实践的迫切需要，研究者和工程师在努力寻找大型、高效的蒸汽机。法国工程师卡诺经过艰苦探索，面对什么样的热机的热效率最大，热效率与工质性质是否相关，以及热机循环中热效率是否存在上限等问题，从蒸汽机的构造和运行理想化抽象出热机模型，于 1824 年提出了著名的卡诺循环和卡诺定理，指明工作在给定温度范围内热机所能达到的效率极限。卡诺循环由两个可逆等温过程和两个可逆绝热过程组成。正向卡诺循环的 p-v 图和 T-s 图如图 1-22 所示。a—b 是可逆定温吸热过程，工质自高温热源 T_1 吸收热量 q_1；b—c 是可逆绝热膨胀过程，工质温度从 T_1 下降到 T_2；c—d 是可逆定温放热过程，工质向同温度的低温热源 T_2 放出热量 q_2；d—a 是可逆绝热压缩过程，工质被压缩返回初态 a。

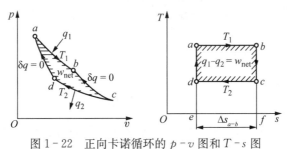

图 1-22　正向卡诺循环的 p-v 图和 T-s 图

若以 η_{c} 表示卡诺热机循环的热效率，则有

$$\eta_{\text{c}} = \frac{w_{\text{net}}}{q_1} = 1 - \frac{q_2}{q_1}$$

前面已指出，T-s 图上过程线下的面积表示过程热量，即 $q_1 = T_1 \Delta s_{a-b}$，$q_2 = T_2 |\Delta s_{b-a}|$，故

$$\eta_{\text{c}} = 1 - \frac{T_2}{T_1} \tag{1-38}$$

分析式(1-38)可得几条重要结论：

(1) 卡诺循环热效率取决于高温热源与低温热源的温度，提高高温热源温度和降低低温热源温度可以提高其热效率。

(2) 因高温热源温度趋向无穷大及低温热源温度等于零均不可能，所以循环热效率必小于 1，这意味着在循环发动机中不可能将热全部转变成功。

（3）当高温热源温度等于低温热源温度时，循环的热效率等于零，即只有一个热源，从中吸热，并将之全部转变成功的热力发动机是不可能制成的。

卡诺循环也可以逆向运行，对于卡诺制冷循环，工质可逆定温从温度为 T_c 冷库吸热，被可逆绝热压缩后，可逆定温向温度为 T_0 环境介质放热，最后可逆绝热膨胀，进入冷库，完成循环。其制冷系数（也称制冷装置工作性能系数）为

$$\varepsilon = \frac{T_c}{T_0 - T_c} \tag{1-39}$$

对于卡诺热泵循环，工质可逆定温从低温热源（其温度为 T_2），如环境介质吸热，被可逆绝热压缩后，可逆定温向高温热源（其温度为 T_1），如建筑物室内放热，最后可逆绝热膨胀，完成循环。其供暖系数（或热泵工作性能系数）为

$$\varepsilon' = \frac{T_1}{T_1 - T_2} \tag{1-40}$$

1.6.3 卡诺定理

卡诺定理可叙述为"在两个不同温度的恒温热源之间工作的所有热机中，以可逆机的效率为最高。"

由卡诺定理可以得出以下两个推论。

推论一：在两个不同温度的恒温热源间工作的一切可逆热机，具有相同的热效率，并且与工质性质无关。

推论二：在两个不同温度的恒温热源间工作的任何不可逆热机，其热效率总小于在这两个热源间工作的可逆热机的热效率。

由卡诺循环和卡诺定理可知，在两个不同温度的恒温热源间工作的一切可逆热机，热效率相同，都等于 $1 - \dfrac{T_2}{T_1}$，与工质性质无关，并且大于同温度的恒温热源间工作的一切不可逆热机的热效率。同样可得，在两个不同温度的恒温热源间工作的一切卡诺制冷循环和热泵循环，其制冷系数和供暖系数也相同，分别大于同温度的恒温热源间工作的一切不可逆制冷循环的制冷系数和不可逆热泵循环的供暖系数，并且与工质性质无关。

卡诺定理及其推论的证明可参阅推导过程较为详细的工程热力学教科书。

卡诺循环和卡诺定理在历史上首次明确了热力学第二定律的基本概念，为提高各种热动力机的效率指出了方向——合理组织循环过程，使它们接近可逆，尽可能提高工质吸热时的温度并尽可能使工质膨胀到较低的温度才对外放热。这对热力学及热机的发展起了极为重要的作用。

【例 1-8】 某人声称发明了一个循环装置，在热源 T_1 及冷源 T_2 之间工作，热源温度 $T_1 = 1\,700$ K，冷源温度 $T_2 = 300$ K。该装置能输出净功 1 200 kJ，而向冷源放热 600 kJ，试判断该装置在理论上是否有可能？

【解】 据能量守恒原理，装置内工质自高温热源吸热为

$$Q_1 = Q_2 + W_{net} = 600 \text{ kJ} + 1\,200 \text{ kJ} = 1\,800 \text{ kJ}$$

装置热效率为

$$\eta_t = \frac{W_{net}}{Q_1} = 1\,200\ kJ/1\,800\ kJ = 66.67\%$$

在同温限的恒温热源间工作的卡诺循环热效率为

$$\eta_c = 1 - \frac{T_2}{T_1} = 1 - 300\ K/1\,700\ K = 82.35\%$$

比较 η_t 和 η_c 可知,此装置有可能实现,是不可逆热机。

【点评】　在两个恒温热源之间工作的热机,卡诺循环的热效率最高,不可逆循环的热效率必定小于同温限的卡诺循环的热效率。

【例 1-9】　如每小时从 $T_c = 253\ K$ 的低温热源将 419 000 kJ 的热量排向 $t_0 = 17\ ℃$ 的环境大气,求理想情况下消耗的功率及每秒排向大气的热量。

【解】　令制冷机以逆向卡诺循环运行,实现把热量从低温热源传向高温热源,据题意,其功率为

$$T_0 = 17 + 273 = 290\ K,\quad P = \frac{419\,000}{3\,600}\ kJ/s = 116.39\ kW$$

因逆向卡诺循环工作性能系数　　　$\varepsilon = \dfrac{Q_c}{W_{net}} = \dfrac{T_c}{T_0 - T_c}$

故　　　　　$W_{net} = Q_c \dfrac{T_0 - T_c}{T_c} = 116.39\ kW \times \dfrac{(290 - 253)K}{253\ K} = 17.02\ kW$

$$Q_1 = Q_c + W_{net} = 116.39\ kW + 17.02\ kW = 133.41\ kW$$

【点评】　逆向循环消耗功(或其他形态的能量)实现从低温热源向高温热源排热。在两个恒温热源之间工作的逆向卡诺机的工作性能系数最高。因此,从低温热源向高温热源排热,以逆向卡诺循环耗功最小。

1.7* 　热力学第二定律的数学表达式

1.7.1* 　克劳修斯积分等式和积分不等式

根据卡诺定理,若两个不同温度的恒温热源间工作的可逆热机,从高温热源 T_1 吸热 Q_1,向低温热源 T_2 放热 Q_2,则可逆热机的热效率与相应热源间工作的卡诺热机的热效率相同。

$$\eta_t = \frac{W_{net}}{Q_1} = 1 - \frac{Q_2}{Q_1} = 1 - \frac{T_2}{T_1}$$

即

$$\frac{Q_2}{Q_1} = \frac{T_2}{T_1}, \quad \frac{Q_2}{T_2} = \frac{Q_1}{T_1}$$

式中:吸热量 Q_1 和放热量 Q_2 都是绝对值。若改用代数值,则有

$$\frac{Q_1}{T_1} + \frac{Q_2}{T_2} = 0 \tag{1-41}$$

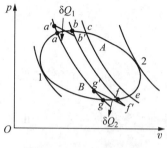

图 1-23   熵参数导出图

分析任意工质进行的任意可逆循环 $1A2B1$(见图 1-23),为了保证循环可逆,需要与工质温度变化相对应的无穷多个热源。

用一组可逆绝热线将它分割成许多个微小循环,因为相邻两个小循环之间共有可逆绝热过程线,但初始及终末状态相反,所以这些微小可逆循环的总和构成了原循环 $1A2B1$。可以证明每个小循环,如 $abfga$ 可用相应卡诺循环 $a'b'f'g'a'$ 替代。这样,所有微元卡诺循环的总和相当于循环 $1A2B1$。

据式(1-41),对任意一个微元卡诺循环,如 $a'b'f'g'a'$ 有

$$\frac{\delta Q_1}{T_{r1}} + \frac{\delta Q_2}{T_{r2}} = 0 \tag{1-42}$$

式中:δQ_1 和 δQ_2 分别为吸热量和放热量;T_{r1} 和 T_{r2} 分别为热源和冷源的温度,亦即工质吸热和放热时的温度。

令可逆绝热线数量趋向无穷大,任意相邻两根可逆绝热线之间相距无穷小,则所有小循环都可用微元卡诺循环替代。对全部微元卡诺循环积分求和,即得

$$\int_{1-A-2} \frac{\delta Q_1}{T_{r1}} + \int_{2-B-1} \frac{\delta Q_2}{T_{r2}} = 0$$

式中:δQ_1、δQ_2 为工质与热源间的换热量,采用了代数值,统一用 δQ_{rev} 表示;T_{r1} 和 T_{r2} 为换热时的热源温度,统一用 T_r 表示。

式(1-42)可改写为

$$\int_{1-A-2} \frac{\delta Q_{rev}}{T_r} + \int_{2-B-1} \frac{\delta Q_{rev}}{T_r} = 0 \tag{1-43}$$

过程 $1-A-2$ 和 $2-B-1$ 组成循环 $1A2B1$,所以有

$$\oint \frac{\delta Q_{rev}}{T_r} = 0 \tag{1-44}$$

式(1-44)称为克劳修斯积分等式。它表明,工质经任意可逆循环,$\dfrac{\delta Q_{rev}}{T_r}$ 沿循环的积分为零。

根据状态函数的数学特性,可以断定被积函数 $\dfrac{\delta Q_{rev}}{T_r}$ 是某个状态参数的全微分。克劳修斯将它定名为熵,以符号 S 表示,即

$$dS = \frac{\delta Q_{rev}}{T_r} = \frac{\delta Q_{rev}}{T}, \ \Delta S_{1-2} = \int_{1-2} \frac{\delta Q_{rev}}{T} \tag{1-45}$$

式中：δQ_{rev} 为可逆过程换热量；T_r 为热源温度。由于过程可逆，它等于工质温度 T。

工质的比熵 s 的变化为

$$ds = \frac{\delta q_{rev}}{T_r} = \frac{\delta q_{rev}}{T}, \ \Delta s_{1-2} = \int_{1-2} \frac{\delta q_{rev}}{T} \tag{1-46}$$

由于一切状态参数都只与它所处的状态有关，与达到这一状态的路径（即过程）无关，故过程中系统的熵变可以用初、终态间任意一个可逆过程中与热源交换的热量和系统温度比值的积分表示。因此，式（1-45）也提供了一个计算任意过程熵变的途径——利用初、终态相同的某个可逆过程，计算其熵变。

式（1-45）也指出，（闭口）系统熵的变化表征了可逆过程中热交换的方向与大小。系统可逆地从外界吸收热量，则 $\delta Q > 0$，于是系统熵增大；系统可逆地向外界放热，$\delta Q < 0$，系统熵减小；可逆绝热过程中，系统的熵不变。

熵是状态参数，因而系统在每个平衡状态，都有确定的值。工程上关心系统在过程中的熵变，故在无化学反应的系统中，可以人为地选定熵的基准点。

如果循环中全部或部分是不可逆过程，即为不可逆循环，见图 1-24 中 1A2B1。令一组可逆绝热线将循环分割成无数多个小循环，其中部分为可逆的微元卡诺循环，求和则有 $\oint \frac{\delta Q_{rev}}{T} = 0$。余下那部分微元不可逆循环，根据卡诺定理可知，

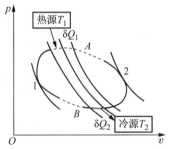

图 1-24　克劳修斯积分
不等式导出图

其热效率小于微元卡诺循环的热效率，即 $\eta_t < \eta_c$，$1 - \frac{\delta Q_2}{\delta Q_1} <$
$1 - \frac{T_{r2}}{T_{r1}}$。同样考虑 δQ_2 用代数值，统一用 δQ 表示系统吸热

量和放热量，对所有的微元不可逆循环求和，则有 $\sum \frac{\delta Q}{T_r} < 0$。综合全部微元循环，包括将可逆的和不可逆的全部相加。令微元循环数目趋向无穷多，用积分代替求和，即得出

$$\oint \frac{\delta Q}{T_r} < 0 \tag{1-47}$$

式（1-47）称为克劳修斯积分不等式。与克劳修斯积分等式（1-45）结合在一起，得

$$\oint \frac{\delta Q}{T_r} \leqslant 0 \tag{1-48}$$

式（1-48）称为克劳修斯积分。任何循环的克劳修斯积分永远小于零，极限时（循环可逆）等于零，绝不可能大于零。式（1-48）是热力学第二定律的数学表达式之一，可以用来判断循环是否可能实现及是否可逆：克劳修斯积分 $\oint \frac{\delta Q}{T_r}$ 等于零为可逆循环，小于零为不可逆循环，而大

于零的循环则不能实现。

需要强调:克劳修斯积分是系统循环中微元换热量与换热时热源温度之比的循环积分,故热量的正负是以系统本身为对象的,不能以热源为对象,否则将得出相反的结果;只有可逆微元过程中系统与外界的换热量与换热时系统的温度的比值才是微元过程的熵变,不可逆过程中换热量与系统温度的比值仅是热温比,并不具备熵变的含义。

【例 1 - 10】 用克劳修斯积分求解例 1 - 8。

【解】 由例 1 - 8 知,$T_1 = 1\,700$ K,$T_2 = 300$ K,$Q_1 = 1\,800$ kJ,$Q_2 = -600$ kJ

$$\oint \frac{\delta Q}{T_r} = \frac{Q_1}{T_1} + \frac{Q_2}{T_2} = \frac{1\,800 \text{ kJ}}{1\,700 \text{ K}} - \frac{600 \text{ kJ}}{300 \text{ K}} = -0.941 \text{ kJ/K} < 0$$

根据克劳修斯积分,该装置循环能够实现,为不可逆循环。

【点评】 注意热量符号。工质从热源吸热,热量为正;向低温热源放热,热量为负。

【例 1 - 11】 有一循环装置在温度为 1 000 K 和 300 K 的恒温热源间工作(见图 1 - 25),装置与高温热源交换的热量为 2 000 kJ,与外界交换的功为 1 200 kJ,问此装置是动力机还是制冷机?

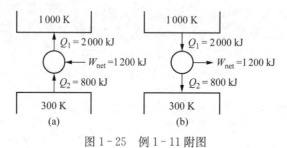

图 1 - 25   例 1 - 11 附图

【解】 不论该装置是制冷机还是动力机,必须满足能量守恒原理,据热力学第一定律

$$|Q_2| = |Q_1| - |W_{net}| = 2\,000 \text{ kJ} - 1\,200 \text{ kJ} = 800 \text{ kJ}$$

假设此装置为制冷机,如图 1 - 25(a)所示,则循环中工质自低温热源吸热,$Q_2 = 800$ kJ,向高温热源放热,$Q_1 = -2\,000$ kJ,据

$$\oint \frac{\delta Q}{T_r} = \frac{Q_1}{T_1} + \frac{Q_2}{T_2} = \frac{-2\,000 \text{ kJ}}{1\,000 \text{ K}} + \frac{800 \text{ kJ}}{300 \text{ K}} = 0.66 \text{ kJ/K} > 0$$

违反了克劳修斯积分,可见不可能是制冷装置。

再设此装置为动力机,如图 1 - 25(b)所示,则工质在循环中自高温热源吸热,$Q_1 = 2\,000$ kJ,向低温热源放热,$Q_2 = -800$ kJ,据

$$\oint \frac{\delta Q}{T_r} = \frac{Q_1}{T_1} + \frac{Q_2}{T_2} = \frac{2\,000 \text{ kJ}}{1\,000 \text{ K}} - \frac{800 \text{ kJ}}{300 \text{ K}} = -0.66 \text{ kJ/K} < 0$$

符合克劳修斯积分不等式,所以该装置循环是不可逆动力机循环。

【点评】 本题也可利用两个恒温热源之间循环的经济性指标最高来求解。

1.7.2* 　热力学第二定律的数学表达式

考察闭口系统由平衡态 1 分别经可逆过程 1—B—2 和不可逆过程 1—A—2 到达平衡态 2，如图 1-26 所示。因熵是状态参数，所以系统在过程 1—B—2 和过程 1—A—2 中的熵变相同。令系统经 1A2B1 完成循环，将

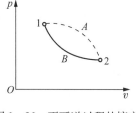

图 1-26　不可逆过程的熵变

积分 $\oint \dfrac{\delta Q}{T_r}$ 分解为 $\int_{1-A-2} \dfrac{\delta Q_{irr}}{T_r} + \int_{2-B-1} \dfrac{\delta Q_{rev}}{T_r}$，据克劳修斯积分不等式，以及过程 1—B—2 是可逆过程，$\int_{1-B-2} \dfrac{\delta Q_{rev}}{T} = S_2 - S_1$，可导得

$$\Delta S = S_2 - S_1 > \int_1^2 \frac{\delta Q_{irr}}{T_r} \tag{1-49}$$

式(1-49)表明：初、终态是平衡态的不可逆过程的熵变大于不可逆过程中系统与热源交换的热量与换热时热源温度比值的积分。将式(1-45)、式(1-49)合并为一，即

$$S_2 - S_1 \geqslant \int_1^2 \frac{\delta Q}{T_r} \text{（可逆过程用等号，不可逆过程用不等号）} \tag{1-50}$$

将式(1-49)写成微分形式即为 $dS > \dfrac{\delta Q_{irr}}{T_r}$，与熵的定义式 $dS = \dfrac{\delta Q_{rev}}{T}$ 一起归并为

$$dS \geqslant \frac{\delta Q}{T_r} \text{（可逆过程用等号，不可逆过程用不等号）} \tag{1-51}$$

式(1-50)和式(1-51)是热力学第二定律的数学表达式，可用于判断过程是否可进行，以及是否可逆。它表明任何不可逆过程中，系统的熵变大于 $\int_1^2 \dfrac{\delta Q}{T_r}$，极限状况（可逆）时相等，不可能出现小于 $\int_1^2 \dfrac{\delta Q}{T_r}$ 的过程。

1.8　孤立系统的熵增原理

1.8.1　系统熵变原因

下面考察系统熵发生改变的原因。

首先，熵是广延性参数，与工质的质量有关，因此系统与外界交换物质将引起系统熵改变。其次，微元过程热力学第二定律数学表达式 $dS \geqslant \dfrac{\delta Q}{T_r}$ 说明，系统与外界发生热量交换就会造成系统熵的变化，系统吸热熵增加，放热熵减少；对于闭口系统即使过程绝热，系统没与外界发生质量和热量的交换，若系统内发生不可逆过程，熵也将增大。闭口系统内不可逆绝热过程中熵之所以增大，是由于过程中存在不可逆因素引起机械功转化为热能，被工质吸收而造成熵

增。因为造成机械能转化为热能是所有不可逆热力过程共同的特征,故不可逆熵增是所有不可逆过程的共性,因而熵变可归结为传质、换热和过程不可逆。

式(1-51)还指出,气体在可逆绝热膨胀(压缩)中虽与外界交换体积变化功,但 $dS=0$,故系统熵变与可逆体积功交换无关。

据对闭口系统熵变原因的探讨,式(1-50)可改写成

$$\Delta S_{1-2}=S_2-S_1=S_f+S_g \tag{1-52}$$

其微量形式为

$$dS=\frac{\delta Q}{T_r}+\delta S_g=\delta S_f+\delta S_g \tag{1-53}$$

式中:$S_f=\int_1^2 \frac{\delta Q}{T_r}$ 为热熵流,简称熵流,是过程中系统与外界换热而对系统熵变的"贡献",即由于热量流进、流出系统引起的系统熵变部分。系统吸热,熵流为正;系统放热,熵流为负。S_g 为熵产,它是过程不可逆性对熵变的"贡献"。熵产是非负的:过程可逆,熵产为零;过程不可逆,熵产大于零。任何不可逆因素都会造成熵产,不可逆程度越大,熵产越大。因此,熵产可以作为系统过程不可逆性的一种度量。

1.8.2　熵方程

考虑图 1-27 所示系统熵的平衡。前已述及,与体积 V、热力学能 U 及焓 H 一样,熵是广延参数,与物质的质量有关,前面又指出闭口系统的熵变是热熵流和熵产之和,所以一般开口

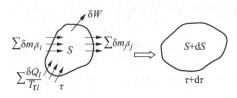

图 1-27　熵方程导出模型

系统的熵变应是物质流引起的系统熵的增减,热流造成的热熵流及不可逆性造成的熵产的总和。因此,一般系统熵的平衡应为:随物质流入系统的熵,减去随物质流出系统的熵,加上系统的热熵流和不可逆熵产,等于系统的熵变。设系统进、出口截面工质处于平衡状态且不随时间改变,则在某一段微小时间间隔 $\delta\tau$ 内,该系统的熵变为

$$dS_{CV}=\sum_i (s_i\delta m_i)_{in}-\sum_j (s_j\delta m_j)_{out}+\delta S_f+\delta S_g \tag{1-54}$$

式(1-54)称为系统的熵方程。

考虑工程上常见的一股流体流入、一股流体流出的稳态稳流系统。由于稳定运行的开口系统各截面上的参数都不随时间而改变,所以开口系统内的热力学能、熵、质量等这些广延性质的量的总值也不随时间而改变,则系统的熵变 $dS_{CV}=0$,$\delta m_{in}=\delta m_{out}=\delta m$,流体流入、流出系统时的比熵分别保持 s_1 和 s_2 不变,故其熵方程为

$$\delta S_g=\delta m(s_2-s_1)-\delta S_f \tag{1-55}$$

或

$$S_g=m(s_2-s_1)-S_f \tag{1-56}$$

$$s_2-s_1=s_g+s_f \tag{1-57}$$

对于绝热的稳态稳流过程,因换热量 $Q=0$,所以热熵流 $S_f=0$,于是

$$s_2-s_1=s_g \geqslant 0 \qquad (可逆取等号,不可逆取不等号) \qquad (1-58)$$

式中：s_1 和 s_2 分别为进、出口截面上工质的比熵。

式(1-58)表明：可逆绝热的稳态稳流过程中,开口系统的熵保持不变,进口截面上的比熵等于出口截面的比熵;不可逆绝热的稳态稳流过程中,虽然开口系统的熵仍然保持不变,即 $\Delta S_{CV}=0$,也表明不同时刻系统的总熵相同,但由于过程中的不可逆性,同一时刻工质在出口截面的比熵大于进口截面的比熵。

1.8.3　孤立系统熵增原理

闭口系统与外界无物质交换,故 $\delta m_{in}=\delta m_{out}=0$,所以式(1-54)可改写成

$$dS=\delta S_f+\delta S_g \qquad (1-59)$$

或

$$\Delta S_{1-2}=S_2-S_1=S_f+S_g \qquad (1-60)$$

对于孤立系统,因系统与外界无任何形式的能量交换,当然无热量交换,所以有

$$dS_{iso}=\delta S_g \geqslant 0 \qquad (1-61)$$

其积分式为

$$\Delta S_{iso}=S_g \geqslant 0 \qquad (1-62)$$

式(1-62)中：过程可逆,则取等号;过程不可逆,取不等号。因此,孤立系统的熵只可能增大,不可能减小,其极限状况是孤立系统内一切过程全部可逆,则系统熵保持不变。这就是孤立系统的熵增原理。孤立系统的熵增原理也可作为热力学第二定律的一种表述。熵增原理可推广到闭口绝热系统,即闭口绝热系统的熵只增不减。式(1-62)可作为热力学第二定律的又一数学表达式,而且是更普遍的表达式,可用来判别过程进行的方向及是否可逆：孤立系统或闭口绝热系统内使系统熵增大的过程是可以进行的,并且过程不可逆;孤立系统或闭口绝热系统内使系统熵保持不变的过程进行是有条件的,即全部过程可逆;孤立系统或闭口绝热系统内使系统熵减小的过程是不可能进行的。因一切实际过程都不可逆,故孤立系统内一切实际过程都朝着使系统熵增大的方向进行。

【例 1-12】　初始时刚性透热气缸内绝热无摩擦且密闭的活塞左侧有质量为 m 的某种理想气体[见图 1-28(a)]。(1) 若气体可逆等温膨胀到原体积的 2 倍,并且存在 $T_2=T_1=T_0$(T_0 为环境温度),求过程的熵变、熵流和熵产;(2) 同样初态的同种理想气体向真空做自由膨胀到原体积的 2 倍[见图 1-28(b)],求过程的熵变、熵流和熵产。已知理想气体 $pv=R_gT$,热力学能只是温度的函数。

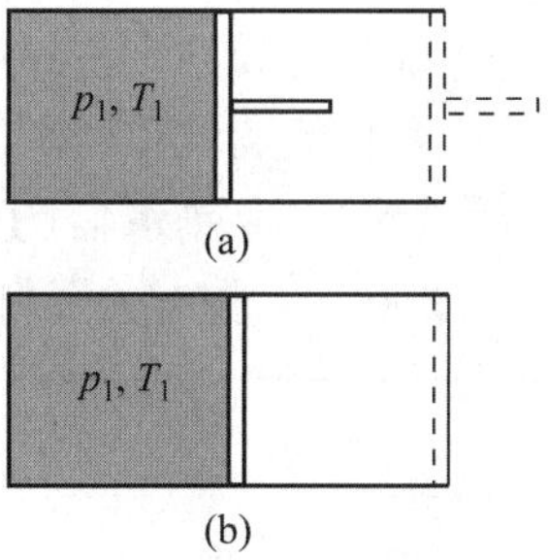

图 1-28　例 1-12 附图

【解】　(1) 气体可逆等温膨胀,熵变

$$\Delta s_{1-2}=s_2-s_1=\int_1^2 \frac{\delta q_{rev}}{T}=\int_1^2 \frac{du+p\,dv}{T}$$

因 $\dfrac{p}{T}=\dfrac{R_g}{v}$,故 $\Delta s_{1-2}=\displaystyle\int_1^2 \left(\dfrac{du}{T}+R_g\dfrac{dv}{v}\right)$。由于等温,$du=0$,并且据题意 $v_2=2v_1$,得

$$\Delta s_{1-2}=R_{\mathrm{g}}\ln\frac{2v_1}{v_1}=R_{\mathrm{g}}\ln 2$$

$$\Delta S_{1-2}=m\Delta s_{1-2}=mR_{\mathrm{g}}\ln 2$$

由熵的定义 $\mathrm{d}s=\int_1^2\frac{\delta q}{T}\Big|_{\mathrm{rev}}$，可逆等温过程 $q=\int_1^2 T\mathrm{d}s=T\Delta s_{1-2}$，故有

$$q=R_{\mathrm{g}}T_1\ln 2$$

比熵流为

$$s_{\mathrm{f}}=\int_1^2\frac{\delta q}{T_{\mathrm{r}}}=\frac{q}{T_0}=\frac{R_{\mathrm{g}}T_1\ln 2}{T_0}$$

由于过程可逆，$T=T_1=T_0$，所以

$$S_{\mathrm{f}}=ms_{\mathrm{f}}=mR_{\mathrm{g}}\ln 2$$
$$S_{\mathrm{g}}=\Delta S_{1-2}-S_{\mathrm{f}}=mR_{\mathrm{g}}\ln 2-mR_{\mathrm{g}}\ln 2=0$$

（2）膨胀过程为"自由膨胀"，仍遵守 $Q=\Delta U+W$。因过程绝热且容器为刚性，故 $Q=0$、$W=0$，于是 $\Delta U=0$，对于理想气体这意味着 $T_1=T_2$。因此，过程的初、终态与上述可逆等温膨胀相同，据状态参数的性质，过程的熵变应相同，即

$$\Delta S_{1-2}=m\Delta s_{1-2}=mR_{\mathrm{g}}\ln 2$$

考虑到过程绝热，则 $S_{\mathrm{f}}=m\int_1^2\frac{\delta q}{T}=0$，所以熵产为

$$S_{\mathrm{g}}=\Delta S_{1-2}-S_{\mathrm{f}}=mR_{\mathrm{g}}\ln 2$$

【点评】 本题系统分别经历可逆和不可逆过程，但两种过程的初、终态相同，所以熵变相等，但前者是由热熵流导致的，后者是由熵产导致的，所以闭口系统熵变的原因可以是换热或过程不可逆，或两者联合作用的结果。

【例 1-13】 某种家用热水器将质量流量为 8 kg/min、压力为 0.10 MPa、温度为 20 ℃ 的冷水加热到 60 ℃，若管路中压降可忽略不计，热源温度可假定恒定为 1 700 K，试确定加热过程中每秒的熵流和熵产。

【解】 取热水器为系统，是不做功的稳定流动开口系统，质量流量 $q_m=8$ kg/min $=0.133$ kg/s。查有关资料，$p=0.1$ MPa 时过冷水的参数如下表所示：

t /℃	h/(kJ/kg)	s/[kJ/(kg·K)]
20	83.9	0.296 3
60	251.2	0.830 9

据题意，过程为等压过程，忽略水的动能差和位能差，则热流量为

$$q_Q=q_m(h_2-h_1)=0.133\text{ kg/s}\times(251.2-83.9)\text{kJ/kg}=22.29\text{ kJ/s}$$

加热过程熵流

$$\dot{S}_f = \int_1^2 \frac{\delta q_Q}{T_r} = \frac{q_Q}{T_r} = \frac{22.29 \text{ kJ/s}}{1\,700 \text{ K}} = 0.013 \text{ kJ/(K} \cdot \text{s)}$$

因过程为稳定流动过程,故 $\Delta S_{CV} = 0$,据稳流开口系统熵方程 $S_g = m(s_2 - s_1) - S_f$,熵产为

$$\begin{aligned}
\dot{S}_g &= q_m(s_2 - s_1) - S_f \\
&= 0.133 \text{ kg/s} \times (0.830\,9 - 0.296\,3) \text{kJ/(kg} \cdot \text{K)} - 0.013 \text{ kJ/(K} \cdot \text{s)} \\
&= 0.058\,3 \text{ kJ/(K} \cdot \text{s)}
\end{aligned}$$

【点评】　熵方程是描述系统熵收支平衡的表达式,虽然稳定运行的开口系统内熵的总值不随时间而改变,但工质流经开口系统时可能与外界换热,也可能过程不可逆,所以进、出口截面上的熵可以是不同的。

1.9* 烟(能量的做功能力)

物质系统当其处于与环境不平衡状态时,都可利用与环境的势差做功。如高压气体可利用气体与环境介质的压差膨胀做功;在热源与环境介质之间设置热机,可利用热源与环境介质的温差把部分热量转变为功。而当物质系统完全处于与环境平衡状态时,该物质系统就失去了做功的能力,所以不能利用质量巨大的环境大气、海水的热力学能,使之源源不断地转变成功。热力设备处于环境之中,设备中工质体积变化做功不可避免地会有摩擦损耗和排斥大气耗功,所以必须从膨胀功中扣除这两项才是有用功。系统仅与环境介质发生热交换、可逆地过渡到与环境平衡的状态时能做出的最大有用功称为物质系统的做功能力,又称烟。

1.9.1* 闭口系统工质的做功能力(热力学能烟)

为了求取与环境介质处于不平衡状态的闭口系统工质的做功能力,首先必须保证所涉及的一切过程均可逆,同时必须排除其他做功能力的介入。为此,设计系统过渡到环境态的过程如图 1-29 所示,具体为:1—a,系统自状态 $1(p_1, T_1)$ 可逆绝热膨胀到状态 $a(p_a, T_a)$,再经可逆等温过程 a—0,达到与环境平衡的状态(p_0, T_0)。由于过程 1—a 是可逆绝热过程,与外界无热量交换;过程 a—0 可逆等温,故只可能与环境介质换热,而环境介质中的热力学能是不可转换能,不可能转换成机械能,所以 1—a—0 过程中工质的最大有用功即为系统的做功能力。

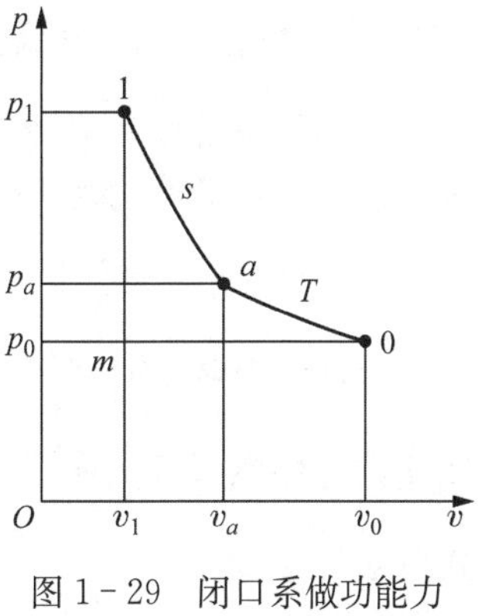

过程 1—a 为可逆绝热过程,据热力学第一定律,工质做功为

$$w_{1-a} = u_1 - u_a \qquad (1-63)$$

过程 a—0 为定温过程,做功为

图 1-29　闭口系做功能力

$$w_{a-0} = q_{a-0} - (u_0 - u_a)$$

其中:$q_{a-0} = T(s_0 - s_a)$。由于 1—a 为等比熵过程 $s_1 = s_a$,a—0 为定温过程 $T_0 = T$,因此

$$w_{a-0} = T_0(s_1 - s_0) - (u_0 - u_a) \qquad (1-64)$$

过程 1—a—0 中系统排斥大气做功

$$w_b = p_0(v_0 - v_1) \tag{1-65}$$

排斥大气功不能被有效利用,所以过程 1—a—0 中系统做出的最大有用功,即做功能力

$$w_{u, \max} = w_{1-a} + w_{a-0} - w_b = (u_1 - u_a) + T_0(s_0 - s_1) - (u_0 - u_a) - p_0(v_0 - v_1)$$

即

$$w_{u, \max} = (u_1 - u_0) - T_0(s_1 - s_0) + p_0(v_1 - v_0) \tag{1-66}$$

式中:u_0、s_0、v_0 分别为系统在达到与环境平衡状态(p_0,T_0)时的比热力学能、比熵及比体积。

由式(1-66)可知,闭口系统的做功能力仅是其热力学能变化的一部分,热力学能变化量 $u_1 - u_0$ 中的 $T_0(s_1 - s_0)$ 这部分是不可能转化为功的,称为束缚能;另一部分 $p_0(v_1 - v_0)$ 是用于排斥大气,不能作为有用功输出。

式(1-66)表明闭口系统的做功能力取决于系统本身的状态及环境介质的状态,对于确定的环境介质状态,闭口系统的做功能力仅取决于其状态,所以闭口系统的做功能力也可作为状态参数,称作热力学能㶲。1 kg 工质的热力学能㶲用 $e_{x, U}$ 表示为

$$e_{x, U} = w_{u, \max} = (u - u_0) - T_0(s - s_0) + p_0(v - v_0) \tag{1-67}$$

质量为 m 的工质的热力学能㶲 $E_{x, U}$ 表示为

$$E_{x, U} = m e_{x, U} = W_{u, \max} = (U - U_0) - T_0(S - S_0) + p_0(V - V_0) \tag{1-68}$$

系统从状态 1(p_1,T_1)变化到状态 2(p_2,T_2)的过程中可以做出的最大有用功,即状态 1 和状态 2 的热力学能㶲差为

$$W_{u, \max, 1} - W_{u, \max, 2} = E_{x, U, 1} - E_{x, U, 2}$$
$$= (U_1 - U_2) - T_0(S_1 - S_2) + p_0(V_1 - V_2) \tag{1-69}$$

由于 w_{1-a}、w_{a-0} 和 w_b 分别可用图 1-25 中过程线下面积表示,故 1 kg 工质的热力学能㶲 $e_{x, U}$ 可用图 1-29 中的面积 $0m1a0$ 表示。

1.9.2* 　热量的做功能力(热量㶲)

当物质系统作为热源与其他系统换热时,热源的热力学能㶲将要改变,其改变值就是热源放(或吸)热量的做功能力,用 Q_u 表示,也有人称之为热量的可用能。所以

$$Q_a = E_{x, U, 2} - E_{x, U, 1} = (U_2 - U_1) - T_0(S_2 - S_1) + p_0(V_2 - V_1)$$

根据热力学第一定律,$Q = U_2 - U_1 + W$。考虑到热源仅与其他系统交换热量,及因体积变化而与环境大气交换功量 $p_0(V_2 - V_1)$。同时,热源的熵变 $S_2 - S_1 = \int_1^2 \frac{\delta Q}{T} = \frac{Q}{T_m}$,所以上式可改写为

$$Q_a = \left(1 - \frac{T_0}{T_m}\right) Q \tag{1-70}$$

式中:T_m 为热源放热或吸热过程中的平均温度,是系统的积分平均值,仅对可逆过程有意义。

$$T_m = \frac{Q}{\Delta S} = \frac{\int_1^2 \delta Q}{\Delta S} = \frac{\int_1^2 T \mathrm{d}S}{\Delta S} \tag{1-71}$$

　　热量的做功能力也被称作热量㶲,用 $E_{x, Q}$ 表示。由于热量与过程有关,故它不是严格意义上的状态参数,但在涉及换热引起的工质做功能力变化时很有用处:可逆过程中系统吸(放)热,其做功能力增加(减少)等于热量㶲。

　　1 kg 工质吸(放)热的热量㶲用 $e_{x, Q}$ 表示为

$$q_a = e_{x, Q} = \left(1 - \frac{T_0}{T_m}\right) q \tag{1-72}$$

　　工程上把与温度低于环境温度 T_0 的物体($T < T_0$)交换的热量称为冷量,冷量的本质是热量,所以也存在做功能力。温度低于环境温度的系统,吸入热量 q_c(即冷量)时做出的最大有用功称为冷量㶲,用 e_{x, Q_c} 表示:

$$e_{x, Q_c} = \left(\frac{T_0}{T} - 1\right) q_c \tag{1-73}$$

1.9.3* 稳流工质的做功能力(焓㶲)

　　状态为 $1(p_1, T_1)$,流速为 c_{fl} 的工质稳态、稳流经过控制体积时,因其与环境有势差而具有做功能力。假定其在控制体积内可逆地变化到与环境平衡的状态 $0(p_0, T_0)$,流出时流速近似为零(见图 1-30),而且在过程中只与环境介质交换热量。为此,可假设工质在控制体积内先可逆绝热膨胀到状态 $a(p_a, T_0)$,再让工质可逆等温地变化到环境态 $0(p_a, T_0)$。由于工质稳态、稳流经过控制体积,可逆地变化到与环境平衡的状态,所以工质自进口截面流动到出口截面时间内与环境介质的换热量和系统在相同的时间内与外界换热量相等,而且换热时工质的温度即为环境温度。

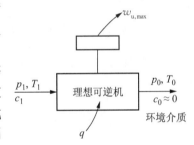

图 1-30　稳流开口系统做功能力

　　忽略工质宏观动能及位能的变化,1 kg 工质流经控制体积能做出的最大有用功为

$$w_{u, max} = w_{t, 1-a} + w_{t, a-0} = (h_1 - h_a) + [q - (h_0 - h_a)]$$

　　因为只有环境热源且换热过程可逆,所以 $q = T_0(s_0 - s_a)$。另外,因过程 $1-a$ 为可逆绝热,故 $s_1 = s_a$,所以

$$w_{u, max} = (h_1 - h_a) + T_0(s_0 - s_1) - (h_0 - h_a)$$

即

$$w_{u, max} = h_1 - h_0 - T_0(s_1 - s_0) \tag{1-74}$$

式中:h_0、s_0 分别为工质在与环境达到平衡状态时的比焓和比熵。

　　从式(1-74)导出过程也可看出,稳流工质的做功能力即为开口系统在只与环境介质交换热量的情况下从状态 1 可逆变化到与环境平衡的状态的技术功。

　　质量为 m 的工质流经控制体积时可做出的最大有用功为

$$W_{u, max} = H_1 - H_0 - T_0(S_1 - S_0) \tag{1-75}$$

据以上分析,稳流工质的做功能力,在确定的环境状态下只是工质状态的函数,所以也可认为是状态参数,通常称为焓㶲,用 $E_{x, H}$ 表示,1 kg 工质的焓㶲 $e_{x, H}$ 则为

$$e_{x, H} = h - h_0 - T_0(s - s_0) \tag{1-76}$$

或

$$E_{x, H} = H - H_0 - T_0(S - S_0) \tag{1-77}$$

稳流工质从状态 1 变化到状态 2 可做出的最大有用功为状态 1 和状态 2 之间的焓㶲差:

$$W_{u, max, 1-2} = E_{x, H, 1} - E_{x, H, 2} = H_1 - H_2 - T_0(S_1 - S_2) \tag{1-78}$$

1 kg 工质从状态 1 变化到状态 2 可做的最大有用功为

$$w_{u, max, 1-2} = e_{x, H, 1} - e_{x, H, 2} = h_1 - h_2 - T_0(s_1 - s_2) \tag{1-79}$$

式(1-79)表明稳流工质焓变 $h_1 - h_2$ 中有一部分,即 $T_0(s_1 - s_2)$,是不可能转变成为功的。

焓㶲计算中忽略了动能差和位能差,当不能忽略动能时,稳流工质的做功能力称为物流㶲,用 E_x(或 e_x)表示为

$$E_x = H - H_0 - T_0(S - S_0) + \frac{mc_f^2}{2}, \quad e_x = h - h_0 - T_0(h - h_0) + \frac{c_f^2}{2} \tag{1-80}$$

1.9.4* 做功能力(㶲)损失与熵产

由前面分析已知,闭口系工质从状态 1 可逆变化到状态 2,可做的最大有用功是

$$W_{u, max, 1-2} = (U_1 - U_2) - T_0(S_1 - S_2) + p_0(V_1 - V_2)$$

若过程不可逆,同样从状态 1 变化到状态 2,输出有用功为

$$W'_{u, 1-2} = Q' - (U_2 - U_1) - p_0(V_2 - V_1) = Q' + (U_1 - U_2) + p_0(V_1 - V_2)$$

式中:Q' 为工质从状态 1 不可逆变化到状态 2 与环境介质交换的热量。

所以,闭口系统由于不可逆性造成的做功能力损失

$$\begin{aligned}
I &= W_{u, max, 1-2} - W'_{u, 1-2} \\
&= (U_1 - U_2) - T_0(S_1 - S_2) + p_0(V_1 - V_2) - [Q' + (U_1 - U_2) + p_0(V_1 - V_2)] \\
&= T_0(S_2 - S_1) - Q' = T_0\left[(S_2 - S_1) - \frac{Q'}{T_0}\right] = T_0(\Delta S_{1-2} - S_f)
\end{aligned}$$

即

$$I = T_0 S_g \tag{1-81}$$

把工质及环境取作系统,则此孤立系统的熵变即为工质状态变化过程的熵产,于是

$$I = T_0 \Delta S_{iso} \tag{1-82}$$

稳态流动的工质,在不可逆过程中的做功能力损失也应是初、终态相等的可逆过程中的有用功(即技术功)和不可逆过程有用功的差,即

$$
\begin{aligned}
I &= W_{u,\max,1-2} - W'_{t,1-2} \\
&= H_1 - H_2 - T_0(S_1 - S_2) - [Q' - (H_2 - H_1)] = T_0(S_2 - S_1) - Q'
\end{aligned}
$$

因为环境是唯一热源，所以由熵方程 $\Delta S_{1-2} = S_2 - S_1 = S_f + S_g$，可得 $S_2 - S_1 = \dfrac{Q'}{T_0} + S_g$，因此

$$
Q' = T_0[(S_2 - S_1) - S_g]
$$

将此式代入上式做功能力损失的计算式中，得

$$
I = T_0 S_g \tag{1-83}
$$

式(1-81)和式(1-83)表明，无论是闭口系统还是稳流开口系统，工质因过程不可逆引起的做功能力的损失都是过程熵产(即孤立系统熵增)与环境介质温度的乘积。由于导出过程并未对工质的性质、不可逆过程的种类，以及工质温度与环境温度的关系做出限定，所以不论什么工质，不论何种不可逆过程，也不论工质温度是高于还是低于环境温度，工质的做功能力的损失均可用式(1-81)～式(1-83)计算。

【例1-14】 某柴油机排气温度为557 ℃，排气压力为0.1 MPa。若废气性质可近似当作空气处理，满足 $pv = R_g T$。假定废气等压放热，比定压热容取定值，$c_p = 1.005\ \mathrm{kJ/(kg \cdot K)}$，过程熵变 $\Delta s_{1-2} = c_p \ln \dfrac{T_2}{T_1}$。试问从1 kg废气中最多能回收多少功？(环境温度为17 ℃)

【解】 (1) 方法1。

以废气为热源，环境介质为冷源，其间设置一个以空气为工质的可逆热机，使之工作到废气温度与环境温度相等，该热机输出的功即为所求。废气等压放热，温度不断降低，因此是变温热源。因为热机可逆，所以热机工质空气等压吸热与废气等压放热过程线重合且反向，如图1-31所示。

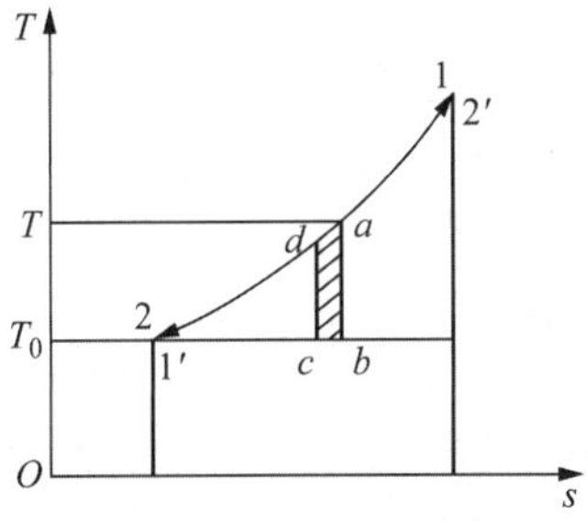

图1-31　例1-14附图

考察微元循环 $abcda$，可以假定其微元吸热过程的温度为 T，则热效率 $\eta_t = 1 - \dfrac{T_0}{T}$，微元循环输出净功为

$$
\delta w_{net} = \eta_t \delta q_1 = \left(1 - \frac{T_0}{T}\right) \delta q_1
$$

$$
\begin{aligned}
w_{net} &= q_1 - T_0 \int_1^2 \frac{\delta q_1}{T} = c_p(T_{2'} - T_{1'}) - T_0 \int_1^2 \frac{c_p \mathrm{d}T}{T} \\
&= c_p \left[(T_{2'} - T_{1'}) - T_0 \ln \frac{T_{2'}}{T_{1'}}\right] \\
&= 1.005\ \mathrm{kJ/(kg \cdot K)} \times \left\{(557 - 17)\mathrm{K} - (17 + 273)\mathrm{K} \times \ln\left[\frac{(557 + 273)\mathrm{K}}{(17 + 273)\mathrm{K}}\right]\right\} \\
&= 236.2\ \mathrm{kJ/kg}
\end{aligned}
$$

(2) 方法2。

若废气流入大气，最终与大气平衡，其㶲完全消失，因此这一过程中的㶲损失也就是题目要求解的可从废气回收的最大功。

废气放热量为

$$q_{\text{gas}} = c_p(T_2 - T_1) = 1.005 \ (\text{kJ/kg} \cdot \text{K}) \times (17 - 557)\text{K} = -542.7 \ \text{kJ/kg}$$

废气熵变为

$$\Delta s_{1-2} = c_p \ln\frac{T_2}{T_1} - R_g \ln\frac{p_2}{p_1} = c_p \ln\frac{T_2}{T_1}$$

$$= 1.005 \ (\text{kJ/kg} \cdot \text{K}) \times \ln\left[\frac{(17+273)\text{K}}{(557+273)\text{K}}\right] = -1.056\ 8 \ \text{kJ/(kg} \cdot \text{K)}$$

$$s_f = \frac{q_{\text{gas}}}{T_r} = \frac{q_{\text{gas}}}{T_0} = -\frac{542.7 \ \text{kJ/kg}}{290 \ \text{K}} = -1.871\ 4 \ \text{kJ/(kg} \cdot \text{K)}$$

$$s_g = \Delta s_{1-2} - s_f$$

$$= -1.056\ 8 \ \text{kJ/(kg} \cdot \text{K)} - [-1.871\ 4 \ \text{kJ/(kg} \cdot \text{K)}] = 0.814\ 6 \ \text{kJ/(kg} \cdot \text{K)}$$

$$I = T_0 s_g = (273+17)\text{K} \times 0.814\ 6 \ \text{kJ/(kg} \cdot \text{K)} = 236.2 \ \text{kJ/kg}$$

(3) 方法 3。

废气的焓㶲即为柴油机排气的最大做功能力,故题求即为废气焓㶲。

$$e_{x,H} = h_1 - h_0 - T_0(s_1 - s_0)$$

$$= c_p(T_1 - T_0) - T_0\left[c_p\ln\frac{T_1}{T_0} - R_g\ln\frac{p_1}{p_0}\right] = c_p\left[(T_1 - T_0) - T_0\ln\frac{T_1}{T_0}\right]$$

$$= 1.005 \ (\text{kJ/kg} \cdot \text{K}) \times \left\{(557-17)\text{K} - (17+273)\text{K} \times \ln\left[\frac{(557+273)\text{K}}{(17+273)\text{K}}\right]\right\}$$

$$= 236.2 \ \text{kJ/kg}$$

【点评】　热力设备中排放的高温废气(液)常常含有大量的㶲,除假设废气(液)为热源,让热机循环回收外,还可以利用熵或㶲的方法求取。

【例 1-15】　若室外空气温度为 -5 ℃,为保持计算机房内温度恒定为 20 ℃,需每小时向机房供热 7 200 kJ,计算并分析:(1) 如采用电热器供暖,需消耗多少电功率? 每小时㶲损失多少? (2) 如采用电动热泵,供给热泵的电功率最小是多少? (3) 如采用平均放热温度为 70 ℃的热水供热,每小时㶲损失是多少?

【解】　(1) 采用电热器供热,电能转变成热能供给机房,所以需消耗的电功率即是向机房的供热功率为

$$P = q_\Phi = \frac{7\ 200}{3\ 600}\text{kJ/s} = 2 \ \text{kW}$$

取房内空气为闭口系统,因其维持 20 ℃,并且可认为室内压力也保持不变,所以 $\Delta S_{1-2} = 0$,空气向户外大气放热,故熵流为

$$\dot{S}_f = \frac{q_Q}{T_r} = \frac{q_Q}{T_0} = \frac{-7\ 200 \ \text{kJ/h}}{[273+(-5)]\text{K}} = -26.87 \ \text{kJ/(K} \cdot \text{h)}$$

由闭口系统熵方程,$\Delta S_{1-2} = S_f + S_g$,故

$$\dot{S}_{\mathrm{g}} = \Delta \dot{S}_{1-2} - \dot{S}_{\mathrm{f}} = -\dot{S}_{\mathrm{f}} = 26.87 \ \mathrm{kJ/(K \cdot h)}$$

做功能力损失为

$$\dot{I} = T_0 \dot{S}_{\mathrm{g}} = (273 - 5)\mathrm{K} \times 26.87 \ \mathrm{kJ/(K \cdot h)} = 7\,200 \ \mathrm{kJ/h} = 2 \ \mathrm{kW}$$

（2）若采用逆向卡诺循环的热泵，供给热泵的电功率可最小。逆向卡诺循环热泵的供暖系数为

$$\varepsilon' = \frac{T_R}{T_R - T_0} = \frac{(273 + 20)\mathrm{K}}{[20 - (-5)]\mathrm{K}} = 11.72$$

故

$$P = \frac{q_\Phi}{\varepsilon'} = \frac{7\,200 \ \mathrm{kJ/h}}{11.72} = 624.33 \ \mathrm{kJ/h} = 0.171 \ \mathrm{kW}$$

（3）若用平均温度为 70 ℃的热水供热，仍取房内空气为系统，其 $\Delta S_{1-2} = 0$，因空气自热水吸热，向室外大气放热，维持室内温度，所以吸热量等于放热量。过程的熵流为

$$\dot{S}_{\mathrm{f}} = \dot{S}_{\mathrm{f1}} + \dot{S}_{\mathrm{f2}} = \frac{q_Q}{T_{r1}} + \frac{-q_Q}{T_{r2}} = q_Q \left(\frac{1}{T_{r1}} - \frac{1}{T_{r2}} \right)$$

$$= 7\,200 \ \mathrm{kJ/h} \times \left[\frac{1}{(273 + 70)\mathrm{K}} - \frac{1}{(273 - 5)\mathrm{K}} \right] = -5.874 \ \mathrm{kJ/(K \cdot h)}$$

$$\dot{S}_{\mathrm{g}} = \Delta \dot{S}_{1-2} - \dot{S}_{\mathrm{f}} = -\dot{S}_{\mathrm{f}} = 5.874 \ \mathrm{kJ/(K \cdot h)}$$

$$I = T_0 S_{\mathrm{g}} = (273 - 5)\mathrm{K} \times 5.874 \ \mathrm{kJ/(K \cdot h)} = 1\,574.3 \ \mathrm{kJ/h} = 0.437 \ \mathrm{kW}$$

【点评】　本题中三种方法都能使机房维持恒定温度，但第一种方法需向电加热器提供 2 kW 的电功率，由于电能最终转变成传向环境介质的热量，故其所具备的㶲全部损失。第三种方法用平均温度为 70 ℃的热水供热，虽然这些热量也通过房内空气传递到环境大气，但由于热水温度低，故其传出热量中的㶲较少，㶲损失不大。第二种方法由于逆向卡诺循环热泵的供暖系数较大，故消耗的电功率（也就是最终㶲损失）最小。这里可看出，第一种方法从热力学角度、从合理用能的角度上来说是不够合理的，应尽可能采用第二种、第三种方法，在用能过程中注意能量品质的匹配，避免"大材小用"。

1.10　小结

本章主要构筑工程热力学基本概念，讨论工程热力学的基本理论。

工程热力学是主要研究能量，特别是热能与机械能相互转换的规律及其在工程中的应用的学科。热能与机械能的相互转换需要借助媒介物质在一定的热力设备中通过某种过程来实现，所以引进热能动力装置、热力系统、平衡态、基本状态参数、可逆过程、循环，以及过程的功和热量等，另外，围绕工程应用还引进表征能量利用经济性的概念，如热效率等。

对概念的理解是抓住概念的本质，并且正确地把握和应用。例如状态参数只是状态的函数，因而，不论过程是否可逆，只要初、终态相同，其变化量就相同，进行循环后状态参数必定回复到原值等。又如区分开口系统和闭口系统的关键在于是否有质量越过边界而不在于系统内

质量是否改变;进行可逆过程与不可逆过程后系统都可以再回复原来状态,但进行可逆过程后回复原来状态可以不在外界留下任何影响,而不可逆过程后回复原来状态必定在外界留下不可逆转的影响;可逆过程可在状态参数图上用实线表示其经历的无数个平衡状态,不可逆过程在状态参数图上只能表示过程中可能存在的若干平衡状态,故而只能用虚线示意;过程的热量和体积功都是过程量,可逆过程的功和热量可分别用压容(p-v)图和温熵(T-s)图上过程线与横轴包围的面积表示,而不可逆过程的示意虚线与横轴围成的面积没有实质意义。

热力学第一定律的实质是能量守恒与转换定律在热现象中的应用。形式不同的热力学第一定律表达式实质是一样的,可以表达为"输入系统的能量减去输出系统的能量等于系统储能的增量",热力学第一定律的精髓在于过程中能量数量守恒。在不计宏观动能和位能变化时,闭口系统没有物质越过边界,故其系统储能变化仅是热力学能的变化。运行中的热力设备大多有工质流入、流出,而开口系统引进(或排出)工质时引进(或排出)系统的能量涉及物质的热力学能和推动功,故能量方程中应采用焓的概念。热能动力装置大部分时间在稳定状态下运行,所以稳定流动能量方程 $\delta q = \mathrm{d}h + \delta w_t$ 是工程应用最广泛的方程,但要强调的是热力学第一定律的解析式 $\delta q = \mathrm{d}u + \delta w$,是热能转变为机械能的基本表达式。具体建立能量方程时还需要注意,任何能量方程都是针对具体的系统的,所以同一问题取不同系统可建立不同形式的能量方程;只有在能量越过边界时才有功或热量在能量方程中出现。

热力学第二定律是阐明与热现象有关的各种过程进行的方向、条件和进行的限度的定律。热力学第二定律指明过程进行的结果使孤立系统熵增大,其实质是在能量的传递和转移过程中能量的数量不变,可转换性下降。只有同时满足热力学第一定律和热力学第二定律的过程才能实现。

熵是热力学中抽象但很重要的概念。熵参数的变化与过程的方向性,与过程进行的程度、条件密切联系。与能量、动量等物理量不一样,熵是不守恒的,表示系统熵的收支平衡的熵方程的核心是不可逆过程的熵产。孤立系统的熵只增不减是因为一切过程均不可逆,故熵不断地产生。把与研究的系统发生质、能交换的外界综合组成孤立系统,只有使孤立系统的熵增大的实际过程才可以进行,当孤立系统的熵达到极大值时,系统达到平衡状态,这就是孤立系统的熵增原理,孤立系统的熵增原理是过程进行方向和达到平衡的判据。

能量除了数量的属性外还有质量的差异,用能的实质是用㶲。能量(或物质)的㶲(即做功能力)是给定的环境条件下能量(或物质)只与环境换热做出的最大有用功。不可逆过程的㶲损失正比于熵产,比例系数为环境温度。

思 考 题 1

1-1　系统平衡状态与稳定状态有什么区别?

1-2　什么是状态参数?状态参数有什么特征?经过可逆循环和不可逆循环后的状态参数有不同吗?为什么?

1-3　工质的压力不变化,测量它的压力表或真空表的读数是否会变化?为什么?

1-4　准平衡过程与可逆过程有什么区别和联系?

1-5　功的热力学定义与力学定义有什么区别?功和热量有什么异同?

1-6　物系的总能量包含哪些?宏观动能和微观动能有何区别?

1-7　工质吸热后其热力学能是否一定增加?

1-8　膨胀功、推动功、技术功、轴功有何区别和联系?

1-9　自发过程的方向性的实质是什么?

1-10　热力学第二定律为什么有多种说法? 它们之间是否有必然联系?

1-11　两台在两个相同恒温热源之间分别采用空气和水蒸气为工质进行卡诺循环的热机,哪一台的热效率较高? 为什么?

1-12　以下说法有无错误或不完全的地方:(1) 熵增大的过程必为不可逆过程。(2) 不可逆过程的熵变无法计算。(3) 工质经过一个不可逆循环后,$\Delta S > 0$。

1-13　什么是熵流? 什么是熵产? 熵流及熵产是否为状态参数? 气体的绝热自由膨胀过程中系统与外界没有交换热量,为什么熵增大?

1-14　克劳修斯积分不等式 $\oint \dfrac{\delta Q}{T_r} < 0$,是否与孤立系统的熵增原理相矛盾?

1-15　既然孤立系统的总能量不变,为何孤立系统会有做功能力(㶲)损失? 系统㶲损失中温度为什么用环境温度而不用低温热源温度?

1-16　节约用能与热力学第二定律有什么关系?

习　题　1

1-1　用水银压力计测量容器中气体的压力,在水银柱上加一段水,设水柱高 1 020 mm,水银柱高 900 mm。当时大气压力计上的读数是 $p_b = 755$ mmHg。 求容器中气体的压力(用 Pa 表示)。

1-2　容器中的真空度为 $p_v = 600$ mmHg,气压计上表压力为 $p_b = 755$ mmHg,求容器中气体的绝对压力(用 Pa 表示)。如果容器中的绝对压力不变,而气压计上表压力为 $p_b = 770$ mmHg,求此时真空表的读数(以 mmHg 表示)。

1-3　用斜管压力计测量锅炉烟道气体的真空度(见图 1-32),管子倾斜角 $\alpha = 30°$,压力计使用密度 $\rho = 0.8$ g/cm³ 的煤油,斜管中液柱长 $l = 200$ mm,当地大气压 $p_b = 745$ mmHg。 求烟气的真空度(mmH₂O)及绝对压力(Pa)。

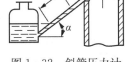
图 1-32　斜管压力计

1-4*　目前,世界上还有少数国家使用华氏温标,其符号为 t_F,单位为℉。华氏温度与摄氏温度的换算关系为 $t(℃) = \dfrac{5}{9}[t(℉) - 32]$。 若已知华氏温度为 167 ℉,将其换算成摄氏温度并计算其热力学温度。

1-5　气体初态为 $p_1 = 0.3$ MPa, $V_1 = 0.2$ m³,若在等压条件下缓慢可逆地膨胀到 $V_2 = 0.8$ m³,求气体膨胀所做的功。

1-6　1 m³ 空气, $p_1 = 0.2$ MPa,在可逆定温膨胀后容积为原来的 2 倍。求:终压 p_2 和气体所做的膨胀功(空气可逆定温膨胀时 $pv =$ 常数)。

1-7*　气球直径为 0.4 m,球内充有压力为 150 kPa 的空气,由于太阳辐射加热,气球直径增大到 0.45 m,若球内气体压力正比于气球的直径,试求过程中气体对外做功。

1-8　气体在某一过程中吸收热量 60 J,同时热力学能增加了 34 J,问此过程是否为压缩过程? 气体对外做功多少?

1-9　在冬季,工厂某车间每小时经过墙壁等处损失热量 3 000 000 kJ,车间各工作机器消耗的动力功率为 400 kW,假定其最终全部变成热能散发在车间内。另外,室内经常点着 50盏 100 W 的电灯。问为使车间内温度保持不变,每小时需要另外输入多少热量?

1-10　水在 101 325 Pa、100 ℃下定压汽化,比体积由 0.001 m³/kg 增加到 1.763 m³/kg,汽化潜热为 2 250 kJ/kg。已知定压汽化过程汽化潜热即为焓差,试求 1 kg 水在定压汽化过程中的热力学能变化量。

1-11　某定量工质经历了 1—2—3—4—1 循环,试填充下表所缺的数据。

过程	Q/kJ	W/kJ	ΔU/kJ
1—2		0	1 390
2—3	0	395	
3—4		0	−1 000
4—1	0		

1-12　质量为 1 275 kg 的汽车以 60 000 m/h 速度行驶,经刹车制动后速度降至 20 000 m/h,假定刹车过程中 0.5 kg 的刹车带和 4 kg 的钢刹车鼓均匀加热,但与外界没有传热,已知刹车带和钢刹车鼓的比热容分别是 1.1 kJ/(kg·K) 和 0.46 kJ/(kg·K),求刹车带和刹车鼓的温升。

1-13　以压缩空气为工作介质的小型高速汽轮机的进气参数为 400 kPa、50 ℃,经绝热膨胀排出汽轮机时的参数为 150 kPa、−30 ℃,问为产生 100 W 的功率所需的质量流量。已知空气的焓仅是温度的函数,$h = c_p T$。

1-14　便携式吹风机以 18 m/s 吹出空气,质量流量为 0.2 kg/s,若吹风机前后的空气压力和温度均无显著变化,求吹风机的最小功率。已知空气的焓仅是温度的函数,$h = c_p T$。

1-15　空气在压气机中被压缩,压缩前空气的参数为 $p_1 = 0.1$ MPa,$v_1 = 0.845$ m³/kg。压缩后空气的参数是 $p_2 = 1$ MPa,$v_2 = 0.175$ m³/kg。设在压缩过程中 1 kg 空气的热力学能增加 146.5 kJ,同时向外放出热量 50 kJ。压气机每分钟产生压缩空气 1 kg。求带动此压气机要用多大功率的电动机?

1-16　1 kg 空气由 $p_1 = 1.0$ MPa,$t_1 = 500$ ℃,膨胀到 $p_2 = 0.1$ MPa,$t_2 = 500$ ℃,过程中空气吸热 506 kJ,求:(1) 空气的热力学能变化量及膨胀功;(2) 若在与上述相同的初、终态之间空气仅吸热 39.1 kJ,求空气在过程中做的功。假定空气可作为理想气体,其热力学能只是温度的函数。

1-17　水在绝热容器中与水蒸气混合而被加热,水流入时压力为 200 kPa,温度为 20 ℃,比焓为 84 kJ/kg,质量流量为 100 kg/min。水蒸气流入时的压力为 200 kPa,温度为 300 ℃,比焓为 3 072 kJ/kg。混合物流出时的压力为 200 kPa,温度为 100 ℃,比焓为 419 kJ/kg,问每分钟需要多少水蒸气。

1-18　某蒸汽动力厂中,锅炉以质量流量 40 000 kg/h 向汽轮机供蒸汽。汽轮机进口处压力表的读数是 8.9 MPa,蒸汽的比焓是 3 441 kJ/kg。汽轮机出口处真空表的读数是

730.6 mmHg,出口蒸汽的比焓是 2 248 kJ/kg,汽轮机向环境散热功率为 6.81×10^5 kJ/h。 若当地大气压是 760 mmHg,求:(1) 进、出口处蒸汽的绝对压力;(2) 不计进、出口动能差和位能差时汽轮机的功率;(3) 若进、出口处蒸汽的速度分别为 70 m/s 和 140 m/s 时对汽轮机的功率有多大的影响?(4) 若汽轮机进、出口的高度差为 1.6 m 时对汽轮机的功率又有多大的影响?

1-19　向大厦供水的主管线埋在地下 5 m 处,管内压力为 600 kPa,由水泵加压,把水送到大厦各层。经水泵加压,在距地面 150 m 高处的大厦顶层水压仍有 200 kPa,假定水温为 10 ℃,质量流量为 10 kg/s,忽略水热力学能差和动能差,假设水的比体积为 0.001 m^3/kg,求水泵消耗的功率。

1-20　用水泵从河里向 20 m 高的灌溉渠送水,河水的温度为 10 ℃、压力为 100 kPa,假定输水管道绝热,从管道流出的水保持 10 ℃,水的热力学能近似不变。若水的质量流量为 5 kg/s,求水泵消耗的功率。

1-21　一种切割工具利用从喷嘴射出的高速水流切割材料,供水压力为 100 kPa、温度为 20 ℃、喷嘴内径为 0.002 m 时,射出水流温度为 20 ℃、压力为 200 kPa、流速为 1 000 m/s,已知在 200 kPa、20 ℃时,$v = 0.001\ 002$ m^3/kg,假定可近似认为水的比体积不变,求水泵功率。

1-22*　有一个储气罐,初始时内部为真空,将其连接到输气管道进行充气。已知输气管内气体的状态始终保持稳定,其比焓为 h,若经过 τ 时间的充气后,储气罐内气体的质量为 m,比热力学能为 u',如忽略充气过程中气体的宏观动能和位能的影响,而且储气罐及管道等都是刚性绝热的,试证明 $u' = h$。

1-23　一台卡诺热机在温度为 873 K 和 313 K 的两个热源之间,若该热机每小时从高温热源吸热 36×10^4 kJ,试求:(1) 热机的热效率;(2) 热机产生的功率;(3) 热机每小时排向冷源的热量。

1-24　有一台循环发动机,工作于热源 $T_1 = 1\ 000$ K 及冷源 $T_2 = 400$ K 之间,若该热机从热源吸热 1 360 kJ,做功 833 kJ,问该热机循环是可逆的还是不可逆的或是根本不能实现的?

1-25　为使冷库保持 -20 ℃,需要将 419 000 kJ/h 的热流量排向环境,若环境温度 $t_0 = 27$ ℃,试求理想情况下每小时所消耗的最小功和排向大气的热量。

1-26　利用热泵从 90 ℃的地热水中把热量传到 160 ℃的热源中,每消耗 1 kW 电,热源最多能得到多少热量?

1-27　有 1 kg 饱和水蒸气在 100 ℃下等压凝结为饱和水,凝结过程中放出热量 2 260 kJ,并为环境所吸收,若环境温度为 30 ℃,工质熵变 $\Delta s_w = -6.059$ kJ/(kg·K),求:(1) 过程的熵流和熵产;(2) 由工质和环境大气组成的孤立系统的熵变。

1-28　1 kg 空气在压缩设备中自进口($T_1 = 300$ K、$p_1 = 0.1$ MPa)不可逆绝热压缩到出口($p_2 = 0.45$ MPa、$T_2 = 500$ K),空气的熵增 $\Delta s_{1-2} = 0.081\ 7$ kJ/(kg·K)。 试求:(1) 运行此设备的耗功;(2) 该过程的熵产及㶲损失。将空气作为理想气体,比定压热容取定值,$c_p = 1.005$ kJ/(kg·K),环境温度 $T_0 = 300$ K。

1-29　有人设计了一台热机,工质分别从温度为 $T_1 = 800$ K 和 $T_2 = 500$ K 的两个高温热源吸热,$Q_1 = 1\ 500$ kJ,$Q_2 = 500$ kJ,以 $T_0 = 300$ K 的环境为冷源,放热 Q_3,问:(1) 要求热机做出循环净功 $W_{net} = 1\ 000$ kJ,该循环能否实现?(2) 最大循环净功 $W_{net,\ max}$ 为多少?

1-30　将 500 kg、温度为 20 ℃的水在定压($p = 0.1$ MPa)下用电加热器加热到 90 ℃,若

不计散热损失,环境大气温度为 20 ℃,水的比定压热容取 4.187 kJ/(kg·K),求此加热过程消耗的电能及产生的㶲损失。已知水的熵变 $\Delta s_w = 0.897$ kJ/(kg·K)。

1-31 有一台热机在 1 200 K 的高温热源和 320 K 的低温热源之间工作,该热机的循环由两个等温过程和两个绝热过程构成,但由于传热不可逆,工质在吸热及放热时与热源有 20 K 的温差,(1) 试求这一不可逆循环的热效率;(2) 由于传热的不可逆性,问热源每提供 1 000 kJ 热量时㶲损失是多少?

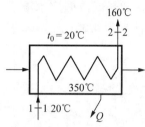

图 1-33 习题 1-32 附图

1-32 某船用空气加热器,利用蒸汽加热助燃空气(见图 1-33)。空气流经加热器的压降可忽略不计,在加热器中空气由 20 ℃升高到 160 ℃,设加热蒸汽的平均温度为 350 ℃,环境温度为 20 ℃,加热器效率为 90%,求该过程的㶲损失。空气的比热容可取定值,$c_p = 1.004$ kJ/(kg·K),空气的 $\Delta s_{1-2} = c_p \ln \dfrac{T_2}{T_1} - R_g \ln \dfrac{p_2}{p_1}$。

1-33* 一种固体蓄热器利用太阳能加热岩石块蓄热,岩石块的温度可达 400 K。现有体积为 2 m³ 的岩石床,其中岩石密度 $\rho = 2\,750$ kg/m³,比热容 $c = 0.89$ kJ/(kg·K),岩石块的熵变 $\Delta s = c \ln \dfrac{T_2}{T_1}$。求岩石块降温到环境温度(290 K)时,其释放的热量转换为功的最大值。

1-34* 傅里叶定律是在实验的基础上建立起来的,它指出:单位时间内通过厚度为 dx 的大平壁所传导的热量,即热流量 Φ,与此平壁内的温度变化率 $\dfrac{dt}{dx}$ 和垂直于热量传递方向的截面积 A 成正比,其表达式为 $\Phi = -\lambda A \dfrac{dt}{dx}$。式中:$\lambda$ 为热导率或导热系数,单位是 W/(m·K)。今有一块处于稳定状态的平板,已知其厚度 $\delta = 25$ mm、面积 $A = 0.1$ m²、平板材料的平均导热系数 $\lambda = 0.2$ W/(m·K)。若从平板一侧到另一侧的温降为 15 ℃,试求热流量 Φ。

第2章 气体的性质

气体是常用的工质,工程上常常把气体分为理想气体和实际气体两大类。本章讨论理想气体和作为实际气体代表的水蒸气的性质。自然界中没有真正的理想气体,但在常温常压下,工程上常见气体的性质都非常接近假想的理想气体,把这些气体当作理想气体不致引起很大的误差。电厂循环中的水蒸气,以及冰箱中制冷剂的蒸气等则不能当作理想气体看待,否则在计算中将会产生很大的误差。

2.1 状态方程

处于平衡状态的简单可压缩系统,如内燃机中的燃气,可用多个确定的参数描述其所处的状态,这些参数服从一定关系式。其中,温度 T、压力 p 和比体积 v 这三个基本状态参数之间的关系式 $F = F(p, v, T)$ 称为状态方程式。

2.1.1 理想气体的状态方程式

理想气体是工程热力学中的一个常用概念,是在人们长期观察研究自然界的气体后所提出的一种假想的气体模型,假定它的分子是一些弹性的、本身不占有体积的质点,并且分子相互之间除碰撞外不存在相互作用。

提出理想气体模型的目的是为了便于研究自然界中客观存在的、比较复杂的真实气体,从复杂的现象中抓住事物的本质使问题得到合理的简化。自然界中并不存在真正的理想气体,但这些理想气体的假设并不是凭空臆想出来的。常见的氢气、氮气、氧气、二氧化碳、空气、烟气等,在常温常压下,它们的性质都非常接近假想的理想气体,在工程应用所要求的精确度内,完全可以把这些气体当作理想气体看待,而不致引起很大的误差。空气中及烟气中所含有的水蒸气,因其分压力小、比体积大,亦可当作理想气体看待。动力工程中锅炉产生的水蒸气,以及制冷剂(如氨、氟利昂等)蒸气、石油气等,由于它们的性质与液态接近,不能忽略蒸气分子本身所占有的体积和分子间的相互作用力,因而不能当作理想气体看待。对于与液态较接近及不能忽略分子本身的体积和分子间作用力的气体,称为实际气体。任何实际气体在压力趋于零,比体积趋于无穷大且温度不是很低的时候,均具有理想气体的性质。

理想气体的提出,无论是对工程实践或是对理论问题的研究都有着重要的意义。本书以后章节中所提到的"气体",若不特别指明其含义,指的就是理想气体。

早在分子运动学说系统化之前,许多物理学家已对气体的状态变化做了大量的观察和实验研究,建立了一系列的实验定律。克拉佩龙(B. P. E. Clapeyron, 1799—1864)根据前人的大量实验,提出了理想气体在平衡状态时 p、v、T 之间的关系式,即理想气体的状态方程式为

$$pv = R_g T \qquad (2-1)$$

式中：p 为气体的压力，Pa；v 为气体的比体积，m^3/kg；T 为气体的热力学温度，K；R_g 为气体常数，$J/(kg \cdot K)$。

气体常数 R_g，仅取决于气体的性质，与气体的状态无关。几种常见气体的气体常数见表 2-1。式(2-1)是质量为 1 kg 的理想气体的状态方程式，也称克拉佩龙方程式。

表 2-1　几种常见气体的气体常数和低压下的比热容

物质名称	$M/$ $(10^{-3}$ kg/mol)	$R_g/$ $[J/(kg \cdot K)]$	$c_p/$ $[J/(kg \cdot K)]$	$c_V/$ $[J/(kg \cdot K)]$	γ
氢气(H_2)	2.016	4 124.0	14 320	10 190	1.40
氦气(He)	4.003	2 077.0	5 200	3 123	1.67
甲烷(CH_4)	16.043	518.3	2 227	1 709	1.30
氨气(NH_3)	17.031	488.2	2 130	1 642	1.30
水蒸气(H_2O)	18.015	461.5	1 867	1 406	1.33
氮气(N_2)	28.013	296.8	1 038	742	1.40
一氧化碳(CO)	28.011	296.8	1 042	745	1.40
二氧化碳(CO_2)	44.010	188.9	845	656	1.29
氧气(O_2)	32.000	259.8	917	657	1.39
空气	28.970	287.0	1 004	717	1.40

从式(2-1)可看出，描述气体状态的三个基本状态参数 p、v、T 中，只有两个是独立的，只要给定三个基本状态参数中的任意两个，气体的状态就被确定了。若气体的质量为 m，将式(2-1)两边各乘以 m，则得理想气体的状态方程式为

$$pV = mR_g T \tag{2-2}$$

式中：V 为气体的体积。

将式(2-1)两边各乘以气体的摩尔质量 M(1 mol 物质的质量，单位符号为 kg/mol，在数值上恰好等于该物质的相对分子质量 M)，得

$$pV_m = RT \tag{2-3}$$

式中：$V_m = Mv$ 为气体的摩尔体积；R 为摩尔气体常数。

根据阿伏伽德罗定律，同温同压下，1 mol 的任何气体都具有相同的体积，实验测得标准状态(压力为 101 325 Pa，温度为 273.15 K)下，1 mol 任何气体的体积都是 22.414 L(1 L = 10^{-3} m^3)。现将标准状态下的压力、温度及摩尔体积代入式(2-3)可得

$$R = \frac{p_0 V_m}{T_0} = \frac{101\ 325\ \text{Pa} \times 22.414 \times 10^{-3}\ \text{m}^3/\text{kg}}{273.15\ \text{K}} = 8.314\ 5\ \text{J}/(\text{mol} \cdot \text{K}) \tag{2-4}$$

由此得出结论，对于各种气体，R 都等于 8.314 5 $J/(mol \cdot K)$。它与气体的性质和状态均无关，故 R 又称为通用气体常数。

显然，通用气体常数和气体常数之间有

$$R = R_g M \tag{2-5}$$

由式(2-5)可知,只要知道气体的摩尔质量 M,就可以由通用气体常数 R 求得气体常数 R_g。

物质的量为 n 的理想气体状态方程可写成

$$pV = nRT \tag{2-6}$$

式中: V 为物质的量为 n 的气体所占的体积,单位是 m^3。

式(2-1)、式(2-2)以及式(2-6)是理想气体状态方程式,分别描写质量为 1 kg、质量为 m 以及物质的量为 $n(mol)$ 的气体状态变化的规律。

2.1.2* 实际气体的状态方程式和通用压缩因子图

因为水蒸气等实际气体并不符合理想气体的假设,所以虽然理想气体的状态方程式的形式简单,但不能用来确定水蒸气、氨蒸气等实际气体的 p、v、T 之间的关系。为了求得准确的实际气体状态方程式,百余年来人们从理论分析的方法、经验或半经验半理论的方法推导出了成百上千个状态方程式。对于实际气体状态方程式的研究工作目前仍在继续进行,并且不断取得新的进展。在实际气体的状态方程的研究历程中,具有特殊意义的是范德瓦耳斯方程。

1873 年,范德瓦耳斯(Van der Waals,1837—1923)针对理想气体的两个假设,对理想气体的状态方程进行修正,提出了范德瓦耳斯状态方程

$$\left(p + \frac{a}{V_m^2} \right) (V_m - b) = RT \tag{2-7}$$

式中: a、b 为范德瓦耳斯常数,是与气体种类有关的正常数(见表 2-2),据实验数据确定; $\frac{a}{V_m^2}$ 为内压力; $(V_m - b)$ 为分子可自由活动的空间。

表 2-2 临界参数和范德瓦耳斯常数

物 质	T_c/K	$p_c/$ MPa	$V_{m,c} \times 10^3 /$ (m^3/mol)	$z_c \left(= \dfrac{p_c V_{m,c}}{R_g T_c} \right)$	$a/$ $(m^6 \cdot Pa/mol^2)$	$b \times 10^{-3} /$ (m^3/mol)
空气	132.5	3.77	0.088 3	0.302	0.135 8	0.036 4
一氧化碳	133.0	3.50	0.093 0	0.294	0.146 3	0.039 4
正丁烷	425.2	3.80	0.254 7	0.274	1.380 0	0.119 6
氟利昂 12	384.7	4.01	0.217 9	0.273	1.078 0	0.099 8
甲烷	191.1	4.64	0.099 3	0.290	0.228 5	0.042 7
氮气	126.2	3.39	0.089 9	0.291	0.136 1	0.038 5
乙烷	305.5	4.88	0.148 0	0.284	0.557 5	0.065 0
丙烷	370.0	4.26	0.199 8	0.277	0.931 5	0.090 0
二氧化硫	430.7	7.88	0.121 7	0.268	0.683 7	0.056 8

注: 本表中临界参数摘自参考文献[15],范德瓦耳斯常数摘自参考文献[16]。

范德瓦耳斯状态方程是半经验的状态方程,它可以较好地定性描述实际气体的基本特性,后人在此基础上提出了许多种派生的状态方程,有些有很大的实用价值。

在范德瓦耳斯状态方程的基础上发展了许多有实用意义的有两个物性常数的方程,同时

为提高精度,半经验的多常数状态方程也不断出现,如 B-W-R 方程、M-H 方程及其改进型方程等。B-W-R 方程有 8 个经验常数,对于烃类气体有较高的准确度。M-H59 型方程有 11 个常数,对烃类气体,对强极性的水和 NH_3、氟利昂制冷剂有较高的准确度。

实际气体的状态方程中通常含有工质的物性资料,然而在一些情况下人们并不掌握这些资料,所以希望能有不需要专用物性的状态方程,即通用的状态方程,来表示工质的 $p-v-T$ 关系。通用压缩因子图能在一定的精度范围内满足这一需求。

自然界中的各种物质都存在临界状态,此时其液态比体积与气态比体积相同。临界状态的状态参数称临界参数,如临界压力、临界比体积、临界温度,分别用 p_c、v_c、T_c 表示。用压力、比体积和温度与临界压力、临界比体积、临界温度的比值来衡量工质的压力、比体积、温度,并令

$$p_r = \frac{p}{p_c}, \ v_r = \frac{v}{v_c}, \ T_r = \frac{T}{T_c} \tag{2-8}$$

式中:p_r、v_r、T_r 分别称为对比压力、对比比体积、对比温度。

这些数值都是无量纲的量,它表明物质所处的状态距离其本身临界状态的程度。如果两种或几种物质的状态具有相同的对比参数,表明它们距离其各自的临界状态的程度相同,则称这些物质处于对应状态。在临界状态,任何物质的对比参数都相同,并且都等于 1。

用对比参数表示的状态方程式称为对比状态方程。它的特点是式中不包含反映物质特性的常数,它的一般式可写成

$$f(p_r, \ v_r, \ T_r) = 0 \tag{2-9}$$

具体的对比状态方程,具有不同的形式。对于能满足同一对比状态方程式的同类物质,如果它们的对比参数 p_r、v_r、T_r 中有两个相同,则第三个对比参数就一定相同,物质也就处于所谓的对应状态。这一结论称为对应态定律。服从对应态定律,并能满足同一对比状态方程的一类物质称为热力学上相似的物质。

式(2-1)仅适用于理想气体,为了保留理想气体状态方程的基本形式,又可以取得满意的结果,对实际气体热力性质进行近似计算时可把实际气体状态方程式表示为

$$pv = zR_gT \tag{2-10}$$

式中:$z = \dfrac{pv}{R_gT}$ 称为压缩因子。对理想气体 $pv = R_gT$,即 $z = 1$;对实际气体,z 可以大于、小于或等于 1,z 值偏离 1 的大小可表示它偏离理想气体的程度。在一般的情况下,z 随气体的压力和温度而变化。实际气体的压缩因子

$$z = \frac{pv}{R_gT} = \frac{p_cv_c}{R_gT_c}\frac{p_rv_r}{T_r} = z_c\frac{p_rv_r}{T_r} = z_c\varphi(p_r, \ T_r) \tag{2-11}$$

式中:$z_c = \dfrac{p_cv_c}{R_gT_c}$ 称为临界压缩因子。一些气体的临界压缩因子见表 2-2。

式(2-11)说明,压缩因子 z 是 z_c 和 p_r、T_r 的函数。实验证明,临界压缩因子相近的气体,可看作彼此热相似。因此,凡 z_c 相近的一切气体,只要它们的 p_r、T_r 彼此相等,则其压缩

因子 z 基本相同。工程上用多种 z_c 相近的气体做实验,将所得结果的平均值绘制成在一定 T_r 下 z 随 p_r 变化的曲线如图 2-1 所示(图中 z_c 取 0.27,实际气体的临界压缩因子 z_c 为 0.23~0.33 内,60% 以上的烃类气体的 z_c 都为 0.27 左右,$z_c=0.27$ 被认为是一个比较通用的平均值)。由图读出不同温度和压力下的压缩因子,然后应用式(2-10)可以很方便地进行计算。计算时,还需要知道气体的临界参数,几种常见工质的临界参列于表 2-2 中。对于 z_c 取 0.26~0.28 的气体,采用此类图表计算得到的 z 的误差小于 5%。

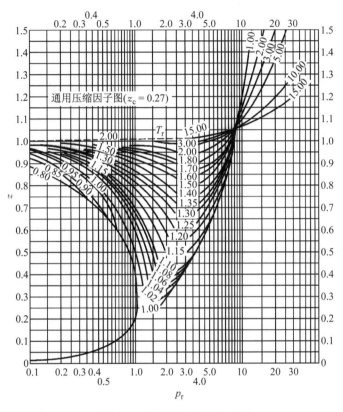

图 2-1 气体通用压缩因子图

【例 2-1】 有一充满气体的容器,容积 $V=4.5\text{ m}^3$,压力表的读数为 0.245 2 MPa,温度计读数为 40 ℃,当地大气压为 0.1 MPa。求标准状态下容器内气体的体积。

【解】 按式(2-2),由于气体质量保持不变,即

$$m_1 = \frac{pV}{R_g T} = m_0 = \frac{p_0 V_0}{R_g T_0}$$

得

$$\frac{pV}{R_g T} = \frac{p_0 V_0}{R_g T_0}$$

$$p = p_b + p_e = 0.1\text{ MPa} + 0.245\text{ 2 MPa} = 0.345\text{ 2 MPa}$$

$$V_0 = V \frac{p}{p_0} \frac{T_0}{T} = 4.5\text{ m}^3 \times \frac{0.345\text{ 2 MPa}}{0.101\text{ 325 MPa}} \times \frac{273.15\text{ K}}{(273.15+40)\text{K}} = 13.37\text{ m}^3$$

【点评】 状态方程中气体的压力是气体的绝对压力,但测压仪表的读数仅是气体绝对压力和仪表所在环境压力的差值。

【例2-2】 确定氧气在温度为160 K、压力为4 MPa时的比体积,并与由理想气体状态方程算得的结果进行比较。

【解】 查有关资料,O_2的临界参数 $T_c = 154.3$ K,$p_c = 5.05$ MPa,对比参数为

$$p_r = \frac{p}{p_c} = \frac{4\ \text{MPa}}{5.05\ \text{MPa}} = 0.79, \quad T_r = \frac{T}{T_c} = \frac{160\ \text{K}}{154.6\ \text{K}} = 1.03$$

由对比参数 p_r 和 T_r,在通用压缩因子图中查得 $z = 0.67$。

$$v = \frac{zR_g T}{p} = \frac{0.67 \times 259.8\ \text{J/(kg · K)} \times 160\ \text{K}}{4 \times 10^6\ \text{Pa}} = 0.007\ 0\ \text{m}^3/\text{kg}$$

若按理想气体计算,则

$$v = \frac{R_g T}{p} = \frac{259.8\ \text{J/(kg · K)} \times 160\ \text{K}}{4 \times 10^6\ \text{Pa}} = 0.01\ \text{m}^3/\text{kg}$$

【点评】 常温常压下把氧气作为理想气体产生的误差很小,但上述计算表明即使是氧气,在温度较低、压力较高时,将其作为理想气体还是有较大的误差,所以工程实践中没有真实的理想气体,只是真实的气体是否处于理想气体状态。

2.2   气体的比热容

比热容是反映工质热力性质的重要参数,其数值与气体的性质、加热过程的特性和温度的变化范围有关。

2.2.1   气体的比热容

在热工计算中,常常需要确定工质在热力过程中所吸收或放出的热量。热量可以通过工质的状态参数变化,也可利用比热容进行计算。物体温度升高1 K(或1 ℃)所需热量称为热容,以 C 表示,单位为 J/K,$C = \dfrac{\delta Q}{\mathrm{d}T}$。 1 kg物质温度升高1 K(或1 ℃)所需热量称为质量热容,又称比热容,用 c 表示,单位为 J/(kg · K),其定义式为

$$c = \frac{\delta q}{\mathrm{d}T} \quad \text{或} \quad c = \frac{\delta q}{\mathrm{d}t} \tag{2-12}$$

1 mol物质的热容称为摩尔热容,单位为 J/(mol · K),以符号 C_m 表示。热工计算中,尤其在有化学反应或相变反应时,用摩尔热容更方便。标准状态下,1 m^3物质的热容称为体积热容,单位为 J/(m^3 · K),以 C' 表示。3种热容间存在着下述的换算关系:

$$C_m = Mc = V_0 C' \tag{2-13}$$

式中:V_0 为标准状态下的摩尔体积,等于 22.414×10^{-3} m^3/mol。

一般说来,气体的比热容是温度和压力的函数。而且由于热量是过程量,因而热容也与过程特性有关。不同的热力过程,热容也不相同。热力设备中工质往往是在接近压力不变或体积不变的条件下吸热或放热的,因此,定压过程和定容过程的比热容最常用,它们称为比定压热容(也称质量定压热容)和比定容热容(也称质量定容热容)。比定压热容和比定容热容分别在热容符号的下方以脚注 p 和 V 来区别。

实际计算时,当温度的变化范围不大,或对计算要求不十分精确时,气体的比热容可近似为与温度无关的常数,这种比热容称为定值比热容。根据分子运动论,凡是原子数相同的气体,其摩尔热容也相同。反之,凡是原子数不同的气体,其摩尔热容也不相同。推荐的理想气体定值摩尔热容见表 2-3。

表 2-3　理想气体的定值摩尔热容

参　　数	单原子气体	双原子气体	多原子气体
$C_{V,m}/R$	3/2	5/2	7/2
$C_{p,m}/R$	5/2	7/2	9/2
$\gamma = \dfrac{c_p}{c_V}$	1.667	1.40	1.29

实验证明,表 2-3 的数据仅是低温范围内的近似值,温度愈高,误差愈大。多原子气体的误差比单原子气体的误差大。欲求气体的质量热容 c 或体积热容 C',可根据式(2-13)进行换算。

若把气体的比热容看作常数,则 1 kg 气体自 t_1 沿特定过程升高到 t_2,所需热量为

$$q = c_x(t_2 - t_1), \quad Q = mc_x(t_2 - t_1) \tag{2-14}$$

式中:c_x 为该过程的比热容;m 为气体的质量。

2.2.2　理想气体比热容的迈耶公式

前已述及,同一种气体在不同的条件下,同样温度升高 1 K(或 1 ℃)所需的热量是不同的。因此,比热容的数值与加热(或放热)过程的性质有关。

气体在定压下受热时,在温度升高的同时,还要克服外力做功,而在定容过程中,并不膨胀对外做功,所以同样升高 1 K,定压下比在定容下需要更多的热量,因此气体的比定压热容大于比定容热容。

考察 1 kg 某种理想气体从温度 T_1 分别经等压和等体积过程升高 1 K 至温度 T_2,气体吸热量分别是

$$q_p = c_p(T_2 - T_1) = c_p$$
$$q_V = c_V(T_2 - T_1) = c_V$$

因此
$$q_p - q_V = c_p - c_V \tag{2-15}$$

又根据热力学第一定律,可得

$$q_p = u_2 - u_1 + p(v_2 - v_1) = u_2 - u_1 + R_g(T_2 - T_1) = u_2 - u_1 + R_g$$

$$q_V = u_2 - u_1 + w = u_2 - u_1$$

由于理想气体的热力学能只是温度的函数(详见 2.3 节),故两个过程的热力学能变化量相等,所以

$$q_p - q_V = R_g \qquad (2-16)$$

比较式(2-15)和式(2-16)可得

$$c_p - c_V = R_g \qquad (2-17)$$

式(2-17)称为迈耶公式。因气体常数是大于零的正数,所以迈耶公式表明理想气体的比定压热容恒大于比定容热容,而且虽然比定压热容和比定容热容都是温度的函数,但它们的差值却是常数。

根据上述的关系式,在比定压热容和比定容热容两者之中,只要由实验测出其中之一,就可算出另一个。实际上,因实验中保持定体积比较困难,一般测定的都是比定压热容。

式(2-17)两边都乘以摩尔质量 M,则

$$C_{p,m} - C_{V,m} = MR_g = R \qquad (2-18)$$

式中:$C_{p,m}$、$C_{V,m}$ 为气体的摩尔定压热容和摩尔定容热容。

热工计算中,比定压热容与比定容热容的比值称比热容比,用 γ 表示,比定压热容与比定容热容都是温度的函数,所以 γ 也是温度的函数

$$\gamma = \frac{c_p}{c_V} \qquad (2-19)$$

将式(2-17)两边各除以 c_V 得

$$\frac{c_p}{c_V} - 1 = \frac{R_g}{c_V} \quad \text{或} \quad \gamma - 1 = \frac{R_g}{c_V}$$

由此得

$$c_V = \frac{R_g}{\gamma - 1} \ ; \ c_p = \gamma c_V = \frac{\gamma R_g}{\gamma - 1} \qquad (2-20)$$

理想气体的比热容比等于绝热指数,工程上以 κ 表示。

2.2.3　真实比热容和平均比热容

1) 真实比热容

比热容是气体热力性质的重要参数,是温度和压力的函数,但可以认为理想气体比热容与压力无关,只随温度而变化,即 $c = f(t)$。 一般地来说,气体的比热容随温度的升高而增大。其函数关系式可表示为

$$c = a_0 + a_1 T + a_2 T^2 + a_3 T^3 + \cdots \qquad (2-21)$$

式中:c 为气体的比热容;a_0、a_1、a_2 和 a_3 等系数均由实验确定,其值随气体的种类和加热过

程而不同。

一些常用气体在理想状态下的摩尔定压热容与温度关系的相关参数见表 2-4。

表 2-4 常用气体在理想状态下的摩尔定压热容与温度的关系的相关参数

$(C_{p,m} = a_0 + a_1 T + a_2 T^2 + a_3 T^3,\ \text{J}/(\text{mol} \cdot \text{K}))$

气 体	分子式	a_0	$a_1/10^{-3}$	$a_2/10^{-6}$	$a_3/10^{-9}$	温度/K	最大误差/%
空 气		28.106	1.966 5	4.802 3	−1.966 1	273~1 800	0.72
氢气	H_2	29.107	−1.915 9	−4.003 8	−0.870 4	273~1 800	1.01
氧气	O_2	25.477	15.202 2	−5.061 8	1.311 7	273~1 800	1.19
氮气	N_2	28.901	−1.571 3	8.080 5	−28.725 6	273~1 800	0.59
一氧化碳	CO	28.160	1.675 1	5.371 7	−2.221 9	273~1 800	0.89
二氧化碳	CO_2	22.257	59.808 4	−35.010 0	7.469 3	273~1 800	0.65
水蒸气	H_2O	32.238	1.923 4	10.554 9	−3.595 2	273~1 800	0.53
乙 烯	C_2H_4	4.126 1	155.021 3	−81.545 5	16.975 5	298~1 500	0.30
丙 烯	C_3H_6	3.745 7	234.010 7	−155.128	21.735 3	298~1 500	0.44
甲 烷	CH_4	19.887	50.241 6	12.686 0	−11.011 3	273~1 500	1.33
乙 烷	C_2H_6	5.413	178.087 2	−69.374 9	8.714 7	298~1 500	0.70
丙 烷	C_3H_8	−4.223	306.264	−158.632	32.145 5	298~1 500	0.28

比热容随温度的变化关系在 c-t 图上表示为一条曲线,如图 2-2 所示。根据比热容随温度的变化关系,可积分求得气体由 t_1 升高到 t_2 所需的热量

$$q = \int_{t_1}^{t_2} c\,\mathrm{d}t \qquad (2-22)$$

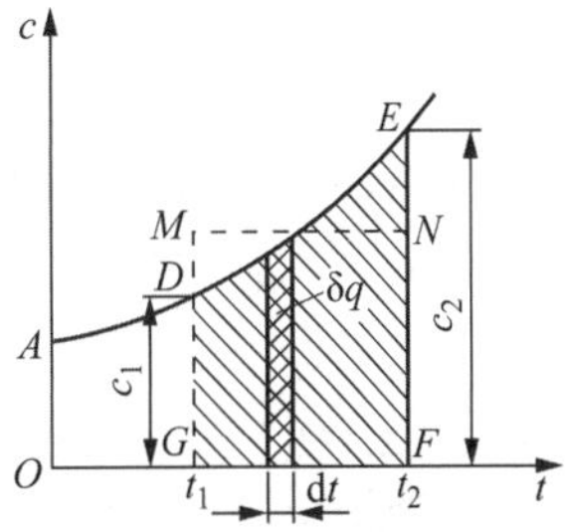

2) 平均比热容

式(2-22)的计算结果在 c-t 图上相当于 $GDEFG$ 的面积。根据定积分中值定理,总可以找到某个矩形 $MNFG$,使其面积等于 $GDEFG$ 的面积(见图 2-2),即

图 2-2 平均比热容

$$q = \int_{t_1}^{t_2} c\,\mathrm{d}t = \overline{MG}(t_2 - t_1)$$

矩形高度 $\overline{MG}$ 就是在 t_1 和 t_2 温度范围内真实比热容的平均值,称为平均比热容,用符号 $c\,\Big|_{t_1}^{t_2}$ 表示,因此上式可写成

$$q = \int_{t_1}^{t_2} c\,\mathrm{d}t = c\,\Big|_{t_1}^{t_2}(t_2 - t_1) \qquad (2-23)$$

然而,$c\,\Big|_{t_1}^{t_2}$ 随 t_1 和 t_2 的变化而不同,故要列出其随 t_1 和 t_2 而变化的平均比热容将很多,造成实用上的困难。而由数学分析可把式(2-22)改写成

$$q = \int_{t_1}^{t_2} c\,\mathrm{d}t = \int_0^{t_2} c\,\mathrm{d}t - \int_0^{t_1} c\,\mathrm{d}t$$

根据平均比热容的概念，$q = c\Big|_0^{t_2}(t_2 - 0) - c\Big|_0^{t_1}(t_1 - 0)$，即

$$q = c\Big|_0^{t_2} t_2 - c\Big|_0^{t_1} t_1, \quad Q = m\left(c\Big|_0^{t_2} t_2 - c\Big|_0^{t_1} t_1\right) \tag{2-24}$$

式中：m 为气体的质量(kg)；$c\Big|_0^{t_2}$、$c\Big|_0^{t_1}$ 分别表示由 0 ℃到 t_2 ℃及由 0 ℃到 t_1 ℃的平均比热容，单位是 J/(kg·K)。

一些气体由 0 ℃到 t ℃的平均比定压热容 $c_p\Big|_0^t$ 可由表 2-5 查得。

相同温度区间内同种气体的平均比定压热容与平均比定容热容也满足迈耶公式。

【例 2-3】 对 2 kg 的 CO 气体进行定容加热，使其温度自 20 ℃升高至 200 ℃，按平均比热容计算所需的热量。

【解】 由表 2-5 查得

$$c_p\Big|_{0\,℃}^{200\,℃} = 1.046 \text{ kJ/(kg·K)}, \quad c_p\Big|_{0\,℃}^{20\,℃} = 1.040\,4 \text{ kJ/(kg·K)}$$

$$R_g = \frac{8.314\,5 \text{ J/(mol·K)}}{28.011 \times 10^{-3} \text{ kg/mol}} = 0.296\,8 \text{ kJ/(kg·K)}$$

据 $c_V = c_p - R_g$，得

$$c_V\Big|_{0\,℃}^{200\,℃} = 1.046 \text{ kJ/(kg·K)} - 0.296\,8 \text{ kJ/(kg·K)} = 0.749\,2 \text{ kJ/(kg·K)}$$

$$c_V\Big|_{0\,℃}^{20\,℃} = 1.040\,4 \text{ kJ/(kg·K)} - 0.296\,8 \text{ kJ/(kg·K)} = 0.743\,6 \text{ kJ/(kg·K)}$$

$$Q = m\left(c_V\Big|_{0\,℃}^{200\,℃} t_2 - c_V\Big|_{0\,℃}^{20\,℃} t_1\right)$$

$$= 2 \text{ kg} \times [0.749\,2 \text{ kJ/(kg·K)} \times 200 \text{ K} - 0.743\,6 \text{ kJ/(kg·K)} \times 20 \text{ K}] = 269.94 \text{ kJ}$$

【点评】 通常，平均比热容表很少列出平均比定容热容数据，但可利用迈耶公式和平均比定压热容数据求得。

表 2-5　几种气体在理想气体状态下的平均比定压热容 $c_p\Big|_0^t$　　　　kJ/(kg·K)

温度/℃	H_2	O_2	N_2	空气	CO	CO_2	H_2O
0	14.195	0.195	1.039	1.004	1.040	0.815	1.859
100	14.353	0.923	1.040	1.006	1.042	0.866	1.873
200	14.421	0.935	1.043	1.012	1.046	0.910	1.894
300	14.446	0.950	1.049	1.019	1.054	0.949	1.919
400	14.447	0.965	1.057	1.028	1.063	0.983	1.948
500	14.509	0.979	1.066	1.039	1.075	1.013	1.978
600	14.542	0.993	1.076	1.050	1.086	1.040	2.009
700	14.587	1.005	1.087	1.061	1.098	1.064	2.042

(续表)

温度/℃	H_2	O_2	N_2	空气	CO	CO_2	H_2O
800	14.641	1.016	1.097	1.071	1.109	1.085	2.075
900	14.706	1.026	1.108	1.081	1.120	1.104	2.110
1 000	14.776	1.035	1.118	1.091	1.130	1.122	2.144
1 100	14.853	1.043	1.127	1.100	1.140	1.138	2.177
1 200	14.934	1.051	1.136	1.108	1.149	1.153	2.211
1 300	15.023	1.058	1.145	1.117	1.158	1.166	2.243
1 400	15.113	1.065	1.153	1.124	1.166	1.178	2.274
1 500	15.202	1.071	1.160	1.131	1.173	1.189	2.305
1 600	15.294	1.077	1.167	1.138	1.180	1.200	2.335
1 700	15.383	1.083	1.174	1.144	1.187	1.209	2.363
1 800	15.472	1.089	1.180	1.150	1.192	1.218	2.391
1 900	15.561	1.094	1.186	1.156	1.198	1.226	2.417
2 000	15.649	1.099	1.191	1.161	1.203	1.233	2.442
2 100	15.736	1.104	1.197	1.166	1.208	1.241	2.466
2 200	15.819	1.109	1.201	1.171	1.213	1.247	2.489
2 300	15.902	1.114	1.206	1.176	1.218	1.253	2.512
2 400	15.983	1.118	1.210	1.180	1.222	1.259	2.533
2 500	16.064	1.123	1.214	1.184	1.226	1.264	2.554

2.3 理想气体的热力学能、焓和熵

2.3.1 理想气体的热力学能和焓

前已述及,气体的热力学能是温度和比体积的函数。但对理想气体来说,因分子之间不存在作用力,故也就没有内位能,它的热力学能仅有内动能一项,因而与其比体积无关,所以理想气体的热力学能只是温度的单值函数,即

$$u = f(T)$$

据热力学第一定律,$q_V = \Delta u + w$,在定容过程中,$w = 0$,故

$$q_V = \Delta u \qquad (2-25)$$

同时,根据比定容热容的定义

$$q_V = \int_1^2 c_V \mathrm{d}T = c_V \Big|_{T_1}^{T_2} (T_2 - T_1) \qquad (2-26)$$

比较式(2-25)和式(2-26),得到理想气体在定容过程中热力学能变化量为

$$\Delta u = c_V \Big|_{T_1}^{T_2} (T_2 - T_1) \tag{2-27}$$

若取定值比热容

$$\Delta u = c_V (T_2 - T_1) \tag{2-28}$$

对于微元过程,则有

$$\mathrm{d}u = c_V \mathrm{d}T \tag{2-29}$$

由于理想气体的热力学能只是温度的函数,故不论什么过程,只要其初、终态温度与定容过程的初、终态温度相同,都可用式(2-27)和式(2-29)计算其热力能的变化量。

气体比焓的定义为 $h = u + pv$,对于理想气体

$$h = u + R_g T$$

因为 $u = f(T)$,所以理想气体的比焓也是温度的单值函数。与热力学能类似,可以得到理想气体的焓差计算式:

$$\Delta h = c_p \Big|_{T_1}^{T_2} (T_2 - T_1) \tag{2-30}$$

若取定值比热容,得

$$\Delta h = c_p (T_2 - T_1) \tag{2-31}$$

$$\mathrm{d}h = c_p \mathrm{d}T \tag{2-32}$$

上述讨论说明,只要某种理想气体的温度确定后,其热力学能和焓也随之确定。也就是说,理想气体不论其在过程中其他状态参数如何变化,只要变化前后温度相同,其热力学能和焓的变化量也相同。

虽然实际气体定容过程的膨胀功为零,所以其热力学能的变化量也可用式(2-27)计算,但若非定容过程,则不可用式(2-27)计算热力学能的变化量,而理想气体则不管其什么过程,均可用式(2-27)计算热力能的变化量。同样,实际气体仅定压过程的焓差才可用式(2-30)计算,而理想气体的任何过程的焓差均可用式(2-30)计算。

2.3.2　理想气体的熵

下面引出理想气体在过程中熵变的计算式。第1章中已给出了状态参数熵的定义:

$$\mathrm{d}s = \frac{\delta q}{T} \Big|_R$$

把气体在可逆微变化过程中热力学第一定律解析式

$$\delta q = \mathrm{d}u + p\mathrm{d}v$$

代入得

$$\mathrm{d}s = \frac{\mathrm{d}u + p\mathrm{d}v}{T}$$

理想气体的热力学能只是温度的函数,$\mathrm{d}u = c_V \mathrm{d}T$,并考虑到理想气体$\dfrac{p}{T} = \dfrac{R_g}{v}$,所以

$$\mathrm{d}s = \frac{c_V \mathrm{d}T}{T} + R_g \frac{\mathrm{d}v}{v}, \quad \Delta s = \int_{T_1}^{T_2} c_V \frac{\mathrm{d}T}{T} + R_g \ln \frac{v_2}{v_1} \tag{2-33}$$

前已论及,理想气体的比热容只是温度的函数,即$c_V = f(T)$,对于某种气体,这一函数关系是确定的。可见,式中$\displaystyle\int_{T_1}^{T_2} c_V \frac{\mathrm{d}T}{T}$只取决于$T_1$和$T_2$。因而工质在从状态 1 到状态 2 的变化过程中,比熵变化量仅与初态及终态的参数(T_1, v_1)和(T_2, v_2)有关,而与过程经过的路径无关。由此可见理想气体的比熵是状态参数。

类似可得

$$\mathrm{d}s = \frac{c_p \mathrm{d}T}{T} - R_g \frac{\mathrm{d}p}{p}, \quad \Delta s = \int_{T_1}^{T_2} c_p \frac{\mathrm{d}T}{T} - R_g \ln \frac{p_2}{p_1} \tag{2-34}$$

$$\mathrm{d}s = \frac{c_V \mathrm{d}p}{p} + \frac{c_p \mathrm{d}v}{v}, \quad \Delta s = \int_{v_1}^{v_2} c_p \frac{\mathrm{d}v}{v} + \int_{p_1}^{p_2} c_V \frac{\mathrm{d}p}{p} \tag{2-35}$$

比热容是随温度而变化的,在温度变化范围不大时或近似计算时,可以将其作为定值,以便计算简化。此时式(2-33)、式(2-34)、式(2-35)可写成

$$\Delta s_{1-2} = c_V \ln \frac{T_2}{T_1} + R_g \ln \frac{v_2}{v_1} \tag{2-36}$$

$$\Delta s_{1-2} = c_p \ln \frac{T_2}{T_1} - R_g \ln \frac{p_2}{p_1} \tag{2-37}$$

$$\Delta s_{1-2} = c_V \ln \frac{p_2}{p_1} + c_p \ln \frac{v_2}{v_1} \tag{2-38}$$

虽然上述三式是在可逆的条件下导出的,但由于理想气体的熵是状态参数,只要过程的初态及终态参数确定,比热容可以取定值,理想气体无论经历什么过程,其比熵变化量均可用以上各式计算。

实际气体的u、h、s等参数的值,必须根据它们与可测量参数的一般关系由可测参数值计算而得。这些热力学一般关系式,如熵的一般方程等,是根据热力学第一定律和第二定律建立的,导出过程中不进行任何假设,因而具有普遍性,对任意工质均适用。

【例 2-4】 某种气体从初态a分别经体积不变过程、压力不变过程和任意过程到达终态b、c和d,若b、c、d落在同一条等温线上(见图 2-3),试分析各过程的热力学能及焓的变化量。

【解】 热力学能和焓都是状态参数,不论什么气体只要其初终态为确定的平衡态,其Δu和Δh即具有确定值,与中间经历什么过程无关,所以

$$\Delta u_{ab} = \Delta u_{ac} = \Delta u_{ad}; \quad \Delta h_{ab} = \Delta h_{ac} = \Delta h_{ad}$$

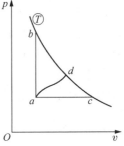

图 2-3　例 2-4 附图

对于理想气体,热力学能和焓只是温度的函数,因此

$$\Delta u_{ab}=\Delta u_{ac}=\Delta u_{ad}=c_V(T_b-T_a);\Delta h_{ab}=\Delta h_{ac}=\Delta h_{ad}=c_p(T_c-T_a)$$

若为实际气体,只有定容过程的热力学能变量才可用 $\Delta u=c_V(T_2-T_1)$ 计算,也只有定压过程的焓变量才能用 $\Delta h=c_p(T_2-T_1)$ 计算。

【点评】 气体的热力学能和焓都是状态参数,它们都是温度和比体积的函数,但处于理想气体状态的气体的 u 和 h 只是温度的函数,所以理想气体不论经历什么样的过程,只要初终态温度相同,其 Δu 和 Δh 也相同,可分别选定容过程计算 Δu,利用定压过程计算 Δh。显然,实际气体不同过程,若初终态温度相同,但其 Δu 和 Δh 还受比体积或压力的影响,因此,Δu 和 Δh 未必相同,并且仅定容过程有 $\Delta u=c_V(T_2-T_1)$,仅定压过程有 $\Delta h=c_p(T_2-T_1)$。

【例 2-5】 有 2.3 kg 氮气,经过一系列的状态变化过程,压力提高了一倍,体积减小为一半,求其熵的变化量。设氮气为理想气体,且比热容按定值计算。

【解】 1 kg 理想气体,比热容为定值时熵变量可引用式(2-38)进行计算。因为 N_2 是双原子气体,其摩尔质量 $M=28\times10^{-3}$ kg/mol,因此,比热容近似为

$$c_V=\frac{C_{V,m}}{M}=\frac{5\times8.314\,5\ \text{J/(mol}\cdot\text{K)}}{2\times28\times10^{-3}\ \text{kg/mol}}=748\ \text{J/(kg}\cdot\text{K)}$$

$$c_p=\frac{C_{p,m}}{M}=\frac{7\times8.314\,5\ \text{J/(mol}\cdot\text{K)}}{2\times28\times10^{-3}\ \text{kg/mol}}=1\,047\ \text{J/(kg}\cdot\text{K)}$$

已知:$\dfrac{p_2}{p_1}=2$,$\dfrac{v_2}{v_1}=\dfrac{V_2/m}{V_1/m}=\dfrac{1}{2}$。代入 $\Delta s_{1-2}=c_V\ln\dfrac{p_2}{p_1}+c_p\ln\dfrac{v_2}{v_1}$,得

$$\Delta s_{1-2}=748\ \text{J/(kg}\cdot\text{K)}\times\ln 2+1\,047\ \text{J/(kg}\cdot\text{K)}\times\ln 0.5=-207\ \text{J/(kg}\cdot\text{K)}$$

$$\Delta S_{1-2}=m\Delta s_{1-2}=2.3\ \text{kg}\times[-207\ \text{J/(kg}\cdot\text{K)}]=-476.1\ \text{J/K}$$

【点评】 虽然这"一系列的状态变化过程"性质未知,但因熵是状态参数,所以过程熵变可利用式(2-36)计算。

2.4　水蒸气

水蒸气是人类在热力发动机中应用最早的工质。由于水蒸气易于获得,有适宜的热力参数,有良好的膨胀性及载热性,不会污染坏境等优点,至今仍是工业上广泛应用的工质之一。本节讨论水和水蒸气的性质,所得的结论可推广到其他工质,如氨等。在热力发动机中用作工质的水蒸气往往压力较高、与液态性质接近,而且在工作过程中常有物质相态的变化。蒸汽分子之间的作用力和分子本身所占有的体积常不能忽略,所以水蒸气一般不能作为理想气体看待。过去工程计算中,凡涉及水蒸气的状态参数值都是从水蒸气表或图中查得。这些图表是多年来采用理论分析与实验相结合的方法,得出水蒸气热力性质的复杂公式,由计算结果经实验验证才编制而成。随着电子计算机的广泛应用,现在可利用计算机求取蒸汽的参数。

2.4.1　饱和状态和饱和温度、饱和压力

水由液相变成气相(蒸汽)的过程称为汽化。由蒸汽变成液体的过程称为凝结。水的汽化

有两种不同的方式：蒸发和沸腾。在液体表面进行得比较缓慢的汽化称为蒸发。蒸发是液体表面动能较大的分子脱离液面变成蒸汽分子的过程。蒸发在任何温度下均可发生。液体温度愈高，液体表面积愈大，液面上空蒸汽分子密度愈小，蒸发愈快。

对液态水加热，当液体达到一定温度时，液体内部便产生大量气泡，气泡上升到液面破裂而放出大量蒸汽，这种在液体表面和内部进行的剧烈汽化现象称为沸腾。液体沸腾时的温度称为沸点。实验证明，定压沸腾时，虽然对液体加热，但其温度保持不变。液体的沸点随液体所承受的压力而改变，它们之间成一一对应的关系。例如：当水在 0.1 MPa 大气压下，沸点为 99.63 ℃，当水在 1 MPa 压力作用下时，沸点为 179.88 ℃；而当水在 0.07 MPa 压力作用下时，沸点仅为 89.96 ℃。

在有限的密闭空间中，一定温度的液体随时都有液体分子通过蒸发进入液面上的空间，由于蒸汽分子处于紊乱的热运动之中，它们相互碰撞，并和容器壁及液面发生碰撞，在和液面碰撞时，有的分子则被液体分子所吸引，重新返回液体中成为液体分子。开始时，进入空间的分子数目多于返回液体中分子的数目，随着蒸发的继续进行，空间蒸汽分子的密度不断增大，因而返回液体中的分子数目也增多。当单位时间内进入空间的分子数目与返回液体中的分子数目相等时，蒸发与凝结处于动平衡状态，这时虽然蒸发和凝结仍在进行，但空间中蒸汽分子的密度不再增大，此时的状态称为饱和状态。在饱和状态下的液体称为饱和液体，其蒸汽称为干饱和蒸汽。处于未饱和状态的液体称为未饱和液体。

饱和状态下的液体和蒸汽的温度称为饱和温度，与饱和温度相对应的饱和蒸汽对液面的压力称为饱和压力。实验指出，对于某种液体来说，它的饱和压力和饱和温度之间，存在着一一对应的关系。在一定温度下的饱和蒸汽，其分子浓度和分子的平均动能是一个定值，因此蒸汽压力也是一个定值。温度升高，蒸汽分子浓度增大，分子平均动能增大，蒸汽压力也升高。因此，对于确定的液体而言，对应于确定的温度就有确定的饱和压力，反之，对应于确定的压力，就有确定的饱和温度。例如，水在 20 ℃ 时的饱和压力是 0.002 336 8 MPa，在 100 ℃ 时的饱和压力为 0.101 325 MPa。当液体的饱和蒸汽压力等于外界的压力时，液体就产生沸腾。饱和温度愈高，饱和压力也愈高，描述相变过程中饱和温度随饱和压力的变化关系的方程称为克拉佩龙方程。由实验测出的相变时饱和温度和饱和压力的关系如图 2-4 所示。这类图称为相图，图中曲线表示了饱和状态时饱和温度和饱和压力的对应关系。其中：曲线 CT_{tr} 表示汽化过程中饱和温度随饱和压力的变化关系；AT_{tr} 是升华时饱和温度和饱和压力的对应曲线；BT_{tr} 是熔化时的对应曲线，大多数物质熔化曲线的斜率是正的，但水的熔化曲线斜率是负的。

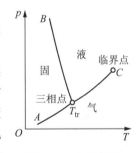

图 2-4 水的相图

一般而言，温度超过一定数值（t_c）时，液相不可能存在，而只能是气相。t_c 称为临界温度，与之对应的饱和压力 p_c 称为临界压力。临界温度是最高饱和温度，临界压力是最高饱和压力。温度为临界温度的饱和状态是临界状态，临界状态时不能区分液态和气态。水的临界参数值为：$t_c = 374.15$ ℃（$T_c = 647.3$ K）、$p_c = 22.120$ MPa、$v_c = 0.003\ 17$ m³/kg。

当压力低于一定数值（p_{tr}）时，液相也不可能存在，只能是气相或固相。物质气、液、固三相平衡共存的状态称为三相点状态，其压力 p_{tr} 称为三相点压力，与三相点压力相对应的饱和温度 t_{tr} 称为三相点温度。水的三相点温度和三相点压力为：$t_{tr} = 0.01$ ℃（$T_{tr} = 273.16$ K）、

$p_{tr} = 611.2$ Pa。

加热并不是使液体沸腾的唯一办法,降低压力也可以使液体沸腾。将未饱和液体的压力降低到对应液体温度下的饱和压力,液体也将沸腾。液体沸腾时的状态就是处于相应于外界压力下的饱和状态。工程上把 1 atm 下液体的沸点称为正常沸点。

2.4.2　汽化潜热

液体在定压下沸腾汽化时,虽然对它进行加热,但液体的温度并不升高,液体和蒸汽一直保持对应液面压力下的饱和温度。根据分子运动理论可知,液体沸腾时传递给液体的热量,主要是用来克服液体分子之间的引力及液体的表面张力,并用以增加分子的位能(由液体变为蒸汽,分子之间的距离增大),而蒸汽和液体分子的动能并没有增大,因而沸腾过程中液体的温度保持不变。

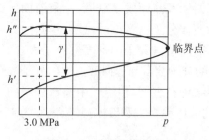

图 2-5　水的汽化潜热

在饱和状态下,1 kg 饱和液体全部转变为同温度的干饱和蒸汽所吸收的热量称为汽化潜热,或简称为汽化热,用符号 γ 表示,单位是 kJ/kg。例如,水在 100 ℃时的汽化热为 2 257.2 kJ/kg。液体的汽化热可用实验测定。同一种液体的汽化热随压力的升高(也就是随饱和温度的升高)而减小,如图 2-5 所示。水在各种温度下的汽化热可从水蒸气表查得。

必须指出,在相同压力下,1 kg 液体不论是通过蒸发还是通过沸腾变为蒸汽,它所吸收的汽化热是完全相等的,与汽化的方式无关。液体降压沸腾变为蒸汽时,仍然需要汽化热,这些热量或者来自液体本身,使液体温度降低,或者从液体周围的介质中取得。

凝结是汽化的逆过程,1 kg 蒸汽完全凝结成同温度的液体所放出的热量称为凝结热,它在数值上等于汽化热。在一定压力下把蒸汽凝结为液体,这时液体的温度仍然等于该压力下的饱和温度。如果把这种冷凝液继续冷却,使它的温度低于该压力下的饱和温度,此时液体成为未饱和液,也称过冷液。

2.4.3　水蒸气的定压产生过程

工业上所用的水蒸气,通常是在锅炉内定压加热产生的。为了便于分析,假设水在带有活塞的气缸内定压加热,如图 2-6 所示。考察 1 kg 水在定压下加热的汽化情况,设在气缸中装有 1 kg、温度为 0.01 ℃、比体积为 v_0、压力为 p 的未饱和水,如图 2-6(a)所示。在定压下对水加热,水温便逐渐上升,而比体积稍有增加,当水温增加到与压力 p 相应的饱和温度 t_s 时,水变成了饱和水,如图 2-6(b)所示,其比体积和比熵等参数按约定用相应参数加"'"表示。若继续加热,饱和水便开始沸腾汽化,在汽化过程中,比体积增加很快,而温度维持 t_s 不变,如图 2-6(c)所示。由饱和水全部变为干饱和蒸汽的汽化过程中,气缸内同时存在着饱和水和干饱和蒸汽的混合物,称为湿饱和蒸汽,简称湿蒸汽,湿蒸汽的参数用相应参数加下标"x"表示,如湿蒸汽的比熵 s_x。当气缸中的饱和水全部变为干饱和蒸汽时,温度仍为饱和温度 t_s,如图 2-6(d)所示。饱和蒸汽的比体积和比熵等参数按约定用相应参数加"″"表示,如比体积 v''等。如果对干饱和蒸汽继续加热,则蒸汽的温度开始上升,比体积继续增大,这时蒸汽温度已超过饱和温度,即 $t > t_s$,这样的蒸汽称过热蒸汽,如图 2-6(e)所示。

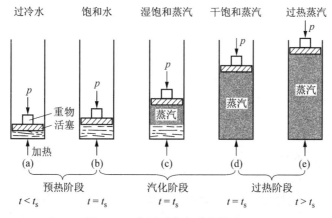

图 2-6 定压下蒸汽形成的过程

改变压力,再在定压下对水加热,上述过程将依次重现。然后将不同压力下蒸汽的形成过程绘制在 p-v 图和 T-s 图上,并将不同压力下相应的状态点连接起来,就得到了图 2-7 中的 $1_0 2_0 3_0 \cdots$ 线、$1'2'3' \cdots$ 线及 $1''2''3'' \cdots$ 线。图中:$1'2'3' \cdots$ 线称为饱和水线,又称下界线;$1''2''3'' \cdots$ 线称为干饱和蒸汽线,又称上界线。由于 1_0、2_0、$3_0 \cdots$ 温度非常接近,所以在 T-s 图上,水的定压加热线 $1_0 1'$、$2_0 2'$、$3_0 3' \cdots$ 可近似认为与下界线重合。从图 2-7 可以看到,压力增大时,相同压力(温度)的饱和水和干饱和蒸汽两点之间在(p-v 图和 T-s 图)上的距离逐渐缩短,当压力增加至某一值时,饱和水和饱和蒸汽不仅有同样的压力和温度,还具有同样的比体积和比熵。这时,饱和水和饱和蒸汽之间的差异已完全消失,在图上由同一点 C 表示,这个点即为"临界点"。这样一种特殊的状态称为"临界状态",相应的温度、压力和比体积即为前述临界温度、临界压力和临界比体积。对不同的物质,其临界参数也不同,由实验测定。图 2-7(a)中通过 t_c 的等温线为临界等温线。液体在定压下被加热到 t_c 时就立即全部汽化,已无直线段的汽化过程。一般而言,当 $t > t_c$ 时,不论压力多大,也不能使气体液化。

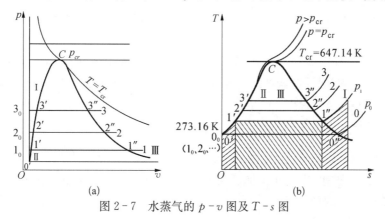

图 2-7 水蒸气的 p-v 图及 T-s 图

在图 2-7 中临界点 C,饱和水线 $1'2'3' \cdots$ 和线 $1_0 2_0 3_0 \cdots$ 之间,为未达到饱和状态的水,也就是未饱和水的状态区。在饱和水线 $1'2'3' \cdots$ 与饱和蒸汽线 $1''2''3'' \cdots$ 之间,为湿蒸汽的状态区,而饱和蒸汽线 $1''2''3'' \cdots$ 的右侧为过热蒸汽状态区。压力超过临界压力后,就不再有汽水共存的情况。因此,一般说来,当 $p > p_c$ 时,如果温度高于临界温度 t_c,物质只能以气态存在;温度低于临界温度 t_c,物质就只能以液态存在。最新的超临界态的研究表明,实际上在超临界压力下,存在着高于临界温度的液相。

通过以上分析可以看出,定压下对水加热而形成蒸汽的过程,可以分成以下三个阶段。

(1) 水的预热阶段。如图 2-7 中的 $1_0 1'$、$2_0 2'$ 等所示,即是将未饱和水加热为饱和水的过程。此阶段中 1 kg 水的吸热量称为液体热,以 q_1 表示。根据稳定流动能量方程式(1-28),因加热过程中系统不做功,若忽略动能差及位能差,定压过程吸热量等于焓差

$$q_1 = h' - h_0 \qquad (2-39)$$

式中:h' 是压力为 p 时饱和水的焓;h_0 是压力为 p、温度为 t 的时未饱和水的焓。

定压过程的热量也可由比定压热容计算。水的比定压热容 c_p 随温度而变,但在 100 ℃ 以内或压力低于 2 MPa 时,可近似地认为液体水的比定压热容 $c_p \approx 4.1868 \text{ kJ/(kg·K)}$,于是

$$q_1 = h' - h_0 \approx c_p(t_s - t) \qquad (2-40)$$

(2) 汽化阶段。如图 2-7 中的 $1'1''$、$2'2''$ 等所示,即由饱和水加热成干饱和蒸汽的过程。整个汽化阶段为定温过程,t_s 不变,1 kg 饱和水在汽化过程的吸热量即为汽化潜热

$$\gamma = h'' - h' \qquad (2-41)$$

式中:h'' 为干饱和蒸汽的焓。

对于饱和水和干饱和蒸汽,只要知道温度 t_s 或压力 p_s,即可确定其状态。但对于处于汽化过程中的湿蒸汽,要确定其状态,除了需要知道温度 t_s 或压力 p_s 外,还必须知道其中所含饱和蒸汽或饱和水与湿蒸汽的相对质量比,即干度 x。

干度是湿蒸汽中干蒸汽的质量百分数,而湿度则是湿蒸汽中所含饱和水的质量百分数。故湿蒸汽的干度 x 可表示为

$$x = \frac{m_v}{m} \qquad (2-42)$$

式中:m_v 为湿蒸汽中所含干蒸汽的质量;m 为湿蒸汽的质量,即湿蒸汽中所含干饱和蒸汽和饱和水两者质量之和。

(3) 过热阶段。如图 2-7 中 $1''1$、$2''2$ 等所示,即是将饱和蒸汽加热至温度为 t 的过热蒸汽的过程。$t - t_s$ 称为过热度,表示过热蒸汽温度超过该压力下饱和温度的程度。此阶段的吸热量称为过热热量,用 q_{sup} 表示

$$q_{sup} = h - h'' \qquad (2-43)$$

式中:h 是压力为 p、温度为 t 的过热蒸汽焓。

若 1 kg、0.01 ℃ 的水,在定压下加热为温度为 t 的过热蒸汽,所需的总热量为 q,则根据式(2-39)、式(2-41)和式(2-43)可得

$$q = q_1 + \gamma + q_{sup} = h - h_0 \qquad (2-44)$$

图 2-7 的 $T-s$ 图中,各阶段过程线下面的面积,即代表该过程的吸热量。即 $0'1'$ 线下面的面积代表液体热 q_1;$1'1''$ 线下面的面积代表汽化潜热 γ;$1''1$ 线下面的面积代表过热热量 q_{sup}。而上述几块面积的总和,即代表 1 kg、0.01 ℃ 的水加热为温度为 t 的过热蒸汽所需的总热量 q。

值得指出,其他物质同样具有类似本节讨论的水蒸气的性质。

2.5 水和水蒸气热力性质图表及计算机程序简介

蒸汽动力装置中的水蒸气不能作为理想气体处理,对蒸汽热力性质的研究,包括状态方程式、比热容、热力学能、焓和熵等目前还难以用纯理论方法或纯实验方法得出能直接用于工程计算的准确而实用的方程。现多采用以实验为基础,以热力学一般关系式为工具的理论分析和实验相结合的方法,得出相关方程。这些方程依然十分复杂,仅宜于用计算机计算。为方便一般工程应用,由专门工作者编制出常用水和水蒸气的热力性质表和图,在实践中还有一定的价值,供工程计算时查用。

2.5.1 水和水蒸气热力性质表

由于水蒸气在工程上应用极为广泛,许多国家对水蒸气性质进行了深入研究。为了统一各国在各自研究基础上制定的水蒸气表,自 1929 年起,已先后召开了多次国际水蒸气性质会议。通过国际会议的研究和协商,在 1963 年公布了国际水蒸气骨架表。该骨架表以三相点液态水作为基准点,规定三相态饱和水的热力学能和熵为零。该骨架表参数高达 100 MPa、800 ℃,骨架表列出了某个压力与温度范围内的参数数据,以及由于测试精度而带来的允许误差。为了适应计算技术的发展,又成立了"国际公式化委员会"(略称 IFC),拟定各国统一使用的状态方程。1984 年在莫斯科召开的第十届国际水蒸气性质会议上,又通过了新的"国际水蒸气骨架表(1984)"。拟合满足新的水蒸气骨架表的状态方程式及编制新的水蒸气图表等仍将是水蒸气热力性质研究的一个重要课题。

水蒸气表主要有两种形式,一种是饱和水与干饱和蒸汽表,另一种是未饱和水与过热蒸汽表。未饱和水与过热蒸汽表有分别按温度排列(附表 2)及压力排列(附表 3)的两种形式。在这些表中,用 " ' " 及 " " " 分别表示饱和水与干饱和蒸汽的参数值。例如,v'、h'、s' 分别表示饱和水的比体积、焓、熵的值,而 v''、h''、s'' 则分别表示饱和蒸汽的比体积、焓、熵的值。表中的 γ 为汽化潜热。表上没有列出的某些中间压力或中间温度下各量的数值,可以采用内插法计算。

对于湿蒸汽,各状态参数的值,可以根据饱和水与干饱和蒸汽的相应参数值,结合已知的干度 x,按成分比例求得:

$$v_x = xv'' + (1-x)v' = v' + x(v'' - v') \tag{2-45}$$

$$h_x = xh'' + (1-x)h' = h' + x(h'' - h') = h' + x\gamma \tag{2-46}$$

$$u_x = h_x - pv_x \tag{2-47}$$

$$s_x = xs'' + (1-x)s' = s' + x(s'' - s') \tag{2-48}$$

对于未饱和水与过热蒸汽,压力 p 和温度 T 是两个独立的状态参数,根据已知的 p 和 T 由未饱和水与过热蒸汽表(附表 4),可查得其他状态参数 v、h、s 的值。热力学能 u 的值,可以根据 $u = h - pv$ 计算。在未饱和水与过热蒸汽表里,黑色阶梯线的上方为未饱和水的参数,阶梯线的下方是过热蒸汽的参数。

2.5.2 水蒸气的焓熵图

利用水蒸气表确定水蒸气状态参数的优点是数值的准确度高,但由于水蒸气表上所给出的数据是不连续的,在遇到间隔中的状态时,需用内插法求得,甚为不便。另外,当已知状态参数不是压力或温度,或分析过程中遇到跨越两相的状态时,使用水蒸气表尤其感到不便。为了使用上的便利,工程上根据水蒸气表上已列出的各种数值,用不同的热力参数坐标制成各种水蒸气线图,以方便工程上的计算。除了前已述及的 $p-v$ 图与 $T-s$ 图以外,热工上使用较广的

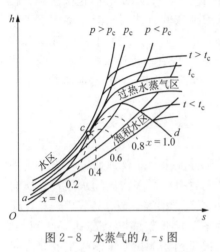

还有一种以焓为纵坐标、以熵为横坐标的焓熵图(即$h-s$图)。水蒸气的焓熵图(又称莫里尔图)如图 2-8 所示。图中:$a-c$ 线为饱和水线,$c-d$ 线为干饱和蒸汽线,在 $a-c-d$ 线下面为湿蒸汽区,$c-d$ 线的上方为过热蒸汽区。$h-s$ 图中还绘制了等压线、等温线、等干度线和等体积线。在湿蒸汽区,等压线是一组斜率不同的直线,而且与等温线重合。在过热蒸汽区,等压线与等温线分开,等压线为向上倾斜的曲线,而等温线是弯曲而后趋于平坦。此外,在 $h-s$ 图上还有等体积线(图 2-8 中未画出),在湿蒸汽区中还有等干度线。由于等容线与等压线在延伸方向上有些近似(但更陡些),为了便于区别,在实用的焓熵图中,常将等容线印成红线或虚线。

图 2-8 水蒸气的 $h-s$ 图

由于工程上用到的蒸汽常常是过热蒸汽或干度大于 50% 的湿蒸汽,故 $h-s$ 图的实用部分仅是它的右上角,工程上实用的 $h-s$ 图(见附录图),即是将这部分放大而绘制的。

2.5.3 水和水蒸气热力性质计算机程序简介

之前水和水蒸气热力性质的计算软件大多采用国际公式化委员会提出的水和水蒸气热力性质的公式(简称 IFC 公式)。这套公式适用范围:温度从 $273.16\ K$ 到 $1\,073.15\ K$,压力从理想气体极限值($p=0$)到 $100\ MPa$。可以预计,在今后相当长的一段时间里,工业上应用的水和水蒸气的参数不会超出此范围。

IFC 公式把整个区域分成 6 个子区域,不同的子区域采用不同的计算公式,各区域之间的边界线方程也分别用函数表达。

国际水和水蒸气热力性质工业计算标准 IFC-67 公布以后,得到国际热能动力界的广泛认可和使用。然而经过 30 年实际应用,国际水和水蒸气性质协会在 1997 年推出了新的公式作为水和水蒸气热力学性质的国际工业标准,简称为 IAPWS-IF97。IAPWS-IF97 的适用范围:$273.15\ K \leqslant T \leqslant 1\,073.15\ K$,$p \leqslant 100\ MPa$;$1\,073.15\ K < T \leqslant 2\,273.15\ K$,$p \leqslant 10\ MPa$。IAPWS-IF97 将此有效范围分为 5 个计算子区域:未饱和水区、过热蒸汽区、临界水和临界蒸汽区、饱和水区、超高温(过热)蒸汽区。与 IFC-67 相比,新的 IAPWS-IF97 公式计算精度显著提高,在各子区域的分区边界上计算结果一致性更好,计算速度有很大的提高,并且扩大了公式的使用范围。鉴于 IAPWS-IF97 计算模型的众多优点,国内外动力行业正日益广泛地使用该系列工业公式。已有一些研究人员据 IAPWS-IF97 公式编制了高精度的科学用水和水蒸气热力性质程序及计算速度很快的工程计算用水和水蒸气热力性质程序。也有我国学者已提出水和水蒸气热力性质统一公式并编制了计算程序,计算结果完全符合新骨架表的允许误差要求,由于不需要分区,故而比较方便。

【例 2 - 6】　已知 $p=1\,\text{MPa}$，试确定：(1) $t=179.88\,℃$；(2) $t=300\,℃$。两个温度下水蒸气所处的状态及其他状态参数。

【解】　(1) 由饱和蒸汽表可知，$p=1.0\,\text{MPa}$ 时，$t_s=179.88\,℃$，因 $t=t_s$ 故为饱和状态，但因 p 和 t_s 不是两个独立参数，所以不能完全确定其状态，因此不能确定是饱和液、干饱和蒸汽还是湿饱和蒸汽。

(2) 因 $t=300\,℃>t_s$，故为过热蒸汽。查未饱和水与过热蒸汽表得：

$$v=0.258\,0\,\text{m}^3/\text{kg},\ h=3\,051.3\,\text{kJ/kg},\ s=7.123\,9\,\text{kJ/(kg·K)}$$

$$u=h-pv=3\,051.3\,\text{kJ/kg}-1.0×10^6\,\text{Pa}×0.258\,0\,\text{m}^3/\text{kg}×10^{-3}=2\,793.5\,\text{kJ/kg}$$

【点评】　饱和状态的 p 和 t_s 不是两个独立参数，所以仅有 p 和 t_s 不能确定工质是饱和液、干饱和蒸汽还是湿饱和蒸汽。由于我国一般的水和水蒸气热力性质表很少提供热力学能的参数，故需由焓的定义 $h=u+pv$，计算而得。

【例 2 - 7】　试确定 $p=0.8\,\text{MPa}$，$v=0.22\,\text{m}^3/\text{kg}$ 时的蒸汽状态。

查表 $p=0.8\,\text{MPa}$ 时，$v''=0.240\,3\,\text{m}^3/\text{kg}$，$v'=0.001\,114\,8\,\text{m}^3/\text{kg}$，因 $v''>v>v'$，故 $p=0.8\,\text{MPa}$，$v=0.22\,\text{m}^3/\text{kg}$ 时的蒸汽为湿蒸汽，干度

$$x=\frac{v_x-v'}{v''-v'}=\frac{(0.22-0.001\,114)\,\text{m}^3/\text{kg}}{(0.240\,3-0.001\,114)\,\text{m}^3/\text{kg}}=0.915$$

【点评】　利用已知的比体积、焓、熵等参数与同名饱和参数间的关系可以判定蒸汽处于未饱和液(小于饱和液参数)、湿饱和蒸汽(介于饱和液和干饱和蒸汽参数之间)还是过热蒸汽的状态(大于干饱和蒸汽参数)；若处于湿饱和蒸汽状态还可利用式(2 - 45)～式(2 - 48)求取干度。

【例 2 - 8】　$10\,\text{kg}$、$130\,℃$ 的水蒸气中含有 $1.5\,\text{kg}$ 的水，试确定水蒸气的状态及其参数。

【解】　根据湿饱和蒸汽的定义并结合题给的条件可知，水蒸气处于湿饱和蒸汽状态。由按温度排列的饱和水与干饱和蒸汽表查得，饱和水与干饱和蒸汽的参数：

$$p=0.270\,12\,\text{MPa},$$
$$v'=0.001\,07\,\text{m}^3/\text{kg},\ h'=546.3\,\text{kJ/kg},$$
$$s'=1.634\,4\,\text{kJ/(kg·K)},\ v''=0.668\,51\,\text{m}^3/\text{kg},$$
$$h''=2\,720.7\,\text{kJ/kg},\ s''=7.028\,1\,\text{kJ/(kg·K)}$$

由题给条件，湿蒸汽的干度

$$x=\frac{m_v}{m_a}=\frac{10\,\text{kg}-1.5\,\text{kg}}{10\,\text{kg}}=0.85$$

根据式(2 - 45)～式(2 - 48)，湿蒸汽参数：

$$v_x=xv''+(1-x)v'$$
$$=0.85×0.668\,51\,\text{m}^3/\text{kg}+(1-0.85)×0.001\,07\,\text{m}^3/\text{kg}=0.568\,4\,\text{m}^3/\text{kg}$$
$$h_x=xh''+(1-x)h'$$
$$=0.85×2\,720.7\,\text{kJ/kg}+(1-0.85)×546.3\,\text{kJ/kg}=2\,394.54\,\text{kJ/kg}$$

$$s_x = x s'' + (1-x) s'$$
$$= 0.85 \times 7.028\ 1\ \text{kJ/(kg} \cdot \text{K)} + (1-0.85) \times 1.634\ 4\ \text{kJ/(kg} \cdot \text{K)}$$
$$= 6.218\ 9\ \text{kJ/(kg} \cdot \text{K)}$$
$$u_x = h_x - p v_x$$
$$= 2\ 394.54\ \text{kJ/kg} - 0.270\ 12 \times 10^3\ \text{kPa} \times 0.568\ 4\ \text{m}^3/\text{kg} = 2\ 341\ \text{kJ/kg}$$

【点评】   湿饱和蒸汽状态是饱和液和干饱和蒸汽的混合物,所以湿饱和蒸汽的比体积、焓和熵等参数可以累加。如 1 kg 干度为 x 的湿饱和蒸汽的比体积是 x kg 的干蒸汽的比体积加上 $(1-x)$ kg 饱和水的比体积,即 $v_x = x v'' + (1-x) v'$。

2.6   小结

本章讨论以理想气体和水蒸气为代表的气态工质的热力性质。

理想气体是一种简化处理自然界真实存在的气体性质的物理模型,所有气体在压力趋于无穷小,温度又不太低时都可以作为理想气体处理。处在理想气体状态气体的热力学能、焓只是温度的函数。由此得到,理想气体任意过程的热力学能变化量等于同温限的定容过程的热力学能变化量,即等于同温限的定容过程的热量;理想气体任意过程的焓变化量等于同温限的定压过程的焓变化量,即等于同温限的定压过程的热量。工程上关心过程中热力学能和焓的变化量,通常选定 0 K 作为热力学能参考点。

可以认为理想气体状态下气体的比定压热容和比定容热容,也只是温度的函数,但两者的差却是常数,即 $c_p - c_V = R_g$,这使我们可以通过从较简单实验精确测量的比定压热容得到很难精确测量的比定容热容。在利用比热容进行过程换热量及 Δu、Δh 的计算时,按不同的精度要求可采用真实比热容积分,或者查取平均比热容表或气体的热力性质表,以及采用定值比热容。

处于理想气体状态的工质在某个过程的熵变,在精度要求不高时,比定压(容)热容可取定值,则 $\Delta s = c_p \ln \dfrac{T_2}{T_1} - R_g \ln \dfrac{p_2}{p_1}$、$\Delta s = c_V \ln \dfrac{T_2}{T_1} + R_g \ln \dfrac{v_2}{v_1}$、$\Delta s = c_p \ln \dfrac{v_2}{v_1} + c_V \ln \dfrac{p_2}{p_1}$。

水蒸气是广泛使用的工质,动力工程中应用的水蒸气往往并不处在理想气体状态。水的饱和状态是一种动态的平衡状态,此时,压力和温度一一对应,即两个参数并不相互独立。饱和水和干饱和蒸汽的各参数可据温度或压力从饱和水和干饱和蒸汽表上查取(或由计算机计算而得,下同),未饱和水和过热蒸汽的参数可据温度和压力(或其他两个独立参数)从未饱和水和过热蒸汽表上查取(过热蒸汽和干度较大的湿饱和蒸汽的参数还可以在 h-s 上读取),湿饱和蒸汽的参数需要据饱和水和干饱和蒸汽的对应数据按干度计算:

$$v_x = x v'' + (1-x) v' = v'' + x(v'' - v')$$
$$h_x = x h'' + (1-x) h' = h' + x(h'' - h') = h' + x\gamma$$
$$s_x = x s'' + (1-x) s' = s' + x(s'' - s')$$

因 $0 < x < 1$,所以 $v'' > v_x > v'$、$h'' > h_x > h'$、$s'' > s_x > s'$。

水的临界状态是压力最高(即温度最高)的饱和状态,此时液体和气体的参数相同。一般说来,高于临界温度的物质只能以气相存在。三相点状态则是气液、气固、固液三条相平衡曲线的交点,水三相点的压力和温度有确定的值,但比体积则还要依赖于各相的成分。

对于水和水蒸气的讨论可以推广到其他物质。

思 考 题 2

2-1　应该怎样看待"理想气体"的概念? 理想气体有什么特性?

2-2　气体的摩尔体积 V_m 是否因气体的种类而异? 是否因所处状态不同而异? 任何气体在任意状态下的摩尔体积是否都是 $0.022\,414\,\mathrm{m^3/mol}$?

2-3　理想气体的比热容是否一定是常数? 是否仅仅是温度的函数?

2-4　理想气体的 c_p 与 c_V 之差及 c_p 与 c_V 的比值是否在任何温度下都是常数?

2-5　气体有两个独立的参数,u(或 h)可以表示为 p 和 v 的函数,即 $u=f(p,v)$。但又曾得出结论,理想气体的热力学能(或焓)只取决于温度,这两点是否矛盾? 为什么?

2-6　为什么工质的热力学能、焓和熵为零的基准可以任选? 是否所有变化过程中工质的热力学能、焓和熵为零的基准都可任意选定?

2-7　有没有 $500\,^\circ\!\mathrm{C}$ 的水? 有没有 $0\,^\circ\!\mathrm{C}$ 的水蒸气? 有没有 $v>0.004\,\mathrm{m^3/kg}$ 的液体水? 为什么?

2-8　为什么不能由 t 和 p 确定饱和状态的水和水蒸气的其他参数?

2-9　水的三相点的状态参数是不是唯一确定的? 三相点与临界点有什么差异?

2-10　水的汽化潜热是否是常数? 有什么变化规律?

2-11　水蒸气的熵变可否由式(2-36)~式(2-38)计算?

习　题　2

2-1　氮气的摩尔质量 $M=28.1\times10^{-3}\,\mathrm{kg/mol}$,求:(1) N_2 的气体常数 R_g;(2) 标准状态下 N_2 的比体积 v_0 和密度 ρ_0;(3) $1\,\mathrm{m^3}$(标准状态)N_2 的质量 m_0;(4) $p=0.1\,\mathrm{MPa}$, $t=500\,^\circ\!\mathrm{C}$ 时 N_2 的比体积和摩尔体积 V_m。

2-2　氧气瓶的容量为 $0.06\,\mathrm{m^3}$,初始时瓶上压力表的读数为 $2.5\,\mathrm{MPa}$,因阀门泄漏,后来发现压力表的读数变为 $2.0\,\mathrm{MPa}$。若氧气的温度维持 $27\,^\circ\!\mathrm{C}$ 不变,当地大气压力为 $750\,\mathrm{mmHg}$,求:(1) 初始时瓶内氧气的质量;(2) 泄漏的氧气质量。

2-3　测得储气罐中丙烷 C_3H_8 的压力为 $4\,\mathrm{MPa}$,温度为 $120\,^\circ\!\mathrm{C}$,若将其视为理想气体,这时丙烷比体积多大? 若要储存 $1\,000\,\mathrm{kg}$ 这种状态的丙烷,储气罐的容积需要多大?

2-4　$35\,^\circ\!\mathrm{C}$、$105\,\mathrm{kPa}$ 的空气在加热系统的 $100\,\mathrm{mm}\times150\,\mathrm{mm}$ 的矩形风管内流动,其体积流量是 $0.015\,\mathrm{m^3/s}$,求空气流速和质量流量。

2-5　在燃气公司向用户输送天然气(CH_4)管网的用户管道中测得表压力和温度分别为 $200\,\mathrm{Pa}$、$275\,\mathrm{K}$,若管道直径 $D=50\,\mathrm{mm}$,天然气流速为 $5.5\,\mathrm{m/s}$,试确定质量流量和标准状态体积流量。当地大气压 $p_b=0.1\,\mathrm{MPa}$。

2-6　密度为 $1.13\,\mathrm{kg/m^3}$ 的空气,以 $4\,\mathrm{m/s}$ 的速度在进口截面积为 $0.2\,\mathrm{m^2}$ 的管道内稳定

流动,出口处密度为 2.84 kg/m³,试求:(1) 出口处气流的质量流量(以 kg/s 表示);(2) 出口速度为 5 m/s 时,出口截面积为多少?

2-7   某锅炉燃煤需要的空气量折合标准状况时的体积流量为 66 000 m³/h。鼓风机实际送入的热空气温度为 250 ℃,表压力为 150 mmHg,当地大气压 p_b=765 mmHg,求实际送风量(m³/h)。

2-8   将 CO_2 压送到容积为 3m³ 的储气罐内,初始时表压力为 0.03 MPa,终态时表压力为 0.3 MPa,温度由 t_1=45 ℃ 升高到 t_2=70 ℃。 试求压入的 CO_2 量(物质的量)。已知当地气压 p_b=760 mmHg。

2-9   空气压缩机每分钟从大气中吸取温度 t_b=17 ℃、压力 p_b=750 mmHg 的空气 0.2 m³,充入 V=1 m³ 的储气罐中。 储气罐中原有空气的温度为 t_1=17 ℃,表压力为 0.05 MPa,问经过几分钟才能使储气罐中气体压力和温度提高到 p_2=0.7 MPa、t_2=50 ℃?

2-10   某氢气冷却的发电机的电功率为 60 000 kW,若发电机效率为 93%,在发电机内氢气的温升为 35 ℃,求氢气的质量流量。设氢气的比定压热容 c_p=14.32 kJ/(kg·K)。

2-11   空气在容积为 0.5 m³ 的容器中,从 27 ℃ 被加热到 327 ℃,设加热前空气压力为 0.6 MPa,求加热量 Q。(1) 按定值比热容计算;(2) 按平均比热容表计算。

2-12   有 5 g 氩气 Ar,经历热力学能不变的状态变化过程,初始状态 p_1=6.0×10⁵ Pa、T_1=600 K,膨胀终了的容积 V_2=3V_1。 Ar 可作为理想气体,并且假定比热容为定值,已知 R_g=0.208 kJ/(kg·K),c_p=0.523 kJ/(kg·K)。 求终温、终压及热力学能、焓和熵的变化量。

2-13*   1 kmol 空气从初态 p_1=1.0 MPa、T_1=400 K,变化到终态 T_2=900 K、p_2=0.4 MPa,求熵的变量。(1) 设空气的比热容为定值;(2) 设空气的摩尔热容 $C_{p,m}$=(28.15+1.967×10⁻³T)J/(mol·K)。

2-14   刚性绝热气缸被一个良好导热无摩擦的活塞分成两个部分,原先活塞由销钉固定位置,其一侧为 0.5 kg、0.4 MPa、30 ℃ 的某种理想气体,另一侧为 0.5 kg、0.12 MPa、30 ℃ 的同种气体。拔走销钉,活塞自由移动,最后两侧达到平衡,若气体比热容可取定值,求:(1) 平衡时两侧的温度为多少?(2) 平衡时两侧压力为多少?

2-15   在空气加热器中,体积流量为 108 000 m³/h(标准状态下)的空气在 p=830 mmHg 的压力下从 t_1=20 ℃ 升高到 t_2=270 ℃。 (1) 求空气加热器出口处体积流量;(2) 用平均比热容表数据计算每小时需提供的热量。

2-16   启动柴油机用的空气瓶,体积 V=0.3 m³,内有 p_1=8 MPa、T_1=303 K 的压缩空气,启动后瓶中空气压力降低为 p_2=0.46 MPa,这时 T_2=303 K,求用去空气的质量。

2-17   容积为 0.027 m³ 的刚性储气筒,装有 0.7 MPa、20 ℃ 的氧气,筒上装有一个安全阀,压力达到 0.875 MPa 时,安全阀打开,排出气体,压力降为 0.84 MPa 时关闭。由于意外加热,使安全阀打开。(1) 求阀门开启时筒内温度;(2) 若排气过程中筒内氧气温度保持不变,求排出的氧气质量;(3) 求当筒内温度恢复到 20 ℃ 时的氧气压力。

2-18*   利用通用压缩因子图确定氮气在温度为 160 K、压力为 4 MPa 时的比体积,并与由理想气体状态方程算得的结果进行比较。

2-19* NH_3 气体的压力 p=10.13 MPa、温度 T=633 K。 试根据通用压缩因子图求其压缩因子和密度,并与由理想气体状态方程计算的密度加以比较。

2-20* 容积为 0.425 m³ 的容器内充满氮气，压力为 16.21 atm，温度为 189 K，计算容器中氮气的质量。利用：(1) 理想气体状态方程；(2) 通用压缩因子图。

2-21* 已知压力为 5 MPa、温度为 450 ℃ 的水蒸气的比体积为 0.063 291 m³/kg，试用理想气体状态方程和通用压缩因子图，分别计算此状态时水蒸气的比体积，并比较计算结果的误差。

2-22 利用水蒸汽图表，填充下表空白：

状态点	p/MPa	t/℃	h/(kJ/kg)	s/[kJ/(kg·K)]	x	过热度/℃
1	3.0	500				
2	0.5		3 244			
3		360	3 140			
4	0.02				0.9	

2-23 对于湿饱和蒸汽，$x=0.95$，$p=1$ MPa，利用水蒸气表求 t_s、h、u、v、s，再用 $h-s$ 图求上述参数。

2-24 对于过热蒸汽，$p=3$ MPa，$t=400$ ℃，根据水蒸气表求 h、v、s 和过热度，再用 $h-s$ 图求上述参数。

2-25 已知水蒸气的压力 $p=0.5$ MPa，比体积 $v=0.35$ m³/kg，这是不是过热蒸汽？如果不是，那么是干饱和蒸汽还是湿蒸汽？用水蒸气表求出其他参数。

2-26 我国南方某核电厂蒸汽发生器内产生新蒸汽的压力为 6.53 MPa，干度为 0.995 6，蒸汽的质量流量为 608.47 kg/s，若蒸汽发生器主蒸汽管内流速不大于 20 m/s，求：新蒸汽的比焓及蒸汽发生器主蒸汽管内径。

2-27 某压水堆核电厂蒸汽发生器(见图 2-9)产生的新蒸汽是压力为 6.53 MPa、干度为 0.995 6 的湿饱和蒸汽，进入蒸汽发生器水的压力为 7.08 MPa、温度为 221.3 ℃。进入蒸汽发生器的反应堆冷却剂(一回路压力水)进入反应堆时的平均温度为 290 ℃，吸热离开反应堆时温度为 330 ℃，反应堆内平均压力为 15.5 MPa，冷却剂质量流量为 17 550 t/h。蒸汽发生器向环境大气散热量可忽略，不计工质的动能差和位能差，求蒸汽发生器的蒸汽产量。

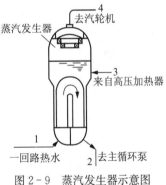

图 2-9 蒸汽发生器示意图

2-28 某锅炉每小时生产 10 000 kg 蒸汽，蒸汽的表压力 $p_1=1.9$ MPa、温度 $t_1=350$ ℃。设锅炉给水的温度 $t_2=40$ ℃，锅炉的效率 $\eta_B=0.780$，煤的发热量(热值)$Q_p=2.97\times10^4$ kJ/kg。求每小时锅炉的煤耗量是多少？(汽锅内水的加热和汽化及蒸汽的过热都在定压下进行。锅炉效率 η_B 的定义为水和蒸汽所吸收的热量与燃料燃烧时所发生的热量的比值。未被水和蒸汽所吸收的热量是锅炉的热损失，其中主要是烟囱出口处排烟所带走的热量。)

第3章 理想气体混合气体及湿空气

热力工程中应用的工质大多是由几种气体组成的混合物。地球上的空气也是混合气体，由 N_2、O_2 及少量 CO_2、水蒸气和惰性气体组成，除水蒸气外，成分几乎稳定。空调装置、干燥装置中的空气则可认为是干空气和水蒸气的混合物。一般情况下，大气中水蒸气的含量及变化都较小，可近似作为干空气来计算。但某些场合如烘干、采暖通风、调温调湿，以及冷却塔等设备中的湿空气，其水蒸气含量的多少具有特殊作用，因此，需要专门研究湿空气的热力性质及工程计算等。本章讨论无化学反应、成分稳定的理想气体混合物和湿空气的性质。

3.1 混合气体

3.1.1 混合气体概述

混合气体的热力学性质取决于各组成气体的热力学性质及成分。若各组成气体全部处在理想气体状态，则其混合物也处在理想气体状态，具有理想气体的一切特性。处于理想气体状态的混合气体也遵循状态方程式 $pV=nRT$；混合气体的摩尔体积与同温、同压的任何一种单一气体的摩尔体积相同，标准状态时也是 0.022 414 m^3/mol；混合气体的摩尔气体常数也等于通用气体常数 $R=R_{g,eq}M_{eq}=8.3145 J/(mol \cdot K)$，其中 $R_{g,eq}$ 和 M_{eq} 分别是混合气体的平均气体常数（或称折合气体常数）和平均摩尔质量（或称折合摩尔质量）；混合气体也可以用 $\Delta u = c_V \mid_{t_1}^{t_2}(t_2-t_1)$、$\Delta h = c_p \mid_{t_1}^{t_2}(t_2-t_1)$ 确定过程的热力学能变化量 Δu 和焓变化量 Δh，比热容之间也满足迈耶公式 $c_p - c_V = R_g$。简而言之，可把理想气体混合物看作气体常数和摩尔质量分别为 $R_{g,eq}$ 和 M_{eq} 的某种假想气体。在处于平衡状态的理想混合气体中，各种组成气体各自互不影响地充满整个容积，它们的行为与它们各自单独存在时一样。

3.1.2 分压力定律和分体积定律

所谓分压力是在与混合气体相同的温度下，各组成气体单独占有混合气体的体积 V 时，给予容器壁的压力，如图 3-1（a）（b）（c）所示。

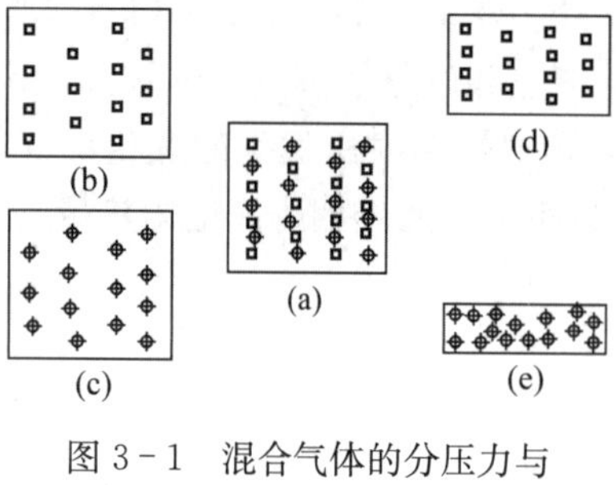

据理想混合气体的性质，对各组分写出状态方程

$$p_i V = n_i RT$$

式中：p_i 为第 i 种组成气体的分压力；n_i 为第 i 种组成气体的物质的量。

各组分状态方程两侧分别累加并考虑到各组分占据相同的体积 V 和具有相同的温度 T，所以

$$V\sum p_i = RT\sum n_i = nRT = pV$$

图 3-1 混合气体的分压力与分体积示意图

式中：n 为混合气体的物质的量；p 为混合气体总压力。

于是得

$$p = \sum p_i \tag{3-1}$$

即混合气体的总压力 p 等于各组成气体分压力 p_i 之和。

所谓分体积是指各组成气体保持与混合气体相同的压力 p 和相同的温度 T 的条件下，单独分离出来时占有的体积，如图 3-1 (a)(d)(e) 所示。同上，可推得混合气体的总体积和分体积 V_i 之间有

$$V = \sum V_i \tag{3-2}$$

即混合气体总体积 V 等于各组成气体的分体积 V_i 之和。

显然，只有当各组成气体的分子不具有体积，分子间不存在作用力时，处于混合状态的各组成气体对容器壁面的撞击效果如同单独存在于容器时的一样，因此，分压力定律和分体积定律只适用于理想气体状态。还应该指出，据理想气体假设，处于平衡状态的混合气体中各组分气体各自均充满容器，其温度相同，各自对器壁施加的压力为分压力。

3.1.3 混合气体的质量分数和摩尔分数

显然，混合气体的性质与各组分的含量比例有关。一般把组成气体的含量与混合气体的总量的比值，用百分率表示，称为混合气体的成分。混合气体的成分有三种常用表示法：质量分数、体积分数和摩尔分数。

1）质量分数

质量分数是混合气体中各组成气体的质量与混合气体总质量的比值，用 w_i 表示。即

$$w_1 = \frac{m_1}{m}; \ w_2 = \frac{m_2}{m}; \ \cdots; \ w_i = \frac{m_i}{m}; \ \cdots; \ w_n = \frac{m_n}{m}$$

式中：w_1，w_2，$\cdots$，w_n 为各组成气体的质量分数；m_1，m_2，$\cdots$，m_n 为各组成气体的质量；m 为混合气体的总质量。

由 $m = m_1 + m_2 + m_3 + \cdots + m_n$，得

$$w_1 + w_2 + \cdots + w_n = \frac{m_1 + m_2 + \cdots + m_n}{m} = 1$$

即

$$\sum_{i=1}^{n} w_i = 1 \tag{3-3}$$

上式说明，混合气体中各组成气体的质量分数之和等于 1。

2）体积分数

体积分数指的是混合气体中各组成气体的分体积与混合气体总体积的比值，用 φ_i 表示。设 V 表示混合气体的总体积，V_1，V_2，$\cdots$，V_n 表示各组成气体的分体积，φ_1，φ_2，$\cdots$，φ_n 表示各组成气体的体积分数，则

$$\varphi_1 = \frac{V_1}{V} ; \ \varphi_2 = \frac{V_2}{V} ; \ \cdots ; \ \varphi_i = \frac{V_i}{V} ; \ \cdots ; \ \varphi_n = \frac{V_n}{V}$$

$$\varphi_1 + \varphi_2 + \cdots + \varphi_n = \frac{V_1 + V_2 + \cdots + V_n}{V} = 1$$

或写作

$$\sum_{i=1}^{n} \varphi_i = 1 \tag{3-4}$$

上式说明,混合气体中各组成气体的体积分数之和等于 1。

3) 摩尔分数

摩尔分数是混合气体中各组成气体的物质的量 n_i 与混合气体总物质的量 n 的比值,用 x_i 表示,即

$$x_1 = \frac{n_1}{n} ; \ x_2 = \frac{n_2}{n} ; \ \cdots ; \ x_i = \frac{n_i}{n} ; \ \cdots x_n = \frac{n_n}{n}$$

式中:x_1,x_2,$\cdots$,x_n 为各组成气体的摩尔分数;n_1,n_2,$\cdots$,n_n 为各组成气体的物质的量;n 为混合气体的总物质的量。

由 $n = n_1 + n_2 + n_3 + \cdots + n_n$,可得

$$x_1 + x_2 + \cdots + x_n = \frac{n_1 + n_2 + \cdots + n_n}{n} = 1$$

或写作
$$\sum_{i=1}^{n} x_i = 1 \tag{3-5}$$

上式说明,混合气体中各组成气体摩尔分数之和等于 1。

据体积分数的定义

$$\varphi_i = \frac{V_i}{V} = \frac{V_{m,i} \, n_i}{V_m n}$$

式中:$V_{m,i}$ 为第 i 种组成气体的摩尔体积;V_m 为混合气体的摩尔体积。

据阿伏伽德罗定律,在同温同压下,任何气体的摩尔体积相等,即 $V_{m,i} = V_m$,所以

$$\varphi_i = \frac{V_i}{V} = \frac{n_i}{n} = x_i \tag{3-6}$$

由此可见,混合气体的体积分数与摩尔分数在数值上是相等的。

4) 质量分数与体积分数的换算

根据分体积概念及理想气体假设可知

$$\varphi_i = \frac{V_i}{V} = \frac{\dfrac{m_i R_{g,i} T}{p}}{\dfrac{m R_{g,eq} T}{p}} = \frac{m_i R_{g,i}}{m R_{g,eq}} = w_i \frac{R_{g,i}}{R_{g,eq}} \tag{3-7}$$

式中：$R_{g,i}$ 为第 i 种组成气体的气体常数；$R_{g,eq}$ 为混合气体的气体折合常数。

5) 分压力与摩尔分数

根据分压力和分体积的概念，对混合气体中第 i 组分别写出状态方程式如下：

$$p_iV=n_iRT, \quad pV_i=n_iRT$$

显然，对于同一组成，上面两式的右端应相等

$$p_iV=pV_i$$

则

$$\frac{p_i}{p}=\frac{V_i}{V}=\varphi_i$$

所以

$$p_i=\varphi_ip=x_ip \tag{3-8}$$

由式(3-8)知，组成气体的分压力等于混合气体的总压力与该气体摩尔分数（或体积分数）的乘积。

3.1.4　混合气体的折合气体常数和折合摩尔质量

如前所述，混合气体是多种气体的混合物，工程上把混合气体看作某种假想的单质气体，该假想气体的气体常数称为折合气体常数或平均气体常数，用 $R_{g,eq}$ 表示；混合气体的总质量与混合气体总的物质的量之比称为混合气体的折合摩尔质量，用 M_{eq} 表示，又称为混合气体的平均摩尔质量。

$$M_{eq}=\frac{\sum_i m_i}{\sum_i n_i}=\frac{m}{n} \tag{3-9}$$

已知混合气体的摩尔分数时，根据质量守恒 $m=m_1+m_2+m_3+\cdots+m_n$，可得

$$nM_{eq}=n_1M_1+n_2M_2+n_3M_3+\cdots+n_nM_n$$

于是可得混合气体的折合摩尔质量

$$M_{eq}=\sum_{i=1}^n x_iM_i \tag{3-10}$$

已知混合气体的质量分数时，因 $n=n_1+n_2+n_3+\cdots+n_n$，故

$$\frac{m}{M_{eq}}=\frac{m_1}{M_1}+\frac{m_2}{M_2}+\frac{m_3}{M_3}+\cdots+\frac{m_n}{M_n}$$

于是可得

$$M_{eq}=\frac{1}{\sum_{i=1}^n (w_i/M_i)} \tag{3-11}$$

求得混合气体折合摩尔质量后，即可据 $R_{eq}=R/M_{eq}$ 求得折合气体常数。

【例 3 - 1】　已知空气压力为 0.981×10^5 Pa，各组分的体积分数为：$\varphi_{O_2} = 21.000\%$，$\varphi_{N_2} = 78.026\%$，$\varphi_{CO_2} = 0.030\%$，$\varphi_{H_2} = 0.014\%$，$\varphi_{Ar} = 0.930\%$。试计算折合摩尔质量、折合气体常数和各组成气体的分压力。

【解】　由式(3 - 10)，混合气体的折合摩尔质量为

$$M_{eq} = \sum_{i=1}^{n} x_i M_i$$

$$= 0.780\,26 \times 28.016\ \text{g/mol} + 0.2100\,0 \times 32.000\ \text{g/mol} + 0.000\,30 \times 44.010\ \text{g/mol} +$$

$$0.000\,14 \times 2.016\ \text{g/mol} + 0.009\,30 \times 39.944\ \text{g/mol} = 28.965\ \text{g/mol}$$

$$R_{eq} = \frac{R}{M_{eq}} = \frac{8.314\,5\ \text{J/(mol·K)}}{28.965 \times 10^{-3}\ \text{kg/mol}} = 287.05\ \text{J/(kg·K)}$$

根据式(3 - 8)，$p_i = \varphi_i p = x_i p$，所以

$$p_{N_2} = 0.981 \times 10^5\ \text{Pa} \times 0.780\,26 = 7.65 \times 10^4\ \text{Pa}$$

$$p_{O_2} = 0.981 \times 10^5\ \text{Pa} \times 0.210\,00 = 2.06 \times 10^4\ \text{Pa}$$

$$p_{CO_2} = 0.981 \times 10^5\ \text{Pa} \times 0.000\,30 = 29.43\ \text{Pa}$$

$$p_{H_2} = 0.981 \times 10^5\ \text{Pa} \times 0.000\,14 = 13.73\ \text{Pa}$$

$$p_{Ar} = 0.981 \times 10^5\ \text{Pa} \times 0.009\,30 = 912.33\ \text{Pa}$$

【点评】　处于理想气体状态的各气体混合物也处于理想气体的状态，混合气体可以作为气体常数为 $R_{g,eq}$，摩尔质量为 M_{eq} 的单质气体。因此，混合气体问题解题的第一步往往是求取 $R_{g,eq}$ 和 M_{eq}。

【例 3 - 2】　由 H_2 和 CO_2 两种气体组成的混合气体，若质量分数 $w_{H_2} = 0.1$、$w_{CO_2} = 0.9$，试求其摩尔分数。

【解】　将 $R_{g,i} = \dfrac{R}{M_i}$ 代入式 $x_i = \varphi_i = \dfrac{R_{g,i}}{R_{g,eq}} w_i$，得 $x_i = \dfrac{R}{R_{g,eq}} \dfrac{w_i}{M_i}$

$$\sum_i x_i = \frac{\sum\limits_i R_{g,i} w_i}{R_{g,eq}} = 1$$

即

$$R_{g,eq} = \sum_i R_{g,i} w_i$$

故

$$R_{g,eq} = \sum R_{g,i} w_i = R_{g,H_2} w_{H_2} + R_{g,CO_2} w_{CO_2}$$

$$= 4.124\ \text{kJ/(kg·K)} \times 0.1 + 0.189\ \text{kJ/(kg·K)} \times 0.9$$

$$= 0.582\,5\ \text{kJ/(kg·K)}$$

$$x_{H_2} = \frac{R_{g,H_2}}{R_{g,eq}} w_{H_2} = \frac{4.124\ \text{kJ/(kg·K)}}{0.582\,5\ \text{kJ/(kg·K)}} \times 0.1 = 0.708$$

$$x_{CO_2} = \frac{R_{g,CO_2}}{R_{g,eq}} w_{CO_2} = \frac{0.189\ \text{kJ/(kg·K)}}{0.582\,5\ \text{kJ/(kg·K)}} \times 0.9 = 0.292$$

【点评】　质量分数和摩尔分数是混合气体常用的两种成分表示法,但是由于各组分气体摩尔质量的差异,混合气体中组分气体的质量分数数值并不代表摩尔分数数值。

3.2　混合气体的比热容、热力学能、焓和熵

体积、热力学能、焓和熵等参数是广延量,它们的值与系统的质量有关,具有可相加性,在系统中它的总量等于它在系统各部分中分量之和,因此混合气体的热力学能、焓、熵和比热容可由各组成气体的性质及其在混合气体中的比例来决定。

3.2.1　混合气体的比热容

据比热容的定义,混合气体的比热容是使单位质量的混合气体温度升高 1 K 所需的热量,也就是使单位质量的混合气体所包含的各组元气体温度均升高 1 K 所需的热量之和。

若各组成气体的比热容分别为 c_1,c_2,$\cdots$,c_n,混合气体温度升高 $\mathrm{d}T$ 时,各组成气体所需的热量为

$$\delta Q_1 = c_1 m_1 \mathrm{d}T;\ \delta Q_2 = c_2 m_2 \mathrm{d}T;\ \cdots;\ \delta Q_n = c_n m_n \mathrm{d}T$$

各式相加,即为混合气体温度升高 $\mathrm{d}T$ 所需的热量

$$(c_1 m_1 + c_2 m_2 + \cdots + c_n m_n)\mathrm{d}T = cm\mathrm{d}T$$

从上式可得混合气体的比热容为

$$c = c_1 w_1 + c_2 w_2 + \cdots + c_n w_n = \sum_{i=1}^{n} c_i w_i \tag{3-12}$$

用同样方法可得混合气体的体积热容

$$C' = C'_1 \varphi_1 + C'_2 \varphi_2 + \cdots + C'_n \varphi_n = \sum_{i=1}^{n} C'_i \varphi_i \tag{3-13}$$

将比热容乘以混合气体平均摩尔质量 M_{eq},得摩尔热容

$$C_{\mathrm{m}} = c M_{\mathrm{eq}} = M_{\mathrm{eq}} \sum_{i=1}^{n} c_i w_i \tag{3-14}$$

混合气体比热容、体积热容、摩尔热容的单位分别为 J/(kg·K)、J/(m³·K)和 J/(mol·K)。混合气体的比定压热容和比定容(比体积)热容之间的关系也遵循迈耶公式。

3.2.2　理想气体混合物的热力学能和焓

理想气体混合物也满足理想气体假设,各组成气体分子的运动不因存在其他气体而受影响。混合气体的热力学能、焓和熵都是广延参数,具有可加性。因而,混合气体的热力学能等于各组成气体的热力学能之和,即

$$U = \sum_i U_i \tag{3-15}$$

混合气体的比热力学能 u 和摩尔热力学能 U_{m} 分别为

$$u = \frac{U}{m} = \frac{\sum_i m_i u_i}{m} = \sum_i w_i u_i \tag{3-16}$$

$$U_m = \frac{U}{n} = \frac{\sum_i n_i U_{m,i}}{n} = \sum_i x_i U_{m,i} \tag{3-17}$$

同样,混合气体的焓等于各组成气体的焓总和

$$H = \sum_i H_i \tag{3-18}$$

混合气体的比焓 h 和摩尔焓 H_m 分别为

$$h = \sum_i w_i h_i \tag{3-19}$$

$$H_m = \sum_i x_i H_{m,i} \tag{3-20}$$

同时,各组成气体都是理想气体,温度相同(为 T),所以混合气体的比热力学能和比焓也是温度的单值函数,即

$$u = f_u(T), \ h = f_h(T)$$

3.2.3　理想气体混合物的熵

理想气体混合物各组成气体均匀分布于整个容积,故混合气体的比熵等于各组成气体处在与混合气体相同温度,相同体积(即相同温度,压力为分压力)时熵 $s_i = f(T, p_i)$ 的加权和,并且混合物的熵等于个组成气体熵的总和,即

$$s = \sum_i w_i s_i \tag{3-21}$$

或

$$S = \sum_i S_i \tag{3-22}$$

式中:w_i、s_i 分别为第 i 种组成气体的质量分数及比熵。

当混合气体成分不变时,第 i 种组分微元过程中的比熵变为

$$\mathrm{d}s_i = c_{p,i} \frac{\mathrm{d}T}{T} - R_{g,i} \frac{\mathrm{d}p_i}{p_i} \tag{3-23}$$

将式(3-23)代入式(3-21)的微分形式 $\mathrm{d}s = \sum_i w_i \mathrm{d}s_i$,则 1 kg 混合气体的比熵变化为

$$\mathrm{d}s = \sum_i w_i c_{p,i} \frac{\mathrm{d}T}{T} - \sum_i w_i R_{g,i} \frac{\mathrm{d}p_i}{p_i} \tag{3-24}$$

同理,1 mol 混合气体的熵变为

$$\mathrm{d}S_m = \sum_i x_i C_{p,m,i} \frac{\mathrm{d}T}{T} - \sum_i x_i R \frac{\mathrm{d}p_i}{p_i} \tag{3-25}$$

【例 3 - 3】　一块绝热隔板将刚性绝热容器分成两个部分(见图 3 - 2),一部分有 2 mol 氧气,$p_{O_2}=0.5$ MPa,$T_{O_2}=300$ K,另一部分有 3 mol 二氧化碳,$p_{CO_2}=0.3$ MPa,$T_{CO_2}=400$ K。现将隔板抽去,氧气和二氧化碳均匀混合。求:(1) 混合气体的压力 p 和温度 T;(2) 热力学能、焓和熵的变化量(按定值比热容计算)。

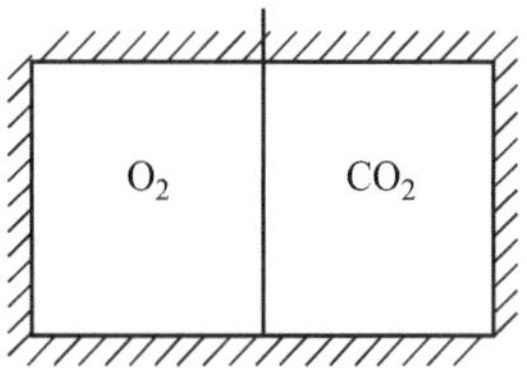

图 3 - 2　例 3 - 3 附图

【解】　(1) 混合气体的温度和压力:

取整个容器为闭口系统,根据闭口系统能量方程

$$Q=\Delta U+W$$

按题意 $Q=0$,$W=0$,得 $\Delta U=0$,即 $\Delta U_{O_2}+\Delta U_{CO_2}=0$。因 O_2 和 CO_2 均可按理想气体处理,故

$$n_{O_2}C_{V,m,O_2}(T-T_{O_2})+n_{CO_2}C_{V,m,CO_2}(T-T_{CO_2})=0$$

按定值比热容计算时,双原子气体 $C_{V,m,O_2}=\dfrac{5R}{2}$,三原子气体 $C_{V,m,CO_2}=\dfrac{7R}{2}$,代入上式解得

$$T=367.7 \text{ K}$$

混合气体的总体积和压力分别为

$$V=V_{O_2}+V_{CO_2}=\frac{n_{O_2}RT_{O_2}}{p_{O_2}}+\frac{n_{CO_2}RT_{CO_2}}{p_{CO_2}}$$

$$=\left(\frac{2 \text{ mol}\times 300 \text{ K}}{0.5\times 10^6 \text{ Pa}}+\frac{3 \text{ mol}\times 400 \text{ K}}{0.3\times 10^6 \text{ Pa}}\right)\times 8.3145 \text{ J/(mol}\cdot\text{K)}$$

$$=43.235 \text{ m}^3$$

$$p=\frac{nRT}{V}$$

$$=\frac{5 \text{ mol}\times 8.3145 \text{ J/(mol}\cdot\text{K)}\times 367.7 \text{ K}}{43.235 \text{ m}^3}$$

$$=0.354\times 10^6 \text{ Pa}=0.354 \text{ MPa}$$

(2) 热力学能、焓和熵的变化量:

前已求得 $\Delta U_{O_2}+\Delta U_{CO_2}=0$,所以

$$\Delta H=\Delta H_{O_2}+\Delta H_{CO_2}$$
$$=\Delta U_{O_2}+\Delta(pV)_{O_2}+\Delta U_{CO_2}+\Delta(pV)_{CO_2}=[n_{O_2}\Delta T_{O_2}+n_{CO_2}\Delta T_{CO_2}]R$$
$$=[2 \text{ mol}\times(367.7-300)\text{K}+3 \text{ mol}\times(367.7-400)\text{ K}]\times 8.3145 \text{ J/(mol}\cdot\text{K)}$$
$$=320.1 \text{ kJ}$$

混合以后,氧和二氧化碳的摩尔分数分别为 2/5 和 3/5

$$p'_{O_2}=x_{O_2}p=\frac{2}{5}\times 0.354 \text{ MPa}=0.1416 \text{ MPa}$$

$$p'_{CO_2}=x_{CO_2}p=\frac{3}{5}\times 0.354 \text{ MPa}=0.2124 \text{ MPa}$$

气体熵变为

$$\Delta S = n_{O_2} \Delta S_{O_2} + n_{CO_2} \Delta S_{CO_2}$$

$$= n_{O_2} \left[C_{p,m,O_2} \ln \frac{T}{T_{O_2}} - R \ln \frac{p'_{O_2}}{p_{O_2}} \right] + n_{CO_2} \left[C_{p,m,CO_2} \ln \frac{T}{T_{CO_2}} - R \ln \frac{p'_{CO_2}}{p_{CO_2}} \right]$$

$$= 2 \text{ mol} \times \left(\frac{7}{2} \times \ln \frac{367.7 \text{ K}}{300 \text{ K}} - \ln \frac{0.141\,6 \text{ MPa}}{0.5 \text{ MPa}} \right) \times 8.314\,5 \text{ J/(mol} \cdot \text{K)} +$$

$$3 \text{ mol} \times \left(\frac{9}{2} \times \ln \frac{367.7 \text{ K}}{400 \text{ K}} - \ln \frac{0.212\,4 \text{ MPa}}{0.3 \text{ MPa}} \right) \times 8.314\,5 \text{ J/(mol} \cdot \text{K)}$$

$$= 32.0 \text{ J/K}$$

【点评】 O_2 和 CO_2 绝热混合,虽然气体与外界换热量为零,过程熵流为零,但 $\Delta S > 0$,说明混合是不可逆过程,熵产大于零,造成系统熵增大。理想气体混合物各组成气体与混合气体温度相同,体积相同,压力为分压力,故计算各组分气体熵变时采用 $\Delta S = n \left[C_{p,m} \ln \frac{T_2}{T_1} - R \ln \frac{p_2}{p_1} \right]$。

3.3 湿空气和湿空气的相对湿度

3.3.1 湿空气和干空气

湿空气是指含有水蒸气的空气,完全不含水蒸气的空气则称为干空气。地球上的干空气会随时间、地理位置、海拔、环境污染等因素而产生微小的变化,为便于计算,工程上将干空气标准化,标准化的干空气的摩尔分数(体积分数)如表 3-1 所示。因干空气的组元和成分通常是一定的,故可以当作一种"单一气体"。

表 3-1 标准化干空气的组成

成分	相对分子质量	标准化干空气的摩尔分数
O_2	32.000	0.209 5
N_2	28.016	0.780 9
Ar	39.944	0.009 3
CO_2	44.01	0.000 3

地球上大气压力随海拔升高而降低,也会随地理位置、季节等因素而变化。以海拔为零,标准状态下大气压力 $p_0 = 760 \text{ mmHg}$ 为基础,则地球表面以上大气压力 p 可按下式计算

$$p = p_0 (1 - 2.255\,7 \times 10^{-5} z)^{5.256} \tag{3-26}$$

式中:z 为海拔,m;p 为海拔为 z 时的大气压力,mmHg。

大气压力的改变,导致各地水的沸点也不一致,表 3-2 列出了不同海拔下水的沸点。

表 3-2　不同海拔下水的沸点

海拔/m	大气压力/kPa	水的沸点/℃
0	101.33	100.0
1 000	89.55	96.3
2 000	79.50	93.2
5 000	54.05	83.0
10 000	26.50	66.2
20 000	5.53	34.5

湿空气是干空气和水蒸气的混合物。烘干、采暖、空调、冷却塔等工程中通常都是采用环境大气,其水蒸气分压力很低(0.003~0.006 MPa),一般处于过热状态,因此,大气中水蒸气也可作为理想气体计算。湿空气是理想气体混合物,理想气体遵循的规律及理想气体混合物的计算公式,都可应用。

为了描述方便,分别以下标"a""v""s"表示干空气、水蒸气和饱和水蒸气的参数,而无下标时则为湿空气参数。

3.3.2　未饱和空气和饱和空气

根据理想气体的分压力定律,湿空气总压力等于干空气分压力 p_a 和水蒸气分压力 p_v 之和,即 $p = p_a + p_v$,如果湿空气来自环境大气,其压力即为大气压力 p_b,这时

$$p_b = p_a + p_v \tag{3-27}$$

湿空气中水蒸气,由其含量不同(表现为分压力的高低)和温度不同,或者处于过热状态,或者处于饱和状态,因而湿空气有未饱和与饱和之分。干空气和过热水蒸气组成的湿空气称为未饱和空气;干空气和饱和水蒸气组成的湿空气称为饱和空气。温度为 t 的湿空气,当水蒸气分压力 p_v 低于对应于 t 的饱和压力 p_s 时,水蒸气处于过热状态,如图 3-3 中 A 点所示,此时,水蒸气的密度 ρ_v 小于饱和蒸汽密度 ρ'',即 $\rho_v < \rho''$ 或 $v_v > v''$。

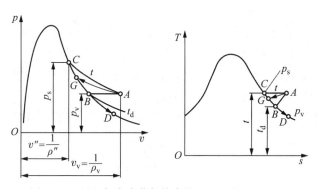

图 3-3　湿空气中水蒸气状态的 p-v 图和 T-s 图

如果湿空气保持温度不变,而水蒸气含量增加,则水蒸气分压力增大,其状态点将沿着定温线向左上方(p-v 图上)变化,或水平向左(T-s 图上)变化,当分压力增大到 $p_s(t)$,如达到

图 3-3 中 C 点时,水蒸气达到饱和状态,空气成为饱和湿空气。饱和湿空气吸收水蒸气的能力已经达到极限,不能再接纳更多的水蒸气,这时水蒸气的分压力和密度是该温度下可能存在的最大值,即 $p_v = p_s(t)$,$\rho = \rho''$,p_s 和 ρ'' 按温度 t 在饱和水蒸气图表上查得。根据以上讨论可知,未饱和空气可以接纳再多一些的水蒸气;湿空气达饱和时其中水蒸气含量达到最大值,唯有提高空气温度,使对应的水蒸气饱和压力提高,才能进一步接纳水蒸气;降低饱和湿空气的温度将有水蒸气凝结为水滴从空气中析出。上述分析也说明,保持温度不变提高水蒸气的分压力和保持水蒸气分压力不变降低温度,可以使未饱和湿空气达到饱和状态。

3.3.3   湿空气相对湿度

1 m³ 的湿空气中所含水蒸气的质量称为绝对湿度,用符号 ρ_v 表示。由于湿空气中水蒸气具有与湿空气同样的体积,所以绝对湿度就是湿空气中水蒸气的密度

$$\rho_v = \frac{m_v}{V} = \frac{1}{v_v}$$

对于饱和空气,因其中的水蒸气处于饱和状态,故其绝对湿度即为干饱和蒸汽的密度

$$\rho''_v = \frac{1}{v''_v}$$

绝对湿度并不能完全说明湿空气的潮湿程度和吸湿能力。对于同样的绝对湿度,若空气温度不同,湿空气吸湿能力也不同。例如 $\rho_v = 0.009$ kg/m³,当湿空气温度 t 为 25 ℃时,因其饱和密度 $\rho''_v = 0.024\,4$ kg/m³,远大于 ρ_v,所以湿空气中水蒸气远未达到饱和,空气具有较强的吸湿能力。若空气温度较低,仅为 10 ℃,则因该温度所对应的饱和压力和水蒸气饱和密度都较低 ($\rho_v = 0.009\,4$ kg/m³),非常接近 ρ_v,因而吸湿能力较小,人们会感到阴冷潮湿。所以绝对湿度不能完全说明空气的吸湿能力,为此,引入相对湿度的概念。

相对湿度是绝对湿度和相同温度下可能达到的最大绝对湿度(即饱和空气的绝对湿度)的比值,用 φ 表示:

$$\varphi = \frac{\rho_v}{\rho_{v,\,max}} = \frac{\rho_v}{\rho''_v} \tag{3-28}$$

当 $\rho_v = 0$ 时,$\varphi = 0$,表明空气中水蒸气含量为零,此时空气即为干空气;当 $\rho_v = \rho''_v$ 时,$\varphi = 1$,空气为饱和湿空气。φ 愈小表示湿空气离饱和湿空气愈远,即空气愈干燥,吸取水蒸气的能力愈强,所以,不论温度如何,φ 的大小直接反映了湿空气的吸湿能力。同时,相对湿度也反映出湿空气中水蒸气含量接近饱和的程度,故又称饱和度。

由于湿空气中水蒸气也可用理想气体状态方程计算状态参数,所以

$$\varphi = \frac{\rho_v}{\rho''_v} = \frac{p_v/(R_{g,\,v}T)}{p_s/(R_{g,\,v}T)} = \frac{p_v}{p_s} \tag{3-29}$$

故相对湿度也可表示成空气中水蒸气分压力和同温度水蒸气饱和压力的比值。

某些场合如烘干作业中,作为干燥介质的湿空气,被加热到相当高的温度,这时的 p_s 可能大于总压力 p,实际上湿空气中水蒸气的分压力最高等于总压力,所以这时 φ 定义为

$$\varphi = \frac{p_{\mathrm{v}}}{p} \quad (p_{\mathrm{s}} > p) \tag{3-30}$$

3.3.4　露点和湿球温度

　　未饱和湿空气保持温度不变,增加水蒸气含量则水蒸气分压力增大,达到饱和压力,空气成为饱和空气。未饱和空气也可通过另一种途径达到饱和:保持湿空气内水蒸气的含量一定,即分压力 p_{v} 不变,逐渐降低温度,空气中水蒸气状态点将沿着定压线 AB(见图 3-3)冷却到与饱和蒸汽线相交的 B 点,此时也达到饱和状态,继续冷却就会结露。B 点温度即为对应于 p_{v} 的饱和温度,称为露点,用 t_{d} 表示。显然,$t_{\mathrm{d}} = f(p_{\mathrm{v}})$,可在饱和水蒸气表或饱和湿空气表上由 p_{v} 查得。露点可用湿度计或露点仪测量,测得 t_{d} 相当于测定了 p_{v}。

　　达到露点后继续冷却,就会有水蒸气凝结成水滴析出,湿空气中的水蒸气将沿着饱和蒸汽线变化,如图 3-3 上 BD 线所示,这时温度降低,分压力也随之降低,即为析湿过程。

　　相对湿度可由干湿球温度计测量干、湿球温度得到。干湿球温度计含有两支普通温度计,其中一支的感温球直接和湿空气接触,其测得温度称为干球温度,另一支的感温球则用保持浸润的湿纱布包着,测得温度称湿球温度,干湿球温度计示意图如图 3-4 所示。图 3-5 则是一种实用的干湿球温度计。如果空气流是未饱和的,那么湿纱布表面的水分会不断蒸发,由于水蒸发时吸收热量,从而使贴近纱布的一层空气温度降低。随着与主流空气建立的温差,主气流向纱布传热。当温度降低到一定程度时,传入纱布的热量正好等于水蒸发所需的热量,这时温度维持不变,此时的温度就是湿球温度 t_{w}。空气的相对湿度愈小,湿球温度比干球温度就低得愈多。如果空气是饱和的,则由于空气不能接纳更多的蒸汽,故纱布上水不会蒸发,这时湿球温度和干球温度是相同的。所以,φ 与 t_{w} 及 t 有一定的函数关系,依据这种关系可绘制线图或表格,通过 t_{w} 及 t 查取 φ。当然,气流的速度对蒸发和传热过程有影响,但实验表明,当气流速度在 2~10 m/s 时,气流速度对湿球温度计的读数影响很小,故工程上近似用湿球温度作为表征湿空气的状态参数。在以干、湿球温度查图表或进行计算求取相对湿度等时,应以通风式干湿球温度计的读数为准。

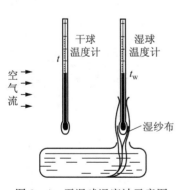

图 3-4　干湿球温度计示意图

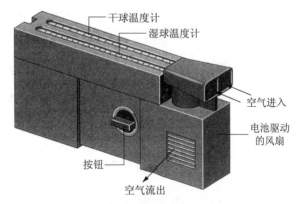

图 3-5　便携式干湿球温度计

　　根据对露点和湿球温度的讨论,干球温度、湿球温度和露点的关系如下:

　　对于未饱和空气($\varphi < 1$)　　　　　　$t > t_{\mathrm{w}} > t_{\mathrm{d}}$ $\tag{3-31}$

对于饱和空气（$\varphi=1$）　　　　　　$t=t_\mathrm{w}=t_\mathrm{d}$　　　　　　　　　　(3-32)

3.4　湿空气的比湿度和湿度($\omega-t$)图

3.4.1　比湿度

在空调及烘干过程中，空气常被加湿或去湿，其中水蒸气的质量发生变化，而干空气的质量并不改变。工程上引进比湿度概念以表征这种特性。所谓比湿度是指 1 kg 干空气中所含水蒸气的质量，比湿度又称含湿量。

$$\omega=\frac{m_\mathrm{v}}{m_\mathrm{a}}\tag{3-33}$$

式中：ω 为比湿度，是无量纲的量，但习惯上表示成(kg 水蒸气/kg 干空气)；m_v、m_a 分别为水蒸气质量和干空气质量，单位是 kg。

根据理想气体状态方程式

$$m_\mathrm{v}=\frac{p_\mathrm{v}V}{R_\mathrm{g,v}T},\quad m_\mathrm{a}=\frac{p_\mathrm{a}V}{R_\mathrm{g,a}T}$$

代入式(3-33)，经整理后，可得

$$\omega=0.622\frac{p_\mathrm{v}}{p_\mathrm{a}}=0.622\frac{p_\mathrm{v}}{p-p_\mathrm{v}}\tag{3-34}$$

将式(3-29)代入式(3-34)，得

$$\omega=0.622\frac{\varphi p_\mathrm{s}}{p-\varphi p_\mathrm{s}}\tag{3-35}$$

式(3-35)建立了比湿度 ω 和相对湿度 φ 之间的关系。该式表明，当大气压力一定时，比湿度和水蒸气的分压力有单值的对应关系。

3.4.2　湿空气的焓

湿空气的焓是指含有 1 kg 干空气的湿空气的焓值，它等于 1 kg 干空气及与之混合的水蒸气焓的总和，以 h 表示，即

$$h=\frac{H}{m_\mathrm{a}}=\frac{m_\mathrm{a}h_\mathrm{a}+m_\mathrm{v}h_\mathrm{v}}{m_\mathrm{a}}=h_\mathrm{a}+\omega h_\mathrm{v}\tag{3-36}$$

式中：h_a 为 1 kg 干空气的焓；h_v 为 1 kg 水蒸气的焓。

温度变化的范围不大时，若取干空气的比热容为常数，并取 0 ℃时干空气焓值为零，则 $h_\mathrm{a}=1.005t$(kJ/kg)；水蒸气的焓 h_v 也有较精确的经验公式，$h_\mathrm{v}=2\,501+1.86t$(kJ/kg)，将 h_a 和 h_v 的计算式代入式(3-36)，得

$$h^{①} = 1.005t + \omega(2\,501 + 1.86t) \quad \text{kJ/kg 干空气} \tag{3-37}$$

工程上有时还需要计算湿空气的其他参数,可运用理想气体混合气体有关的方法计算。

3.4.3　湿空气的比体积

1 kg 干空气及其携带的水蒸气组成的湿空气的体积,称为湿空气的比体积,用 v(m³/kg 干空气)表示

$$v = (1 + \omega)\frac{R_g T}{p} \tag{3-38}$$

式中:R_g 为湿空气的气体常数。

据混合气体折合气体常数的求法,有

$$R_g = \sum w_i R_{g,i} = \frac{1}{1+\omega}R_{g,a} + \frac{\omega}{1+\omega}R_{g,v} = \frac{R_{g,a} + R_{g,v}\omega}{1+\omega} \tag{3-39}$$

3.4.4　湿度(ω-t)图

为方便工程计算,常把湿空气状态参数之间的关系制成图线。湿空气状态参数线图有多种形式,这里介绍湿度(ω-t)图,如图 3-6 所示。图中具有以下定值线:

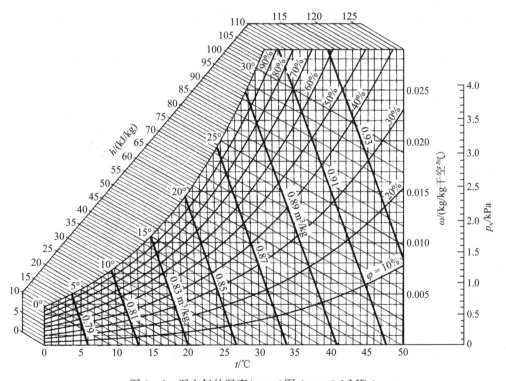

图 3-6　湿空气的湿度(w-t)图($p = 0.1$ MPa)

---

① 按国标规定,该式正确写法是 $\{h\}_{\text{kJ/kg(干空气)}} = 1.005\{t\}_\text{℃} + \{d\}_{\text{kg/kg(干空气)}}(2\,501 + 1.86\{t\}_\text{℃})$,考虑到过去的习惯仍采用如式(3-37)这样的表达式。

（1）定干球温度线（t＝常数）。湿度图以 t 为横坐标，故定温度线就是一组垂直于横坐标的平行线，位置越靠右的定温线的 t 值越高。

（2）定比湿度线 ω＝常数。湿度图以 ω 为纵坐标，故定比湿度线就是一组平行于横坐标的水平线，水平线的位置越高，ω 值越大。

（3）定相对湿度线（φ＝常数）。定 φ 线的走向是 ω 增大则 t 增大，或 ω 减小则 t 减小，成为一条下凹的曲线。当 ω 不变时，则 t 减小 φ 增大，故位置越在图左上方的定 φ 线，其 φ 值越大。

（4）定焓线（h＝常数）。通常，在空调、烘干等工程中涉及的温度并不很高，由式（3-37）可知，$1.86t$ 相对于 2 501 近似可忽略，故在湿度图上的定焓线，几乎是一组直线，在 t 不变时，ω 越大 h 也越大，故焓值越大的定焓线越靠近图的右上方。

（5）定湿球温度线（t_w＝常数）。定湿球温度线近似平行于定焓线，位置越靠近图的右上方 t_w 的值越大。在有些湿度图上没有定湿球温度线，据饱和空气干球温度等于湿球温度，定湿球温度线近似平行于定焓线，只要通过湿空气状态点作定焓线与 φ 为 100% 的线相交所得到的温度即为 t_w。

在给定大气压力 p 时，ω 与 p_v 的关系为

$$\omega = 0.622\,\frac{p_v}{p - p_v} = f(p_v)$$

故 ω-t 图上也可由 ω 查取 p_v。

由于露点 t_d 是与 p_v 对应的饱和空气（φ＝100%）的温度，故 t_d 可以通过定 ω 线与 φ＝100% 线的交点求得，而温度不同但含湿量相同的空气具有相同的露点。

绘制湿度（ω-t）图需要选定空气总压力 p，所以使用湿度图时应核定应用场合空气压力与之是否一致。

【例 3-4】　有 100 m³ 的湿空气，其 p_1＝0.1 MPa，t_1＝35 ℃，φ_1＝0.70。（1）试求比湿度 ω_1、露点 t_d 及干空气和水蒸气的质量 m_a 和 m_v；（2）若该湿空气定压冷却到 20 ℃，试确定凝析的水蒸气的量 Δm_v；（3）求初、终态时空气的焓 H_1 和 H_2。

【解】　（1）ω_1 和 t_d 可以利用 ω-t 图确定或用解析法确定。

据 t_1＝35 ℃，φ_1＝0.70，在 ω-t 图上可确定点 1，读出 ω_1＝0.025 3 kg/kg 干空气。过点 1做水平线交 φ_1＝100% 于点 d，点 d 的温度即露点温度，t_d＝28.3 ℃。

据 t_1＝35 ℃，从饱和蒸汽表上查得其饱和压力 p_s＝5.622 kPa，由式（3-29）得

$$p_{v1} = \varphi p_{s1} = 0.7 \times 5.622\ \text{kPa} - 3.94\ \text{kPa}$$

据 p_{v1}＝3.94 kPa，在饱和蒸汽表查得饱和温度 t＝28.6 ℃，此温度即为露点温度 t_d。因 $p_{a1} = p_1 - p_{v1} = 0.1 \times 10^3\ \text{kPa} - 3.94\ \text{kPa} = 96.06\ \text{kPa}$，由式（3-34）得

$$\omega_1 = 0.622 \times \frac{p_{v1}}{p_{a1}} = 0.622 \times \frac{3.94\ \text{kPa}}{96.06\ \text{kPa}} = 0.025\ 5\ \text{kg/kg 干空气}$$

$$m_a = \frac{p_{a1}V}{R_{g,a}T_1} = \frac{96.06\ \text{kPa} \times 100\ \text{m}^3}{0.287\ \text{kJ/(kg·K)} \times (35 + 273)\text{K}} = 108.7\ \text{kg}$$

$$m_{v1} = \frac{p_{v1}V}{R_{g,v}T_1} = \frac{3.94\ \text{kPa} \times 100\ \text{m}^3}{0.461\ \text{kJ/(kg·K)} \times (35 + 273)\text{K}} = 2.775\ \text{kg}$$

或

$$m_{v1} = \omega_1 m_a = 0.025\,5\,\text{kg/kg 干空气} \times 108.7\,\text{kg} = 2.772\,\text{kg}$$

（2）由于终温低于露点温度，所以终态时湿空气必定是饱和状态，位于 $t_2 = 20\,℃$ 和 $\varphi_2 = 100\%$ 的交点上，由 $\omega\text{-}t$ 图可得 $\omega_2 = 0.014\,9\,\text{kg/kg 干空气}$。

或查饱和蒸汽表，$t_2 = 20\,℃$ 时，$p_s = 2.336\,8\,\text{kPa} = p_{v2}$

$$p_{a2} = p_2 - p_{v2} = 100\,\text{kPa} - 2.336\,8\,\text{kPa} = 97.663\,2\,\text{kPa}$$

$$\omega_2 = 0.622\frac{p_{v2}}{p_{a2}} = 0.622 \times \frac{2.336\,8\,\text{kPa}}{97.663\,2\,\text{kPa}} = 0.0148\,8\,\text{kg/kg 干空气}$$

由于冷却过程中，干空气质量不变，所以

$$\Delta m_v = m_{v1} - m_{v2} = m_a(\omega_1 - \omega_2)$$
$$= 108.7\,\text{kg} \times (0.025\,5 - 0.0148\,8)\,\text{kg/kg 干空气} = 1.154\,\text{kg}$$

（3）湿空气的比焓 $h = h_a + \omega h_v$，所以初、终态湿空气的比焓分别为

$$\{h\}_{\text{kJ/kg}} = 1.005\{t\}_℃ + \omega(2\,501 + 1.86\{t\}_℃)$$
$$h_1 = 1.005\,\text{kJ/(kg·K)} \times 35\,℃ + 0.025\,5\,\text{kg/kg 干空气} \times (2\,501 + 1.86 \times 35)\,\text{kJ/kg}$$
$$= 100.6\,\text{kJ/kg}$$
$$h_2 = 1.005\,\text{kJ/(kg·K)} \times 20\,℃ + 0.014\,88\,\text{kg/kg 干空气} \times (2\,501 + 1.86 \times 20)\,\text{kJ/kg}$$
$$= 57.9\,\text{kJ/kg}$$

初、终态湿空气的总焓分别为

$$H_1 = m_a h_1 = 108.7\,\text{kg} \times 100.6\,\text{kJ/kg} = 10\,935.2\,\text{kJ}$$
$$H_2 = m_a h_2 = 108.7\,\text{kg} \times 57.9\,\text{kJ/kg} = 6\,293.7\,\text{kJ}$$

【点评】　未饱和湿空气中水蒸气的分压力低于空气温度对应的饱和压力。在定压降温过程中，水蒸气的分压力先保持不变，随着空气温度的下降，与之对应的饱和压力下降到等于水蒸气的分压力时，即达到露点。继续降温，饱和压力继续下降，空气中部分水蒸气凝结析出，维持其分压力等于饱和压力。所以通过点 1 的水平线与 $\varphi_1 = 100\%$ 的等 φ 线的交点指示的温度是露点，而继续冷却的过程沿 $\varphi_1 = 100\%$ 线进行。

3.5　小结

本章讨论如何由组成气体的性质确定混合气体及湿空气的热物性。

工程上处理大量存在的气体混合物的基本方法是把组成气体都处在理想气体状态的混合气体作为某种假想的理想气体，所以只要据气体混合物的组成气体成分，确定折合气体常数和折合摩尔质量后，就可将之作为假想的处于理想气体状态的纯质气体一样处置。所以利用各组成气体的成分及气体常数（或摩尔质量）求取混合气体的 $R_{g,eq}$ 和 M_{eq} 常常是处理混合气体的首要步骤。混合气体的比热容、热力学能和焓可用各组成气体的质量分数与各自相应量乘积之和求得。需要强调的是，混合气体中各个组成气体与混合气体温度、容积相同，压力为分压力，所以在处理与压力有关的量（如熵）时，应采用分压力概念。如气体等压等温不可逆混合，各组分气

体熵变 $\Delta s_i = -R_g \ln(p_{2,i}/p_{1,i})$，由于 $p_{2,i} < p_{1,i}$，所以 $\Delta s_i > 0$，这与熵产的概念是一致的。

  湿空气是干空气和水蒸气的混合物，由于水蒸气的分压力很低，所以湿空气可以作为理想气体混合物，湿空气中水蒸气的参数可以根据温度和分压力查水蒸气表，也可用理想气体的公式计算。但是，水蒸气还受到饱和温度和饱和压力对应的制约，也就是湿空气中水蒸气的分压力不能超过与湿空气温度对应的饱和压力，造成空气有饱和及未饱和之分，有吸湿能力高低的区别。当水蒸气的分压力等于湿空气温度对应的水蒸气的饱和压力时，空气即为饱和湿空气，没有进一步接纳水蒸气的能力，而水蒸气的分压力小于湿空气温度对应的饱和压力时，水蒸气处于过热状态，空气能进一步吸收水蒸气，具有吸湿能力。相对湿度即可描述这种特性：相对湿度等于 1 的空气是饱和空气，小于 1 的空气为未饱和空气，相对湿度愈小，吸湿能力愈强。露点是水蒸气的分压力对应的饱和温度，因此饱和空气的干球温度与湿球温度和露点相等，而未饱和空气干球温度大于湿球温度，湿球温度大于露点。在湿空气的应用领域，常常只是水蒸气含量的变化，干空气的质量并不变化，比湿度则从每千克干空气中携带的水蒸气的质量描述了这一特点。温度不同但含湿量相同的空气具有相同的露点。湿空气参数也可用 ω-t 图确定，特别要强调的是，若用 ω-t 图确定湿空气参数，必须确保湿空气压力与使用的图一致。

思 考 题 3

  3-1 处于平衡状态的理想气体混合气体中，各种组成气体可以各自互不影响地充满整个容积，它们的行为可以与它们各自单独存在时一样，为什么？

  3-2 分压力定律和分体积定律是否适用于实际气体混合物？

  3-3 如果已知混合气体中两种组成 A 和 B 的摩尔分数，$x_A > x_B$，能否断定其质量分数也是 $w_A > w_B$？

  3-4 如果近似地认为 4.76 mol 的空气是由 1 mol 氧气和 3.76 mol 氮气混合构成（即 $x_{O_2} = 0.21$、$x_{N_2} = 0.79$）的，那么 1 atm、20 ℃ 的 4.76 mol 空气的熵应是 1 atm、20 ℃ 的 1 mol 氧气的熵和 1 atm、20 ℃ 的 3.76 mol 氮气的熵的和，这种说法正确吗？为什么？

  3-5 为什么混合气体的比热容、热力学能、焓和熵可由各组成气体的性质及其在混合气体中的比例来决定？混合气体的温度和压力能不能用同样的方法确定？

  3-6 为何阴雨天晒衣服不易干，而晴天则容易干？为何冬季人在室外呼出的气是白色雾状？冬季室内有供暖装置时，为什么会感到空气干燥？

  3-7 绝对湿度是 1 m^3 的湿空气中所含水蒸气的质量，它非常直接地指出了湿空气中水蒸气的量，能不能用绝对湿度衡量湿空气的吸湿能力？

  3-8 何谓湿空气的露点？解释降雾、结露、结霜现象，并说明它们发生的条件。

  3-9 何谓湿空气的比湿度？相对湿度愈大比湿度愈高，这种说法正确吗？

  3-10 若封闭气缸内的湿空气定压升温，问湿空气的 φ、ω、h 如何变化？

习 题 3

  3-1 若混合气体中各组成气体的体积分数为 $\varphi_{CO_2} = 0.4$，$\varphi_{N_2} = 0.2$，$\varphi_{O_2} = 0.4$。混合气体的温度 $t = 50$ ℃，表压力为 0.04 MPa，气压计上水银柱高度为 750 mmHg，求：(1) 该种混

合气体体积为 4 m³ 时的质量;(2) 混合气体在标准状态下的体积;(3) 求各种组成气体的分压力。

3-2　N_2 和 CO_2 的混合气体,在温度为 40 ℃、压力为 5×10^5 Pa 时,比体积为 0.166 m³/kg,求混合气体的质量分数。

3-3　有 50 kg 的废气和 75 kg 的空气混合。废气的各组成气体的质量分数为:$w_{CO_2}=14\%$,$w_{O_2}=6\%$,$w_{H_2O}=5\%$,$w_{N_2}=75\%$。空气中 O_2 和 N_2 的质量分数为:$w_{O_2}=23.2\%$,$w_{N_2}=76.8\%$。混合气体的压力 $p=0.3$ MPa,求:(1) 各组成气体的质量分数;(2) 混合气体的折合气体常数和折合摩尔质量;(3) 各组成气体的分压力。

3-4　新疆油田公司某次测得 5 号井所产天然气成分如下表所示,求 1 m³(标准状态下)天然气中甲烷的质量。

组分气体	甲烷 CH_4	乙烷 C_2H_6	丙烷 C_3H_8	丁烷 C_4H_{10}	CO_2	N_2
体积分数 x	0.938 1	0.021 4	0.003 9	0.002 4	0.022 3	0.011 8

3-5　由 3 mol CO_2、2 mol N_2 和 4.5 mol O_2 组成的混合气体,混合前它们的各自压力都是 0.689 5 MPa。混合物的压力 $p=0.689$ 5 MPa、温度 $t=37.8$ ℃,求混合后各自的分压力。

3-6　设刚性容器中原有压力为 p_1、温度为 T_1、质量为 m_1 的第一种理想气体,当第二种理想气体充入后使混合气体的温度仍维持不变,但压力升高到 p_2,试确定第二种气体的充入量。

3-7　绝热刚性容器中间有隔板将容器分为体积相等的两个部分,左侧为 50 mol 的 300 K、2.8 MPa 的高压空气,右侧为真空。若抽出隔板,求容器中空气的熵变。

3-8　刚性绝热器被隔板一分为二,如图 3-7 所示,左侧 A 装有氧气,$V_{A1}=0.3$ m³,$p_{A1}=0.4$ MPa,$T_{A1}=288$ K;右侧 B 装有氮气,$V_{B1}=0.6$ m³,$p_{B1}=0.505$ MPa,$T_{B1}=328$ K;抽去隔板后氧气和氮气相互混合,重新达到平衡。求:

(1) 混合气体的温度 T_2 和压力 p_2;
(2) 混合气体中氧气和氮气各自的分压力 p_{A2}、p_{B2};
(3) 混合前后的熵变化量 ΔS(按定值比热容计算)。

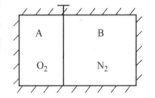

图 3-7　习题 3-8 附图

3-9　设大气压力为 0.1 MPa,温度为 30 ℃,相对湿度 φ 为 0.6,试用水蒸气性质表求解湿空气的露点温度、含湿量和干空气及水蒸气的分压力。

3-10　设干湿球温度计的读数为 $t=30$ ℃、$t_w=25$ ℃,大气压力 $p_b=0.1$ MPa,试用湿度图确定空气的各参数(h、ω、φ、t_d、p_v、ρ_v)。

3-11　某容器底部装有少量水,空气所占体积为 0.05 m³,抽真空后密闭。在温度为 30 ℃ 时测得容器内的压力为 5 kPa,试确定容器内尚残存的空气量。

3-12　湿空气温度为 30 ℃,压力为 0.1 MPa,测得露点温度为 22 ℃,计算其相对湿度及比湿度。

3-13　以往我国西部某油田注汽锅炉采取措施后排烟温度仍高达 140 ℃ 左右,烟气的显热未得到充分利用,烟气中水蒸气大量的潜热甚至尚未触及。继续降低排烟的温度,使烟气中部分水蒸气凝结放出热量,充分利用其潜热,进一步提高注汽锅炉热效率在理论上是可行的,同时可以取得显著的经济效益和环保效益。所以在控制由于烟气中酸性成分溶于凝结水内造成对金属等材料的冷腐蚀的前提下,降低锅炉装置尾部烟道烟气温度是有效的节能措施。初步研究中为简便,通常把烟气看成是干烟气和水蒸气的混合物,干烟气是烟气中水蒸气以外的所有气体的混合物。采得某注采站 2 号注汽锅炉烟气体积成分近似为干烟气的体积分数为0.843,水蒸气的体积分数为 0.157,若烟气压力 $p=0.1\,\text{MPa}$,干烟气的折合摩尔质量和折合气体常数分别为 $M'_{\text{g, eq}}=30.0\times10^{-3}\,\text{kg/mol}$, $R'_{\text{g, eq}}=310.7\,\text{J/(kg·K)}$。(1) 求烟气中水蒸气开始凝结的温度 t_{d};(2) 若烟气冷却到比露点低 5 ℃,计算 1 m^3 温度为 140 ℃的烟气的凝水量。

3-14[*]   冷却塔是一种节水设备,其工作原理是利用未饱和湿空气与工艺热水进行热质交换,使热水冷却而循环使用,以达到节水的目的。若从塔底进入的湿空气温度为 25 ℃,相对湿度为 50%,塔顶排出的是 32 ℃的饱和湿空气,求为使 10 t/h 的热水从 35 ℃降至 30 ℃需要送入的空气量及蒸发的水量。又是否可能使热水降温到进塔空气的湿球温度?

第4章 气体的热力过程

系统与外界的能量交换是通过工质的状态变化过程来实现的,实际的热力过程非常复杂,不仅气体内部各部分有相对运动,会产生内摩擦,与外界接触也会存在外摩擦和温差,甚至气体内部还不能达到均匀一致的状态,因此所有实际的过程均不可逆。通常先取工质为闭口系统,分析研究工质基本的可逆理想过程,以揭示过程中工质状态参数的变化规律,以及能量转化情况,进而找出影响转化的主要因素。工质热力状态变化的规律及能量转换状况与是否流动无关,对于确定的工质只取决于过程特征。因此,闭口系统工质状态变化和过程中与外界的热、功交换也是开口系统的过程分析的基础。为了便于分析各种过程,寻找其固有规律,本章分析、研究闭口系工质的可逆理想过程,实际应用时,因此而引起的误差,可由实验数据加以修正。

研究过程的目的是掌握工质在过程中状态变化的规律,分析过程中参数变化与功、热之间的转换关系。为此,必须根据过程的特征,写出过程方程式;确定过程中初、终态间的参数关系;计算过程热量及功量并绘出过程曲线以便于分析。

理想气体可采用状态方程式计算基本参数 p、T、v,由简化算式或图、表确定 u、h、s 等其他参数;水蒸气等实际气体一般采用图、表或专用计算机程序确定。功和热量的基本计算公式是

$$w = \int_1^2 p\,\mathrm{d}v, \quad w_t = -\int_1^2 v\,\mathrm{d}p, \quad q = T\,\mathrm{d}s$$

当然也可以据 $q = \Delta u + w$,$q = \Delta h + w_t$ 计算过程中系统与外界交换的热量和功。

4.1 理想气体的基本热力过程

热力设备中的实际过程都不可逆,并且工质的各个状态参数都在变化。为了寻找过程中状态参数变化及能量转换的规律,需要抓住过程的主要特征。图 4-1 是汽车发动机工作过程中气缸内压力和气缸容积的关系,从中可发现大部分过程中气体基本状态参数间满足

$$pv^n = 常数$$

即
$$p_1 v_1^n = p_2 v_2^n \qquad (4-1)$$

其中 n 为常数。满足式(4-1)的可逆过程称为多变过程,n 称为多变指数。工程上许多过程可抽象概括为这种过程或其特例。

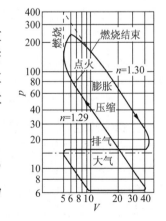

图 4-1 汽车发动机
的 p-V 图

4.1.1 理想气体多变过程方程式及多变指数

考虑到理想气体热力过程中每种平衡态气体均需要满足状态方程式

$$pv = R_g T$$

代入式(4-1)可得 $Tv^{n-1}=$ 常数及 $Tp^{-\frac{n-1}{n}}=$ 常数,即

$$T_1 v_1{}^{n-1}=T_2 v_2{}^{n-1} \tag{4-2}$$

$$T_1 p_1{}^{-\frac{n-1}{n}}=T_2 p_2{}^{-\frac{n-1}{n}} \tag{4-3}$$

式(4-1)~式(4-3)即可逆多变过程基本状态参数的变化关系式,式中 n 可以是从 $-\infty$ 到 ∞ 之间的任意数值。

$n=0$ 时,可得 $p=$ 常数,表示过程中压力不变,称作定压过程。过程中 $\dfrac{v}{T}=$ 常数,即

$$\frac{v_1}{T_1}=\frac{v_2}{T_2} \tag{4-4}$$

$n=1$ 时,由式(4-1)可得 $pv=$ 常数,考虑到理想气体状态方程 $pv=R_g T$,即表示过程为定温过程,有

$$p_1 v_1=p_2 v_2 \tag{4-5}$$

在式(4-1)两侧开 n 次方,并令 $n \to \infty$,可得 $v=$ 常数,表示过程中比体积不变,称作定容过程。定容过程中 $\dfrac{p}{T}=$ 常数,即

$$\frac{p_1}{T_1}=\frac{p_2}{T_2} \tag{4-6}$$

可以导出多变指数 $n=\gamma(\gamma=c_p/c_V)$ 时,$pv^{\gamma}=$ 常数的过程即是理想气体定比热容可逆绝热过程,工程上常把式中的指数称为绝热指数,用 κ 表示。因此,$n=\kappa$ 的多变过程,表示该过程为理想气体定值比热容可逆绝热过程。根据熵的定义,可逆绝热过程中比熵保持不变,故可逆绝热过程即为定比熵过程(常简称为定熵过程)。

$pv^{\kappa}=$ 常数和 $pv^n=$ 常数两式中 n 和 κ 都是常数,所以比照式(4-1)~式(4-3),定比熵过程中应有 $pv^{\kappa}=$ 常数,$Tv^{\kappa-1}=$ 常数,$Tp^{-\frac{\kappa-1}{\kappa}}=$ 常数,即

$$p_1 v_1^{\kappa}=p_2 v_2^{\kappa}, \quad T_1 v_1^{\kappa-1}=T_2 v_2^{\kappa-1}, \quad T_2 p_2{}^{-\frac{\kappa-1}{\kappa}}=T_1 p_1{}^{-\frac{\kappa-1}{\kappa}} \tag{4-7}$$

上述这些过程称为理想气体的基本热力过程。水蒸气和氨蒸气这类工质的热力过程中,虽然它们的状态参数之间的关系不一定能用理想气体那样的简洁公式描述,但定压、定温、定熵和定容这些特征是共通的。如冰箱蒸发器管子中制冷工质的汽化吸热过程可认为是定压且定温的过程;压气机里的过程常常是多变过程,n 通常介于 1 和绝热指数 κ 之间;燃气轮机燃烧室里的过程常常近似为定压加热过程,而燃气在汽轮机内的膨胀过程及火箭发动机中高温高压燃气在尾喷管内的膨胀过程则可近似为绝热流动过程。

对式(4-1)求微分,并整理可得

$$n=\frac{\ln p_2-\ln p_1}{\ln v_1-\ln v_2}=\frac{\ln(p_2/p_1)}{\ln(v_1/v_2)} \tag{4-8}$$

类似地,读者也可推得用 T_2、T_1、v_2、v_1 和 T_2、T_1、p_2、p_1 表达的求取 n 的式子。

4.1.2　理想气体可逆多变过程的 p-v 图和 T-s 图

把上述理想气体基本热力过程中每个平衡态参数点标注在 p-v 图和 T-s 图上,或者计算过程各点在 p-v 图和 T-s 图上的斜率,即可将基本热力过程曲线在 p-v 图和 T-s 图上描述出来。

由 $pv^n = $ 常数,可得

$$\left(\frac{\partial p}{\partial v}\right)_n = -n\frac{p}{v} \tag{4-9}$$

考虑到 $\delta q = T\mathrm{d}s$,对于可逆多变过程热量 $\delta q = c_n\mathrm{d}T$($c_n$ 为多变过程比热容,详见 4.2 节),可得

$$\left(\frac{\partial T}{\partial s}\right)_n = \frac{T}{c_n} = \frac{(n-1)T}{(n-\kappa)c_V}$$

理想气体基本热力过程各曲线如图 4-2 所示。定压过程时 $n=0$,代入式(4-9)即可得 $\left(\frac{\partial p}{\partial v}\right)_n = 0$,故在 p-v 图上,定压过程线是平行于 v 轴的一条水平直线。定容过程线是垂直于 v 轴的直线,其斜率同样也可以通过把 $n=\infty$ 代入式(4-9)而得到。把 $n=1$ 和 $n=\kappa$ 分别代入式(4-9),可得定温过程线及可逆绝热过程线的斜率,$\left(\frac{\partial p}{\partial v}\right)_T = -\frac{p}{v}$,$\left(\frac{\partial p}{\partial v}\right)_s = -\kappa\frac{p}{v}$。由于理想气体的 p、v 及 κ 均是正值,所以在 p-v 图上定温线和定熵线的斜率均为负值,而理想气体的 $\kappa > 1$,因此,在 p-v 图上通过同一点的定熵线比定温线陡。类似地,把 $n=0$ 和 $n=\infty$ 代入上式,又可得出在 T-s 图上定压线和定容线的斜率分别为 $\left(\frac{\partial T}{\partial s}\right)_p = \frac{T}{c_p}$ 和 $\left(\frac{\partial T}{\partial s}\right)_V = \frac{T}{c_V}$,均为正值,但因理想气体的 $c_p > c_V$,所以定容线比定压线更陡。

进一步研究发现:在 p-v 图和 T-s 图上沿顺时针方向移动时,过程的多变指数逐渐增大。这样就为定性地在 p-v 图及 T-s 图上确定任意多变过程的位置提供了依据。例如,若某过程的多变指数 n 存在 $1 < n < \kappa$,则该过程线必定在定温线($n=1$)和可逆绝热线($n=\kappa$)之间,如图 4-2 中的阴影区。

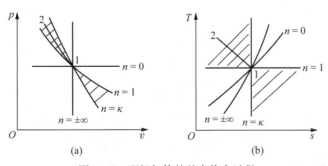

图 4-2　理想气体的基本热力过程

据 $w=\int_1^2 p\mathrm{d}v$ 和 $q=\int_1^2 T\mathrm{d}s$ 可知,在 $p\text{-}v$ 图中从左向右进行的过程是比体积增大的过程,因而也是气体膨胀对外做功的过程;在 $T\text{-}s$ 图上从左向右进行的过程是比熵增大的过程,因而该过程中气体吸热。如果能在 $p\text{-}v$ 图或 $T\text{-}s$ 图上同时判别过程中功的正、负符号及热量的正、负符号,那么肯定会为过程的能量分析带来方便。可以证明,在 $p\text{-}v$ 图中,等温线和等熵线分别将平面分割成两个部分:等温线右上方的过程是温度升高的过程;等温线左下方的进行过程是降温过程。由于理想气体的热力学能和焓都只是温度的函数,因此向等温线右上方的过程是热力学能和焓增大的过程,等温线左下方的过程中是工质的热力学能和焓下降的过程。在等熵线右上方的过程中,气体的熵增大,亦即气体吸热;等熵线左下方的过程中工质的熵减小,即系统放热,如图 4-3(a)所示。在 $T\text{-}s$ 图中,等压线左上方是压力升高的过程;等容线右下方是比体积增大的过程,即等容线右下方的过程中,气体对外膨胀做功,如图 4-3(b)所示。

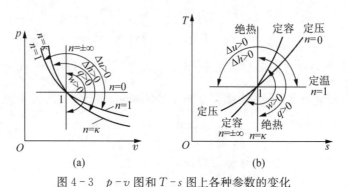

图 4-3 $p\text{-}v$ 图和 $T\text{-}s$ 图上各种参数的变化

4.1.3 理想气体的多变过程的热力学能差、焓差和熵差

由于理想气体的热力学能和焓仅是温度的函数,比热容近似取定值时任何过程中理想气体的热力学能和焓的变化量可分别用式(2-28)和式(2-31)计算

$$\Delta u=c_V(T_2-T_1)$$
$$\Delta h=c_p(T_2-T_1)$$

比热容近似取定值时,理想气体在过程中熵的变化量可按式(2-36)～式(2-38)计算

$$\Delta s_{1-2}=c_V\ln\frac{T_2}{T_1}+R_g\ln\frac{v_2}{v_1}$$

$$\Delta s_{1-2}=c_p\ln\frac{T_2}{T_1}-R_g\ln\frac{p_2}{p_1}$$

$$\Delta s_{1-2}=c_V\ln\frac{p_2}{p_1}+c_p\ln\frac{v_2}{v_1}$$

【例 4-1】 氮气在压气机中从 $p_1=0.1\,\mathrm{MPa}$、$t_1=27\,℃$ 的初态可逆压缩到终态 $p_2=0.8\,\mathrm{MPa}$、$t_2=227\,℃$,求过程的多变指数并确定过程在 $p\text{-}v$ 图及 $T\text{-}s$ 图上的位置。

【解】 查表得氮气 $R_g=297\,\mathrm{J/(kg\cdot K)}$,所以

$$v_1 = \frac{R_g T_1}{p_1} = \frac{297 \text{ J/(kg · K)} \times (273 + 27)\text{K}}{0.1 \times 10^6 \text{ Pa}} = 0.891 \text{ m}^3\text{/kg}$$

$$v_2 = \frac{R_g T_2}{p_2} = \frac{297 \text{ J/(kg · K)} \times (273 + 227)\text{K}}{0.8 \times 10^6 \text{ Pa}} = 0.186 \text{ m}^3\text{/kg}$$

据式(4-8)

$$n = \frac{\ln p_2 - \ln p_1}{\ln v_1 - \ln v_2} = \frac{\ln \dfrac{0.8 \text{ MPa}}{0.1 \text{ MPa}}}{\ln \dfrac{0.891 \text{ m}^3\text{/kg}}{0.186 \text{ m}^3\text{/kg}}} = 1.33$$

氮气为双原子气体,取定值比热容时,$\kappa = 1.4$,故必在图 4-2 的阴影区内,又因 $t_2 > t_1$,所以可以确定其相对位置,如图 4-2 中 1—2 所示。

【点评】　本题已知 p_1、t_1 和 p_2、t_2,求取也可从 $T_2 p_2^{-\frac{n-1}{n}} = T_1 p_1^{-\frac{n-1}{n}}$ 着手,但容易出错,故建议初学者还是采用式(4-8)。

【例 4-2】　容积 $V = 0.6 \text{ m}^3$ 的压缩空气瓶内装有压力 $p_{e1} = 9.9 \text{ MPa}$,温度 $T_1 = 300 \text{ K}$ 的压缩空气,打开瓶上阀门用以启动柴油机。假定留在瓶内的空气进行的是可逆绝热膨胀。空气的 $R_g = 0.287 \text{ kJ/(kg · K)}$,比热容为定值,问:(1) 瓶中压力降低到 $p_2 = 0.7 \text{ MPa}$ 时,用去了多少空气? (2) 过了一段时间后,瓶中空气吸热,温度又恢复到 300 K,此时瓶中空气的压力 p_3 为多大? 现场大气压 $p_b = 0.1 \text{ MPa}$。

【解】　根据题意,留在瓶内的空气可以按 $pv^\kappa = $ 常数计算其状态参数;阀门关闭后,瓶内气体经历了比体积不变的吸热过程,可据定容过程的特征计算其终压。

(1) 　　　　　$p_1 = p_{e1} + p_b = 9.9 \text{ MPa} + 0.1 \text{ MPa} = 10.0 \text{ MPa}$

$$T_2 = T_1 \left(\frac{p_2}{p_1} \right)^{\frac{\kappa-1}{\kappa}} = 300 \text{ K} \times \left(\frac{7 \text{ MPa}}{10 \text{ MPa}} \right)^{\frac{1.4-1}{1.4}} = 270.9 \text{ K}$$

$$m_1 = \frac{p_1 V_1}{R_g T_1} = \frac{10 \times 10^6 \text{ Pa} \times 0.6 \text{ m}^3}{287 \text{ J/(kg · K)} \times 300 \text{ K}} = 69.7 \text{ kg}$$

$$m_2 = \frac{p_2 V_2}{R_g T_2} = \frac{7 \times 10^6 \text{ Pa} \times 0.6 \text{ m}^3}{287 \text{ J/(kg · K)} \times 270.9 \text{ K}} = 54.0 \text{ kg}$$

用去空气质量　$m_1 - m_2 = 69.7 \text{ kg} - 54.0 \text{ kg} = 15.7 \text{ kg}$

(2) 定容过程中,$v_2 = v_3$,$\dfrac{p_3}{T_3} = \dfrac{p_2}{T_2}$,因此

$$p_3 = p_2 \frac{T_3}{T_2} = 7 \text{ MPa} \times \frac{300 \text{ K}}{270.9 \text{ K}} = 7.75 \text{ MPa}$$

【点评】　阀门开启后,瓶内空气不断经阀门流出,由于瓶内外的压差,故这是一个不可逆过程,但可以假想钢瓶内有一个透热、不计质量且与钢瓶没有摩擦的活塞将流出瓶外和留在瓶内瓶的气体分开,活塞上方的气体在压差的作用下最终流出瓶外,过程不可逆,留在瓶内的气

体绝热膨胀占满钢瓶,参数变化可用可逆公式计算。

【例4-3】 厨房内容积为 0.15 m³ 的甲烷气罐内储有 $p_1 = 0.55$ MPa、$t_1 = 38$ ℃ 的甲烷气体,气罐上装有压力控制阀,当压力超过 0.7 MPa 时阀门自动打开,放走部分甲烷,使罐中维持最大压力(0.7 MPa)。由于意外事故气罐暴露在明火中受到加热。(1)当罐中甲烷气体温度为 285 ℃时共加入多少热量?(2)若压力控制阀失效无法开启排气,求气罐吸收同样的热量罐内的压力和温度。不计气罐本体吸热,假设甲烷气在题目参数范围内可作为理想气体处理,比热容可视为定值,$c_V = 1.709$ kJ/(kg·K),$R_g = 0.518$ kJ/(kg·K)。

【解】 (1)甲烷气起先被等容加热,压力达到 0.7 MPa 后被等压加热,但罐内甲烷气体质量不断减少。设初态为 1,等容加热达到 0.7 MPa 为状态 2,罐内气体温度达到 285 ℃为状态 3。

$$T_1 = (273 + 38)\text{K} = 311 \text{ K}, \quad T_3 = (273 + 285)\text{K} = 558 \text{ K}$$

$$c_p = c_V + R_g = 1.709 \text{ kJ/(kg·K)} + 0.518 \text{ kJ/(kg·K)} = 2.227 \text{ kJ/(kg·K)}$$

$$m_1 = \frac{p_1 V}{R_g T_1} = \frac{0.55 \times 10^6 \text{ Pa} \times 0.15 \text{ m}^3}{518 \text{ J/(kg·K)} \times 311 \text{ K}} = 0.512 \text{ kg}$$

$$m_3 = \frac{p_3 V}{R_g T_3} = \frac{0.7 \times 10^6 \text{ Pa} \times 0.15 \text{ m}^3}{518 \text{ J/(kg·K)} \times 558 \text{ K}} = 0.363 \text{ kg}$$

$$T_2 = \frac{p_2}{p_1} T_1 = \frac{0.7 \text{ Pa}}{0.55 \text{ Pa}} \times 311 \text{ K} = 395.8 \text{ K} = 122.8 \text{ ℃}$$

$$Q_v = m c_V (T_2 - T_1) = 0.512 \text{ kg} \times 1.709 \text{ kJ/(kg·K)} \times (395.8 - 311)\text{K} = 74.20 \text{ kJ}$$

压力控制阀开启后罐内气体质量变化,故等压加热量

$$Q_p = \int_{T_2}^{T_3} m c_p \mathrm{d}T = c_p \int_{T_2}^{T_3} \frac{pV}{R_g T} \mathrm{d}T = \frac{p_2 V}{R_g} c_p \ln \frac{T_3}{T_2}$$

$$= \frac{0.7 \times 10^6 \text{ Pa} \times 0.15 \text{ m}^3 \times 2.227 \text{ kJ/(kg·K)}}{518 \text{ J/(kg·K)}} \times \ln \frac{558 \text{ K}}{395.8 \text{ K}} = 155.04 \text{ kJ}$$

$$Q = Q_V + Q_p = 74.20 \text{ kJ} + 155.04 \text{ kJ} = 229.24 \text{ kJ}$$

(2) $T_1 = 311$ K,$Q = 229.24$ kJ,$m = 0.512$ kg

$$T_2 = T_1 + \frac{Q}{m c_V} = 311 \text{ K} + \frac{229.24 \text{ kJ}}{0.512 \text{ kg} \times 1.709 \text{ kJ/(kg·K)}} = 1\,222.8 \text{ K}$$

$$p_2 = p_1 \frac{T_2}{T_1} = 0.55 \text{ MPa} \times \frac{1\,222.8 \text{ K}}{311 \text{ K}} = 2.16 \text{ MPa}$$

【点评】 计算结果显示若压力控制阀失效,罐内压力和温度将大幅度升高,可能产生破坏性后果。

4.2　气体热力过程的功及热量

4.2.1　多变过程的膨胀功和技术功

任意工质在可逆过程中体积变化功 w(膨胀功或压缩功)和技术功 w_t 都可用下式计算:

$$w = \int_1^2 p\,\mathrm{d}v, \; w_t = -\int_1^2 v\,\mathrm{d}p$$

把气体热力过程的特征代入就可得到各热力过程的体积变化功和技术功的表达式。例如,对于定压过程,因为 $\mathrm{d}p=0$,所以 $w=p(v_2-v_1)$,而 $w_t=0$;对于定容过程,则 $\mathrm{d}v=0$,故 $w=0$, $w_t=v(p_1-p_2)$。把理想气体状态方程代入,则可导出理想气体可逆定温过程的膨胀功和技术功相等。

$$w = w_t = R_g T_1 \ln \frac{v_2}{v_1} = -R_g T_1 \ln \frac{p_2}{p_1} \tag{4-10}$$

把理想气体在可逆多变过程中 $pv^n=$常数,代入可逆过程体积变化功和技术功计算式,即可分别导出理想气体可逆多变过程的膨胀功(或压缩功)及技术功的计算式

$$w = \frac{R_g}{n-1}(T_1 - T_2) = \frac{R_g T_1}{n-1}\left[1 - \frac{T_2}{T_1}\right]$$

$$= \frac{R_g T_1}{n-1}\left[1 - \left(\frac{p_2}{p_1}\right)^{\frac{n-1}{n}}\right] = \frac{R_g T_1}{n-1}\left[1 - \left(\frac{v_1}{v_2}\right)^{n-1}\right] \tag{4-11}$$

$$w_t = \frac{nR_g}{n-1}(T_1 - T_2) = \frac{nR_g T_1}{n-1}\left[1 - \frac{T_2}{T_1}\right] = \frac{R_g T_1}{n-1}\left[1 - \left(\frac{p_2}{p_1}\right)^{\frac{n-1}{n}}\right]$$

$$= \frac{nR_g T_1}{n-1}\left[1 - \left(\frac{v_1}{v_2}\right)^{n-1}\right] \tag{4-12}$$

所以,可逆多变过程的技术功是膨胀功的 n 倍

$$w_t = nw \tag{4-13}$$

可逆绝热过程的膨胀功可从热力学第一定律解析式导出。$q = \Delta u + w$,因过程中 $q = 0$,所以

$$w = -\Delta u = u_1 - u_2$$

类似,$q = \Delta h + w_t$,故

$$w_t = -\Delta h = h_1 - h_2$$

考虑到理想气体的性质,并取定值比热容,则

$$w = c_V(T_1 - T_2) = \frac{R_g T_1}{\kappa-1}\left[1 - \frac{T_2}{T_1}\right] = \frac{R_g T_1}{\kappa-1}\left[1 - \left(\frac{p_2}{p_1}\right)^{\frac{\kappa-1}{\kappa}}\right] = \frac{R_g T_1}{\kappa-1}\left[1 - \left(\frac{v_1}{v_2}\right)^{\kappa-1}\right] \tag{4-14}$$

$$w_t = c_p(T_1 - T_2) = \frac{\kappa R_g T_1}{\kappa-1}\left[1 - \frac{T_2}{T_1}\right] = \frac{\kappa R_g T_1}{\kappa-1}\left[1 - \left(\frac{p_2}{p_1}\right)^{\frac{\kappa-1}{\kappa}}\right] = \frac{\kappa R_g T_1}{\kappa-1}\left[1 - \left(\frac{v_1}{v_2}\right)^{\kappa-1}\right] \tag{4-15}$$

因此,可逆绝热过程的技术功是膨胀功的 κ 倍

$$w_t = \kappa w \qquad (4-16)$$

对式(4-11)、式(4-12)、式(4-13)和式(4-14)、式(4-15)、式(4-16)进行比较发现:只要把多变过程的体积变化功和技术功计算式中的多变指数改成绝热指数,就成了理想气体可逆绝热过程相应功的计算式。

这一结论也可利用 $w_t = -\int_1^2 v\mathrm{d}p$ 和 $w_t = -\int_1^2 v\mathrm{d}p$ 推导得到。由于可逆绝热过程方程式与多变过程方程式的数学形式相同,只是指数 n 和 κ 的不同,而它们都在过程中保持不变,因此,只要在积分过程中将 n 换成 κ,即得理想气体可逆绝热过程的体积变化功和技术功计算式。

4.2.2 多变过程的热量及能量关系

任何可逆过程的热量都可用 $q = \int_1^2 T\mathrm{d}s$ 计算。同时,据比热容的概念,过程的热量也可用 $q = \int_1^2 c\mathrm{d}T$ 计算,取定值比热容时则简化成 $q_x = c_x\Delta T$,式中下标 x 指某特定过程,如 n 即为多变过程。对于理想气体,若比热容取定值,则

$$q_n = \Delta u + w = c_V(T_2 - T_1) + \frac{R_g}{n-1}(T_1 - T_2) = \left(c_V - \frac{R_g}{n-1}\right)(T_2 - T_1)$$

考虑到 $c_V = \dfrac{1}{\kappa-1}R_g$,由上式可得

$$q_n = \frac{n-\kappa}{n-1}c_V(T_2 - T_1) = c_n(T_2 - T_1) \qquad (4-17)$$

式中: $c_n = \dfrac{n-\kappa}{n-1}c_V$ 为多变过程比热容。   (4-18)

若已知多变过程的多变指数值,由多变过程比热容式可求得该过程的比热容。如定压过程, $n=0$, $c_n = \kappa c_V = c_p$;把 $n=\infty$ 代入,得 $c_n = c_V$,即定容过程比热容。又如绝热过程中, $c_n = \dfrac{\kappa-\kappa}{\kappa-1}c_V = 0$,即可以认为绝热过程的比热容为零。而 $n=1$ 时, $c_n = \infty$,表明定温过程中不论热量交换有多大,系统温度不变。

为查阅和参考方便,表4-1列出了各可逆基本热力过程的一些计算式。

下面分析理想气体可逆多变过程中系统与外界交换功和热量的关系,即 w_n/q_n,由式(4-11)和式(4-17),可逆多变过程中

$$\frac{w_n}{q_n} = \frac{\dfrac{R_g}{n-1}(T_1 - T_2)}{c_V\dfrac{n-\kappa}{n-1}(T_2 - T_1)} = -\frac{R_g}{c_V(n-\kappa)} = -\frac{R_g}{\dfrac{R_g}{\kappa-1}(n-\kappa)} = -\frac{\kappa-1}{n-\kappa}$$

对于理想气体, κ 恒大于1,所以当多变指数 $n>\kappa$ 时, $n-\kappa>0$, $w_n/q_n<0$, w_n 与 q_n 异

号,表示气体膨胀做功同时向外界放热或气体被压缩的同时从外界吸热。在压气机中常见的过程中,$1 < n < \kappa$,此时 $n - \kappa < 0$,w_n 与 q_n 同号,即气体被压缩时向外界放热,膨胀时从外界吸热。从 $p\text{-}v$ 图及 $T\text{-}s$ 图(见图 4-2)上可以看出,当 $1 < n < \kappa$ 时,过程线介于等温线和等熵线之间,因此,热力学能增量的正、负符号,亦即 ΔT 的正、负符号与 q 的正、负符号相反,这表明:膨胀时,气体做功量大于吸热量,气体的热力学能减少;压缩时,外界对气体做的功大于气体的放热量,热力学能增加,温度上升。

表 4-1　理想气体可逆过程计算公式表(定值比热容)

	定容过程 $(n = \infty)$	定压过程 $(n = 0)$	定温过程 $(n = 1)$	定熵过程 $(n = \kappa)$	多变过程 (n)
过程特征	$v = $ 定值	$p = $ 定值	$T = $ 定值	$s = $ 定值	
T、p、v 之间的关系式	$\dfrac{T_1}{p_1} = \dfrac{T_2}{p_2}$	$\dfrac{T_1}{v_1} = \dfrac{T_2}{v_2}$	$p_1 v_1 = p_2 v_2$	$p_1 v_1^{\kappa} = p_2 v_2^{\kappa}$ $T_1 v_1^{\kappa-1} = T_2 v_2^{\kappa-1}$ $T_1 p_1^{-\frac{\kappa-1}{\kappa}} = T_2 p_2^{-\frac{\kappa-1}{\kappa}}$	$p_1 v_1^{n} = p_2 v_2^{n}$ $T_1 v_1^{n-1} = T_2 v_2^{n-1}$ $T_1 p_1^{-\frac{n-1}{n}} = T_2 p_2^{-\frac{n-1}{n}}$
Δu	$c_V(T_2 - T_1)$	$c_V(T_2 - T_1)$	0	$c_V(T_2 - T_1)$	$c_V(T_2 - T_1)$
Δh	$c_p(T_2 - T_1)$	$c_p(T_2 - T_1)$	0	$c_p(T_2 - T_1)$	$c_p(T_2 - T_1)$
Δs	$c_V \ln \dfrac{T_2}{T_1}$	$c_p \ln \dfrac{T_2}{T_1}$	$\dfrac{q}{T}$ $R_g \ln \dfrac{v_2}{v_1}$ $R_g \ln \dfrac{p_1}{p_2}$	0	$c_V \ln \dfrac{T_2}{T_1} + R_g \ln \dfrac{v_2}{v_1}$ $c_p \ln \dfrac{T_2}{T_1} - R_g \ln \dfrac{p_2}{p_1}$ $c_V \ln \dfrac{p_2}{p_1} + c_p \ln \dfrac{v_2}{v_1}$
c	$c_V = \dfrac{R_g}{\kappa - 1}$	$c_p = \dfrac{\kappa R_g}{\kappa - 1}$	∞	0	$\dfrac{n - \kappa}{n - 1} c_V$
$w = \displaystyle\int_1^2 p \, \mathrm{d}v$	0	$p(v_2 - v_1)$ $R_g(T_2 - T_1)$	$R_g T \ln \dfrac{v_2}{v_1}$ $R_g \ln \dfrac{p_1}{p_2}$	$-\Delta u$ $\dfrac{R_g}{\kappa - 1}(T_1 - T_2)$ $\dfrac{R_g T_1}{\kappa - 1}\left[1 - \left(\dfrac{p_2}{p_1}\right)^{\frac{\kappa-1}{\kappa}}\right]$	$\dfrac{R_g}{n - 1}(T_1 - T_2)$ $\dfrac{R_g T_1}{n - 1}\left[1 - \left(\dfrac{p_2}{p_1}\right)^{\frac{\kappa-1}{\kappa}}\right]$
$w_t = -\displaystyle\int_1^2 v \, \mathrm{d}p$	$v(p_1 - p_2)$	0	$w_t = w$	$-\Delta h$ $\dfrac{\kappa R_g}{\kappa - 1}(T_1 - T_2)$ $\dfrac{\kappa R_g T_1}{\kappa - 1}\left[1 - \left(\dfrac{p_2}{p_1}\right)^{\frac{\kappa-1}{\kappa}}\right]$ $w_t = \kappa w$	$\dfrac{n R_g}{n - 1}(T_1 - T_2)$ $\dfrac{n R_g T_1}{n - 1}\left[1 - \left(\dfrac{p_2}{p_1}\right)^{\frac{\kappa-1}{\kappa}}\right]$ $w_t = n w$
q	Δu $c_V \Delta T$	Δh $c_p \Delta T$	$T(s_2 - s_1)$ $q = w = w_t$	0	$\dfrac{n - \kappa}{n - 1} c_V(T_2 - T_1)$

4.2.3 水蒸气的基本热力过程

水蒸气的基本热力过程的求解任务与理想气体一样,但由于水蒸气的状态方程式非常复杂,加之水蒸气的热力学能、焓和熵是压力 p 或比体积 v 和温度 T 的复杂函数,因此不能使用理想气体状态方程式或从它导出的一些只适用于理想气体的有关公式计算。当然,热力学第一定律和第二定律的基本原理和从它们推得的一般关系式,如 $w=\int_1^2 p\,\mathrm{d}v$; $w_t=-\int_1^2 v\,\mathrm{d}p$; $q=\int_1^2 T\mathrm{d}s$; $q=\Delta u+w$; $q=\Delta h+w_t$ 等仍可适用于水蒸气过程的功和热量的计算。但水蒸气的参数应该从图或表中查得,或借助于计算机由较为精确的公式计算。

分析计算水蒸气的状态变化过程,一般步骤如下:① 根据初态的两个已知参数,确定其状态,进而确定其他参数;② 根据过程的特征和一个终态参数,确定终态及其他参数;③ 根据初、终态参数及过程特征,计算过程的热量及功等。

水蒸气的热力过程中,以等压过程及绝热过程最为常见和重要,例如水在锅炉中的加热、汽化和水蒸气的过热,做功后的蒸汽在冷凝器中的凝结等都可以近似为定压过程。水蒸气在汽轮机中的膨胀做功过程可认为是绝热过程。这些过程在 h-s 图上求解较为方便。

图 4-4(a)中 1—2_p 是水蒸气从初态 p_1、t_1 定压冷却到终态 p_2、x_2 的过程;图4-4(b)中1—2_s 是蒸汽从初态 p_1、t_1 可逆绝热膨胀到终态 p_2 的过程。在图 4-4(a)中,从 p_1 的定压线与 t_1 的定温线的交点可定出初态点 1,它的纵坐标就是 h_1,横坐标为 s_1。沿定压线 p_1 与定干度线 x_2 相交得终态点 2_p。在图 4-4(b)中,通过点 1 做垂线与压力为 p_2 的等压线的交点即为可逆绝热膨胀后的终态点 2_s,从 2_p 和 2_s 可分别读出各自的 h_2 等参数。若查表,则先据 p_1、

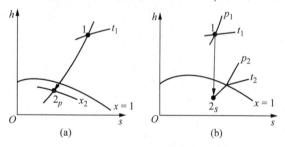

图 4-4 水蒸气的定压过程和绝热过程

t_1 查出 h_1 等参数。对于定压过程,再由 $p_2=p_1$,查出 p_2 的饱和参数,如 h' 和 h'',据 $h_2=x_2h''+(1-x_2)h'$ 计算 h_2;对于绝热过程,则据 p_2 查出 s'' 和 s',由 $s_1=s_2$ 及 $s_2=x_2s''+(1-x_2)s'$ 计算 x_2,进而计算 h_2 等参数。1 kg 水蒸气在定压过程中放出的热量等于焓差 $h_1-h_{2_p}$,绝热膨胀的技术功等于焓降 $h_1-h_{2_s}$。

水蒸气的绝热过程不宜用 $pv^\kappa=$ 常数来计算,但有时为便于分析起见,也将水蒸气的绝热过程写成 $pv^\kappa=$ 常数的形式,此时 κ 不再如理想气体那样具有 c_p/c_v 的意义,仅是根据实际过程数据拟合而得的经验数值,并且随水蒸气的状态的不同有较大的变化。作为近似估算,可以取过热蒸汽 $\kappa=1.3$、干饱和蒸汽 $\kappa=1.135$、湿蒸汽 $\kappa=1.035+0.1x$。计算所得结果误差甚大,故不推荐用来替代计算机程序和图表。

【例 4-4】 容积 $V_1=2\,\mathrm{m}^3$ 的空气由 $p_1=0.2\,\mathrm{MPa}$、$t_1=40\,℃$ 被可逆压缩到 $p_2=1\,\mathrm{MPa}$、$V_2=0.5\,\mathrm{m}^3$。求:(1)过程的多变指数;(2)气体的熵变;(3)压缩功及气体在过程中所放出的热量。已知空气的比热容可取定值,$R_g=287\,\mathrm{J/(kg \cdot K)}$,$c_V=718\,\mathrm{J/(kg \cdot K)}$。

【解】 (1)压缩过程的多变指数

$$n = \frac{\ln(p_2/p_1)}{\ln(V_1/V_2)} = \frac{\ln(1\text{ MPa}/0.2\text{ MPa})}{\ln(2\text{ m}^3/0.5\text{ m}^3)} = 1.16$$

（2）过程中气体的熵变

$$T_2 = T_1\left[\frac{V_1}{V_2}\right]^{n-1} = (40+273)\text{K} \times \left[\frac{2\text{ m}^3}{0.5\text{ m}^3}\right]^{1.16-1} = 390.73\text{ K}$$

$$m = \frac{p_1 V_1}{R_g T_1} = \frac{0.2 \times 10^6\text{ Pa} \times 2\text{ m}^3}{287\text{ J/(kg·K)} \times (40+273)\text{K}} = 4.453\text{ kg}$$

$$\Delta S = m\Delta s = m\left[c_V \ln\frac{T_2}{T_1} + R_g \ln\frac{V_2}{V_1}\right]$$

$$= 4.453\text{ kg} \times \left[718\text{ J/(kg·K)} \times \ln\frac{390.73\text{ K}}{313\text{ K}} + 287\text{ J/(kg·K)} \times \ln\frac{0.5\text{ m}^3}{2\text{ m}^3}\right]$$

$$= -1\,063\text{ J/K}$$

（3）压缩功

$$W = mw = m\frac{R_g}{n-1}(T_1 - T_2)$$

$$= 4.453\text{ kg} \times \frac{0.287\text{ kJ/(kg·K)}}{1.16-1}(313\text{ K} - 390.73\text{ K}) = -620.9\text{ kJ}$$

（4）热量

$$Q = mc_n(T_2 - T_1) = m\frac{n-\kappa}{n-1}c_V(T_2 - T_1)$$

$$= 4.453\text{ kg} \times \frac{1.16-1.4}{1.16-1} \times 0.718\text{ kJ/(kg·K)} \times (390.73\text{ K} - 313\text{ K})$$

$$= -372.8\text{ kJ}$$

【点评】 多变过程当然也满足热力学第一定律，故也可利用热力学第一定律计算热量：$Q = \Delta U + W = mc_V(T_2 - T_1) + W = -372.4\text{ kJ}$。

【例 4-5】 水蒸气从 $p_1 = 1$ MPa，$t_1 = 300$ ℃ 可逆绝热膨胀到 0.1 MPa，求 1 kg 水蒸气在过程中所做的膨胀功和技术功。

【解】 （1）用 h-s 图求解，见图 4-4(b)。

① 初态参数：由 $p_1 = 1$ MPa，$t_1 = 300$ ℃，从 h-s 图上确定点 1 为初态点，查得

$$h_1 = 3\,053\text{ kJ/kg}, v_1 = 0.26\text{ m}^3/\text{kg}, s_1 = 7.122\text{ kJ/(kg·K)}$$

故 $u_1 = h_1 - p_1 v_1 = 3\,053\text{ kJ/kg} - 1 \times 10^3\text{ kPa} \times 0.26\text{ m}^3/\text{kg} = 2\,793\text{ kJ/kg}$

② 终态参数：已知 $p_2 = 0.1$ MPa，因可逆绝热，$s_1 = s_2$，从点 1 做垂线交 0.1 MPa 的等压线于点 2，即为终态，读得

$$h_2 = 2\,587\text{ kJ/kg}, v_2 = 1.61\text{ m}^3/\text{kg}, x_2 = 0.961, t_2 = 99.63\text{ ℃}$$

故 $\qquad u_2 = h_2 - p_2 v_2 = 2\,587\text{ kJ/kg} - 0.1 \times 10^3\text{ kPa} \times 1.61\text{ m}^3\text{/kg} = 2\,426\text{ kJ/kg}$

③ 膨胀功和技术功分别为

$$w = u_1 - u_2 = 2\,793\text{ kJ/kg} - 2\,426\text{ kJ/kg} = 367\text{ kJ/kg}$$

$$w_t = h_1 - h_2 = 3\,053\text{ kJ/kg} - 2\,587\text{ kJ/kg} = 466\text{ kJ/kg}$$

(2) 用水蒸气表计算。

① 据 $p_1 = 1\text{ MPa}$, $t_1 = 300\text{ ℃}$,查未饱和水和过热蒸汽表,得 $h_1 = 3\,050.4\text{ kJ/kg}$, $v_1 = 0.257\,93\text{ m}^3\text{/kg}$, $s_1 = 7.121\,6\text{ kJ/(kg • K)}$,故

$$u_1 = h_1 - p_1 v_1 = 3\,050.4\text{ kJ/kg} - 1 \times 10^3\text{ kPa} \times 0.257\,93\text{ m}^3\text{/kg} = 2\,792.5\text{ kJ/kg}$$

② 由 $p_2 = 0.1\text{ MPa}$, $s_1 = s_2 = 7.121\,6\text{ kJ/(kg • K)}$,查以压力排列的饱和蒸汽表,得 $t_2 = 99.634\text{ ℃}$, $v' = 0.001\,043\,1\text{ m}^3\text{/kg}$, $h' = 417.52\text{ kJ/kg}$, $s' = 1.302\,8\text{ kJ/(kg • K)}$, $v'' = 1.694\,3\text{ m}^3\text{/kg}$, $h'' = 2\,675.1\text{ kJ/kg}$, $s'' = 7.358\,9\text{ (kJ/kg • K)}$。

$s' < s_2 < s''$,所以蒸汽处于湿蒸汽状态。据 $s_2 = x_2 s'' + (1-x_2)s'$

$$x_2 = \frac{s_2 - s'}{s'' - s'} = \frac{7.121\,6\text{ kJ/(kg • K)} - 1.302\,8\text{ kJ/(kg • K)}}{7.358\,9\text{ kJ/(kg • K)} - 1.302\,8\text{ kJ/(kg • K)}} = 0.960\,8$$

$$h_2 = x_2 h'' + (1-x_2)h'$$

$$= 0.960\,8 \times 2\,675.1\text{ kJ/kg} + (1-0.960\,8) \times 417.52\text{ kJ/kg} = 2\,586.6\text{ kJ/kg}$$

$$v_2 = x_2 v'' + (1-x_2)v' \approx x_2 v'' = 0.960\,8 \times 1.694\,3\text{ m}^3\text{/kg} = 1.627\,9\text{ m}^3\text{/kg}$$

$$u_2 = h_2 - p_2 v_2 = 2\,586.6\text{ kJ/kg} - 0.1 \times 10^3\text{ kPa} \times 1.627\,9\text{ m}^3\text{/kg} = 2\,423.8\text{ kJ/kg}$$

膨胀功和技术功分别为

$$w = u_1 - u_2 = 2\,792.5\text{ kJ/kg} - 2\,423.8\text{ kJ/kg} = 368.7\text{ kJ/kg}$$

$$w_t = h_1 - h_2 = 3\,050.4\text{ kJ/kg} - 2\,586.6\text{ kJ/kg} = 463.8\text{ kJ/kg}$$

【点评】 虽然水蒸气的热力过程的功及热量不能套用理想气体的公式计算,但由热力学第一定律和第二定律直接导出的公式,如 $q = \Delta u + w$, $q = \Delta h + w_t$ 等还是适用的。与利用水蒸气热力性质表比较,利用 h-s 图确定水蒸气的状态参数较为方便,但后者精度略次,而且参数范围较小。

【例 4-6】 上例中水蒸气从 $p_1 = 1\text{ MPa}$, $t_1 = 300\text{ ℃}$ 不可逆绝热膨胀到 0.1 MPa,终态水蒸气干度 $x_3 = 1$, $T_0 = 298\text{ K}$。求 1 kg 水蒸气在不可逆绝热膨胀过程中所做的技术功、熵变、熵流、熵产和做功能力(㶲)损失。

【解】 据题意,终态为干饱和蒸汽,所以终态参数为

$$v_3 = v'' = 1.694\,3\text{ m}^3\text{/kg}, \quad h_3 = h'' = 2\,675.1\text{ kJ/kg}, \quad s_3 = s'' = 7.358\,9\text{ (kJ/kg • K)}$$

过程绝热,据 $q = \Delta h + w_t$

$$w_t = h_1 - h_3 = 3\,050.4\text{ kJ/kg} - 2\,675.1\text{ kJ/kg} = 375.3\text{ kJ/kg}$$

过程的熵变和熵流、熵产分别为

$$\Delta s = s_3 - s_1 = (7.358\,9 - 7.121\,6)\,\mathrm{kJ/(kg \cdot K)} = 0.237\,3\ \mathrm{kJ/(kg \cdot K)}$$

$$s_\mathrm{f} = \frac{q}{T_\mathrm{r}} = 0$$

$$s_\mathrm{g} = \Delta s - s_\mathrm{f} = \Delta s = 0.237\,3\ \mathrm{kJ/(kg \cdot K)}$$

不可逆绝热膨胀做功能力(㶲)损失

$$i = T_0 s_\mathrm{g} = 298\ \mathrm{K} \times 0.237\,3\ \mathrm{kJ/(kg \cdot K)} = 70.72\ \mathrm{kJ}/kg$$

【点评】 比较例 4-5 和本例,虽然过程中水蒸气没有向外界散热,熵流 $s_\mathrm{f} = 0$,但工质经历不可逆的绝热过程膨胀到相同的压力,技术功减小,熵增大 $\Delta s = s_\mathrm{g} > 0$,过程做功能力(㶲)损失 $i = T_0 s_\mathrm{g}$。

4.3 压气机的热力过程

用来压缩空气或其他气体的设备称为压气机,压气机应用广泛。动力工程中锅炉的通风、化工生产中流体的输送、制冷工程中氨气等工质的压缩等,都要用到压气机;生活中的电风扇也是一种压气机。压气机按其动作原理和构造型式可分为:活塞式压气机和叶轮式压气机等,各种类型的压气机又可以分单级和多级。广义地说,抽真空的真空泵也是压气机,它将低于大气压力的气体吸入,升高压力至略高于大气压时排出。

压气机不是动力机,而是靠消耗外功来对气体进行压缩的一种工作机,需要用动力机或电动机带动它才能正常工作。

压气机的型式虽然很多,但其热力学原理都一样,压气机内过程一般均可用气体的基本热力过程近似和分析计算。本节以活塞式压气机为例,分析压气机的一般工作原理,研究影响压气机耗功及生产量的因素。

4.3.1 单级活塞式压气机的工作原理

单级活塞式压气机的工作原理如图 4-5 所示,可分为吸气、压缩、排气三步。通常可把这一工作过程表示在以压力 p 为纵坐标,以体积 V 为横坐标的示功图上,如图 4-5(a)所示。当活塞从上止点向右移动时,进气阀 B 打开,气体在较低的压力 p_1 下进入气缸,进行吸气过程 4—1。在此过程中缸内气体的量不断增加,直至质量为 m(体积为 V_1),而气体始终保持进入气缸时的状态。气体以压力 p_1 进入气缸,传输的推动功为 $p_1 V_1$,可用 p-V 图中的面积 $411'O4$ 表示。当活塞从下止点向左移动时,阀门 A 和 B 都关闭着,吸入的气体在气缸内受到活塞的压缩,压力不断升高,这是压缩过程 1—2。由于压缩过程缸内气体质量不变,外界通过活塞对气体做压缩功 $W = m \int_1^2 p\,\mathrm{d}v = \int_1^2 p\,\mathrm{d}V$,可用图中的面积 $122'1'1$ 表示。当达到排气压力 p_2 时,排气阀 A

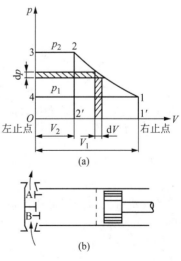

图 4-5 活塞式压气机工作原理

打开,活塞继续移动,进行排气过程 2—3,把压力为 p_2 的高压气体排出气缸,送入储气罐。过程中气缸内气体始终保持压缩终末时的状态,为把气体排出气缸,活塞对气体做推动功 p_2V_2,相当于图中面积 $23O2'2$。

压气机所消耗的功 W_c,即气体在压缩过程中外界对之做的技术功,应为上述三项功的代数和,可用图中面积 12341 表示。按热力学的约定,压气机所消耗的轴功应为负值,工程上令压气机耗功为技术功的负值,即

$$W_c = -W_t = \int_1^2 V \mathrm{d}p$$

生产 1 kg 气体,压气机耗功

$$w_c = w_t = -\int_1^2 v \mathrm{d}p$$

压气过程有两个极限的情况,即绝热压缩和等温压缩。若压缩过程进行得很快,那么就接近于绝热压缩过程,如图 4-6 中曲线 $1—2_s$ 所示。如果压缩过程进行得较慢,并且气缸壁得到良好的冷却,就接近于等温压缩过程,如图 4-6 中曲线 $1—2_T$ 所示。比较过程线与 p 轴包围的面积,可知等温压缩比绝热压缩消耗的功少。此外,等温压缩气体的终温及比体积比绝热压缩的终温及比体积低。这对于安全及减小储气罐的容积有益,因此,希望压缩过程尽量接近等温过程。为此,活塞式压气机都采取冷却措施,如在气缸外壁加散热片进行风冷或让冷却水从气缸夹层中通过等。但对于实际压缩过程来说,无论采取什么冷却措施,都很难实现等温压缩。因此,实际压缩过程是处于等温与绝热之间的多变压缩过程,通常更为接近绝热过程。每生产 1 kg 压缩气体,压气机耗功

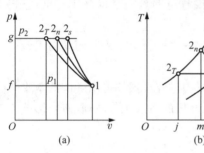

图 4-6 压缩过程的 p-v 图和 T-s 图

$$w_c = -\frac{n}{n-1} R_g (T_1 - T_2) = \frac{n}{n-1} (p_1 v_1 - p_2 v_2)$$

$$= \frac{n R_g T_1}{n-1} \left[\left(\frac{p_2}{p_1} \right)^{\frac{n-1}{n}} - 1 \right] \tag{4-19}$$

用 π 表示压气机的压力比,即 $\pi = \dfrac{p_2}{p_1}$,则

$$w_c = \frac{n}{n-1} p_1 v_1 (\pi^{\frac{n-1}{n}} - 1) \tag{4-20}$$

若压气机进气风量以体积流量($\mathrm{m^3/min}$)表示,压气机耗功率为

$$P = \frac{n}{n-1} \frac{p_1 V_1}{60} \left[\left(\frac{p_2}{p_1} \right)^{\frac{n-1}{n}} - 1 \right] \tag{4-21}$$

4.3.2* 活塞式压气机的余隙容积

实际的活塞式压气机中，由于制造公差及为避免活塞因热膨胀而与气缸盖碰撞，同时为了安装进气阀、排气阀等部件，当活塞处于上止点时，活塞顶面与缸盖之间必须留有一定的空隙，称为余隙容积，用 V_c 表示。图 4-7 为具有余隙容积的压气机理论示功图，图中容积 V_3 就是余隙容积。由于余隙容积的存在，活塞就不可能将高压气体全部排出，排气终末时仍有一部分高压气体残留在余隙容积内，因此活塞在下一个吸气行程中，必须等待余隙容积中残留的高压气体膨胀到进气压力 p_1（即点 4）时，才能从外界吸入气体。

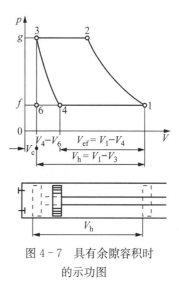

图 4-7　具有余隙容积时的示功图

图 4-7 中：3—4 表示余隙容积中残留气体的膨胀过程；4—1 表示新气的吸入过程，受余隙容积的影响，吸气量从 V_1-V_3 减少到 V_1-V_4。这种影响一般用有效吸气容积 $V_{ef}=V_1-V_4$ 与活塞排量 $V_h=V_1-V_3$ 之比表示，称为容积效率，以 η_V 表示，即

$$\eta_V=\frac{V_{ef}}{V_h}=\frac{V_1-V_4}{V_1-V_3} \tag{4-22}$$

容积效率 η_V 反映了对气缸容积的有效利用程度。

下面分析余隙容积 V_c 与压力比 π 对容积效率 η_V 的影响，

$$\eta_V=\frac{V_1-V_4}{V_1-V_3}=\frac{(V_1-V_3)-(V_4-V_3)}{V_1-V_3}=1-\frac{V_3}{V_1-V_3}\left[\frac{V_4}{V_3}-1\right]$$

$$=1-\sigma\left[\frac{V_4}{V_3}-1\right]$$

式中：$\dfrac{V_3}{V_1-V_3}=\sigma$ 为余隙容积比，简称余容比，是余隙容积与活塞排气量的比值。

因

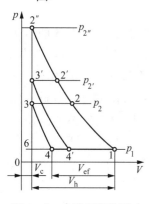

图 4-8　余隙容积的影响

$$\frac{V_4}{V_3}=\left(\frac{p_3}{p_4}\right)^{\frac{1}{n}}=\left(\frac{p_2}{p_1}\right)^{\frac{1}{n}}=\pi^{\frac{1}{n}}$$

故　　$$\eta_V=1-\frac{V_3}{V_1-V_3}\left[\left(\frac{p_2}{p_1}\right)^{\frac{1}{n}}-1\right]=1-\sigma(\pi^{\frac{1}{n}}-1)$$

$$\tag{4-23}$$

由此可见：① 压力比 π 一定时，容积效率随余隙容积的增大而下降；② 当余隙容积比及多变指数一定时，压力比愈大，则容积效率愈小，当压力比达到某一值（见图 4-8 中 $p_{2''}$）时，容积效率为零，此

时压气机的产气量为零。

下面讨论余隙容积的存在对压气机理论耗功的影响。

存在余隙容积时,压气机理论耗功 W_c 为压缩耗功与余隙容积内残留气体膨胀做功之差。假定压缩过程和膨胀过程的多变指数相等,即 1—2、3—4 的多变指数均等于 n,则

$$W_c = \frac{n}{n-1}p_1V_1\left[\left(\frac{p_2}{p_1}\right)^{\frac{n-1}{n}}-1\right] - \frac{n}{n-1}p_4V_4\left[\left(\frac{p_3}{p_4}\right)^{\frac{n-1}{n}}-1\right]$$

由于 $p_1 = p_4$,$p_3 = p_2$,所以

$$W_c = \frac{n}{n-1}p_1(V_1-V_4)\left[\left(\frac{p_2}{p_1}\right)^{\frac{n-1}{n}}-1\right] = \frac{n}{n-1}p_1V_{ef}\left[\left(\frac{p_2}{p_1}\right)^{\frac{n-1}{n}}-1\right]$$

式中:$V_{ef} = V_1 - V_4$ 为实际吸入的气体体积。

若压气机吸入口气体压力为 p_1,温度为 T_1,则实际吸气的质量 $p_1V_{ef} = mR_gT_1$,代入上式得

$$W_c = \frac{n}{n-1}mR_gT_1\left[\left(\frac{p_2}{p_1}\right)^{\frac{n-1}{n}}-1\right] = \frac{n}{n-1}mR_gT_1(\pi^{\frac{n-1}{n}}-1)$$

或
$$W_c = \frac{n}{n-1}R_gT_1(\pi^{\frac{n-1}{n}}-1) = \frac{n}{n-1}p_1v_1(\pi^{\frac{n-1}{n}}-1) \tag{4-24}$$

式(4-24)与式(4-20)相同,说明压气机余隙容积对生产 1 kg 压缩气体的理论耗功无影响。然而,有余隙容积时,每次吸气进气量减小,气缸容积不能充分利用,因此不仅生产 1 kg 压缩气体的实际耗功增大,而且压缩同量气体时,必须采用气缸较大的机器。这显然是不利的,并且这种不利影响将随压力比的增大而增大。故余隙容积也称有害容积。

4.3.3* 多级压缩及级间冷却

当气体的压力比 π 较高时,若仍采用单级压缩,将使气体的终温过高而造成润滑油失效,并使耗功过大,而且实际机器的容积效率也要随之降低。因此,要获得较高压力的压缩气体时,必须采用多级压缩、级间冷却的工艺。

多级压缩是把气体的压缩过程分在两个或两个以上的气缸里依次压缩,使气体的压力逐级上升。气体在上一级气缸内被压缩到一定的压力后,将其送入级间冷却器,进行冷却,把热量传给冷却水,然后再送入下一级气缸里继续压缩。图 4-9 是两级压气机的简图。气体首先进入空气滤清器,然后在低压气缸内压缩,压力由进气压力 p_1 升高到 p_2,再进入级间冷却器冷却,因级间冷却器内压降较小,可近似为定压冷却过程。理论上气体离开冷却器的温度可达到最初的进气温度 T_1,气体的体积则从 V_2 减为 $V_{2'}$。压力 p_2、温度 T_1 的气体接着进入高压气缸,继续压缩到最后的压力 p_3,整个压缩过程如图 4-10 所示。由于低压气缸和高压气缸是在不同的压力范围内工作的,气体的体积相差很大,故高压气缸的直径应比低压气缸小。

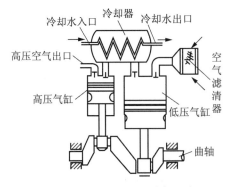

图 4-9 两级压缩、中间冷却示意图

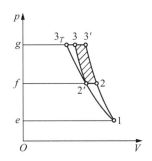

图 4-10 两级压缩示功图

采用两级压缩、级间冷却工艺后,压气机耗功是低压缸耗功和高压缸耗功之和,可用图 4-10 上面积 $122'3ge1$ 表示。如果采用单级压缩,把气体一次从 p_1 压缩到 p_3,则所消耗的功可由面积 $123'ge1$ 代表,显然采用两级压缩、级间冷却工艺后压气机耗功减少,其值可用面积 $23'32'2$ 代表。不难看出,如果压气级数无限增多,过程就趋近于理论上耗功最少的等温过程。实用上,压气机级数也不能过多,级数过多会使机构复杂,造价增高,运行可靠性下降,活塞式压气机一般常用的为两级或三级,最多不超过六级。

压气机的级数 z 是根据总压力比 $\dfrac{p_{z+1}}{p_1}$ 来决定的,其中 p_{z+1} 为压缩终末态气体的压力,p_1 为进气压力。各级间压力通常按使压气机耗总功最小的原则确定。下面以两级压气机为例,说明如何确定最佳级间压力。因为余隙容积对压气机理论耗功无影响,所以下面讨论不考虑余隙容积的影响。

两级压气机所消耗的总功为

$$W_c = W_{c,1} + W_{c,h} = \frac{n}{n-1} p_1 V_1 \left[\left(\frac{p_2}{p_1} \right)^{\frac{n-1}{n}} - 1 \right] + \frac{n}{n-1} p_{2'} V_{2'} \left[\left(\frac{p_3}{p_2} \right)^{\frac{n-1}{n}} - 1 \right]$$

式中:W_c 为压气机所消耗的总功;$W_{c,1}$ 为低压缸所消耗的功;$W_{c,h}$ 为高压缸所消耗的功。

若气体在中间冷却器内充分冷却,$T_{2'} = T_1$,则 $p_1 V_1 = p_{2'} V_{2'}$,于是

$$W_c = \frac{n}{n-1} p_1 V_1 \left[\left(\frac{p_2}{p_1} \right)^{\frac{n-1}{n}} + \left(\frac{p_3}{p_2} \right)^{\frac{n-1}{n}} - 2 \right]$$

可见,W_c 随中间压力 p_2 而变化,为求总耗功 W_c 最小时 p_2 的值,令 $\dfrac{dW_c}{dp_2} = 0$,得

$$p_2 = \sqrt{p_1 p_3}$$

即

$$\frac{p_2}{p_1} = \frac{p_3}{p_2}$$

因此,当两缸的压力比相等时,两级压缩所需的总功为最小。

若令低压缸和高压缸的压力比分别为 $\pi_1 = \dfrac{p_2}{p_1}$ 和 $\pi_h = \dfrac{p_3}{p_2}$,则可得

$$\pi_1 = \pi_h = \sqrt{\frac{p_3}{p_1}}$$

通过类似上述方法可以推得,对于多级压气机,各级压力比相等时压气机所消耗的总功最小。如果是 z 级压缩(每级间均采取充分冷却措施),则各级压力比 π_i 应相等,并且满足

$$\pi_i = \sqrt[z]{p_{z+1}/p_1} \tag{4-25}$$

依据上述原则选择中间压力,还可以得到几个有利的结果:

(1) 各级气缸的排气温度相等,这表明每个气缸的温度条件相同。

(2) 各级消耗的功相等,若每级气缸耗功为 $W_{c,i}$,则 z 级压缩所需消耗的总功为

$$W_c = z W_{c,i} \tag{4-26}$$

(3) 每级向外散出的热量相等,亦即各级中间冷却器的热负荷也相等。

4.3.4* 叶轮式压气机原理

活塞式压气机转速不高,间歇性的吸气和排气,以及余隙容积的影响,使活塞式压气机单位时间内产气量小。叶轮式压气机的转速高,能连续不断地吸气和排气,没有余隙容积,所以机体紧凑而产气量大。但它也有缺点,每级的增压比小,如要得到较高的压力,则需要的级数甚多。其次,因气流速度相当高,容易造成较大的摩擦损耗。

叶轮式压气机分径流式(即离心式)与轴流式两种。离心式压气机适用于中、小产气量,效率稍低。轴流式压气机结构紧凑,便于安排较多的级数,效率较高,适宜于大流量场合。

图4-11为轴流式压气机的构造示意图。气体从进口流入压气机,经收缩器时流速得到初步提高,进口导向叶片使气流改为轴向,同时还起扩压的作用。转子由外力带动,高速转动,固定在上面的工作叶片(亦称动叶片)推动气流,使气流获得很高的流速。高速气流进入固装在机壳上的导向叶片(亦称定叶片)间的通道,使气流的动能降低而压力提高。气流经过每级(由一排工作叶片和一排导向叶片所构成)时连续进行类似的过程,使气体压力得到逐级提高,最后经扩压器从出口排出。

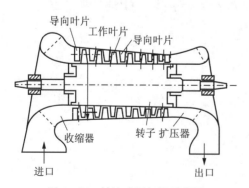

图 4-11 轴流式压气机示意图

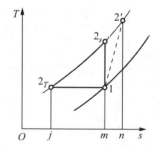

图 4-12 叶轮式压气机的压缩过程

叶轮式压气机的工作原理虽与活塞式压气机不同,但从热力学观点分析气体的状态变化过程,则与活塞式压气机无异。因叶轮式压气机气体流量大,流速高,通常在对叶轮式压气机作热力学分析时忽略通过机壳向外散热,把理想压缩过程看作是可逆绝热的,如图4-12中

1—2$_s$,所示。实际压缩过程有相当大的摩擦损失,是不可逆的绝热压缩过程,如图中 1—2′ 所示,生产 1 kg 压缩气体压气机实际耗功为

$$w'_c = h_{2'} - h_1$$

比可逆绝热压缩多消耗的功 $w'_c - w_{c,s} = h_{2'} - h_{2_s}$ 可用图 4 - 12 中面积 $2'2_s mn2'$ 表示。

叶轮式压气机常采用绝热效率来衡量其工作性能。压缩前气体状态相同,压缩后气体的压力也相同的情况下,可逆绝热压缩时压气机所需的功 $w_{c,s}$ 和不可逆绝热压缩时所需的功 w'_c 之比称为压气机的绝热效率,也称压气机绝热内效率,以 $\eta_{c,s}$ 表示

$$\eta_{c,s} = \frac{w_{c,s}}{w'_c} = \frac{h_{2_s} - h_1}{h_{2'} - h_1} \tag{4-27}$$

若为理想气体且比热容为定值,则

$$\eta_{c,s} = \frac{T_{2_s} - T_1}{T_{2'} - T_1} \tag{4-28}$$

$$T_{2'} = T_1 + \frac{T_{2_s} - T_1}{\eta_{c,s}} \tag{4-29}$$

【例 4 - 7】 空气初态 $p_1 = 0.1\,\text{MPa}$、$t_1 = 20\,℃$,经三级压缩,压力达到 12.5 MPa。设进入各级气缸时的空气温度相同,各级多变指数均为 1.3,各级中间压力按压气机耗功最小原则确定。若压气机每小时产出压缩空气 120 kg,求:(1) 各级排气温度及压气机的最小功率;(2) 倘若改为单级压缩,多变指数 n 仍为 1.3,压气机耗功及排气温度是多少?

【解】 (1) 压气机耗功最小时各级压力比相等,并且为

$$\pi_i = \sqrt[3]{\frac{p_4}{p_1}} = \sqrt[3]{\frac{12.5\,\text{MPa}}{0.1\,\text{MPa}}} = 5$$

由各级排气温度相等可得

$$T_2 = T_3 = T_4 = T_1 \left(\frac{p_2}{p_1}\right)^{\frac{n-1}{n}} = T_1(\pi_1)^{\frac{n-1}{n}} = (273+20)\,\text{K} \times 5^{\frac{1.3-1}{1.3}} = 424.8\,\text{K}$$

各级耗功相同,压气机消耗功率为

$$P_c = zP_{c,i} = zq_m w_{c,i} = zq_m \frac{n}{n-1} R_g T_1 \left[\pi_1^{\frac{n-1}{n}} - 1\right]$$

$$= \frac{3 \times 1.3}{1.3-1} \times \frac{120}{3\,600}\,\text{kg/s} \times 0.287\,\text{kJ/(kg · K)} \times 293\,\text{K} \times (5^{\frac{1.3-1}{1.3}} - 1) = 16.39\,\text{kW}$$

(2) 单级压缩排气温度

$$\pi = \frac{12.5\,\text{MPa}}{0.1\,\text{MPa}} = 125$$

$$T_2 = T_1 \left(\frac{p_2}{p_1}\right)^{\frac{n-1}{n}} = T_1 \pi^{\frac{n-1}{n}} = 293\,\text{K} \times 125^{\frac{1.3-1}{1.3}} = 892.8\,\text{K}$$

压气机消耗功率为

$$P_c = q_m W_c = q_m \frac{n}{n-1} R_g T_1 (\pi^{\frac{n-1}{n}} - 1)$$

$$= \frac{1.3}{1.3-1} \times \frac{120}{3\,600} \text{kg/s} \times 0.287 \text{ kJ/(kg·K)} \times 293 \text{ K} \times (125^{\frac{1.3-1}{1.3}} - 1)$$

$$= 24.87 \text{ kW}$$

【点评】 上述计算表明,单级压气机不仅比多级压气机消耗更多的功,而且排气温度大大提高,会造成润滑油变质,甚至引起自燃爆炸。此外,制造压气机的材质要求更高。

【例4-8】 轴流式压气机每分钟吸入 $p_1 = 0.1$ MPa、$t_1 = 20$ ℃ 的空气 1 200 kg,经绝热压缩到 $p_2 = 0.6$ MPa,该压气机的绝热效率为 0.85,若气体比热容按定值计算,$c_p = 1.004$ kJ/(kg·K)。求:(1) 出口处气体的温度及压气机所消耗的功率;(2) 过程的熵产率及㶲损失($T_0 = 293.15$ K)。

【解】 (1) 参见图 4-12,压气机绝热效率

$$\eta_{c,s} = \frac{h_{2s} - h_1}{h_{2'} - h_1} = \frac{T_{2s} - T_1}{T_{2'} - T_1}$$

其中

$$T_{2s} = T_1 \left(\frac{p_2}{p_1} \right)^{\frac{\kappa-1}{\kappa}} = 293.15 \text{ K} \times \left(\frac{0.6 \text{ MPa}}{0.1 \text{ MPa}} \right)^{\frac{1.4-1}{1.4}} = 489.12 \text{ K}$$

所以

$$T_{2'} = T_1 + \frac{T_{2s} - T_1}{\eta_{c,s}} = 293.15 \text{ K} + \frac{489.12 \text{ K} - 293.15 \text{ K}}{0.85} = 523.70 \text{ K}, \ t_2 = 250.6 \text{ ℃}$$

$$P_C = q_m (h_{2'} - h_1) = \frac{1\,200}{60} \text{ kg/s} \times 1.004 \text{ kJ/(kg·K)} \times (250.6 - 20) \text{ ℃} = 4\,630.0 \text{ kW}$$

(2) 据稳流系统熵方程 $s_{2'} - s_1 = s_g + s_f$,过程绝热,$s_f = 0$,所以过程熵产率

$$\dot{S}_g = \dot{S}_{2'} - \dot{S}_1 = q_m \left[c_p \ln \frac{T_{2'}}{T_1} - R_g \ln \frac{p_{2'}}{p_1} \right] = q_m c_p \ln \frac{T_{2'}}{T_{2s}}$$

$$= 20 \text{ kg/s} \times 1.004 \text{ kJ/(kg·K)} \times \ln \frac{523.70 \text{ K}}{489.12 \text{ K}} = 1.371\,7 \text{ kJ/(K·s)}$$

过程㶲损失

$$\dot{I} = T_0 \dot{S}_g = 293.15 \text{ K} \times 1.371\,7 \text{ kJ/(K·s)} = 402.1 \text{ kJ/s}$$

【点评】 (1) 从相同初态经过可逆绝热和不可逆绝热压缩到相同的终态压力,因不可逆绝热终态温度高于可逆绝热压缩,故多耗功 $h_{2'} - h_{2s}$。由于状态 2′压力与状态 2_s 相同,温度高于后者,因此,$e_{x,H,2'} > e_{x,H,2s}$,不可逆的㶲损仅有 $\dot{I} = T_0 \dot{S}_g = 402.1$ kJ/s,而不是 $h_{2'} - h_{2s}$。(2) 根据状态参数与途径无关的特性,有时可选择适当途径计算初、终态的熵变可以减

少计算量。这里,因 $s_1 = s_{2_s}$,所以有 $s_{2'} - s_1 = (s_{2'} - s_{2_s}) + (s_{2_s} - s_1) = s_{2'} - s_{2_s} = c_p \ln \dfrac{T_{2'}}{T_{2s}}$ 。

4.4　小结

　　分析热力过程的目的是确定过程中工质参数及与外界交换的功和热量。取出气体作为闭口系,确定其在设备内的热力状态和变化特征,从而确定过程中工质参数及与外界交换的功和热量,是进行热力设备性能及经济性分析的基础。

　　工程实践中气体的许多过程可抽象简化为定压过程、定容过程、定温过程和定比熵过程或它们的组合。这四种典型的可逆过程称作基本热力过程,是可逆多变过程(pv^n = 常数)的特例,可用简单的热力学方法予以分析计算。归纳起来,分析计算理想气体热力过程的方法和步骤如下:

　　(1) 根据过程的特点,结合状态方程式找出不同状态时状态参数间的关系式,在 $p\text{-}v$ 图和 $T\text{-}s$ 图中绘制过程曲线,以直观地表达过程中工质状态参数的变化规律。

　　(2) 确定工质初、终态比热力学能、比焓、比熵的变化量。不论对哪种过程,以及其过程是否可逆,理想气体的 Δu、Δh、Δs 都可按式(2-28)、式(2-30)和式(2-36)等计算。

　　(3) 各种可逆过程膨胀功都可由 $w = \int_1^2 p \mathrm{d}v$ 计算。在求出 w 和 Δu 之后,可按 $q = \Delta u + w$ 计算过程热量 q,或反之从已知热量求过程功;定容过程和定压过程的热量还可按比热容乘以温差计算,定温过程可由温度乘以比熵变化量计算。两种方法得到的结果是一致的。各种可逆过程的技术功都可按 $w_t = -\int_1^2 v \mathrm{d}p$ 计算。

　　以水蒸气为代表的实际气体,它们常见的热力过程也是定容、定压、定温和定比熵或它们的组合,求解的简化与解理想气体的过程一样,由于实际气体的状态方程式很复杂,比热容 c_p、c_V 及 h 和 u 不仅仅是温度的函数,所以不能得到形式简洁的过程方程,过程中状态参数通常必须用计算机软件计算或查专用图、表确定。但热力学第一定律和第二定律的基本原理和从它们推得的一般关系式仍可利用。水和水蒸气的热力过程中以定压过程和绝热过程最为重要。

　　工质热力状态变化的规律及能量转换状况与是否流动无关,只取决于其过程特征。

思 考 题 4

　　4-1　试将满足以下要求的多变过程在 $p\text{-}v$ 图和 $T\text{-}s$ 图上表示出来,并指明与 4 个基本热力过程的相互关系:① 工质膨胀且放热;② 工质膨胀且升压;③ 工质受压、升温且吸热;④ 工质受压、升温且放热;⑤ 工质受压、降温且降压;⑥ 工质升压、降温且放热。

　　4-2　有人认为理想气体组成的闭口系统吸热后,温度必定升高,对不对? 为什么?

　　4-3　理想气体定温过程的膨胀功等于技术功能否推广到任意气体,如水蒸气?

　　4-4　试判断下列各种说法是否正确:

　　(1) 系统体积增大必定膨胀做功;

(2) 绝热过程即定熵过程;

(3) 多变过程即任意过程。

4-5 气体在比热容为定值的过程和定压过程中,热量可根据过程中气体的比热容乘以温差来计算。定温过程气体的温度不变,在定温膨胀过程中,是否需要对气体加入热量? 如果加入的话应如何计算?

4-6 在 T-s 图上,可否用图形面积表示理想气体在任意两状态间的热力学能的变化和焓的变化? 如果可能的话,如何表示在 T-s 图上?

4-7 定压过程的热量等于焓差,即 $\Delta h = c_p \Delta T$ 是普遍适用的,但是将之用于水蒸气的定压汽化过程,则得到 $\Delta h = c_p \Delta T = 0$,此结论显然不合理,那么问题在哪里?

4-8 利用人力打气筒为车胎打气时用湿布包裹气筒的下部,会发现打气时轻松了一点;工程上压气机气缸常以水冷却或在气缸上装有肋片。为什么?

4-9 活塞式压气机生产高压气体为什么要采用多级压缩及级间冷却的工艺?

4-10* 例 4-6 的蒸汽初参数与例 4-5 相同,又同样进行绝热膨胀到相同的终压,两种情况下的技术功相差高达 88.5 kJ/kg,为什么例 4-6 计算得做功能力(㶲)损失仅为 70.72 kJ/kg?

习 题 4

4-1 有 2.268 kg 某种理想气体,初温 $T_1 = 477$ K,在可逆定容过程中,其热力学能变化为 $\Delta U = 316.5$ kJ。若气体比热容可取定值,$R_g = 430$ J/(kg·K)、$\kappa = 1.35$,试求:过程的功、热量和熵的变化量。

4-2 甲烷 CH_4 的初始状态为 $p_1 = 4$ MPa、$T_1 = 393$ K,定压冷却到 $T_2 = 283$ K,试计算 1 kmol 甲烷的热力学能和焓的变化量及过程中对外放出的热量。在此温度范围内甲烷的比热容可近似地作为定值,$c_p = 2\,227$ J/(kg·K)。

4-3 1 m^3 空气,$p_1 = 0.2$ MPa,在定温膨胀后体积变为原来的两倍。求:终压 p_2、气体所做的膨胀功、吸热量和 1 kg 气体的熵变化量。

4-4* 试求在定压过程中加给理想气体的热量中有多少是用来做功的? 有多少用来改变热力学能(比热容取定值)?

4-5 3 kg 空气,$p_1 = 1.0$ MPa,$T_1 = 900$ K,绝热膨胀到 $p_2 = 0.1$ MPa。 空气可视为理想气体,并且比热容为定值。计算:(1) 终态参数 V_2 和 T_2;(2) 膨胀功和技术功;(3) 热力学能和焓的变化量。

4-6* 2 kg 某种理想气体按可逆多变过程膨胀到原有容积的 3 倍,温度从 300 ℃ 降低到 60 ℃,膨胀过程中做功 418.68 kJ,吸热 83.736 kJ,求:(1) 过程多变指数;(2) 气体的 c_p 和 c_V。

4-7* 试导出理想气体定比热容多变过程熵差的计算式

$$s_2 - s_1 = \frac{n-\kappa}{n(\kappa-1)} R_g \ln \frac{p_2}{p_1} \text{ 或 } s_2 - s_1 = \frac{n-\kappa}{(n-1)(\kappa-1)} R_g \ln \frac{T_2}{T_1} \qquad (n \neq 1)$$

4-8 试证明理想气体在 T-s 图上任意两条定压线(或定容线)之间的水平距离相等。

4-9* 试确定 p-v 图上理想气体一组等温线簇温度的大小。

4-10 1 kg 的蒸汽从 $p_1 = 3$ MPa,$t_1 = 450$ ℃,可逆绝热膨胀至 $p_2 = 4$ kPa,试用 h-s 图

1060

求膨胀功和技术功。

4-11　1 kg 的蒸汽从 $p_1 = 2\,\text{MPa}$，$x_1 = 0.9$，定温膨胀至 $p_2 = 1\,\text{MPa}$，求终态的参数 t_2、v_2、h_2、s_2 及过程中加入的热量和过程中蒸汽对外界所做的功。

4-12　容积为 $3\,\text{m}^3$ 的刚性容器内储有压力为 $3.5\,\text{MPa}$ 的饱和水及饱和水蒸气，其中气态和液态的质量比为 $1:9$。通过阀门将饱和水排出容器，使容器中水蒸气和水的总质量减为原来的一半。过程中对容器加热以保持容器内温度不变，试求需要加入的热量。

4-13　一个刚性密闭容器内储有压力为 $0.1\,\text{MPa}$、$20\,℃$ 的未饱和水 $20\,\text{kg}$，由于意外的加热，使其温度升高到 $40\,℃$，求加热量和终态压力。

4-14　进入压气机的空气参数为 $p_1 = 0.1\,\text{MPa}$，$t_1 = 37\,℃$，$V_1 = 0.032\,\text{m}^3$。在压气机内按多变过程压缩至 $p_2 = 0.32\,\text{MPa}$，$V_2 = 0.001\,26\,\text{m}^3$。试求：(1) 多变指数；(2) 压气机耗功；(3) 压缩终态空气的温度；(4) 压缩过程中放出的热量。

4-15　为防止润滑油失效和保证机器及人员的安全，压气机中气体压缩后温度不宜过高，通常取极限值为 $150\,℃$。已知，进入单级压气机的空气参数为 $p_1 = 0.1\,\text{MPa}$，$t_1 = 17\,℃$，体积流量为 $250\,\text{m}^3/\text{h}$，(1) 求绝热压缩空气可能达到的最高压力；(2) 若在压气机缸套中流过质量流量为 $465\,\text{kg/h}$ 的冷却水，水的温升为 $14\,℃$，求压气机必需的功率。

4-16　某单位每分钟需要 $20\,\text{m}^3$（标准状态）、$p = 6\,\text{MPa}$ 的压缩空气，现采用两级压缩、级间将空气冷却到初温的机组进行生产，若进气的压力 $p_1 = 0.1\,\text{MPa}$，温度 $t_1 = 20\,℃$，压缩过程 $n = 1.25$，(1) 计算压缩终态空气的温度和压气机消耗功率；(2) 若改用单级压缩，过程的多变指数仍是 1.25，再求压缩终态空气的温度和压气机耗功率。

4-17*　活塞式压气机活塞每往复一次生产 $0.5\,\text{kg}$、压力为 $0.35\,\text{MPa}$ 的压缩空气。空气进入压气机时的温度为 $17\,℃$，压力为 $0.098\,\text{MPa}$，若压缩过程为 $n = 1.35$ 的可逆多变过程，余隙容积比为 0.05，试求压缩过程中气缸内空气的质量。

4-18*　3 台空气压缩机的余隙容积比均为 6%，若进气状态都是 $p_1 = 0.1\,\text{MPa}$，$t_1 = 27\,℃$，出口压力均为 $0.4\,\text{MPa}$，但压缩过程的多变指数分别是 $n_a = 1.4$、$n_b = 1.25$、$n_c = 1$。设各机内膨胀过程与压缩过程的多变指数各自相等，试求各压气机的容积效率。

第 5 章 气体与蒸汽的流动

在热力过程中,常要处理气体和蒸汽的流动过程。例如蒸汽轮机、燃气轮机等动力设备中,使高温高压的气体通过喷管形通道,产生高速流动,然后利用高速气流冲击叶轮旋转而输出机械功。高速飞机进气道、火箭尾喷管、喷射式抽气器等设备中能量交换特性和气体参数计算则是气体流动过程热力学分析在工程上应用的另一些实例。此外,热力工程上还需要处理气体或蒸汽流经阀门、孔板等狭窄通道时产生的节流现象,以及烘干、空调等设备中湿空气的热力过程。本章主要讨论气体在流经喷管等设备时气流参数变化的条件及流动过程中气体能量转换等问题,并将简要地讨论绝热节流过程和常见湿空气热力过程的热力分析。

流体在流经流道任何一点时,其全部参数都不随时间而变化的流动过程,称为稳定流动。工程中,最常见的工质的流动很多是稳定的或接近稳定的流动。严格地说,运动流体在流道的同一截面上的不同点,由于受摩擦及传热等的影响,流速、压力、温度等参数有所不同,但为研究问题简便起见,常取同一个截面上某参数的平均值作为该截面上各点该参数的值,这样,问题就可简化为沿流动方向上的一维问题。实际流动问题都是不可逆的,而且流动过程中工质可能与外界有热量交换。但是,一般热力管道外都包有隔热保温材料,而且流体流过如喷管等设备的时间很短,与外界的换热量也很小,故为简便起见,把问题看成可逆绝热过程,由此而造成的误差利用实验系数修正。因此,本章主要讨论可逆绝热的一维稳定流动。

5.1 气体管内流速变化的条件

5.1.1 稳定流动的基本方程式

1) 连续性方程

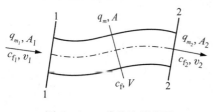

图 5-1 一维稳流示意图

假定有一任意流道,如图 5-1 所示。图中:q_m 为质量流量;v 为比体积;c_f 为流速;A 为流道截面积。

单位时间内流过流道某一截面的流体质量等于流过流道该截面的流体体积与密度的乘积,即

$$q_m = A c_f \rho = \frac{A c_f}{v}$$

根据质量守恒原理,在稳定流动中,通过流道的任一个截面质量流量必相等,即

$$q_{m_1} = q_{m_2} = \cdots = q_m = 常数$$

或

$$\frac{A_1 c_{f_1}}{v_1} = \frac{A_2 c_{f_2}}{v_2} = \cdots = \frac{A c_f}{v} = 常数 \qquad (5-1)$$

此式即为连续性方程式。将式(5-1)微分,并整理得

$$\frac{\mathrm{d}A}{A} = \frac{\mathrm{d}v}{v} - \frac{\mathrm{d}c_{\mathrm{f}}}{c_{\mathrm{f}}} \tag{5-2}$$

式(5-2)表明,管道的截面积增加率,等于比体积增加率与流速增加率之差。对于不可压缩流体(例如恒温下的水、机油等),$\mathrm{d}v=0$,因而当流速增大时,管截面收缩,当流速减小时,则要求流道截面扩张。而对于气体和蒸汽,流道截面的变化规律不仅取决于流速的变化,而且还与工质的比体积变化有关。

2) 过程方程

气体在稳定流动过程中若与外界没有热量交换,并且气体流经相邻两截面时各参数是连续变化的,同时又无摩擦和扰动,则过程是可逆绝热过程。由于稳定流动中任一截面上的参数均不随时间而变化,所以流道中任意两截面上气体的压力和比体积的关系可用流体可逆绝热流经这两个截面时的参数变化方程描述,对理想气体取定值比热容时则有

$$pv^{\kappa} = 常数 \tag{5-3}$$

对于微元过程,将上式取微分得

$$\frac{\mathrm{d}p}{p} + \kappa\,\frac{\mathrm{d}v}{v} = 0 \tag{5-4}$$

式(5-3)和(5-4)只适用于理想气体定值比热容可逆绝热过程,但对于水蒸气一类的实际气体在管内进行可逆绝热流动分析时也近似采用上述关系式,不过式中 κ 是纯粹经验值(见第 4 章),不具有比热容比的含义。

3) 能量方程

气体或蒸汽在任一流道内做稳定流动,服从稳定流动能量方程式(1-28)

$$q = (h_2 - h_1) + \frac{1}{2}(c_{\mathrm{f2}}^2 - c_{\mathrm{f1}}^2) + g(z_2 - z_1) + w_{\mathrm{s}}$$

一般情况下,流道的高度位置改变不大,因此气体的位能的改变极小,可以忽略不计。如在流动中气体与外界没有热量交换,又不对外做轴功,则上式可简化为

$$h_2 + \frac{c_{\mathrm{f2}}^2}{2} = h_1 + \frac{c_{\mathrm{f1}}^2}{2} \quad 或 \quad \frac{c_{\mathrm{f2}}^2 - c_{\mathrm{f1}}^2}{2} = h_1 - h_2 \tag{5-5}$$

式(5-5)指出,工质在绝热不做轴功的流动过程中,气体动能的增加,等于气流的焓降。对于微元过程,式(5-5)可写为

$$\mathrm{d}\left(\frac{c_{\mathrm{f}}^2}{2}\right) = -\mathrm{d}h \tag{5-6}$$

式(5-5)是研究包括喷管在内的管内流动能量变化的基本关系式,既适用于可逆过程,也适用于不可逆过程。

气体在绝热流动过程中,因受到某种物体的阻碍而流速降低为零的过程称为绝热滞止过程。

据能量方程式(5-5),任一截面上气体的焓和气体流动动能的和为常数。当气体绝热滞

止时,速度为零,故滞止时气体的焓

$$h^* = h_1 + \frac{c_{f1}^2}{2} = h + \frac{c_f^2}{2} \tag{5-7}$$

式中:h^* 为滞止(总)焓,它等于任一截面上气流的焓和其动能的总和。

气流滞止时的温度和压力分别称为滞止温度和滞止压力,用 T^* 和 p^* 表示。对于理想气体,若把比热容近似当作定值,根据 $h = c_p T$,从式(5-7)可导得 T^* 的计算式为

$$T^* = T + \frac{c_f^2}{2c_p} \tag{5-8}$$

式中:T 和 c_f 分别是任一截面上气流的温度和流速。

据可逆绝热过程方程式,理想气体比热容近似当作定值时的滞止压力为

$$p^* = p \left(\frac{T^*}{T} \right)^{\frac{\kappa}{\kappa-1}} \tag{5-9}$$

式中:p 和 T 分别是任一截面上气流的压力和温度。

式(5-8)和式(5-9)表明滞止温度高于气流温度,滞止压力高于气流压力,并且气流速度越大,这种差别也越大。这种现象对高速流动的场合有特别重要的意义。

4)声速方程

从物理学中已经知道,声音在气体中的传播速度,即声速 c,可按下式计算

$$c = \sqrt{\kappa p v} \tag{5-10}$$

对于理想气体,则可进一步写为

$$c = \sqrt{\kappa R T} \tag{5-11}$$

因此,声速不是一个固定不变的常数,它与气体的性质及其状态有关,也是状态参数。在管内气流各个截面上气体的状态在不断变化,所以各个截面上的声速也在不断变化。为了区分在不同状态下气体的声速,引入"当地声速"的概念。所谓当地声速就是指所考虑的管内气流某一截面上的声速。

在研究气体流动时,通常把气体的流速与当地声速的比值称为马赫数,用符号 Ma 表示

$$Ma = \frac{c_f}{c} \tag{5-12}$$

马赫数是研究气体流动特性的一个很重要的数值。当 $Ma < 1$ 时,即气流速度小于当地声速时,称为亚声速;当 $Ma = 1$ 时,气流速度等于当地声速;当 $Ma > 1$ 时,气流速度大于当地声速,气流为超声速。气流的马赫数对气流截面的变化规律有很大的影响。

连续性方程式、可逆绝热过程方程式和稳定流动能量方程式是分析气体在一维、可逆、绝热、稳定流动过程的理论基础,也是喷管流动计算的主要关系式。

5.1.2　喷管内流速变化的条件

下面讨论喷管内气流可逆流动速度变化与截面上压力变化、喷管截面积变化之间的关系。

1) 喷管内气体流速变化的力学条件

从式(5-6)可得

$$c_f \mathrm{d}c_f = -\mathrm{d}h \tag{5-13}$$

据热力学第一定律并考虑到绝热条件，$\delta q = \mathrm{d}h - v\mathrm{d}p = 0$，所以 $\mathrm{d}h = v\mathrm{d}p$。代入式(5-13)得

$$c_f \mathrm{d}c_f = -v\mathrm{d}p \tag{5-14}$$

式(5-14)两端各乘以 $\dfrac{1}{c_f^2}$，并将右端分子、分母各乘以 κp，于是

$$\frac{\mathrm{d}c_f}{c_f} = -\frac{\kappa p v}{\kappa c_f^2}\,\frac{\mathrm{d}p}{p} \tag{5-15}$$

将式(5-10)代入式(5-15)，整理可得

$$\frac{\mathrm{d}p}{p} = -\kappa Ma^2\,\frac{\mathrm{d}c_f}{c_f} \tag{5-16}$$

式(5-16)即为喷管内流速变化的力学条件。由于气体的 κMa^2 总是正值，因此喷管内流速增加（$\mathrm{d}c_f > 0$）必然是压力下降（$\mathrm{d}p < 0$）的后果。气流在微元过程中动能的增加是由于气流的焓降没有以技术功的形式输出而是以动能的形式储存在气流内。

2) 喷管内气体流速变化的几何条件

将连续性方程的微分式(5-2)和绝热过程方程的微分式(5-4)代入式(5-16)，可得

$$-\kappa\left(\frac{\mathrm{d}c_f}{c_f} + \frac{\mathrm{d}A}{A}\right) = -\kappa Ma^2\,\frac{\mathrm{d}c_f}{c_f}$$

移项、整理有

$$\frac{\mathrm{d}A}{A} = (Ma^2 - 1)\,\frac{\mathrm{d}c_f}{c_f} \tag{5-17}$$

式(5-17)即为喷管内流速变化的几何条件，指出了喷管截面与气体流速的变化关系。从式(5-17)可以看出：当气体速度小于当地声速，即 $Ma < 1$ 时，因 $Ma^2 - 1$ 为负值，要使气体的流速增加，即 $\mathrm{d}c_f > 0$，必须使 $\mathrm{d}A < 0$，这表明沿气流方向喷管的截面积应该逐渐缩小，喷管应制成渐缩喷管[见图 5-2(a)]；当气流速度大于当地声速，即 $Ma > 1$ 时，$Ma^2 - 1$ 为正值，为使气体的流速进一步增加，即 $\mathrm{d}c_f > 0$，必须使 $\mathrm{d}A > 0$，这表明沿气流方向喷管的截面积应

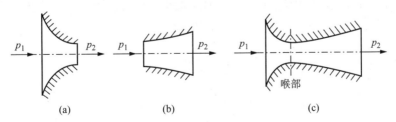

图 5-2　渐缩喷管、渐扩喷管和缩放喷管

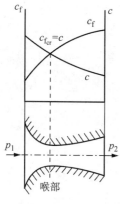

图 5-3　喷管内流速
变化示意图

该逐渐扩大,喷管应是渐扩喷管[见图 5-2(b)];如果工质在喷管中,要由低于当地声速增加到超过当地的声速时,那么喷管应该由渐缩过渡到渐放,这就是缩放喷管,缩放喷管又称拉瓦尔喷管,如图 5-2(c)所示。在缩放喷管中,当气体速度 c_f 等于当地声速 c 时,$Ma = 1$, $Ma^2 - 1 = 0$。式(5-17)右侧为零,故 $dA = 0$,这时喷管由渐缩转为渐扩,喷管截面积达极小值,此截面称为喷管的喉部截面。由于此处气流速度等于当地声速,故亦称临界截面。该截面上的参数值称为临界参数,如临界速度 c_{fcr}、临界压力 p_{cr}、临界温度 T_{cr} 等。喷管中各截面上的气流速度与喷管各截面上的当地声速的变化关系如图 5-3 所示。

从上面的分析可以看出,喷管进出口截面的压力差恰当时,在渐缩喷管中,气体流速的最大值只能达到当地声速,而且只可能出现在出口截面上,即 $c_{f2,\,max} = c_2 = c_{fcr}$;要使气体流速由亚声速转变到超声速,必须采用缩放喷管,缩放喷管的喉部截面是临界截面,其上速度达到当地声速。

总之,气体流经喷管,流速增大的必要条件是喷管进出口截面上气体的压力差。有了进出口压力差,气体才能在喷管中膨胀,实现将气体的焓降转化为气体动能的过程,从而使气流速度加大。一般地讲,只要有足够的进出口压差,不管过程是否可逆,气体流速总会增大。但若流道截面积的变化能与气体体积变化相配合,那么膨胀过程的不可逆损失会减少,动能的增加量就较大,喷管出口截面上的气体流速就会更大。

工程上还有一种与喷管作用相反的设备,称为扩压管。其作用是使工质流过后,速度降低而压力升高。这是一种简便的升压设备,广泛应用于喷气发动机、引射器、蒸汽喷射制冷中的喷射器等设备中,前文提及的轴流式压气机进口导向叶片构成的通道即起了扩压管的作用。气体在扩压管中的能量转换过程,正好和喷管中的过程相反,因此前面对喷管所做的分析,对扩压管具有相反的意义,如对扩压管形状的选择,在 $c_f < c$ 时,应采用渐扩形,即 $dA > 0$;当 $c_f > c$ 时,应采用渐缩形等。

5.2　喷管的计算

工程上通常依据已知工质初态参数和背压,即喷管出口截面外的工作压力,并在给定的流量等条件下进行喷管设计计算,以选择喷管的外形及确定其几何尺寸;有时也需要对已有的喷管进行校核计算,此时喷管的外形和尺寸已定,须计算在不同条件下喷管的出口流速及流量。

5.2.1　流速计算及其分析

据式(5-7),气体在喷管中绝热流动时,任一截面上的流速可由下式计算

$$c_f = \sqrt{2(h^* - h)} \qquad\qquad (5-18)$$

因此,出口截面上流速

$$c_{f2} = \sqrt{2(h^* - h_2)} \qquad\qquad (5-19)$$

或

$$c_{f2} = \sqrt{2(h_1 - h_2) + c_{f1}^2} \qquad\qquad (5-20)$$

在入口速度 c_{f_1} 较小时,上式中 $c_{f_1}^2$ 可忽略不计,于是

$$c_{f_2} \approx \sqrt{2(h_1 - h_2)} \tag{5-21}$$

式(5-18)~式(5-21)表明,气流的出口流速取决于气流在喷管中的绝热焓降。值得注意的是,上述各式中焓的单位是 J/kg。

上述各式对理想气体和实际气体均适用,也与过程是否可逆无关。如果理想气体可逆绝热流经喷管,可据初态参数(p_1,T_1)及速度 c_{f_1} 求取滞止参数(p^*,T^*),然后结合出口截面参数(如 p_2),按可逆绝热过程方程式求出 T_2,从而计算 h_2,再求得 c_{f_2};对水蒸气可逆绝热流经喷管,可以利用水蒸气表或 h-s 图,根据进口蒸汽的状态查得初态点 1 的焓 h_1,据 $s_1 = s_2$ 和出口截面上压力 p_2 得出状态点 2 的焓 h_2,代入式(5-20)即可求出出口流速。

为了便于分析可逆绝热流动中状态参数对流速的影响,假定气体为理想气体,并取定值比热容。分析得出的结论可定性地应用于水蒸气等实际气体。据式(5-19)得

$$c_{f_2} = \sqrt{2(h^* - h_2)} = \sqrt{2c_p(T^* - T_2)} = \sqrt{2\frac{\kappa R_g}{\kappa - 1}(T^* - T_2)}$$

$$= \sqrt{2\frac{\kappa R_g T^*}{\kappa - 1}\left[1 - \left(\frac{p_2}{p^*}\right)^{\frac{\kappa-1}{\kappa}}\right]} = \sqrt{2\frac{\kappa p^* v^*}{\kappa - 1}\left[1 - \left(\frac{p_2}{p^*}\right)^{\frac{\kappa-1}{\kappa}}\right]} \tag{5-22}$$

从式(5-22)可以看出,出口流速取决于气体的滞止状态参数 p^*、v^* 或 T^* 及出口截面压力与滞止压力之比 p_2/p^*。由于滞止参数决定于喷管进口截面参数,所以出口流速也就取决气体进口截面的参数及出口截面压力与进口截面压力之比。当喷管进口截面参数一定时,流速随出口截面压力与滞止压力之比 p_2/p^* 的变化而变化,其变化趋势如图 5-4 所示。$p_2/p^* = 1$ 时,表明出口截面压力与滞止压力相等,故不会产生流动,$c_{f_2} = 0$;当 p_2/p^* 逐渐减小时,c_{f_2} 逐渐增大;当出口截面压力为零时,流速趋向最大值,即

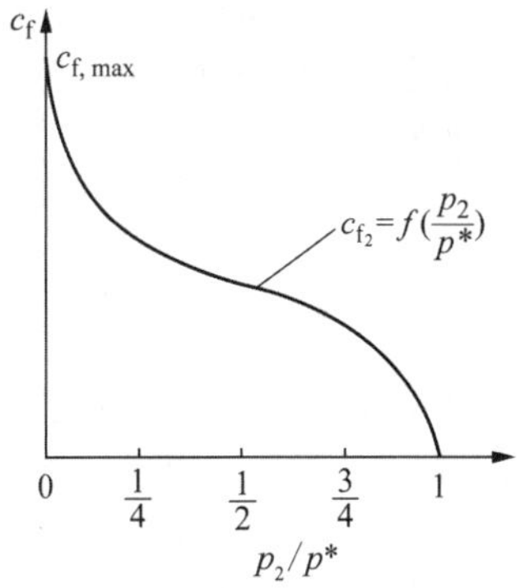

图 5-4　流速与压比关系

$$c_{f,\max} = \sqrt{2\frac{\kappa}{\kappa - 1}p^* v^*} = \sqrt{2\frac{\kappa}{\kappa - 1}R_g T^*}$$

此理论速度不可能达到,因为除了必定存在摩擦损耗外,压力 p 趋向于零时,v 将趋向于无穷大,而喷管出口截面积不可能达到无穷大,故实际上不可能实现。

5.2.2　临界压力比

将式(5-22)用于喷管临界截面,如缩放喷管的喉部截面,此时因 $c_{fcr} = c = \sqrt{\kappa p_{cr} v_{cr}}$,所以式(5-22)可改写为

$$\kappa p_{cr} v_{cr} = \frac{2\kappa}{\kappa - 1}p^* v^*\left[1 - \left(\frac{p_{cr}}{p^*}\right)^{\frac{\kappa-1}{\kappa}}\right]$$

所以
$$\frac{p_{cr}}{p^*} \frac{v_{cr}}{v^*} = \frac{2}{\kappa - 1} \left[1 - \left(\frac{p_{cr}}{p^*} \right)^{\frac{\kappa - 1}{\kappa}} \right]$$

考虑到 $p^* v^{*\kappa} = p_{cr} v_{cr}^\kappa$，并令 $\nu = \dfrac{p_{cr}}{p^*}$，称为临界压力比，由上式可导得

$$\nu = \left(\frac{2}{\kappa + 1} \right)^{\frac{\kappa}{\kappa - 1}} \tag{5-23}$$

或
$$p_{cr} = \nu p^* = p^* \left(\frac{2}{\kappa + 1} \right)^{\frac{\kappa}{\kappa - 1}} \tag{5-24}$$

从上述两式可以看出，临界压力比只取决于气体的性质(绝热指数)，而临界压力 p_{cr} 则与气体的性质及其滞止压力 p^* 有关。

对于双原子理想气体，若比热容取定值，则 $\kappa = 1.4$，$\nu = 0.528$。在喷管分析中：初态为过热水蒸气，κ 可取 1.3，$\nu = 0.546$；初态为饱和蒸汽，κ 可取 1.135，$\nu = 0.577$。

5.2.3 流量计算及分析

根据稳定流动的连续性方程，气体通过喷管任何截面的质量流量都是相同的。因此，无论按哪一个截面计算质量流量，所得的结果都应该一样。但是各种形式喷管的质量流量大小都受其最小截面控制，所以常常按最小截面(即收缩喷管的出口截面，缩放喷管的喉部截面)来计算质量流量

$$q_m = \frac{A_2 c_{f2}}{v_2} \ \text{或} \ q_m = \frac{A_{cr} c_{fcr}}{v_{cr}} \tag{5-25}$$

式中：A_2、A_{cr} 分别为收缩喷管出口截面积和缩放喷管喉部截面积；c_{f2}、c_{fcr} 分别为收缩喷管出口截面上速度和缩放喷管喉部截面上速度；v_2、v_{cr} 分别为收缩喷管出口截面上气体的比体积和缩放喷管喉部截面上气体的比体积。

与流速分析时一样，把工质作为理想气体，并且比热容取定值。将式(5-22)及 $p_2 v_2^\kappa = p^* v^{*\kappa}$ 代入式(5-25)，得

$$q_m = A_2 \frac{1}{v^*} \left(\frac{p_2}{p^*} \right)^{\frac{1}{\kappa}} \sqrt{2 \frac{\kappa}{\kappa - 1} p^* v^* \left[1 - \left(\frac{p_2}{p^*} \right)^{\frac{\kappa - 1}{\kappa}} \right]}$$

化简后可得理想气体可逆绝热流经喷管的质量流量公式

$$q_m = A_2 \sqrt{2 \frac{\kappa}{\kappa - 1} \frac{p^*}{v^*} \left[\left(\frac{p_2}{p^*} \right)^{\frac{2}{\kappa}} - \left(\frac{p_2}{p^*} \right)^{\frac{\kappa - 1}{\kappa}} \right]} \tag{5-26}$$

式(5-26)表明，气体的质量流量与喷管出口截面积、气体的滞止参数及出口截面上的压力 p_2 有关。当出口截面积 A_2 及初参数一定时，质量流量取决于喷管出口截面压力与滞止压力之比 p_2 / p^*。

据式(5-26)，求 $\dfrac{\mathrm{d}q_m}{\mathrm{d}(p_2/p^*)}$，并令之为零，求得 $p_2/p^* = \nu$ 时，喷管流量达最大值

$$q_m = q_{m,\max} = A_2 \sqrt{\frac{\kappa}{\kappa+1}\left(\frac{2}{\kappa+1}\right)^{\frac{2}{\kappa-1}} \frac{p^*}{v^*}}$$

图 5-5 是根据式(5-26)，以质量流量 q_m 为纵坐标，以压力比 p_2/p^* 为横坐标而绘制的。曲线的 ab 段适合于收缩喷管，质量流量 q_m 随喷管出口截面的压力 p_2 降低而增加，当 $p_2 = p_{cr}$ 时质量流量达最大值。曲线的 bc 段适合于缩放喷管，虽然喷管出口截面的压 p_2 继续降低，但由于缩放喷管的喉部截面保持临界状态，故质量流量保持不变。图中 $b0$ 段是依式(5-26)的解析解绘制的，正常工作(气体作等熵流量)的喷管不会出现这种情况。当喷管出口截面外压力(即背压)低于临界压力时，收缩喷管出口截面的压力 p_2 不会降低到低于临界压力，质量流量也不再变化，等于出口截面的压力 p_2 为 p_{cr} 时的质量流量。

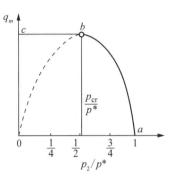

图 5-5　质量流量与压比关系

事实上，对于在收缩喷管内作等熵流量的气体而言，由于受喷管内气体流速改变的几何条件的制约，当喷管的背压(喷管出口截面外的压力) $p_b \geqslant p_{cr}$ 时，喷管出口截面的压力 p_2 只能达到背压 p_b，即 $p_2 = p_b \geqslant p_{cr}$；当喷管的背压 $p_b < p_{cr}$ 时，喷管出口截面的压力 p_2 也只能达到 p_{cr}，不能在喷管内膨胀到 p_b，即 $p_2 = p_{cr} > p_b$，因此喷管的质量流量不会继续上升。而对于缩放喷管，在设计工况下，喷管出口截面的压力 p_2 可以达到背压 p_b，即 $p_2 = p_b < p_{cr}$，但是在喉部截面上，气流达到临界，压力等于临界压力，流速等于当地声速，所以尽管背压 p_b 下降，但因喷管不能提供足够大的出口截面积，故气体在喷管内膨胀不足，其流量维持与喉部截面相等而保持不变。

5.2.4　有摩阻的绝热流动

前面讨论了气流在喷管内的可逆绝热流动。实际上由于存在摩擦，流动过程中发生能量耗散，部分动能重又转化成热能被气流吸收。若忽略与外界的热交换，则过程中熵流为零 ($s_f = 0$)，并且摩擦熵产大于零 ($s_g > 0$)，因而过程中气流熵变大于零 ($\Delta s = s_f + s_g > 0$)。同时，因能量耗散，气流出口速度将变小。将稳定流动能量方程式(5-5)用于气体不可逆绝热流动，得

$$h^* = h_1 + \frac{c_{f_1}^2}{2} = h_2 + \frac{c_{f_2}^2}{2} = h_{2'} + \frac{c_{f_{2'}}^2}{2}$$

式中：$h_{2'}$ 和 $c_{f_{2'}}$ 分别为出口截面上气流的实际焓和速度。从上式可知，出口动能的减小量 $\dfrac{1}{2}(c_{f_2}^2 - c_{f_{2'}}^2)$ 即为焓的增加量 $h_{2'} - h_2$。

工程上常用"速度系数"φ 或"能量损失系数"ζ 来表示气流出口速度的下降程度和动能的减少程度。速度系数的定义是

$$\varphi = \frac{c_{f2'}}{c_{f2}} \tag{5-27}$$

式中：$c_{f2'}$ 为气流在喷管出口截面上实际流速；c_{f2} 为理想可逆流动时出口截面上的流速。

能量损失系数的定义是损失的动能与理想动能之比，即

$$\zeta = \frac{c_{f2}^2 - c_{f2'}^2}{c_{f2}^2} = 1 - \varphi^2 \tag{5-28}$$

速度系数依喷管的型式、材料及加工精度等而定，一般在 0.92～0.98。渐缩喷管的速度系数较大，缩放喷管则较小（因缩放喷管相对较长，并且超声速气流的摩擦损耗较大）。

【例 5-1】 压力为 3 MPa，温度为 500 ℃ 的蒸汽以 $c_{f1} = 150$ m/s 的速度流入缩放喷管，在管内做等熵膨胀。已知喷管喉部截面积 $A_{cr} = 3.5 \times 10^{-4}$ m²，喷管出口截面上蒸汽压力 $p_2 = 0.1$ MPa，若蒸汽的 κ 值可取 1.3。求：(1) 喉部截面蒸汽压力；(2) 喷管的质量流量；(3) 喷管出口截面积及出口截面上的流速。

【解】 (1) 据 $p_1 = 3$ MPa，$t_1 = 500$ ℃，在 $h-s$ 图上确定点 1，查得 $h_1 = 3\,457$ kJ/kg。

$$h^* = h_1 + \frac{c_{f1}^2}{2} = 3\,457 \text{ kJ/kg} + \frac{(150 \text{ m/s})^2 \times 10^{-3}}{2} = 3\,468.3 \text{ kJ/kg}$$

在 $h-s$ 图上通过点 1，垂直向上截取 $\dfrac{c_{f1}^2}{2}$，得滞止点，查得 $p^* = 3.1$ MPa。

将 $\kappa = 1.3$ 代入式 (5-23)，$\nu = \left(\dfrac{2}{\kappa+1}\right)^{\frac{\kappa}{\kappa-1}}$，得 $\nu = 0.546$，于是

$$p_{cr} = \nu p^* = 0.546 \times 3.1 \text{ MPa} = 1.69 \text{ MPa}$$

从点 1 向下做垂线，与 $p = p_{cr} = 1.69$ MPa 的等压线交点即为喉部状态点，得 $h_{cr} = 3\,282$ kJ/kg，$v_{cr} = 0.185$ m³/kg。

(2) 在喉部截面处，气流达到临界，所以

$$c_{fcr} = \sqrt{2(h^* - h_{cr})} = \sqrt{2 \times (3\,468.3 - 3\,282) \text{kJ/kg} \times 10^3} = 610.4 \text{ m/s}$$

$$q_m = \frac{A_{cr} c_{fcr}}{v_{cr}} = \frac{3.5 \times 10^{-4} \text{ m}^2 \times 610.4 \text{ m/s}}{0.185 \text{ m}^3/\text{kg}} = 1.155 \text{ kg/s}$$

(3) 从过点 1 的垂线与 $p = p_2 = 0.1$ MPa 的等压线的交点得 $h_2 = 2\,628$ kJ/kg，$v_2 = 1.65$ m³/kg。

$$c_{f2} = \sqrt{2(h^* - h_2)} = \sqrt{2 \times (3\,468.3 - 2\,628) \text{kJ/kg} \times 10^3} = 1\,296.4 \text{ m/s}$$

$$A_2 = \frac{q_m v_2}{c_{f2}} = \frac{1.155 \text{ kg/s} \times 1.65 \text{ m}^3/\text{kg}}{1\,296.4 \text{ m/s}} = 1.47 \times 10^{-3} \text{ m}^2$$

【点评】 按设计工况运行的缩放喷管，气流在喉部达到临界，出口截面压力等于背压（喷管出口截面外的工作压力），各截面上的质量流量相同；蒸汽流进喷管的流速较高，故必须考虑

滞止效应;利用水蒸气的焓熵图确定蒸汽的状态参数,虽精度不够高,但较简便。

【例 5 - 2】* 某种气体流入绝热收缩喷管时,压力 $p_1 = 0.6$ MPa,温度 $t_1 = 800$ ℃,速度 $c_{f1} = 150$ m/s,若喷管背压 $p_b = 0.2$ MPa,速度系数 $\varphi = 0.92$,喷管出口截面积为 2 400 mm²。求:喷管流量及摩擦引起的做功能力损失。过程中气体的比热容可取常数,已知该气体 $R_g = 0.318\ 3$ kJ/(kg·K), $c_p = 1.159$ kJ/(kg·K), $T_0 = 300$ K。

【解】 $c_V = c_p - R_g = 1.159$ kJ/(kg·K) $- 0.318\ 3$ kJ/(kg·K) $= 0.840\ 7$ kJ/(kg·K)

$$\kappa = \frac{c_p}{c_V} = \frac{1.159 \text{ kJ/(kg·K)}}{0.840\ 7 \text{ kJ/(kg·K)}} = 1.379$$

$$T^* = T_1 + \frac{c_{f1}^2}{2c_p} = (800 + 273) \text{K} + \frac{(100 \text{ m/s})^2}{2 \times 1\ 159 \text{ J/(kg·K)}} = 1\ 077.3 \text{ K}$$

$$p^* = p_1 \left(\frac{T^*}{T_1}\right)^{\frac{\kappa}{\kappa-1}} = 0.6 \text{ MPa} \times \left(\frac{1\ 077.3 \text{ K}}{1\ 073 \text{ K}}\right)^{\frac{1.379}{1.379-1}} = 0.609 \text{ MPa}$$

$$p_{cr} = \nu p^* = \left(\frac{2}{\kappa+1}\right)^{\frac{\kappa}{\kappa-1}} p^* = \left(\frac{2}{1+1.379}\right)^{\frac{1.379}{1.379-1}} \times 0.609 \text{ MPa}$$

$$= 0.324 \text{ MPa} > p_b$$

$$p_2 = p_{cr} = 0.324 \text{ MPa}$$

若可逆膨胀,则

$$T_{2s} = T^* \left[\frac{p_2}{p^*}\right]^{\frac{\kappa-1}{\kappa}} = 1\ 077.3 \text{ K} \times \left(\frac{0.324 \text{ MPa}}{0.609 \text{ MPa}}\right)^{\frac{1.379-1}{1.379}} = 905.76 \text{ K}$$

$$v_{2s} = \frac{R_g T_{2s}}{p_2} = \frac{318.3 \text{ J/(kg·K)} \times 905.76 \text{ K}}{0.324 \times 10^6 \text{ Pa}} = 0.889\ 8 \text{ m}^3/\text{kg}$$

$$c_{f2s} = \sqrt{2(h^* - h_{2s})} = \sqrt{2c_p(T^* - T_{2s})}$$

$$= \sqrt{2 \times 1\ 159 \text{ J/(kg·K)} \times (1\ 077.3 - 905.76) \text{K}} = 630.58 \text{ m/s}$$

$$q_m = \frac{A_2 c_{f2s}}{v_{2s}} = \frac{2\ 400 \times 10^{-6} \text{ m}^2 \times 630.58 \text{ m/s}}{0.889\ 8 \text{ m}^3/\text{kg}} = 1.701 \text{ kg/s}$$

由于过程不可逆,所以

$$c_{f2} = \varphi c_{f2s} = 0.92 \times 630.58 \text{ m/s} = 580.13 \text{ m/s}$$

因摩擦而损耗的动能被气流吸收,故需要对温度进行修正。据能量方程 $h_2 = h^* - \frac{c_{f2}^2}{2}$,有

$$T_2 = T^* - \frac{c_{f2}^2}{2c_p} = 1\ 077.3 \text{ K} - \frac{(580.13 \text{ m/s})^2}{2 \times 1\ 159 \text{ J/(kg·K)}} = 932.11 \text{ K}$$

$$v_2 = \frac{R_g T_2}{p_2} = \frac{318.3 \text{ J/(kg·K)} \times 932.11 \text{ K}}{0.324 \times 10^6 \text{ Pa}} = 0.915\ 7 \text{ m}^3/\text{kg}$$

$$q'_m = \frac{A_2 c_{f_2}}{v_2} = \frac{2\,400 \times 10^{-6}\ \mathrm{m^2} \times 580.13\ \mathrm{m/s}}{0.915\,7\ \mathrm{m^3/kg}} = 1.520\ \mathrm{kg/s}$$

由于流动过程不可逆绝热,所以过程的熵增即是熵产

$$s_g = \Delta s_{1-2} = \Delta s_{2_s-2} = c_p \ln \frac{T_2}{T_{2_s}}$$

$$= 1.159\ \mathrm{kJ/(kg \cdot K)} \times \ln \frac{932.11\ \mathrm{K}}{905.76\ \mathrm{K}} = 0.033\ \mathrm{kJ/(kg \cdot K)}$$

㶲损失

$$\dot{I} = q'_m T_0 s_g = 1.520\ \mathrm{kg/s} \times 300\ \mathrm{K} \times 0.033\ \mathrm{kJ/(kg \cdot K)} = 15.05\ \mathrm{kW}$$

【点评】 处理喷管内有摩擦阻力的流动问题时,先假定流动可逆,然后用大量实践中总结出来的修正系数,如速度系数修正可逆流动计算的速度,随之进行温度修正,进一步重新计算出口截面的比体积及喷管各截面的质量流量。这样,既通过可逆分析使问题简化,抓住流动问题的本质,又解决了实际较为复杂的工程问题。

5.3　绝热节流

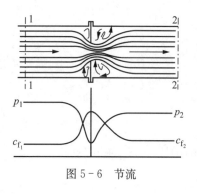

图 5-6　节流

流体在管道内流动时,有时流经阀门、孔板等设备,受局部阻力,使流体压力降低,这种现象称为节流现象。如在节流过程中流体与外界没有热量交换,就称为绝热节流,也简称节流。

节流过程是典型的不可逆过程。流体在孔口附近产生强烈的扰动及涡流,处于极度不平衡状态,如图 5-6 所示,但在距孔口较远的地方,如图中截面 1—1 和 2—2,流体仍处于平衡状态。若取管段 1—2 为控制容积,引用绝热流动的能量方程式并稍作整理即可得

$$h_1 = h_2 + \frac{1}{2}(c_{f_2}^2 - c_{f_1}^2)$$

在通常情况下,节流前后流速 c_{f_1} 和 c_{f_2} 差别不大,流体动能差可忽略不计,故得

$$h_1 = h_2 \qquad\qquad (5-29)$$

式(5-29)表明,气体或蒸汽绝热节流前和节流后的焓值相等。需要指出的是,式(5-29)只说明气体或蒸汽经过绝热节流后其焓值没有变化,但绝不能认为绝热节流过程是一个可逆等焓过程。因为在突缩截面前后,气体并不处于平衡状态,不能用状态参数来描述。

气体绝热节流重新达到平衡后,焓值不变,压力下降,熵增大,温度的变化则取决于气体的性质及节流前气体的状态、节流压降等因素。

对于理想气体,焓仅是温度的函数,因而焓不变时温度也不变,即 $T_2 = T_1$;对于实际气体,节流过程的温度变化取决于焦耳-汤姆逊系数 μ_J,节流后温度可以降低或升高,也可以不

变,视节流时气体所处的状态及压降而定。

$$\mu_{\mathrm{J}}=\left(\frac{\partial T}{\partial p}\right)_{h}=\frac{T\left(\dfrac{\partial v}{\partial T}\right)_{p}-v}{c_{p}} \tag{5-30}$$

由于节流过程压力下降（$\mathrm{d}p<0$）,所以:

(1) 若 $[T(\partial v/\partial T)_{p}-v]>0$, μ_{J} 取正值,节流后温度降低。

(2) 若 $[T(\partial v/\partial T)_{p}-v]<0$, μ_{J} 取负值,节流后温度升高。

(3) 若 $[T(\partial v/\partial T)_{p}-v]=0$, $\mu_{\mathrm{J}}=0$,节流后温度不变。

例如,理想气体状态方程 $pv=R_{\mathrm{g}}T$, $T\left(\dfrac{\partial v}{\partial T}\right)_{p}-v=0$,所以理想气体在任何状态下绝热节流,$\mu_{\mathrm{J}}$ 恒等于 0,故 T_{2} 恒等于 T_{1};实际气体则要依其状态方程的具体形式和节流前气体状态而定。

对于水蒸气,在通常情况下,绝热节流后,温度总是有所降低。湿蒸汽节流后干度有所增加;而过热蒸汽节流后过热度增大。求解水蒸气的节流过程,利用 $h\text{-}s$ 图计算是较方便的。

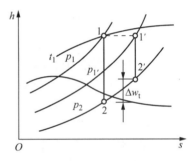

如图 5-7 所示,若已知节流前的状态 t_{1}、p_{1} 及节流后的压力 $p_{1'}$,根据节流前后焓值相等的特点,在 $h\text{-}s$ 图上过点 1 做水平线与 $p_{1'}$ 的等压线相交得 $1'$,即可得终态各参数。由图可见 $t_{1'}<t_{1}$,但节流后蒸汽的过热度增大。水蒸气在节流前由点 1 经可逆绝热膨胀至压力 p_{2} 时,可利用的焓降,即技术功 $w_{\mathrm{t}}=h_{1}-h_{2}$。节流后的水蒸气,同样膨胀到 p_{2} 时,可利用的焓降,$w_{\mathrm{t}}'=h_{1'}-h_{2'}$,显见 $h_{1'}-h_{2'}<h_{1}-h_{2}$,技术功减少量 $\Delta w_{\mathrm{t}}=h_{2'}-h_{2}$,称为节流损失,故从能量合理利用角度,在气体流动过程中,应尽量避免或减少节流现象的发生。

图 5-7　水蒸气节流

节流现象广泛应用在工程上,例如通过控制阀门开度来调节流量,达到调节功率的目的;根据不同制冷工质确定适当的节流压降以实现工质降温,简化制冷系统的设备;利用节流阀降低工质的压力,以及用节流原理测量工质的流量或蒸汽的干度等。

【例 5-3】　通过测量节流前后水蒸气的压力及节流后水蒸气的温度可推得节流前蒸汽的干度。现有压力 $p_{1}=0.15\,\mathrm{MPa}$ 的湿蒸汽被引入节流式干度计,测得节流后压力和温度分别为 $p_{2}=0.1\,\mathrm{MPa}$, $t_{2}=105\,^{\circ}\mathrm{C}$,试确定蒸汽最初的干度 x_{1}。

【解】　查水蒸气热力性质表:$p=0.15\,\mathrm{MPa}$ 时,$h'=467.1\,\mathrm{kJ/kg}$, $h''=2\,693.3\,\mathrm{kJ/kg}$;$p=0.1\,\mathrm{MPa}$, $t=105\,^{\circ}\mathrm{C}$ 时,$h_{2}=2\,686.1\,\mathrm{kJ/kg}$。节流前蒸汽焓 $h_{1}=h_{1}'+x_{1}(h_{1}''-h')$,节流过程有 $h_{1}=h_{2}$,所以

$$x_{1}=\frac{h_{2}-h'}{h''-h'}=\frac{2\,686.1\,\mathrm{kJ/kg}-467.1\,\mathrm{kJ/kg}}{2\,693.3\,\mathrm{kJ/kg}-467.1\,\mathrm{kJ/kg}}=0.997$$

【点评】　本题若改用水蒸气的 $h\text{-}s$ 图求解,则可先据 p_{2} 和 t_{2} 在 $h\text{-}s$ 图上确定终态点 2,并查得其比焓 h_{2}。由点 2 做水平线与 p_{1} 的等压线相交,得其交点 1,即为水蒸气节流前的初状态点,并在 $h\text{-}s$ 图查得点 1 的干度为 x_{1}。

5.4　湿空气的热力过程

在工程上常用的湿空气的热力过程有加热或冷却、绝热加湿、冷却去湿及绝热混合等,其往往在流经设备的过程中完成。一些较复杂的过程如干燥过程,通常是这些过程的组合。

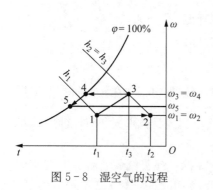

图 5-8　湿空气的过程

5.4.1　加热或冷却过程

对湿空气单纯地加热或冷却的过程,其特征是过程中比湿度 ω 保持不变,在湿度图上表现为平行于横坐标的水平线。加热过程中,湿空气的温度升高,焓增加,相对湿度降低,如图 5-8 中 1—2 所示。冷却过程与加热过程正好相反。对于 1 kg 干空气而言,若忽略宏观动能与位能的变化,过程中的热量

$$q = \Delta h = h_2 - h_1 \tag{5-31}$$

5.4.2　绝热加湿过程

在绝热的条件下,向空气喷水增加空气的比湿度 ω 的过程称为绝热加湿过程。通常,忽略此类过程中动能和位能的变化,若空气在流动,对于不做功的绝热流动过程,其能量方程为

$$h_2 - h_1 = (\omega_2 - \omega_1) h_w$$

式中: h_w 为水的焓。

通常湿空气的比湿度变化不大, h_w 与 h_2 和 h_1 比起来要小得多,因此, $(\omega_2 - \omega_1) h_w$ 可忽略不计,故有

$$h_2 \approx h_1 \tag{5-32}$$

即绝热加湿过程可近似为湿空气焓值不变的过程。图 5-8 中过程 2—3 是绝热加湿过程,其特征是比湿度增大,温度降低。向空气喷水蒸气也可实现加湿,此时将其近似为湿空气焓值不变的过程有较大的误差。

5.4.3　冷却去湿过程

当湿空气被冷却到露点温度(此时,相对湿度 $\varphi = 100\%$)后继续冷却时,就有水蒸气不断凝结成水析出。在温度达到露点前,过程中比湿度 ω 保持不变;达到露点温度后,过程沿 $\varphi = 100\%$ 的定 φ 线进行,此时,比湿度、温度和焓都减小,如图 5-8 中 3—4—5 所示。过程中的换热量为

$$q = (h_3 - h_5) - (\omega_3 - \omega_5) h_{w,5} \tag{5-33}$$

式中: $h_{w,5}$ 为凝水焓; $(\omega_3 - \omega_5)$ 为 1 kg 干空气中凝析出的水量。

5.4.4　绝热混合过程

两股(或多股)湿空气在绝热的条件下混合的过程称绝热混合过程。根据水蒸气的质量守

恒、干空气质量守恒及能量守恒原理,可导出

$$\frac{m_{a1}}{m_{a2}} = \frac{\omega_3 - \omega_2}{\omega_1 - \omega_2} = \frac{h_3 - h_2}{h_1 - h_2} \qquad (5-34)$$

式中:m_{a1} 和 m_{a2} 分别为参与混合的两股湿空气的干空气质量;h_1 和 ω_1、h_2 和 ω_2 分别为两股湿空气的焓及比湿度;h_3 和 ω_3 为混合后湿空气的焓及比湿度。

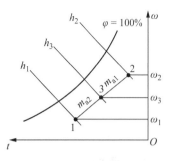

图 5-9　湿空气绝热混合过程

上式表明,在 ω-t 图上,把参与混合的两股湿空气的状态点连成一条直线,并根据与干空气质流量成反比的关系,分割该直线,其分割点即为混合后的空气状态点,从而确定混合后的状态,如图中 5-9 中点 3。

【例 5-4】　烘干装置是利用未饱和空气的吸湿能力,吸收待烘干物体中水分的设备。为了提高空气的吸湿能力,一般都先在加热器中将湿空气加热,然后送入烘箱。湿空气在加热器和烘箱中分别进行加热和绝热加湿过程。如图 5-10(a)所示,已知空气的 $t_1 = 25\ ℃$,$p = 100\ \text{kPa}$,$\varphi_1 = 65\%$,在加热器中被加热到 $49\ ℃$,然后进入烘箱。出烘箱时湿空气的温度 $t_3 = 35\ ℃$。试确定:(1) 各过程的初、终态参数(包括露点);(2) 1 kg 干空气在烘箱中吸收物体蒸发出的水分质量 Δm_v;(3) 1 kg 干空气在加热器中所吸收的热量。

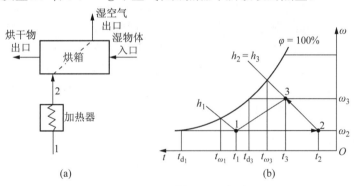

图 5-10　干燥过程示意图

【解】　烘干过程在 ω-t 图上如图 5-10(b)中 1—2—3 所示。过程 1—2 的质量守恒方程和能量守恒方程分别为

$$m_{a1} = m_{a2};\quad q_1 = \frac{Q_1}{m_{a1}} = h_2 - h_1$$

过程 2—3 的质量守恒方程和能量守恒方程分别为

$$\Delta m_v = \omega_3 - \omega_1;\quad h_2 = h_3$$

(1) 各过程的初、终态参数。

由 $t_1 = 25\ ℃$,$\varphi_1 = 65\%$,在 ω-t 图中求得点 1,并查得

$$\omega_1 = 0.012\ 9\ \text{kg/kg 干空气},h_1 = 58\ \text{kJ/kg 干空气},t_{d1} = 17.9\ ℃$$

从点 1 向右做水平线与 $t_2 = 49\ ℃$ 的定温线交于点 2,查得

$$\varphi_2 = 18\%, \quad h_2 = 82.5 \text{ kJ/kg 干空气}, \omega_2 = \omega_1, t_{d2} = t_{d1}$$

由点 2 做定焓线与 $t_3 = 35$ ℃ 的定温线交于点 3,查得

$$\omega_3 = 0.018\,8 \text{ kg/kg 干空气}, h_2 = h_3, \varphi_3 = 56\%, t_{d3} = 23.2 \text{ ℃}$$

(2) 凝水量。

$$\Delta m_v = \omega_3 - \omega_1 = \omega_3 - \omega_2$$
$$= 0.018\,8 \text{ kg/kg 干空气} - 0.012\,9 \text{ kg/kg 干空气} = 0.005\,9 \text{ kg/kg 干空气}$$

(3) 热量。

$$q_1 = h_2 - h_1 = h_3 - h_1 = 82.5 \text{ kJ/kg 干空气} - 58 \text{ kJ/kg 干空气} = 24.5 \text{ kJ/kg 干空气}$$

【点评】 湿空气加热温度升高,水蒸气的饱和压力随之增大,而加热过程中干空气和水蒸气的质量均不改变,所以比湿度为常数。水蒸气的分压力又不变,因而相对湿度下降,吸湿能力提高,所以烘干用的空气都要先进行加热。湿物料中的液态水在烘箱中汽化等同于向空气喷水加湿,故可近似为焓不变的过程,于是通过点 2 的等焓线与 t_3 线的交点就是终态点。

【例 5-5】 空调机内湿空气经历了冷却去湿、加热和绝热混合等过程,其示意图见图 5-11(a)。现将 $t_1 = 32$ ℃,$p = 100$ kPa,$\varphi_1 = 65\%$ 的湿空气送入空调机,在空调机中首先通过冷却盘管进行冷却和冷凝去湿,直至 $t_2 = 10$ ℃。然后通过电加热器,空气温度升高到 $t_3 = 15$ ℃,再与户外引入的 $t_4 = 37$ ℃,$\varphi_4 = 30\%$ 的空气混合后,送回室内。试确定:(1) 空调机中除去的水分质量;(2) 1 kg 干空气流经冷却盘管,被盘管内冷流体带走的热量及从加热器吸收的热量;(3) 若户外引入的湿空气中干空气质量与空调机加热器流出的干空气质量之比为 1:4,求送回室内空气的温度及相对湿度。

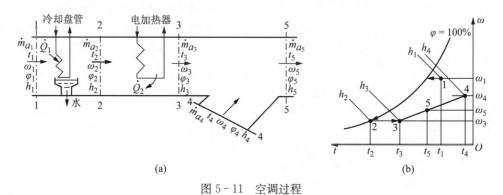

(a)

(b)

图 5-11 空调过程

【解】 据题意 1—2 为冷却去湿过程,故

$$\Delta m_v = \omega_1 - \omega_2; \quad q_1 = \frac{Q_1}{m_{a,1}} = (h_1 - h_2) - (\omega_1 - \omega_2)h_{w2}$$

2—3 为加热过程

$$q_2 = \frac{Q_2}{m_{a,1}} = h_3 - h_2$$

混合过程可据 $\dfrac{m_{a,3}}{m_{a,4}} = \dfrac{\omega_5 - \omega_4}{\omega_3 - \omega_5} = \dfrac{h_5 - h_4}{h_3 - h_5}$，在 ω-t 图上确定。

(1) 各点参数。

由 $t_1 = 32\ ℃$，$\varphi_1 = 65\%$，在 ω-t 图中求得点 1，并查得

$$\omega_1 = 0.019\ 6\ \text{kg/kg 干空气}, \quad h_1 = 82.5\ \text{kJ/kg 干空气}$$

通过点 1 做水平线与 $\varphi = 100\%$ 线相交，再沿 $\varphi = 100\%$ 线与 $t_2 = 10\ ℃$ 定温线相交于点 2，查得

$$\omega_2 = 0.007\ 6\ \text{kg/kg 干空气}, \quad h_2 = 29\ \text{kJ/kg 干空气}$$

通过点 2 做水平线与 $t_3 = 15\ ℃$ 的定温线相交于点 3，并查得

$$h_3 = 35\ \text{kJ/kg 干空气}, \quad \omega_2 = \omega_3$$

在饱和蒸汽表中查出 $t_2 = 10\ ℃$ 的饱和水焓 $h_{w2} = 41.99\ \text{kJ/kg}$

由 $t_4 = 37\ ℃$，$\varphi_4 = 30\%$，在 ω-t 图上确定点 4，并查得

$$\omega_4 = 0.011\ 9\ \text{kg/kg 干空气}, h_4 = 67.8\ \text{kJ/kg 干空气}$$

$$\begin{aligned}\Delta m_v &= \omega_1 - \omega_2 \\ &= 0.019\ 6\ \text{kg/kg 干空气} - 0.007\ 6\ \text{kg/kg 干空气} = 0.012\ \text{kg/kg 干空气}\end{aligned}$$

(2) $\begin{aligned} q_1 &= (h_1 - h_2) - (\omega_1 - \omega_2)h_{w2} \\ &= (82.5 - 29)\text{kJ/kg 干空气} - (0.019\ 6 - 0.007\ 6)\text{kg/kg 干空气} \times 41.99\ \text{kJ/kg} \\ &= (53.5 - 0.50)\text{kJ/kg 干空气} = 53.0\ \text{kJ/kg 干空气}\end{aligned}$

$q_2 = h_3 - h_2 = (35 - 29)\text{kJ/kg 干空气} = 6\ \text{kJ/kg 干空气}$

(3) 由式(5-34)，据 $m_{a3}/m_{a4} = 4$ 确定点 5，读出

$$t_5 = 19.5\ ℃, \omega_5 = 0.008\ 7\ \text{kg/kg 干空气}, \varphi_5 = 60\%$$

【点评】　本例中，冷却盘管外凝结水带走热量 0.50 kJ/kg 干空气，仅占湿空气焓变 53.5 kJ/kg 干空气的 0.94%，所以在估算时忽略凝结水带走的能量不会造成很大的误差。本例和上例的求解过程都画出流程示意图并将过程特征在 ω-t 图上画出，这些都对求解湿空气过程有莫大的帮助。

5.5　小　结

本章主要以工程常见的气体和蒸汽在喷管中的流动、绝热节流和湿空气加热、去湿及混合过程为对象，具体进行开口系参数变化及能量交换特性的分析。

气体在流道中流速改变的根本原因是存在压力差，是由于气体膨胀、压力降低、温度降低，气流的焓降转化为气流的动能。几何条件是使气流可逆加速，即不产生㶲损失的外部条件，在压力条件得到满足的前提下几何条件才是决定性的。

进行喷管分析、计算，必须建立声速是状态参数的概念，关键是确定喷管出口截面上气流的压力，而背压(喷管出口截面外，即喷管工作环境压力)对喷管出口截面上压力的确定有直接

影响。正常工作条件下,收缩喷管出口截面压力等于背压,气体流速低于当地声速,最低可为临界压力,气流流速达到当地声速;缩放喷管喉部截面为临界截面,压力等于临界压力,速度为临界速度,出口截面压力等于背压,速度大于当地声速。所以,背压对喷管选型及出口截面流速均有重大影响。进行喷管计算时,建议采用式(5-21)、式(5-25)等这类直接从热力学第一定律和质量守恒定律导出的公式,式(5-22)、式(5-26)等在导出过程中施加了理想气体、定比热容、可逆等限制条件,适用范围受到了较大的限制。

对于实际的不可逆流动,先是计算同等压力变化条件下的可逆流动,再通过速度系数等修正得到实际流动的参数,应注意的是在用速度系数修正速度后还要对温度、比体积等进行修正,以满足流动过程的能量守恒和质量守恒。

绝热节流过程的参数变化特征是节流前后工质的压力下降,熵增大,焓不变。理想气体节流后温度不变,实际气体节流温度变化与焦耳-汤姆逊系数及节流压降等有关。必须强调,虽然节流前后焓值不变,但由于节流熵增,造成做功能力损失,使能量品质有所下降。

湿空气是干空气和水蒸气的混合物,湿空气过程的求解,就是求解由水蒸气和干空气的质量守恒方程及过程的能量方程(通常为开口系统稳定流动能量方程)构成的方程组,画出过程的流程示意图并将过程特征标注在 ω-t 图上,对建立质量守恒方程及能量方程和确定有关部位湿空气参数有较大的帮助。湿空气被冷却到露点温度前,处于未饱和状态,过程中比湿度不变,达到露点温度时空气达饱和状态,若继续冷却,将有水蒸气凝结析出,空气继续保持饱和状态但含湿量减小。比湿度相等的湿空气,其水蒸气分压力 p_v 相等,对应的饱和温度也相等,故而具有相同的露点温度。绝热增湿过程近似为等焓过程,所以湿空气焓相等的各状态点的湿球温度也相等。需要注意,每张使用方便的 ω-t 图是基于一定的大气压力绘制的,若用来确定湿空气参数,必须确保湿空气总压力与使用的图一致,更不能简单地在同一张 ω-t 图上分析总压力变化的过程。

思 考 题 5

5-1　飞机在高空飞行时最高可达 $Ma=1.8$,同一架飞机在低空飞行时是否也可达到相同的马赫数?

5-2　试分析喷管出口截面处的工作压力,即背压对选择喷管形状的影响。

5-3　有人提出,因喷管各截面上压力不同,所以据图5-5,各截面上流量也不同。对不对?为什么?

5-4　若气流在喷管中的流动过程有摩擦,式(5-20)是否适用?式(5-22)呢?为什么?

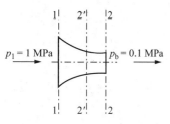

图5-12　思考题5-5附图

$p_1 = 1\,\text{MPa}$　　$p_b = 0.1\,\text{MPa}$

5-5　如图5-12所示,收缩喷管进口截面空气流上压力为 $p_1=1\,\text{MPa}$,背压 $p_b=0.1\,\text{MPa}$。若将喷管沿截面 $2'$—$2'$ 切去一段,出口截面上的压力、流速和喷管流量有什么变化?

5-6　考虑摩擦损耗时,为什么修正出口截面上速度后还要修正温度?

5-7　喷管内流动考虑摩擦损耗时,动能损失是不是流动不可逆㶲损失?为什么?

5-8　节流损失是指什么?有人以为水蒸气绝热节流过程中焓值不变,即 $h_1=h_2$,所以能量没有损失,你怎样看待绝热节流的影响?

5-9　夏天,空调装置工作过程中会排出液态水,为什么? 冬季室内用火炉取暖时总是在炉上放一壶水,为什么?

5-10　描述湿空气等压冷却过程中相对湿度的变化规律。等压加热过程与其是否相同? 为什么?

习　题　5

5-1　已测得喷管某一截面空气的压力为 0.5 MPa,温度为 800 K,流速为 600 m/s,若空气按理想气体定值比热容计,试求滞止温度和滞止压力。

5-2　压力 $p_1=0.3$ MPa,温度 $t_1=24$ ℃ 的空气,经喷管射入压力为 0.1 MPa 的大气中,问应采用何种喷管? 若空气质量流量 $q_m=4$ kg/s,喷管最小截面积应为多少?

5-3　压力 $p_1=2$ MPa,温度 $t_1=500$ ℃ 的蒸汽,经收缩喷管射入压力 $p_b=0.1$ MPa 的空间中,若喷管出口截面积 $A_2=200$ mm²,试确定:(1) 喷管出口截面上蒸汽的温度、比体积、焓;(2) 蒸汽射出速度;(3) 蒸汽的质量流量。

5-4　压力 $p_1=2$ MPa,温度 $t_1=500$ ℃ 的蒸汽,经缩放喷管流入压力 $p_b=0.1$ MPa 的大空间中,若喷管出口截面积 $A_2=200$ mm²,试求:临界速度、出口速度、喷管质量流量及喉部截面积。

5-5　空气进入某缩放喷管时的流速为 300 m/s,压力为 1 MPa,温度为 450 K。(1) 求滞止参数、临界压力和临界流速;(2) 若出口截面的压力为 0.2 MPa,求出口截面流速及温度(空气按理想气体定值比热容计,不考虑摩擦)。

5-6　空气进入渐缩喷管时的初速为 200 m/s,初压为 1 MPa,初温为 500 ℃。求喷管达到最大质量流量时出口截面的流速、压力和温度。

5-7　压力 $p_1=0.4$ MPa 及温度 $t_1=20$ ℃ 的空气,经由出口截面内径为 10 mm 的收缩喷管从容积很大的储气罐流向外界。若外界压力 $p_b=0.1$ MPa,求空气的质量流量及出口截面上空气流的速度。

5-8　空气流经一个渐缩喷管,在喷管某一截面处,压力为 0.5 MPa,温度为 540 ℃,流速为 200 m/s,截面积为 0.005 m²。试求:(1) 该截面处的滞止压力及滞止温度;(2) 该截面处的声速及马赫数;(3) 若喷管出口处的马赫数等于 1,求出口截面积、出口温度、压力及速度。

5-9　压力 $p_1=2$ MPa,温度 $t_1=400$ ℃ 的蒸汽,经节流阀压力降为 $p_{1'}=1.6$ MPa,再经喷管射入压力 $p_b=1.2$ MPa 的大容器中,若喷管出口截面积 $A_2=200$ mm²,求:(1) 节流熵增及㶲损失;(2) 应采用何种喷管? 其出口截面上的流速及喷管质量流量是多少?(3) 将全过程绘示于 $h-s$ 图上。

5-10　压力 $p_1=2.5$ MPa,温度 $t_1=490$ ℃ 的蒸汽,经节流阀后,压力降为 $p_{1'}=1.5$ MPa,然后定熵膨胀到 $p_2=0.04$ MPa。求:(1) 绝热节流前后蒸汽温度改变多少? 熵增大多少?(2) 若节流前膨胀到 $p_2=0.04$ MPa,由于节流,蒸汽输出轴功改变了多少?(3) 由于节流,蒸汽焓和㶲改变了多少(环境介质温度 $t_0=17$ ℃)?

5-11*　水蒸气由初态 $p_1=5$ MPa,$t_1=500$ ℃,节流到压力 $p_2=1$ MPa 后经绝热渐缩喷管射入压力为 600 kPa 的空间,若喷管出口截面积为 3.0 cm²,进入喷管的初速度忽略不计,喷

管的速度系数 $\varphi=0.95$，环境温度 $T_0=290$ K。求：(1) 蒸汽出口流速；(2) 1 kg 蒸汽的动能损失；(3) 1 kg 蒸汽的㶲损失。(过热蒸汽 $\nu_{cr}=0.546$)

5-12　1 kg 氮气由初态 $p_1=0.45$ MPa，$t_1=37$ ℃，经绝热节流压力变化到 $p_2=0.11$ MPa。环境温度 $t_0=17$ ℃。求：节流过程的㶲损失。

5-13　某压气机每小时产出 0.5 MPa 的压缩空气 120 kg，因排气阀的节流效应，送入储气筒的压力为 0.45 MPa。改进设计后送入储气筒的压缩空气压力提高到 0.48 MPa，问改进设计后节流㶲损失降低多少？(空气作为理想气体，比热容取定值，环境温度 $t_0=20$ ℃)

5-14　1.2 MPa、20 ℃的氮气经节流阀后压力降至 0.1 MPa，为了使节流前后速度相等，求节流阀前后的管径比。

5-15　0.75 MPa、150 ℃的水蒸气经节流阀后压力降至 125 kPa，求节流后水蒸气的温度，以及为了使节流前后速度相等，节流阀前后的管径比。

5-16　通过测量节流前后蒸汽的压力及节流后蒸汽的温度可推得节流前蒸汽的干度。现有压力 $p_1=2$ MPa 的湿蒸汽被引入节流式干度计，蒸汽被节流到 $p_2=0.1$ MPa，测得 $t_2=130$ ℃，试确定蒸汽最初的干度 x_1。

5-17　干燥湿物料用的空气在进入加热器时 $t_1=20$ ℃，$\varphi_1=30\%$。在加热器中空气被加热到 $t_2=50$ ℃，然后进入干燥器，从干燥器出来时，温度为 $t_3=35$ ℃，设空气的质量流量为 5 000 kg/h，试求：(1) 使物料蒸发 1 kg 水分需要多少干空气？(2) 每小时蒸发水分多少？(3) 加热器每小时向干燥用空气加入的热量？(4) 蒸发 1 kg 水分所消耗的热量？

5-18　为满足室内对空气温、湿度的要求，将室外 $t_1=34$ ℃，$\varphi_1=80\%$，$p_1=0.1$ MPa 的空气通过空调装置后变成 $t_3=20$ ℃，$\varphi_3=50\%$ 的调节空气，以 $q_{ma}=50$ kg/min 的速率供入室内。试计算：(1) 每分钟从空调装置滴出的水分质量；(2) 冷却介质应带走的热量；(3) 加热器中加入的热量。

5-19*　容积 $V=60$ m³ 的刚性容器内储有饱和水蒸气和 50 ℃的干空气的混合物，容器的真空度为 30 kPa。经过一段时间后，由外界漏入 1 kg 干空气，此时容器中有 0.1 kg 的水蒸气被凝结。设大气压力为 0.1 MPa，试求终态时容器内工质的压力和温度。

5-20　用管子输送压力为 1 MPa，温度为 300 ℃的水蒸气，若管中容许的最大流速为 100 m/s，水蒸气的质量流量为 12 000 kg/h，求管子的最小直径。

5-21　两条输送管送来两种蒸汽进行绝热混合，一条管的蒸汽质量流量为 $q_{m,1}=60$ kg/s，状态 $p_1=0.5$ MPa，$x=0.95$；另一条管蒸汽质量流量 $q_{m,2}=20$ kg/s，状态 $p_2=8$ MPa，$t_2=500$ ℃。如经混合后蒸汽压力为 0.8 MPa，求混合后蒸汽的状态。

第6章 循　环

热能动力装置（简称热机）消耗燃料,输出机械功,或者消耗某种能量,把热量从低温物体传向高温物体。热机所采用的工质及工质经历的热力循环不同,导致各种热机在结构上有很大的差别。如内燃机燃料在气缸内部燃烧,燃烧产物——燃气,可直接作为工质,进行开式循环。蒸汽动力装置燃料在锅炉内燃烧,加热水,使之汽化,成为高温高压蒸汽。燃烧产物排向大气,而蒸汽进行闭式循环。工程热力学并不着眼于热机的结构细节,而是侧重于取出热机中进行循环的工质（闭口系）,分析其过程中参数变化、计算其热效率、分析影响循环热效率的各种因素、指出提高热效率的途径。本章简要讨论活塞式内燃机循环、燃气轮机装置循环、蒸汽动力装置循环、压缩空气制冷循环和压缩蒸气制冷循环,分析这些循环的特性参数对循环经济指标的影响,以期指导对实际热机性能的改善。

6.1　循环分析的一般方法

6.1.1　实际循环的抽象简化

实际的热力循环是多种多样的、不可逆的而且往往非常复杂。为了突出主要因素,需要对实际热力循环进行抽象、简化,用可逆的封闭的理论循环来替代实际循环,进行热力学分析和计算。当然理论循环和实际循环有差别。但是,只要这种抽象、概括和简化建立在科学、合理、接近实际的基础上,那么对理论循环的分析、计算的结果不仅具有理论意义而且对实际循环的改进也具有参考价值。

下面以活塞式柴油机的工作过程为例,讨论如何从实际循环抽象、概括得出理论循环。通过一种示功器的设备记录四冲程柴油机实际循环气缸内压力和容积变化的关系,如图 6-1 所示。开启进气阀,活塞右行吸入大气,由于进气阀的节流作用,进入气缸的气体的压力略低于大气压力,活塞右行到下止点 1,进气阀关闭,如图 6-1 中的过程 0—1。然后活塞左行,进行压缩过程 1—2,因缸壁夹层中有水冷却,所以压缩过程是一个不可逆的、有散热的过程。在活塞左行到上止点之前的 2′点,柴油被高压油泵喷入气缸,此时被压缩的空气的压力可达 3～5 MPa,温度也达到 600～800 ℃,超过了柴油的自燃温度（约335 ℃）。但被喷入的柴油需要经历一个滞燃期才会燃烧,加上现代柴油机的转速较高,因此直到活塞运行到接近上止点 2 柴油才燃烧起来。燃烧过程十分迅猛,压力迅速上升到 5～9 MPa,而在上止点附近活塞移动并不显著,所以过程接近于定容过程,如图中的过程 2—3。活塞到达上止点 3 后,又开始右行,此时燃烧在继续进行,气缸内气体的压力变化很少,所以 3—4 这段过程接近于定压过程。到点 4 时缸内气体的温度可高达 1 700～1 800 ℃。活塞继续右行,气缸内高温高压气体实现膨胀做功过程 4—5,同

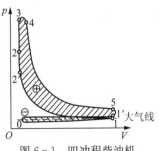

图 6-1　四冲程柴油机
示功图

时向冷却水放热,所以也是一个不可逆、有散热的过程。到点 5 时气体的压力一般降为 0.3~0.5 MPa,温度约为 500 ℃。这时排气阀打开,部分废气排入大气,气缸中压力突然下降,接近于定容降压过程,如图 6-1 中过程 5—1′。随着活塞左行,废气在压力稍高于大气压下被排出气缸进入大气,实现排气过程 1′—0,完成一个循环。这个循环是开式的不可逆循环,循环中工质的成分、质量也在改变。但为了便于从理论上分析,必须忽略一些次要因素,按标准空气假设对实际的循环加以合理的抽象和概括。标准空气假设主要内容:

(1)把燃料燃烧加热燃气的过程简化成工质从高温热源(内)可逆吸热过程,把排气过程简化成向低温热源(内)可逆放热过程。燃烧简化成加热后,不必考虑燃烧耗氧问题,因而可将必须吸入和排出大气的开式循环转化并抽象为闭式循环。

(2)忽略燃气和空气在成分和质量上的细微差别,把循环工质简化为空气,并且作为理想气体处理,比热容取定值。

(3)忽略在膨胀和压缩过程中气体与气缸壁之间的热交换,简化为可逆绝热过程,并忽略实际过程的摩擦阻力及进、排气阀的节流损失,认为进、排气推动功相抵消,即图 6-1 中 0—1 和 1′—0 重合。

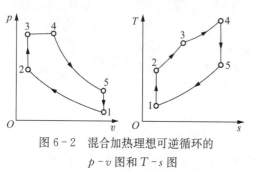

图 6-2　混合加热理想可逆循环的
p-v 图和 T-s 图

通过上述简化,整个循环理想化为以空气为工质的内可逆循环,如图 6-2 所示。其中:1—2 为定熵压缩过程;2—3 为定容加热过程;3—4 为定压加热过程;4—5 为定熵膨胀过程;5—1 为定容放热过程。

标准空气假设也适用于其他以气体为工质的热机循环的抽象和概括。

6.1.2　循环分析的一般步骤

对热力循环分析大致可分为两个步骤:① 把实际问题抽象概括成内部可逆的理论循环,如上述将活塞式内燃机的实际工作过程理想化为以空气为工质的混合加热可逆循环,分析该理论循环,找出影响循环热效率的主要因素及提高该循环效率的可能措施,以指导实际循环的改善。一般地讲,欲提高循环热效率,合理组织循环过程,在现实条件许可的情况下尽可能提高循环中工质平均吸热温度,降低平均放热温度是必经途径。实际循环由于存在各种不可逆因素,其效率较相应的内可逆循环低。② 分析实际循环与理论循环的偏离程度,找出实际损失的部位、大小、原因并提供改进办法。本书侧重于前者。

目前,工程界分析热力循环主要采用以热力学第一定律为基础的"第一定律分析法"。这种方法以能量的数量为立足点,从能量转换的数量关系来评价循环的经济性,以热效率为其指标。前已述及,动力循环的热效率是循环净功与循环吸热量之比

$$\eta_t = \frac{w_{net}}{q_1} = 1 - \frac{q_2}{q_1}$$

无论循环是否可逆,以及工质是何性质,上式均可适用。对于只有两个恒温热源的可逆循环,进一步可有

$$\eta_t = 1 - \frac{T_2}{T_1}$$

对于变温热源的可逆循环,则可用

$$\eta_{t} = 1 - \frac{T_{m,2}}{T_{m,1}} \tag{6-1}$$

式中:$T_{m,1}$、$T_{m,2}$ 分别为高温热源和低温热源的平均放热、吸热温度。值得注意的是,平均温度 $T_{m} = \dfrac{\int_{1}^{2} T \, ds}{\Delta s}$,即平均温度与过程熵变的乘积等于该可逆过程的热量,所以并非算术平均数。

近年来,一种综合热力学第一定律、第二定律作为依据,从能量的数量和质量来分析,以"㶲损失和㶲效率"为其指标的"第二定律分析法"正日益受到重视。两种方法所揭示的不完善部位及损失的大小是不同的。为了全面地反映循环的真实经济性,在分析循环时,不仅要考虑能量的数量,还应考虑能量的质量。这两种方法各有侧重,需要综合考虑。

6.2 活塞式内燃机循环

活塞式内燃机的燃料燃烧、工质膨胀、压缩等过程都是在同一个带有活塞的气缸内进行的,因此其结构比较紧凑。活塞式内燃机按所使用的燃料分为煤气机、汽油机和柴油机;按点火方式分为点燃式和压燃式内燃机;按完成一个循环所需要的冲程又分为四冲程和二冲程的内燃机。点燃式内燃机吸入燃料和空气的混合物,经压缩后,由电火花点燃;而压燃式内燃机吸入的仅仅是空气,经压缩后使空气的温度上升到燃料自燃的温度,再喷入燃料燃烧。煤气机、汽油机一般是点燃式内燃机,而柴油机则是压燃式内燃机。

6.2.1 活塞式内燃机混合加热的理想循环

如图 6-1 所示,柴油机的实际循环理想化后抽象为以空气为工质的混合加热理想可逆循环,又称萨巴德循环,其 $p-v$ 图和 $T-s$ 图如图 6-2 所示。现行的柴油机是在这种循环的基础上设计制造的。表示混合加热循环特征的参数:压缩比 $\varepsilon = \dfrac{v_1}{v_2}$,定容增压比 $\lambda = \dfrac{p_3}{p_2}$,定压预胀比 $\rho = \dfrac{v_4}{v_3}$。

循环中工质从高温热源吸收的热量 q_1 为

$$q_1 = q_{2-3} + q_{3-4} = c_V(T_3 - T_2) + c_p(T_4 - T_3)$$

向低温热源放出的热量 q_2 为

$$q_2 = q_{5-1} = c_V(T_5 - T_1)$$

循环的净热量 q_{net} 为

$$q_{net} = q_1 - q_2 = c_V(T_3 - T_2) + c_p(T_4 - T_3) - c_V(T_5 - T_1)$$

工质在循环中的净功为

$$w_{\text{net}} = q_1 - q_2$$

据循环热效率定义

$$\eta_t = 1 - \frac{q_2}{q_1} = 1 - \frac{c_V(T_5 - T_1)}{c_V(T_3 - T_2) + c_p(T_4 - T_3)} \tag{6-2}$$

$$= 1 - \frac{T_5 - T_1}{(T_3 - T_2) + \kappa(T_4 - T_3)}$$

通常把循环的热效率表示为循环特性参数的函数。因为1—2与4—5是定熵过程,故有

$$p_1 v_1^{\kappa} = p_2 v_2^{\kappa}, \quad p_5 v_5^{\kappa} = p_4 v_4^{\kappa}$$

两式相除,并注意到 $p_4 = p_3$、$v_1 = v_5$、$v_2 = v_3$,得

$$\frac{p_5}{p_1} = \frac{p_4}{p_2} \left(\frac{v_4}{v_2} \right)^{\kappa} = \frac{p_3}{p_2} \left(\frac{v_4}{v_3} \right)^{\kappa} = \lambda \rho^{\kappa}$$

5—1是定容过程,有

$$T_5 = T_1 \frac{p_5}{p_1} = T_1 \lambda \rho^{\kappa}$$

1—2是定熵过程,有

$$T_2 = T_1 \left(\frac{v_1}{v_2} \right)^{\kappa-1} = T_1 \varepsilon^{\kappa-1}$$

2—3是定容过程,有

$$T_3 = T_2 \frac{p_3}{p_2} = T_2 \lambda = T_1 \lambda \varepsilon^{\kappa-1}$$

3—4是定压过程,有

$$T_4 = T_3 \frac{v_4}{v_3} = \rho T_3 = T_1 \lambda \rho \varepsilon^{\kappa-1}$$

把以上各温度代入式(6-2)可得

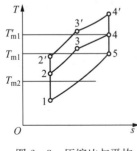

图 6-3 压缩比与平均
吸热温度

$$\eta_t = 1 - \frac{\lambda \rho^{\kappa} - 1}{\varepsilon^{\kappa-1} [(\lambda-1) + \kappa \lambda(\rho-1)]} \tag{6-3}$$

式(6-3)说明:

(1) 混合加热循环的热效率随压缩比 ε 和定容增压比 λ 的增大而提高。这是因为随压缩比 ε 和定容增压比 λ 的增大,循环平均吸热温度提高而循环平均放热温度不变,故热效率提高,如图 6-3 所示。

(2) 混合加热循环的热效率随定压预胀比 ρ 的增大而降低,这

是因为定容线比定压线陡,故加大定压加热份额造成循环平均吸热温度不如循环平均放热温度升高得快,故热效率反而降低。

6.2.2 定压加热理想循环

定压加热的理想循环又称狄塞尔循环,早期低速柴油机就是以这种循环为基础设计的。近年来,有些高增压柴油机及船用高速柴油机,它们的燃烧过程主要在活塞离开上止点后的一段行程中进行,这时燃料燃烧和燃气膨胀同时进行,气缸内压力基本保持不变。这种柴油机的实际循环,经理想化后即是定压加热理想循环,如图 6-4 所示。其中:1—2 是定熵压缩过程,2—3 是定压加热过程,3—4 是定熵膨胀过程,4—1 是定容放热过程。

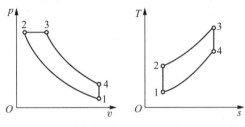

图 6-4 狄塞尔循环的 p-v 图和 T-s 图

定压加热理想循环中,工质吸热 $q_1 = c_p(T_3 - T_2)$,工质放热 $q_2 = c_V(T_4 - T_1)$,故其循环的热效率为

$$\eta_{t} = 1 - \frac{q_2}{q_1} = 1 - \frac{c_V(T_4 - T_1)}{c_p(T_3 - T_2)} = 1 - \frac{T_4 - T_1}{\kappa(T_3 - T_2)} \tag{6-4}$$

由式(6-4)仿照混合加热理想循环也可导出用特性参数表示的热效率计算公式,但是考虑到可以把定压加热理想循环看成混合加热理想循环的特例——没有定容加热过程的混合加热理想循环,故只需要把 $\lambda = 1$ 代入式(6-3),即可得到

$$\eta_{t} = 1 - \frac{\rho^{\kappa} - 1}{\varepsilon^{\kappa-1}\kappa(\rho - 1)} \tag{6-5}$$

式(6-5)说明,定压加热理想循环热效率随压缩比 ε 的增大而提高,随预胀比 ρ 的增大而降低。

实际的柴油机在重负荷时(即 q_1 增大时),循环热效率降低,除 ρ 的影响外,还有绝热指数 κ 的影响,当温度升高时,κ 相应地变小,热效率也会降低。

6.2.3 定容加热理想循环

定容加热理想循环又称奥托循环,基于这种循环而制造的煤气机和汽油机是最早的活塞式内燃机。由于煤气机、汽油机和柴油机的燃料性质不同,机器的构造也不同,其燃烧过程体积接近不变,不再有同时燃烧且膨胀接近于定压的过程,故而在热力学分析中,奥托循环可以看作不存在定压加热过程的混合加热理想循环。图 6-5 是定容加热理想循环的 p-v 图和 T-s 图。其中:1—2 是定熵压缩过程,2—3 是定容加热过程,3—4 是定熵膨胀过程,4—1 是定容放热过程。

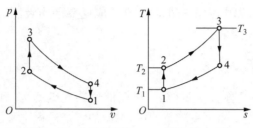

图 6-5 奥托循环的 $p-v$ 图和 $T-s$ 图

循环的热效率为

$$\eta_{\mathrm{t}}=1-\frac{q_2}{q_1}=1-\frac{c_V(T_4-T_1)}{c_V(T_3-T_2)}=1-\frac{T_4-T_1}{T_3-T_2} \tag{6-6}$$

或将 $\rho=1$ 代入式(6-3)即可得到用特性参数表达的热效率计算式为

$$\eta_{\mathrm{t}}=1-\frac{1}{\varepsilon^{\kappa-1}} \tag{6-7}$$

式(6-7)表明：① 定容加热理想循环热效率随着压缩比 ε 的增大而提高；② 随着负荷的增加(表现为 q_1 增大)，因为压缩比不变，循环效率理论上并不变化，但是因循环净功增大，所以输出功率增大。实际上由于压缩比的增大及吸热量的增加，都会使气体加热过程终态温度上升，造成 κ 有所减小，进而使循环热效率稍稍下降。

汽油机里被压缩的是燃料和空气的混合物，要受混合气体自燃温度的限制，不能采用大压缩比，不然混合气就会"爆燃"，使发动机不能正常工作。实际汽油机压缩比大多在 7~12。而柴油机因压缩的仅仅是空气，不存在提高压缩比引起爆燃的问题，所以压缩比较高，一般柴油机压缩比大多在 14~22。柴油机主要用于装备重型机械，如推土机、重型卡车、船舶主机等。汽油机主要应用于轻型设备，如轿车、摩托车、园艺机械、螺旋桨直升机等。

6.2.4 活塞式内燃机理想循环的比较

各种理想循环的热力性能(如循环的热效率)取决于实施循环时的条件，因此在进行各种理想循环的比较时，必须说明比较的条件。一般，比较在初始状态都相等的情况下，再在压缩比、吸热量、最高压力和最高度温度中选择相关参数作为比较条件。在进行分析比较时，应用温熵图最为简便。

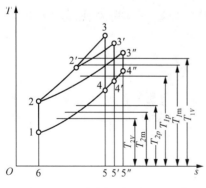

图 6-6 q_1 相同、ε 相同时的比较

1) 具有相同压缩比和吸热量的比较

图 6-6 所示为三种理想循环的 $T-s$ 图。图中：1—2—3—4—1 为定容加热理想循环；1—2—2′—3′—4′—1 为混合加热理想循环；1—2—3″—4″—1 为定压加热理想循环。在所给的条件下，三种循环的等熵压缩线 1—2 重合，同时定容放热过程都在通过点 1 的定容线上。因为工质在加热过程中吸热量 q_1 相同，$q_{1V}=q_{1\mathrm{m}}=q_{1p}$，所以图上存在

$$A_{23562}=A_{22'3'5'62}=A_{23''5''62}$$

式中：A 为各部分围成的面积。

各循环放热量各不相同,存在

$$A_{14\,561} < A_{14'5'61} < A_{14''5''61}$$

即定容加热循环的放热量 q_{2V} 最小,混合加热循环 q_{2m} 次之,定压加热循环的 q_{2p} 最大,即

$$q_{2V} < q_{2m} < q_{2p}$$

根据循环热效率公式 $\eta_t = 1 - \dfrac{q_2}{q_1}$,三种理想循环热效率之间有如下关系

$$\eta_{t,V} > \eta_{t,m} > \eta_{t,p}$$

同样,也可以从循环平均吸热温度和平均放热温度的比较,得出相同的结果,如图 6-6 所示。需说明的是,上述结论是在各循环压缩比相同条件下分析得出的,回避了不同机型可有不同的压缩比的问题,并不完全符合内燃机的实际情况。

2) 具有相同的最高压力和最高温度的比较

这种比较实际上是热力强度和机械强度相同情况下的比较。图 6-7 中：1—2—3—4—1 为定容加热理想循环；1—2'—3'—3—4—1 为混合加热理想循环；1—2''—3—4—1 为定压加热理想循环。在所给的条件下,三种循环的最高压力和最高温度重合点 3,压缩的初始状态都重合在点 1。从 T-s 图上可以看出,三种循环排出的热量 q_2 都相同,数值上等于 $A_{14\,651}$,吸收的热量 q_1 则不同,存在 $A_{2''3\,652''} > A_{2'3'652'} > A_{23\,652}$,即 $q_{1p} > q_{1m} > q_{1V}$,所以循环的热效率

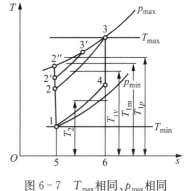

图 6-7　T_{max} 相同、p_{max} 相同时的比较

$$\eta_{t,p} > \eta_{t,m} > \eta_{t,V}$$

此外,也可从循环的平均吸热温度和平均放热温度的比较得出上述结果,如图 6-7 所示。因此在相同的热力强度和机械强度下,定压加热理想循环的热效率最高,混合加热理想循环次之,而定容加热理想循环最低。

读者也可试试其他条件,如对各循环最高压力相同、热负荷 q_1 相同的情况进行比较,培养分析能力。同时,可体会到各种场合的条件各不相同,故需要发展出不同的机器适应各种需求。

【例 6-1】 有一活塞式内燃机进行定压加热理想循环,压缩比 $\varepsilon = 20$,做功冲程的 4% 为定压加热过程。压缩冲程的初始状态为 $p_1 = 100$ kPa, $t_1 = 65$ ℃。求：(1) 循环中每个过程的初始压力和温度；(2) 循环热效率。(工质取空气,其比热容取定值, $\kappa = 1.4$)

【解】 循环的 p-v 图和 T-s 图如图 6-4 所示。由已知条件

$$v_1 = \frac{R_g T_1}{p_1} = \frac{287 \text{ J/(kg · K)} \times (65 + 273.15)\text{K}}{100 \times 10^3 \text{ Pa}} = 0.970 \text{ m}^3/\text{kg}$$

$$v_2 = \frac{v_1}{\varepsilon} = \frac{0.970 \text{ m}^3/\text{kg}}{20} = 0.048\,5 \text{ m}^3/\text{kg}$$

1—2 是定熵过程,有

$$T_2 = T_1 \left[\frac{v_1}{v_2} \right]^{\kappa-1} = 293.15 \text{ K} \times 20^{1.4-1} = 971.63 \text{ K}$$

$$p_2 = p_1 \left[\frac{v_1}{v_2} \right]^{\kappa} = 100 \text{ kPa} \times 20^{1.4} = 6\,628.9 \text{ kPa}$$

已知定压加热过程是做功冲程的 4%，即 $\dfrac{v_3 - v_2}{v_1 - v_2} = 0.04$，故

$$\frac{v_3/v_2 - 1}{v_1/v_2 - 1} = \frac{\rho - 1}{\varepsilon - 1} = 0.04$$

所以 $$\rho = 1 + 0.04(\varepsilon - 1) = 1 + 0.04 \times (20 - 1) = 1.76$$

2—3 是定压过程，故有

$$T_3 = T_2 \left[\frac{v_3}{v_2} \right] = T_2 \rho = 971.63 \text{ K} \times 1.76 = 1\,710.07 \text{ K}$$

$$p_3 = p_2 = 6\,628.9 \text{ kPa}$$

3—4 是定熵过程，有

$$T_4 = T_3 \left[\frac{v_3}{v_4} \right]^{\kappa-1} = T_3 \left[\frac{v_3/v_2}{v_4/v_2} \right]^{\kappa-1} = T_3 \left(\frac{\rho}{\varepsilon} \right)^{\kappa-1} = 1\,710.07 \text{ K} \times \left(\frac{1.76}{20} \right)^{1.4-1} = 646.86 \text{ K}$$

$$p_4 = p_3 \left[\frac{v_3}{v_4} \right]^{\kappa} = p_3 \left[\frac{v_3}{v_1} \right]^{\kappa} = p_3 \left(\frac{\rho}{\varepsilon} \right)^{\kappa} = 6\,628.9 \text{ kPa} \times \left(\frac{1.76}{20} \right)^{1.4} = 220.7 \text{ kPa}$$

依据式(6-5)得循环热效率为

$$\eta_t = 1 - \frac{\rho^{\kappa} - 1}{\varepsilon^{\kappa-1} \kappa (\rho - 1)} = 1 - \frac{1.76^{1.4} - 1}{20^{1.4-1} \times 1.4 \times (1.76 - 1)} = 0.658$$

或 $$\eta_t = 1 - \frac{q_2}{q_1} = 1 - \frac{T_4 - T_1}{\kappa(T_3 - T_2)} = 1 - \frac{(646.86 - 293.15)\text{K}}{1.4 \times (1\,710.07 - 971.63)\text{K}} = 0.658$$

【点评】 本题的关键是定压预胀比 ρ 的求解。据比体积增大的过程膨胀做功，故从循环的 p-v 图可确定 $\dfrac{v_3 - v_2}{v_1 - v_2} = 0.04$，进而求得 ρ。画出循环的 p-v 图和 T-s 图对求解循环问题很有帮助。

6.3 燃气轮机装置循环

6.3.1 燃气轮机装置的定压加热理想循环

燃气轮机动力装置如图 6-8 所示，可简化表示为由压气机、燃烧室和燃气轮机三个基本部分组成，如图 6-9 所示。空气首先进入叶轮式压气机中，压缩到一定压力后送入燃烧室，和

燃油混合燃烧,燃气温度通常可高达 1 800~2 300 K,这时二次冷却空气(约占总空气量的60%~80%)与高温燃气混合,使混合气体降低到适当的温度,而后进入燃气轮机。在燃气轮机中混合气先在由静叶片组成的喷管形通道中膨胀,把热能部分地转变为动能,形成高速气流,然后冲入固定在转子上的动叶片组成的通道,形成推力推动叶片,使转子转动而输出机械功。燃气轮机做出的功除用以带动压气机外,剩余部分(净功量)对外输出。从燃气轮机排出的废气(温度远高于环境)进入大气环境构成实际的放热,完成开放式的循环。

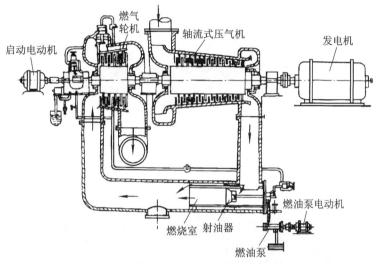

图 6-8 燃气轮机装置示意图

显然,燃气轮机的实际循环是开式不可逆循环,而且在循环中工质的成分、质量都有变化。与活塞式内燃机循环一样,这里也要把实际循环加以理想化,即:

(1)在燃烧室的燃烧过程中,忽略流动压降,并将之视为可逆定压加热过程,把燃气轮机排出废气的过程近似为定压放热过程。

(2)忽略喷入的燃油质量并把工质看作空气,并且作为理想气体处理,比热容取定值。

(3)气体在压气机及燃气轮机内经历可逆绝热压缩和可逆绝热膨胀过程。这样循环就简化成封闭的定压加热的理想循环,又称布雷顿循环,其 p-v 图和 T-s 图如图 6-10 所示。

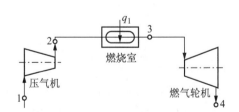

图 6-9 燃气轮机装置流程示意图

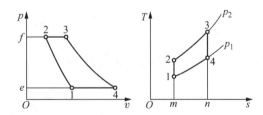

图 6-10 布雷顿循环的 p-v 图和 T-s 图

布雷顿循环的特性参数是循环增压比和循环增温比。循环增压比即循环最高压力与最低压力之比,用 π 表示;循环增温比是循环最高温度与最低温度之比,用 τ 表示。

$$\pi = \frac{p_2}{p_1}; \quad \tau = \frac{T_3}{T_1} \tag{6-8}$$

布雷顿循环的吸热和放热过程都简化为理想气体的定压过程,故

$$q_1 = c_p(T_3 - T_2), \quad q_2 = c_p(T_4 - T_1)$$

代入热效率公式,得

$$\eta_t = 1 - \frac{q_2}{q_1} = 1 - \frac{T_4 - T_1}{T_3 - T_2} \tag{6-9}$$

考虑到 1—2 和 3—4 都是定熵过程,并注意到 $p_1 = p_4$、$p_2 = p_3$、$\dfrac{T_2}{T_1} = \left(\dfrac{p_2}{p_1}\right)^{\frac{\kappa-1}{\kappa}} = \pi^{\frac{\kappa-1}{\kappa}}$,从上式可导出

$$\eta_t = 1 - \frac{T_1}{T_2} \tag{6-10}$$

式中:T_1、T_2 为压缩起始和终末的温度。引入循环增压比 π,可得

$$\eta_t = 1 - \frac{1}{\pi^{\frac{\kappa-1}{\kappa}}} \tag{6-11}$$

上式表明:布雷顿循环的热效率取决于循环增压比 π,随 π 的增大热效率提高,而与循环增温比 τ 无关。

对于动力循环不仅要关心热效率的高低,而且也要注意单位质量的工质在循环中输出的净功大小。

在布雷顿循环中,当循环增温比 τ 一定时,随着循环增压比 π 的提高,单位质量的工质在循环中输出的净功 w_{net} 并不是越来越大,而是存在一个最佳增压比,使循环的净功输出为最大。可以导出最佳增压比为

$$\pi_{opt} = \tau^{\frac{\kappa}{2(\kappa-1)}} = \left(\frac{T_3}{T_1}\right)^{\frac{\kappa}{2(\kappa-1)}} \tag{6-12}$$

此时,最大的循环净功为

$$w_{net} = c_p T_1 (\sqrt{\tau} - 1)^2 \tag{6-13}$$

6.3.2　燃气轮机装置的实际循环

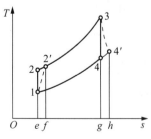

图 6-11　燃气轮机装置
实际循环

燃气轮机装置实际循环的各个过程都存在着不可逆因素,这里主要考虑压缩过程和膨胀过程存在的不可逆性。因为流经叶轮式压气机和燃气轮机的工质通常在很高的流速下实现能量之间的转换,这时流体之间、流体与流道之间的摩擦不能再忽略不计。因此,尽管工质流经压气机和燃气轮机时向外散热可忽略不计,但其压缩过程和膨胀过程都属于不可逆的绝热过程,有熵产生。如图 6-11 所示:在压气机出口处工质状态为 2′,与理想的等熵压缩出口状态 2 相比,温度提高、熵增大;在燃气轮机出口,

工质实际状态 4′ 与理想过程状态 4 相比，熵也增加了。这些都是过程的不可逆性造成的。为了描述这些不可逆因素的影响，引入压气机的绝热效率 $\eta_{c,s}$ 和燃气轮机的相对内效率 η_T。

前已述及，压气机的绝热效率 $\eta_{c,s}$ 是压气机理论耗功量与实际耗功量之比[式(4-27)]，即

$$\eta_{c,s} = \frac{h_2 - h_1}{h_{2'} - h_1}$$

燃气轮机的相对内效率 η_T 是燃气轮机实际做功量 $(h_3 - h_{4'})$ 和理论做功量 $(h_3 - h_4)$ 之比，即

$$\eta_T = \frac{h_3 - h_{4'}}{h_3 - h_4} \tag{6-14}$$

由式(4-27)和式(6-14)可以得到 $h_{2'}$ 和 $h_{4'}$ 的计算式

$$h_{2'} = h_1 + \frac{h_2 - h_1}{\eta_{c,s}} \tag{6-15}$$

$$h_{4'} = h_3 - \eta_T(h_3 - h_4) \tag{6-16}$$

对于理想气体并取定值比热容，上式可写作

$$T_{2'} = T_1 + \frac{T_2 - T_1}{\eta_{c,s}} \tag{6-17}$$

$$T_{4'} = T_3 - \eta_T(T_3 - T_4) \tag{6-18}$$

实际循环的吸热量 $q_{1,act}$ 为

$$q_{1,act} = h_3 - h_{2'} = h_3 - \left[h_1 + \frac{h_2 - h_1}{\eta_{c,s}} \right]$$

实际循环做出的净功量为

$$w_{net,act} = (h_3 - h_{4'}) - (h_{2'} - h_1) = \eta_T(h_3 - h_4) - \frac{h_2 - h_1}{\eta_{c,s}}$$

实际循环的热效率——循环的内部热效率 η_i 为

$$\eta_i = \frac{w_{net}}{q_1} = \frac{\eta_T(h_3 - h_4) - \dfrac{h_2 - h_1}{\eta_{c,s}}}{h_3 - h_1 - \dfrac{h_2 - h_1}{\eta_{c,s}}} \tag{6-19}$$

比热容取定值，则

$$\eta_i = \frac{\eta_T(T_3 - T_4) - \dfrac{T_2 - T_1}{\eta_{c,s}}}{T_3 - T_1 - \dfrac{T_2 - T_1}{\eta_{c,s}}} \tag{6-20}$$

注意到

$$\frac{T_2}{T_1} = \frac{T_3}{T_4} = \pi^{\frac{\kappa-1}{\kappa}}, \ \tau = \frac{T_3}{T_1}$$

式(6-20)经整理可得

$$\eta_i = \frac{\dfrac{\tau}{\pi^{\frac{\kappa-1}{\kappa}}}\eta_T - \dfrac{1}{\eta_{c,s}}}{\dfrac{\tau}{\pi^{\frac{\kappa-1}{\kappa}} - 1} - \dfrac{1}{\eta_{c,s}}} \qquad (6-21)$$

分析式(6-21)可以得出如下结论:

(1) 循环增温比越大,实际循环的热效率越高。

(2) 加大循环增压比(保持循环增温比一定),热效率先提高,到达某个最大值后又开始下降。

(3) 压气机的绝热效率 $\eta_{c,s}$ 和燃气轮机的相对内效率 η_T 越高,即压气机中压缩过程和燃气轮机中膨胀过程的不可逆损失越小,热效率越高。

$\eta_{c,s}$ 和 η_T 主要取决于压气机和燃气轮机的扩压管、喷管及动叶片之间的气流通道的设计完善程度和加工工艺精度,也和空气动力学的发展密切相关。目前,$\eta_{c,s}$ 为 $0.87 \sim 0.90$,η_T 为 $0.87 \sim 0.92$。而增温比的加大,意味着要提高 T_3,T_3 与冶金工业和材料科学及传热学的发展密切相关。目前,采用高温合金及气膜冷却等措施,T_3 已达 $1\,200 \sim 1\,800$ K,还在研究用特种陶瓷材料制造叶片,以求达到更高的温度。从循环特性参数方面说,提高 T_3 是提高循环热效率的主要方向,如图 6-12 所示。

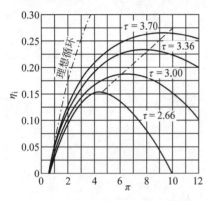

图 6-12　燃气轮机装置内部热效率

从热力学角度探讨提高定压加热理想循环的热效率,除上述讨论的通过改变循环特性参数的方法外,还可以从改进循环着手,如采用回热、在回热基础上采用分级压缩中间冷却和在回热基础上采用分级膨胀中间再热等方法。

【例 6-2】　一燃气轮机装置循环,其气体进入压气机时参数为 $p_1 = 100$ kPa, $t_1 = 22\ ℃$,在压气机内气体压力提高到 $p_2 = 600$ kPa,燃气轮机的入口温度 $t_3 = 800\ ℃$。压气机绝热效率为 $\eta_{c,s} = 0.9$,燃气轮机相对内效率为 $\eta_T = 0.85$。求:(1) 压气机消耗的功和燃气轮机做出的功;(2) 压缩过程和膨胀过程的熵产和㶲损失;(3) 循环热效率。工质可视为理想气体,比热容取定值,$c_p = 1.03$ kJ/(kg·K),$\kappa = 1.4$。环境温度 $t_0 = 22\ ℃$。

【解】　循环 T-s 图如图 6-11 所示。先求 T_2 和 T_4,据题意,$\pi = \dfrac{p_2}{p_1} = \dfrac{600\ \text{kPa}}{100\ \text{kPa}} = 6$。

$$T_2 = T_1 \left(\frac{p_2}{p_1}\right)^{\frac{\kappa-1}{\kappa}} = T_1 \pi^{\frac{\kappa-1}{\kappa}} = (273+22)\text{K} \times 6^{\frac{1.4-1}{1.4}} = 492.2\ \text{K}$$

$$T_4 = T_3 \left(\frac{p_4}{p_3}\right)^{\frac{\kappa-1}{\kappa}} = T_3 \left(\frac{1}{\pi}\right)^{\frac{\kappa-1}{\kappa}} = (273+800)\text{K} \times \left(\frac{1}{6}\right)^{\frac{1.4-1}{1.4}} = 643.1\ \text{K}$$

由式(6 - 17)、式(6 - 18)得

$$T_{2'} = T_1 + \frac{T_2 - T_1}{\eta_{c,s}} = 295\text{ K} + \frac{(492.2 - 295)\text{K}}{0.9} = 514.1\text{ K}$$

$$T_{4'} = T_3 - \eta_T(T_3 - T_4) = 1\,073\text{ K} - 0.85 \times (1\,073 - 643.1)\text{K} = 707.6\text{ K}$$

(1) 压气机和燃气轮机功

$$w_{C'} = (h_{2'} - h_1) = c_p(T_{2'} - T_1) = 1.03\text{ kJ/(kg}\cdot\text{K)} \times (514.1 - 295)\text{K}$$
$$= 225.7\text{ kJ/(kg}\cdot\text{K)}$$

$$w_{T'} = (h_3 - h_{4'}) = c_p(T_3 - T_{4'}) = 1.03\text{ kJ/(kg}\cdot\text{K)} \times (1\,073 - 707.6)\text{K}$$
$$= 376.4\text{ kJ/(kg}\cdot\text{K)}$$

(2) 压缩过程和膨胀过程的熵产

$$\Delta s_{1-2'} = \Delta s_{1-2} + \Delta s_{2-2'} = c_p \ln\frac{T_{2'}}{T_2} = 1.03\text{ kJ/(kg}\cdot\text{K)} \times \ln\frac{514.1\text{ K}}{492.2\text{ K}}$$
$$= 0.044\,8\text{ kJ/(kg}\cdot\text{K)}$$

$$\Delta s_{3-4'} = \Delta s_{3-4} + \Delta s_{4-4'} = c_p \ln\frac{T_{4'}}{T_4} = 1.03\text{ kJ/(kg}\cdot\text{K)} \times \ln\frac{707.6\text{ K}}{643.1\text{ K}}$$
$$= 0.098\,4\text{ kJ/(kg}\cdot\text{K)}$$

由于绝热，$\Delta s = s_g$，故压缩过程和膨胀过程的㶲损失分别为

$$I_c = T_0 s_{g,c} = T_0\,\Delta s_{1-2'} = 295\text{ K} \times 0.044\,8\text{ kJ/(kg}\cdot\text{K)} = 13.22\text{ kJ/kg}$$

$$I_T = T_0 s_{g,T} = T_0\,\Delta s_{3-4'} = 295\text{ K} \times 0.098\,4\text{ kJ/(kg}\cdot\text{K)} = 29.03\text{ kJ/kg}$$

(3) 循环实际吸热量和净功量

$$q_{1,\text{act}} = h_3 - h_{2'} = c_p(T_3 - T_{2'})$$
$$w_{\text{net,act}} = (h_3 - h_{4'}) - (h_{2'} - h_1) = c_p(T_3 - T_{4'}) - c_p(T_{2'} - T_1)$$

循环热效率

$$\eta_t = \frac{c_p(T_3 - T_{4'}) - c_p(T_{2'} - T_1)}{c_p(T_3 - T_{2'})} = \frac{(1\,073 - 707.6 - 514.1 + 295)\text{K}}{(1\,073 - 514.1)\text{K}} = 0.262$$

【点评】 本例中，燃气轮机动力装置压气机耗功与汽轮机做出功的比为 0.6，即便如此，燃气轮机动力装置仍有极高的功率重量比，加之装置能在很短的时间内达到满负荷，所以燃气轮机动力装置在飞机、舰船、电网调峰及应急等领域得到广泛应用。

6.4 基本蒸汽动力装置循环——朗肯循环

6.4.1 朗肯循环简述

工业上最早广泛使用的动力机是以水蒸气为工质的。在蒸汽动力装置中，水时而处于液

态,时而处于气态,在锅炉中液态水汽化产生水蒸气,经汽轮机膨胀做功后,进入冷凝器又凝结成水再经水泵升压后返回锅炉,而且在汽化和凝结时可维持定温,因而蒸汽动力装置循环不同于气体动力循环。此外,水和水蒸气不能助燃,只能从外热源吸收热量,所以蒸汽循环必须配

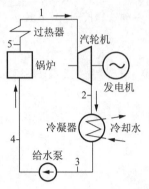

图 6-13　朗肯循环流程示意图

备锅炉,因此装置设备也不同于气体动力循环。由于燃烧产物不参与循环,故而蒸汽动力装置可利用各种燃料,如煤、渣油,甚至可燃垃圾。蒸汽动力装置包括四部分主要设备,即锅炉、汽轮机、冷凝器及水泵,其系统简图如图 6-13 所示。

水在锅炉中预热、汽化并在过热器中变成过热蒸汽,过程中压力近似为定值。过热蒸汽(即所谓的新蒸汽)通过保温管道进入汽轮机膨胀做功,因为大量蒸汽很快流过汽轮机,单位质量蒸汽散失到外界的热量相对来说很少,因此认为过程绝热。从汽轮机排出的蒸汽(称乏汽),一般是干度为 x_2 的湿饱和蒸汽,进入冷凝器在接近定压的条件下向冷却水放出热量,凝结为水。凝结水(通常为饱和水)经过给水泵,

提高压力后再进入锅炉。水在水泵中被压缩时向外散失的热量极少,可以认为过程是绝热的。在初步分析中先忽略工质在汽轮机和给水泵中的摩擦,并在锅炉和冷凝器的传热过程引进内可逆概念就可将各过程抽象为如图 6-14 所示的可逆定压吸热过程 4—1、可逆绝热膨胀过程 1—2、可逆定压放热过程 2—3 和可逆绝热压缩过程 3—4。经过上述 4 个过程后,工质回到了原状态,完成一个循环。这样一个由两个定压过程和两个绝热过程组成的最简单的蒸汽动力循环,称为朗肯循环,它是复杂蒸汽循环的基础。

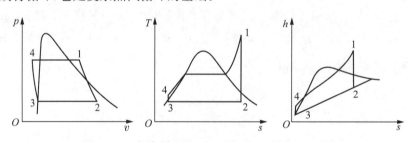

图 6-14　朗肯循环的 $p\text{-}v$ 图、$T\text{-}s$ 图和 $h\text{-}s$ 图

6.4.2　朗肯循环的热效率

如上所述,水的预热、汽化过程为定压过程,所以过程中 1 kg 水蒸气吸收的热量为

$$q_1 = h_1 - h_4$$

在蒸汽轮机中的过程是绝热的,水蒸气在蒸汽轮机内所做的技术功为

$$w_T = h_1 - h_2$$

乏汽在冷凝器中的过程也为定压过程,所以过程中 1 kg 水蒸气放出的热量为

$$q_2 = h_2 - h_3$$

水泵在对水绝热升压过程中所消耗的功为

$$w_P = h_4 - h_3$$

完成一循环后,1 kg 工质做净功为

$$w_{net} = w_T - w_P = (h_1 - h_2) - (h_4 - h_3) = (h_1 - h_4) - (h_2 - h_3) = q_1 - q_2 = q_{net}$$

所以,循环热效率

$$\eta_t = \frac{w_{net}}{q_1} = 1 - \frac{q_2}{q_1} = 1 - \frac{h_2 - h_3}{h_1 - h_4} \tag{6-22}$$

通常,水泵所消耗的功只占蒸汽轮机所做功的很少一部分,若忽略水泵功,则

$$w_{net} = w_T - w_P \approx h_1 - h_2$$

所以,不计水泵功,循环热效率为

$$\eta_t = \frac{w_{net}}{q_1} = \frac{h_1 - h_2}{h_1 - h_3} \tag{6-23}$$

根据热力学饱和水的参数用相应参数加"′"表示的习惯,式(6-23)可表示为

$$\eta_t = \frac{w_{net}}{q_1} = \frac{h_1 - h_2}{h_1 - h_{2'}} \tag{6-24}$$

式中:$h_{2'}$ 为冷凝器压力 p_2 下饱和水的焓。

蒸汽动力装置输出单位量的功(J)所消耗的蒸汽量定义为汽耗率,用 d(kg/J)表示

$$d = \frac{1}{w_{net}} \tag{6-25}$$

在功率一定的条件下,汽耗率的大小反映了设备尺寸的大小,汽耗率大,同样功率的机组尺寸要大一些,设备投资就要高些,因此,汽耗率是蒸汽动力装置的经济性指标之一。

6.4.3 蒸汽参数对循环热效率的影响

下面分析由于蒸汽参数不同对朗肯循环热效率的影响,以寻求提高热效率的途径。

1) 蒸汽初压力的影响

如图 6-15 所示,维持蒸汽初温 T_1 和终压 p_2 不变,将 p_1 提高到 $p_{1'}$,比较两个朗肯循环 1—2—3—4—1 和 1′—2′—3—4′—1′。两个循环的平均放热温度 T_{m2} 相等,等于终压 p_2 对应的饱和温度,但循环 1′—2′—3—4′—1′ 的平均吸热温度 $T_{m1'}$ 比循环 1—2—3—4—1 的平均吸热温度 T_{m1} 高,因此初压较高的循环 1′—2′—3—4′—1′ 的热效率较高。在不同初温度下提高初压的理论计算结果示于图 6-16。

单纯提高初压力,虽可使热效率提高,但同时也会造成汽轮机出口蒸汽干度下降,蒸汽干度过低将危及汽轮机的安全运行,工程上要求乏汽干度不低于 85 %～88 %。

2) 蒸汽初温的影响

用上述类似的方法可分析蒸汽初温的影响。如图 6-17 所示,维持蒸汽初压 p_1 和乏汽终压 p_2 不变,而将 T_1 提高到 $T_{1'}$,则平均吸热温度提高,但平均放热温度不变,因此提高了热效率。图 6-16 的曲线明显指出,提高初温可提高循环热效率。

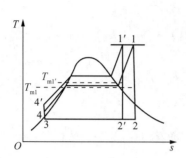

图 6 - 15   初压对朗肯循环的影响

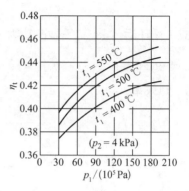

图 6 - 16   初压、初温对朗肯循环的影响

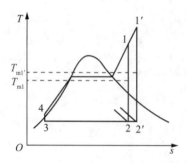

图 6 - 17   初温对朗肯循环的影响

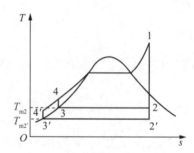

图 6 - 18   终压对朗肯循环的影响

蒸汽初温提高还可以使乏汽的干度增大,对汽轮机的安全工作有利。此外,蒸汽初温的提高也使单位质量工质的循环净功增大,因此,汽耗率降低,对整个装置的经济性有利。目前,由于金属材料耐热性能的限制,最高初温为 620 ℃左右。

3) 乏汽参数的影响

维持蒸汽初参数 p_1、T_1 不变,降低乏汽压力 p_1,如图 6 - 18 所示,则平均吸热温度仅稍有下降,而平均放热温度却明显下降,因此热效率将提高。但是乏汽压力 p_2 的选择取决于冷凝器内冷却流体的温度,一般冷却流体是自然界中的水。因此,降低 p_2 受限于环境介质的温度。目前,我国大型蒸汽动力装置的设备中采用的 p_2 为 6 kPa 左右,其对应的饱和温度在 36 ℃左右,它比天然水体的温度仅略高,所以降低 p_2 已没有多少潜力。

综上所述,提高蒸汽的初参数 p_1、T_1,可以提高循环的热效率,因而,现代蒸汽动力装置朝着高参数的方向发展,但提高初参数目前还受到材料性能的限制;降低乏汽压力可以提高热效率,但降低乏汽压力受环境温度的制约。运行中保持冷凝器中良好的真空状态,对保持装置高效率有重要意义。

提高蒸汽动力循环热效率的方法,除提高初温、初压及降低终压外,还可以从减少循环的不可逆性和改进循环着手,如采用抽汽回热循环、再热循环等,读者可参阅有关的书籍。

6.4.4   有摩擦阻力的实际循环

以上讨论的是理想的可逆循环。实际上蒸汽在动力装置中的全部过程都是不可逆过程,尤其是蒸汽经过蒸汽轮机的绝热膨胀与理想可逆过程的差别较为显著。以下讨论仅考虑到汽轮机中有摩擦阻力的实际循环。

考虑到汽轮机中的不可逆损失,理想循环中的可逆绝热过程 1—2 用不可逆绝热过程 1—2_{act} 代替。这样在循环中 q_1 不变,而 q_2 增大了 $S_{822_{act}78}$,如图 6-19 所示。

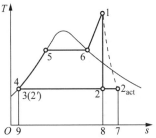

图 6-19　汽轮机不可逆
膨胀循环

和燃气轮机一样,蒸汽轮机内蒸汽实际做功 $w_{T, act}$ 与理论功 w_T 的比值称为汽轮机的相对内效率,简称汽轮机效率,以 η_T 表示

$$\eta_T = \frac{w_{T, act}}{w_T} = \frac{h_1 - h_{2act}}{h_1 - h_2} \qquad (6-26)$$

故

$$h_{2act} = h_2 + (1 - \eta_T)(h_1 - h_2) = h_2 + (1 - \eta_T)h_0 \qquad (6-27)$$

式中:$h_0 = h_1 - h_2$ 为理想绝热焓降。汽轮机相对内效率 η_T 由生产厂据大量试验结果提供,近代大功率汽轮机的 η_T 通常为 $0.85 \sim 0.92$。

如忽略水泵功,循环净功为

$$w_{net, act} \approx w_{T, act} = h_1 - h_{2act}$$

循环内部热效率——蒸汽在实际循环中所做的循环净功与循环中热源所供给的热量的比值为

$$\eta_i = \frac{w_{net, act}}{q_1} = \frac{h_1 - h_{2act}}{h_1 - h_2'} = \frac{\eta_T(h_1 - h_2)}{h_1 - h_2'} = \eta_T \eta_t \qquad (6-28)$$

以实际内部功率为基准的内部功汽耗率为

$$d_i = \frac{1}{h_1 - h_{2act}} = \frac{1}{\eta_T(h_1 - h_2)} = \frac{d_0}{\eta_T} \qquad (6-29)$$

式中:$d_0 = \dfrac{1}{h_1 - h_2}$ 为理论汽耗率,kg/J。

【例 6-3】　在朗肯循环中,蒸汽进入汽轮机的初压力 $p_1 = 13.5\,\text{MPa}$、初温度 $t_1 = 550\,℃$,乏汽压力为 $0.004\,\text{MPa}$,求循环净功、加热量、放热量、循环热效率及汽耗率。

【解】　循环 $T\text{-}s$ 图见图 6-14。由已知条件查水及水蒸气热力性质图、表得各状态点的参数:$h_1 = 3\,464.5\,\text{kJ/kg}$,$s_1 = 6.585\,1\,\text{kJ/(kg·K)}$;$s_2 = s_1$,$h_2 = 1\,982.4\,\text{kJ/kg}$,$x_2 = 0.765$;$h_3 = h_{2'} = 121.41\,\text{kJ/kg}$,$s_3 = s_{2'} = 0.422\,4\,\text{kJ/(kg·K)}$;$s_4 = s_3$,$h_4 = 134.93\,\text{kJ/kg}$。

汽轮机做功

$$w_T = h_1 - h_2 = 3\,464.5\,\text{kJ/kg} - 1\,982.4\,\text{kJ/kg} = 1\,482.1\,\text{kJ/kg}$$

水泵消耗的功

$$w_P = h_4 - h_3 = 134.93\,\text{kJ/kg} - 121.41\,\text{kJ/kg} = 13.52\,\text{kJ/kg}$$

工质吸热量

$$q_1 = h_1 - h_4 = 3\,464.5\ \text{kJ/kg} - 134.93\ \text{kJ/kg} = 3\,329.57\ \text{kJ/kg}$$

工质放热量

$$q_2 = h_2 - h_3 = 1\,982.4\ \text{kJ/kg} - 121.41\ \text{kJ/kg} = 1\,860.99\ \text{kJ/kg}$$

循环净功

$$w_{\text{net}} = w_{\text{T}} - w_{\text{P}} = 1\,482.1\ \text{kJ/kg} - 13.52\ \text{kJ/kg} = 1\,468.58\ \text{kJ/kg}$$

循环的热效率

$$\eta_{\text{t}} = \frac{w_{\text{net}}}{q_1} = \frac{1\,482.1\ \text{kJ/kg} - 13.52\ \text{kJ/kg}}{3\,329.57\ \text{kJ/kg}} = 0.441$$

汽耗率

$$d = \frac{1}{w_{\text{net}}} = \frac{1}{1.468\,58 \times 10^6\ \text{J/kg}} = 6.81 \times 10^{-7}\ \text{kg/J}$$

【点评】　本例中,水泵消耗的功仅占汽轮机做功的 0.9%,所以在一般的估算中,忽略泵功不致造成很大的误差。

【例 6-4】　上例中若蒸汽在汽轮机内不可逆膨胀(见图 6-19),熵产 $s_{\text{g}} = 0.680\ \text{kJ/}$ $(\text{kg}\cdot\text{K})$,求循环净功、放热量、循环热效率、汽耗率和膨胀过程中 1 kg 蒸汽的㶲损失(环境温度 $T_0 = 300\ \text{K}$)。

【解】　据上题 $h_1 = 3\,464.5\ \text{kJ/kg}$, $s_1 = 6.585\,1\ \text{kJ/(kg}\cdot\text{K)}$, $h_{2'} = 121.41\ \text{kJ/kg}$, $s_{2'} = 0.422\,4\ \text{kJ/(kg}\cdot\text{K)}$,进一步由 p_2 查得: $s_{2''} = 8.472\,5\ \text{kJ/(kg}\cdot\text{K)}$, $h_{2''} = 2\,553.45\ \text{kJ/kg}$。

蒸汽轮机内蒸汽绝热膨胀,熵流为零,所以据熵方程 $\Delta s = s_{\text{f}} + s_{\text{g}} = s_{\text{g}}$ 有

$$s_{2,\,\text{act}} = s_1 + s_{\text{g}} = (6.585\,1 + 0.680)\text{kJ/(kg}\cdot\text{K)} = 7.265\,1\ \text{kJ/(kg}\cdot\text{K)}$$

乏汽干度

$$x_{2,\,\text{act}} = \frac{s - s'}{s'' - s'} = \frac{7.265\,1\ \text{kJ/(kg}\cdot\text{K)} - 0.422\,4\ \text{kJ/(kg}\cdot\text{K)}}{8.472\,5\ \text{kJ/(kg}\cdot\text{K)} - 0.422\,4\ \text{kJ/(kg}\cdot\text{K)}} = 0.85$$

乏汽比焓

$$\begin{aligned} h_{2,\,\text{act}} &= x_{2,\,\text{act}} h'' + (1 - x_{2,\text{act}}) h' \\ &= 0.85 \times (2\,553.45 - 121.41)\text{kJ/kg} + (1 - 0.81) \times 121.41\ \text{kJ/kg} \\ &= 2\,085.45\ \text{kJ/kg} \end{aligned}$$

汽轮机做功

$$w_{\text{T},\,\text{act}} = h_1 - h_{2_{\text{act}}} = 3\,464.5\ \text{kJ/kg} - 2\,085.45\ \text{kJ/kg} = 1\,379.05\ \text{kJ/kg}$$

循环净功

$$w_{\text{net},\,\text{act}} = w_{\text{T},\,\text{act}} - w_{\text{P}} = 1\,379.05\ \text{kJ/kg} - 13.52\ \text{kJ/kg} = 1\,365.53\ \text{kJ/kg}$$

循环放热量

$$q_2 = h_{2_{act}} - h_3 = 2\,085.45 \text{ kJ/kg} - 121.41 \text{ kJ/kg} = 1\,964.04 \text{ kJ/kg}$$

循环的热效率

$$\eta_t = \frac{w_{\text{net, act}}}{q_1} = \frac{1\,365.53 \text{ kJ/kg}}{3\,329.57 \text{ kJ/kg}} = 0.410$$

汽耗率

$$d = \frac{1}{w_{\text{net, act}}} = \frac{1}{1.365\,3 \times 10^6 \text{ J/kg}} = 7.32 \times 10^{-7} \text{ kg/J}$$

蒸汽不可逆膨胀㶲损失

$$i = T_0 s_g = 300 \text{ K} \times 0.680 \text{ kJ/(kg · K)} = 204 \text{ kJ/kg}$$

【点评】 与例 6-3 比较,由于摩擦阻力使部分机械能耗散为热能,循环的放热量上升,循环热效率下降,装置的汽耗率提高,降低了装置运行的经济性,所以如卡诺定理所指出的关键点——组织循环使之尽可能接近可逆,是提高循环热效率的重要举措。

6.5 制冷循环

6.5.1 逆向循环

制冷循环是一种逆向循环,逆向循环的目的在于把低温物体的热量转移到高温物体。根据热力学第二定律,要使热量从低温物体传到高温物体,必须花费一定的代价,即提供机械能或热能,以使孤立系统的总熵增大。如果循环的目的是从低温物体(如冰箱的冷冻室)吸收热量,以维持物体的低温,称之为制冷循环。如果循环的目的是给高温物体提供热量,以维持高温物体的温度,称之为热泵循环。两种循环的目的不同,但其热力学原理相同,制冷循环的经济性指标是制冷系数,而热泵循环的经济性指标是供暖系数,工程上也用性能系数 COP 表示。其实质都是得到的收益与耗费的代价之比值。制冷工业上还用制冷量的"冷吨"作为指标。1 冷吨表示 1 吨、0 ℃的饱和水在 24 h 内冷冻为 0 ℃的冰所需要的制冷量。1 冷吨的制冷量可换算为 3.86 kJ/s。

相同温限之间的逆向循环,其经济性指标最高的是卡诺逆循环。第 1 章已得出如果以 T_1 和 T_2 分别表示高温热源和低温热源的温度,以 T_0 表示环境温度,逆向卡诺循环的制冷系数 ε_c(或制冷装置的工作性能系数 $\text{COP}_{R,c}$)为

$$\varepsilon_c = \frac{q_2}{w_{\text{net}}} = \frac{T_2}{T_0 - T_2} \tag{6-30}$$

从式(6-30)可见,T_0 和 T_2 的温差越大,完成同样的制冷量需要提供的功越大。因此,在实际工作中不应该在冷库中维持超过必要的低温,同时应注意机组的通风散热,不要使局部环境温度升高,加大 T_2 和 T_0 的温差。

逆向卡诺循环的供暖系数 ε'_H(或称热泵的工作性能系数 $\text{COP}_{H,c}$)为

$$\varepsilon'_{H} = \frac{q_1}{w_{net}} = \frac{T_1}{T_1 - T_0}$$

从上式可知,供暖系数总是大于1的。

6.5.2 压缩蒸气制冷循环

1) 压缩蒸气制冷循环

从20世纪三四十年代起,压缩蒸气制冷循环因其优越的热工性能和经济性几乎占领了整个制冷市场。利用在两相区内定压汽化及冷凝过程中工质的温度维持定值这一特性,压缩蒸气制冷循环可以实现逆向卡诺循环,如图6-20中循环1′—3—4—7—1′所示。但是由于1′是湿蒸气状态,压缩湿蒸气容易造成液滴的猛烈冲击,以致损伤压缩机。同时,在4—7的膨胀过程中,因能得到的膨胀功极小,而增加一台膨胀机,既增加了系统的投资,又降低了系统工作的可靠性。因此,为了简化装置及考虑运行的可靠性等实际原因,压缩蒸气制冷循环的设备示意图几乎毫无例外地如图6-21所示。其主要设备有压缩机、冷凝器、节流阀和蒸发器。工作过程为:从冷库出来的工质状态为1,其压力为p_1,干度接近1,进入压缩机进行绝热压缩过程1—2,由压缩机排出p_2、T_2的过热蒸气;进入冷凝器,向环境介质定压放热(过程2—3—4)至饱和液态4,再经节流阀做绝热节流,降温、降压至湿饱和蒸气状态5,最后进入冷库中的蒸发器,实现定压蒸发吸热过程5—1,回到状态1,完成循环1—2—3—4—5—1。经抽象简化后的循环示意图如图6-20所示。循环中节流过程是不可逆的,故过程4—5在图上只能用虚线示意,图上面积123451也不再表示循环的耗功量。

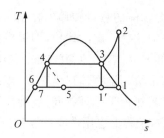

图6-20 压缩蒸气制冷循环的T-s图

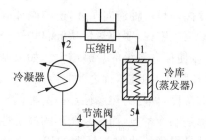

图6-21 压缩蒸气制冷循环流程示意图

因为循环工质在蒸发器中的吸热过程为定压过程,故吸热量为

$$q_2 = h_1 - h_5$$

过程4—5是绝热节流,$h_5 = h_4$,所以有

$$q_2 = h_1 - h_4$$

工质在冷凝器中的定压放热量为

$$q_1 = h_2 - h_4$$

所以循环的制冷系数为

$$\varepsilon = \frac{q_2}{w_{net}} = \frac{q_2}{q_1 - q_2} = \frac{h_1 - h_4}{h_2 - h_4} \tag{6-31}$$

式中：h_1 可根据 p_1 及 x_1 确定；h_2 可根据 p_2 及 $s_2(=s_1)$ 确定；h_4 可据压力 p_2 查饱和液参数得到。利用循环所使用的工质的热力性质图或表，按照上述方法可以方便地确定上述各参数。

由于压缩蒸气制冷循环中吸热量、制冷系数等都与工质的焓有关，工程上编制了相关制冷工质的 $\lg p$-h 图，如图 6-22 所示。图中标有等温线、等熵线、等比体积线等线簇。利用 $\lg p$-h 图可以方便地获得进行循环分析所需的数据。氨和 HCFC134a 的 $\lg p$-h 图如图 6-23 和图 6-24 所示。

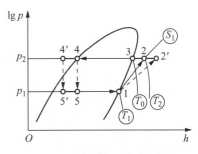

图 6-22　压缩蒸气制冷
循环 $\lg p$-h 图

与逆向卡诺循环比较，压缩蒸气制冷循环实现了在蒸发器中的定温吸热过程，但是放热过程 2—3—4 中气体放热段 2—3 定压但不定温。在节流阀中的过程是不可逆绝热过程，利用节流阀虽然简化了设备，还带来了可使用节流阀控制蒸发器中压力的好处，但也损失了可逆绝热膨胀可以带来的功量。因此，压缩蒸气制冷循环的制冷系数要低于逆向卡诺循环。但与压缩气体制冷循环相比较，压缩蒸气制冷循环在吸、放热过程中的温差传热不可逆性大大减小了，单位质量工质的制冷量大幅度地增加。

工程上为进一步提高压缩蒸气制冷循环的制冷系数，常采用过冷措施，即在冷凝器中将处于状态 4 的饱和液体继续冷却到未饱和状态 4′（见图 6-22），然后让其经绝热节流膨胀到状态 5′。这样，蒸发器中单位工质的吸热量增加了 $h_5-h_{5'}$，而压缩机耗功未变，所以制冷系数有所提高。

2）制冷剂的性质

压缩蒸气制冷循环具有单位工质制冷量大，制冷系数接近同温限的逆向卡诺循环的优点，因此得到广泛的应用。由于实际的压缩蒸气制冷循环的制冷系数与工质的性质有密切的关系，因此对工质的热力学性质提出了要求：

（1）对应于制冷装置工作温度（环境温度和冷库温度）的饱和压力要适中，以免装置中出现高压和高真空。

（2）在工作温度（蒸发温度和冷凝温度）范围内，汽化潜热要大，以便具备大的制冷能力。

（3）在 T-s 图中的上、下界限线都要陡峭，以便冷凝过程更接近等温过程及减少节流引起的制冷能力的下降。

（4）临界温度要远高于环境温度，使循环不在临界点附近运行。凝固点要低，以免工作时工质凝固阻塞管路。

此外，饱和蒸气的比体积要小，以减小设备的体积等。除了上述热力学性质，还要考虑制冷剂的传热性能、溶油性、化学稳定性、可燃性、毒性和价格等因素。

曾经广泛使用的制冷剂有氯氟烃物质 CFC（如 CFC12 或称 R12）、含氢氯氟烃物质 HCFC（如 HCFC22 或称 R22）和氨等。但是，1974 年两位美国科学家发现 CFC 和 HCFC 物质进入大气后对大气同温层中的臭氧层产生严重的破坏作用，使臭氧的浓度减小，大大削弱了对紫外线 B 的吸收能力，使大量紫外线 B 直接照射到地球表面，导致人体免疫功能下降，农、畜、水产品减产，破坏生态平衡，并且还会加剧温室效应。

保护臭氧层是全球性的环境保护问题，为此 1987 年全球 26 个国家签署了《蒙特利尔议定书》。现今，地球上每个国家都签署了该议定书。议定书承认各国有"共同但存在区别的责

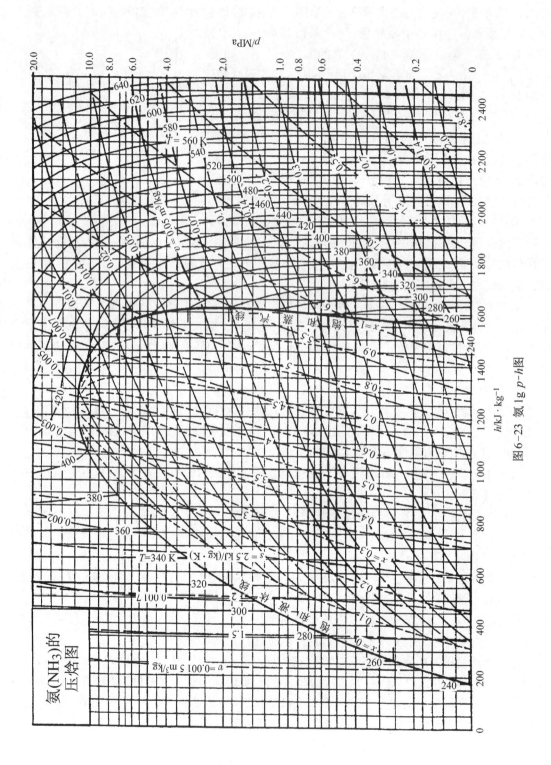

图6-23　氨 lg p-h 图

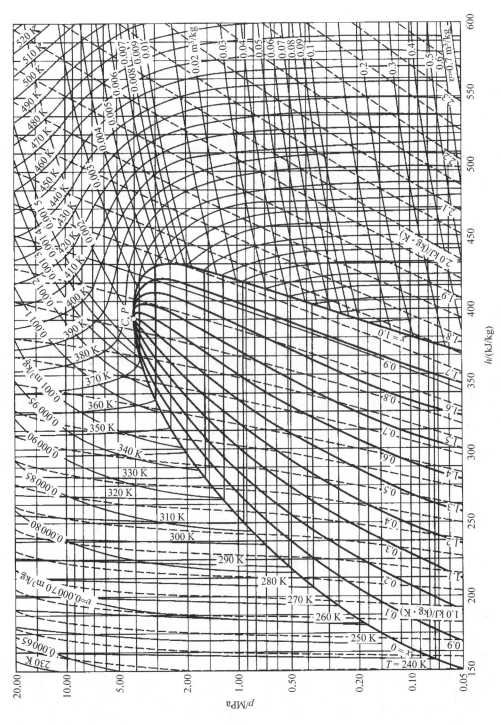

图 6-24 HCFC134a的lg $p-h$ 图

任",议定书为发达国家和发展中国家制定了逐步淘汰消耗臭氧层物质的时间表。议定书及其修正案的执行为地球气候带来了积极的效益,并且根据一些模型,每年在全世界范围内帮助预防了多达 200 万例皮肤癌,避免了数百万例白内障。

作为氯氟烃和含氢氯氟烃制冷剂的替代物,首先必须满足环境保护方面的要求,而且也应该满足上文对制冷剂的热力性质及其他方面的要求。考虑到不可能抛弃所有现有的冰箱、空调器等设备,因此替代物的热物理性质愈接近被替代的 CFC 或 HCFC 愈好,以实现现有设备顺利改用新工质。研究和试验表明 HCFC134a 是 CFC12 较好的替代工质。它是一种含氢的氟代烃物质,由于不含氯原子,因而不会破坏臭氧层,对温室效应的影响也仅为 CFC12 的30%左右。它的正常沸点和蒸气压曲线与 CFC12 的十分接近,热工性能也接近 CFC12,其他有关性能也较有利。为了使替代工质的性质更完善,常采用两种甚至多种纯物质的混合物作为制冷剂,有关这方面的论述请参阅有关专业文献。

6.5.3 压缩空气制冷循环

随着全社会环保意识日趋强烈,对环境友善的压缩气体制冷又受到重视。压缩空气制冷循环以空气(或 CO_2)为工质,由于空气的定温加热和定温排热不易实现,故不能按逆向卡诺循环运行。在热力学分析上,压缩空气制冷循环可以视为布雷顿逆循环。其循环的装置简图见图 6-25,循环的 $T-s$ 图和 $p-v$ 图如图 6-26 所示。从冷库出来的空气状态为 1,其温度 $T_1 = T_c$(T_c 为冷库温度),压力为 p_1。空气进入压缩机进行压缩,升温升压到 p_2、T_2,再进入冷却器进行定压放热,温度下降到 $T_3(=T_0)$,然后进入膨胀机实现膨胀,使压力下降到 p_4,温度进一步下降到 T_4($T_4 < T_c$),最后进入冷库进行定压吸热过程。循环的最高压力 p_2 与最低压力 p_1 之比称作增压比,用 π 表示。进行循环分析时,为突出主要问题,假定所有过程都可逆,在压缩机内的压缩过程及膨胀机内的膨胀过程为绝热过程,并且空气为理想气体,比热容取定值,可导得循环的制冷系数为

$$\varepsilon = \frac{q_2}{\omega_{\text{net}}} = \frac{1}{\dfrac{T_2}{T_1} - 1} \frac{1}{\pi^{\frac{\kappa-1}{\kappa}} - 1} \tag{6-32}$$

式(6-32)表明,循环增压比 π 越小,制冷系数越大。但增压比越小,单位质量工质的制冷量也越小。如图 6-26 所示,当 π 由 $\dfrac{p_2}{p_1}$ 下降到 $\dfrac{p_{2'}}{p_1}$ 时制冷量也由 $A_{15\,741}$ 下降为 $A_{1\,564'1}$,所以 π 不能太小。

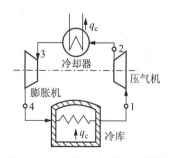

图 6-25 压缩空气制冷流程图

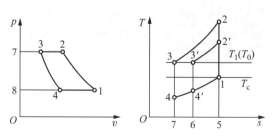

图 6-26 压缩空气制冷的 $p-v$ 图和 $T-s$ 图

式(6-32)与在相同的冷库温度 $T_c(T_1)$ 和环境温度 T_0 之间工作的逆向卡诺循环的制冷系数表达式 $\varepsilon_c = \dfrac{T_c}{T_0 - T_c}$ 比较,因为 $T_2 > T_3(=T_0)$,所以 $\varepsilon < \varepsilon_c$。

压缩空气制冷循环的制冷量为

$$Q_2 = mc_p(T_1 - T_4) \tag{6-33}$$

式中:m 为循环工质的质量。

可见制冷量取决于温差 $T_1 - T_4$ 和质量 m,但是由于温差 $T_1 - T_4$ 的大小受限于增压比 π(见图6-26),所以压缩空气制冷循环都采用大流量的叶轮式压气机,以达到较大的制冷量。

由于空气热力性质的限制,压缩空气制冷循环不能实现等温吸、放热,同时单位质量工质的制冷量太小,因此限制了它的广泛应用。但随着常用的压缩蒸汽制冷工质对环境的破坏作用逐渐被人类所认识,人们对重新恢复用空气等气体作为制冷循环的工质的兴趣越来越大。2022年北京冬奥会在国家速滑馆近12000 m² 的巨大冰面使用 CO_2 取代氟利昂 R507 作为制冷剂,采用二氧化碳跨临界直冷制冷技术完美完成制冰的任务而且实现制冷供热一体化,极大减少强温室气体的排放。虽然 R507,R404 等氟利昂气体并不违反《蒙特利尔议定书》,但包括 R507 在内的氟利昂气体都是影响较大的温室气体,R507 引起的温室效应约是 CO_2 的 4 000倍,1 kg R507 泄漏进入空气产生的温室效应相当于一辆家用轿车行驶(4~5)万 km。若北京国家速滑馆采用 R507 为制冷剂的制冷系统,年运行泄漏的 R507 量将达到 5 吨以上。虽然 CO_2 气体也是温室气体,从工业等领域回收 CO_2 也会产生一些温室气体的排放,但与采用氟利昂相比,其优越性是新而易见的。

6.5.4 吸收式制冷循环

无论在压缩蒸气制冷还是在压缩气体制冷循环中,均通过外界向压缩机输入机械功压缩制冷剂使温度升高,实现热量由低温向高温转移。压缩处于过热区的蒸气和空气压缩机耗功较大,吸收式制冷循环则是一种在液态区实施压缩,使压缩耗功减少的制冷循环。

吸收式制冷循环的流程及相应的设备如图6-27所示。吸收式制冷循环利用制冷剂在溶液中不同温度下具有不同溶解度的特性,使制冷剂在较低的温度和压力下被吸收剂(即溶剂)吸收,同时又使它在较高的温度和压力下从溶液中蒸发,完成循环实现制冷目的。与压缩蒸气制冷循环相比,吸收式制冷系统中同样有冷凝器、节流阀和蒸发器,而图中右侧吸收器、溶液泵、蒸汽发生器和减压阀组成的一组设备则起到类似压缩机的作用,实现制冷剂的升压。下面以溴化锂为吸收剂、水为制冷剂的吸收式制冷循环为例进行说明。以水为吸收剂、氨为制冷剂的吸收式制冷循环原理与之相同。从冷凝器流出的饱和水(状态7)经节流阀降压降温,形成干度很小的湿饱和蒸汽(状态8)。进入蒸发器从冷库吸热,定压汽化,成为干度很大的湿饱和蒸汽或干饱和蒸

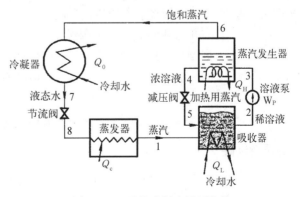

图6-27 吸收式制冷循环流程

汽(状态 1),送入吸收器。与此同时,蒸汽发生器中由于水蒸发而浓度升高的溴化锂溶液(状态 4)经减压阀降压到吸收器压力(状态 5)后也流入吸收器,吸收由蒸发器来的饱和蒸汽,生成稀溴化锂溶液,吸收过程中放出的热量由冷却水带走。稀溴化锂溶液(状态 2)由溶液泵加压到状态 3 送入蒸汽发生器并被加热。由于温度升高,水在溴化锂溶剂中的溶解度降低,蒸汽逸出液面形成与溶液平衡的较高压力、较高温度的蒸汽(状态 6)。蒸汽进入冷凝器,放热凝结成饱和水(状态 7),完成循环。

6.5.5　热泵循环

热泵是将热能从低温物系(如环境大气)向加热对象(高温热源,如室内空气)输送的装置。热泵循环和制冷循环的热力学原理相同,但热泵装置与制冷装置两者的工作温度范围和达成的效果不同。如利用(空气源)热泵对房间进行供暖,则热泵在房间空气温度 T_R(即高温热源 T_H)和大气温度 T_0(即低温热源 T_L)之间工作,其效果是室内空气获得热能,维持 T_R 不变。制冷循环则是在环境温度 T_0(高温热源)和冷库温度 T_c(低温热源)之间工作的循环,其效果是从冷库移走热量,使冷库温度维持 T_c 不变。压缩蒸气式热泵系统及其 $T-s$ 图与图 6-20 及图 6-21 相似,仅温限不同而已。

热泵循环的经济性指标为供暖系数 ε'(或热泵工作性能系数 COP′),其表达式为

$$\varepsilon' = \frac{q_H}{w_{net}} \qquad (6-34)$$

将循环能量平衡关系代入上式,得供暖系数与制冷系数之间关系式,即

$$\varepsilon' = \frac{w_{net} + q_L}{w_{net}} = \varepsilon + 1 \qquad (6-35)$$

式(6-35)表明,ε' 永远大于 1。和其他加热方式(如电加热、燃料燃烧加热等)比较,热泵循环不仅把消耗的能量(如电能等)转化成热能输向加热对象,而且依靠这种能量品质下降的补偿作用,把低温热源的热量 q_L "泵"送到高温热源。因此,热泵是一种比较合理的供暖装置。由于热泵循环和制冷循环的相似性,经过合理设计,同一个装置可轮流用来制冷和供暖:夏季作为制冷机用于空调,冬季作为热泵用来供暖。

【例 6-5】 某压缩蒸汽制冷循环制冷机用氨作为制冷剂,制冷量为 10^6 kJ/h,冷凝器出口氨饱和液的温度为 27 ℃,节流后温度为 -13 ℃。试求:(1) 1 kg 氨的吸热量、氨的质量流量、压缩机消耗的功率、冷却水带走的热量和循环制冷系数;(2) 若由于压缩过程不可逆并采用过冷工艺,$h_{2'}=1\,800$ kJ/kg,冷凝液过冷到 22 ℃,其他条件不变,求循环制冷系数。

【解】 (1) 据题意(见图 6-22),$t_1=t_5=-13$ ℃,$t_4=27$ ℃,可以认为 $x_1=1$,$s_2=s_1$。查图 6-23 得:$h_1=1\,570$ kJ/kg,$h_2=1\,770$ kJ/kg,$h_4=h_5=450$ kJ/kg。

氨的吸热量

$$q_2 = h_1 - h_5 = h_1 - h_4 = 1\,570\,\text{kJ/kg} - 450\,\text{kJ/kg} = 1\,120\,\text{kJ/kg}$$

氨的质量流量

$$q_m = \frac{Q_2}{q_2} = \frac{10^6\,\text{kJ/h}}{1\,120\,\text{kJ/kg}} = 892.9\,\text{kg/h} = 0.248\,\text{kg/s}$$

压缩机消耗的功率

$$P_c = q_m w_c = q_m(h_2 - h_1) = 0.248\,\text{kg/s} \times (1\,770 - 1\,570)\,\text{kJ/kg} = 49.6\,\text{kW}$$

冷却水带走的热量

$$q_Q = q_m q_1 = q_m(h_2 - h_4) = 0.248\,\text{kg/s} \times (1\,770 - 450)\,\text{kJ/kg} = 327.4\,\text{kJ/s}$$

制冷系数

$$\varepsilon = \frac{q_2}{w_c} = \frac{q_2}{P_c/q_m} = q_m\frac{q_2}{P_c} = 0.248\,\text{kg/s} \times \frac{1\,120\,\text{kJ/kg}}{49.6\,\text{kJ/s}} = 5.6$$

（2）如图 6-22 所示，$t_{4'} = 22\,℃$，查图 6-23 得 $h_{4'} = h_{5'} = 425\,\text{kJ/kg}$。

氨的吸热量

$$q_2' = h_1 - h_{5'} = 1\,570\,\text{kJ/kg} - 425\,\text{kJ/kg} = 1\,145\,\text{kJ/kg}$$

氨的质量流量

$$q_m' = \frac{Q_2}{q_2'} = \frac{10^6\,\text{kJ/h}}{1\,145\,\text{kJ/kg}} = 873.4\,\text{kg/h} = 0.243\,\text{kg/s}$$

压缩机消耗的功率

$$P_c' = q_m'(h_{2'} - h_1) = 0.243\,\text{kg/s} \times (1\,800 - 1\,570)\,\text{kJ/kg} = 55.8\,\text{kW}$$

冷却水带走的热量

$$q_Q' = q_m'(h_{2'} - h_{4'}) = 0.243\,\text{kg/s} \times (1\,800 - 425)\,\text{kJ/kg} = 334.1\,\text{kJ/s}$$

制冷系数

$$\varepsilon' = q_m'\frac{q_2'}{P_c'} = 0.243\,\text{kg/s} \times \frac{1\,145\,\text{kJ/kg}}{55.8\,\text{kJ/s}} = 5.0$$

【点评】 压缩过程不可逆使压缩机耗功增大，而采用过冷在不改变压缩耗功的情况下增加了循环制冷量。

6.6* 提高循环能量利用经济性的热力学措施

工程上各种热能动力装置的用途、结构及使用的工质大相径庭，提高能量利用经济性指标的措施也不相同。本节仅从热力学角度简要讨论这些措施。

6.6.1* 合理的循环参数

提高能量利用的经济性很重要的措施是确定恰当的参数，如温度、压力等。以压气机为例，若单级压比定得过高，则 $\eta_{c,s}$ 下降，不可逆的损失将随之增大，压缩过程将消耗更多的功，而且压缩后期温度过高，安全性下降。可以考虑采用分级压缩、中间冷却，虽系统复杂、初始成本可能增加，但因温度降低、系统容积效率升高、耗功下降，而在运行安全性、运行成本等方面得到补偿。

又如制冷循环,冷库温度 T_2 愈低,即环境温度与冷库温度的温差愈大(即 T_0-T_2 越大),完成同样的制冷量需要供给的功越大。因此,在实际工作中不应该在冷库中维持超过必要的低温,同时应注意机组的通风散热,不要使局部环境温度升高,加大 T_0 和 T_2 的温差。

内燃机中最早出现的煤气机在最初发明时无燃烧前的压缩,循环热效率不足 10%。在其后的发展历程中,不断提高压缩比,现代柴油机的典型压缩比达到 24 左右。这是因为若活塞式内燃机循环平均放热温度保持不变,提高压缩比 ε 使气体起始吸热温度提高,在同样加热量的条件下,气体的平均吸热温度随之提高,则据 $\eta_t=1-\dfrac{T_{m2}}{T_{m1}}$,循环热效率提高。

在蒸汽动力装置领域,人们不断提高新蒸汽的压力 p_1 和温度 T_1(当前已有压力和温度高达 $28\sim29$ MPa 和 620 ℃的超临界机组投入运行),同时降低冷凝器内的压力 p_2(当前已低至 0.004 MPa)。虽然提高蒸汽初压、初温后必须采用更耐高温、强度更高的材料,极大地提高了设备的投资,保持冷凝器内的低压,更是需要消耗更多的蒸汽甚至机械功,但这些措施提高了平均吸热温度,降低了循环放热温度,加大了循环的温差,提高了循环热效率,故成为发展的趋势。

6.6.2* 　回热

回热是一种提高循环热效率的有效措施,在图 6-28 所示的循环中,把向低温热源放热量(可用 A_{4lr14} 表示)中的一部分用来加热压缩后的工质,使工质循环中不改变循环净功但从高温热源吸收的热量减少,从而提高循环的热效率。若循环中理论上可以用来进行回热的热量全部被压缩后的工质吸收,如图 6-28 中工质利用回热热量从 2 加热到 5,则称为极限回热。

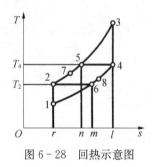

图 6-28　回热示意图

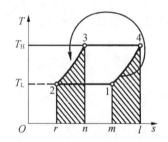

图 6-29　概括性卡诺循环

若循环由两个可逆等温过程和两个多变指数相等可逆多变过程构成,并且进行极限回热,这样的循环称为概括性卡诺循环,如图 6-29 所示循环 1—2—3—4—1。活塞式热气发动机的理想循环就是由两个定温过程和两个定容过程组成的概括性卡诺循环。可以证明,概括性卡诺循环与卡诺循环有相同的热效率

$$\eta_t=\frac{w_{net}}{q_1}=1-\frac{q_2}{q_1}=1-\frac{T_L}{T_H}$$

活塞式热气发动机,又称斯特林发动机,就是一种早在 1816 年就提出的循环发动机。斯特林循环可以通过气缸外高温热源取得热量,这样可采用价廉易得的燃料,也可利用太阳能及核能作为热源,这对于缓解世界对优质能源的需求、减少污染无疑是一种很好的途径。实际的斯特林循环发动机,由于存在种种不可逆因素,回热器的效率也不可能达到百分之百,所以实

际的热气发动机热效率必然低于同温限卡诺循环的理论热效率。但是可以相信,斯特林循环
发动机会越来越广泛地进入各实用领域。

极限回热虽然对提高装置的热效率最为有利,但无法实现。实用上只把压缩后工质加热
到比 T_5 低的 T_7。实际利用的热量与理论上极限情况可利用的热量之比称为回热度 σ,即

$$\sigma = \frac{h_7 - h_2}{h_5 - h_2} \tag{6-36}$$

回热是提高燃气轮机装置定压加热理想循环热效率的有效热力学措施。具有回热的燃气
轮机装置流程如图 6-30 所示,循环 $T\text{-}s$ 图如图 6-31 所示。采用回热后循环加热量由 $q_1 =$
$h_3 - h_2$ 减少为 $q_1' = h_3 - h_7$,比无回热时少了 $h_7 - h_2$。循环净功,$w_{net} = h_3 - h_4 - (h_2 - h_1)$ 不
变,从而装置循环热效率提高。

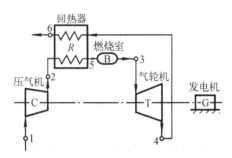

图 6-30　回热的燃气轮机装置流程示意图

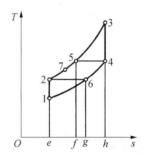

图 6-31　回热循环的 $T\text{-}s$ 图

蒸汽动力装置基本循环——朗肯循环热效率不高的一个重要原因是进入锅炉的未饱和水
的温度较低,因此循环的平均加热温度与平均放热温度的差距较小。采用回热对水进行加热,
提高进入锅炉的水温,消除朗肯循环中水在较低温度下吸热的不利影响,是提高循环热效率的
有效措施。与燃气轮机装置不同,从汽轮机排出的乏汽温度与凝
结水温度几乎相同,无法进行回热。工程上采用的一种回热方式
是从汽轮机的适当部位抽出尚未完全膨胀且压力、温度相对较高
的少量蒸汽(即图 6-32 中状态 01),在回热器中加热从冷凝器中
来的低温凝结水。这部分抽汽并未经过冷凝器,因而没有向冷源
放热,但是加热了冷凝水,达到了回热的目的。这种循环称作抽
汽回热循环。抽汽回热循环的抽汽量 α,应据回热器的热平衡及
质量守恒确定,若忽略水泵功

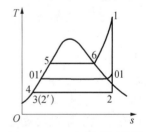

图 6-32　一级抽汽回热循环

$$\alpha = \frac{h_{01'} - h_{2'}}{h_{01} - h_{2'}} \tag{6-37}$$

采用抽汽回热,虽增大了汽耗率、使系统更加复杂,而且增加了投资,但显著提高了循环热
效率,采用大型机组的现代蒸汽电厂中,广泛采用 $7 \sim 8$ 级抽汽回热的循环。

6.6.3[*]　联合循环

众所周知,为提高蒸汽动力装置循环的热效率,总是把乏汽压力尽可能降低。现代大型冷
凝式汽轮机乏汽压力常低到 $4 \sim 5\ kPa$,其对应饱和温度仅为 $28.95 \sim 32.88\ ℃$。这种乏汽凝

放出的热量的利用价值较少。但若把乏汽的压力提高到 0.3 MPa,则其饱和温度可达 133.56 ℃,可在印染、造纸、食品和制冷等领域得到应用,这样不仅提高了热能利用率,而且可消除锅炉带来的污染。所谓热化(即热电合供循环,简称热电循环)就是考虑到这种需要,使蒸汽在电厂中膨胀做功到某一压力,再以此乏汽或乏汽的热能供给生活或工业之用的方案。

燃气-蒸汽联合循环是以燃气为高温工质进行循环,燃气轮机的排气在余热锅炉中作为主加热源加热水、蒸汽,以此蒸汽为工质进行蒸汽装置循环的联合循环。目前,燃气轮机装置循环中燃气轮机的进气温度虽高达 1 000～1 300 ℃,但排气温度为 400～650 ℃,故其循环热效率较低。而蒸汽动力循环,其上限温度不高,极少超过 600 ℃,但放热温度仅为 30 ℃左右,很理想。将燃气轮机的排气作为蒸汽循环的加热源(实用的燃气-蒸汽联合循环在余热锅炉中还有燃料燃烧作为辅助加热),则可充分利用燃气排出的能量,使联合循环的热效率有较大的提高。目前,这种联合循环的实际热效率可达 57%。

总之,根据卡诺定理,合理组织循环,使循环各个过程尽可能接近可逆,并且确保工质在循环中的平均吸热温度和平均放热温度的差值在合理的水平上,是提高循环的经济性指标应共同遵循的原则。

6.7 小结

本章主要依据热力学第一定律分析不同热能动力装置的特性和能量转换规律,研究提高各类装置能量利用经济性的途径。由于工质性质、循环目的等差异及其他原因,各种热力设备的循环有较大的不同。分析热力循环时要抓住影响这些循环及其经济性的热力学本质。实际循环是复杂的和不可逆的,为抓住影响循环能量转换规律的本质,循环分析的首要步骤是将复杂循环抽象简化为内可逆的理想循环。

常见的活塞式内燃机理想循环有混合加热循环、定压加热循环及定容加热循环,可以将后两者看成是前者的特例。这些循环的 T-s 图对热效率计算和影响热效率因素的分析很有帮助。构成这部分核心内容的还有循环特性参数 ε、λ、ρ 与热效率的关系,以及各种理想循环的热力学比较和由此得到的启示。分析循环热效率影响因素时可以采用比较平均吸、放热温度或循环吸、放热量,故 T-s 图比较方便,如在平均放热温度不变的前提下,提高 ε 和 λ 均使平均吸热温度升高,故热效率提高;而增大 ρ 则与之相反,故热效率降低。

由于燃气轮机装置的特点,产生与活塞式内燃机循环不一样的"新"问题:压气机绝热效率 $\eta_{c,s}$ 和燃气轮机相对内效率 η_T、回热和回热度等。回热是提高循环热效率的有效手段,回热度与工质参数、设备情况等有关。在进行燃气轮机动力装置的定压加热循环(理想的和实际的)分析讨论时,不应死记热效率的计算公式,而应把重点放在循环的 T-s 图和依据 T-s 图进行分析,并将之提升到热力学原理的基础上。

朗肯循环是蒸汽动力装置的基本循环,朗肯循环的构成及初参数对朗肯循环影响的分析是掌握蒸汽循环的基础。关键在于根据循环 T-s 图,利用水蒸气的图表(或计算软件)确定蒸汽(特别是膨胀后的蒸汽)的状态参数,许多初学者经常犯的错误是武断地把汽轮机排汽当作干饱和蒸汽。

逆向循环的目的是将热量从低温物体传向高温物体。制冷循环是逆向循环的一种,它与热泵循环的区别仅在于工作温度范围与运行的目的不同,它们的热力学本质是相同的,必须提供机械能(或其他能量),以确保包括低温冷源、高温热源、功源(或向循环供能的能源)在内的孤立系统的熵增大。

压缩蒸气制冷循环的循环制冷量、制冷系数、制冷剂流量的计算很大程度依赖于制冷剂的焓及其他参数的确定,制冷剂参数确定的原则与水蒸气的一样,制冷剂的热力性质表查取方法与水蒸气热力性质表也相同,但使用的图以 $\lg p - h$ 图为主。压缩气体(如空气、二氧化碳等)制冷循环是对环境保护较为有利的一种制冷形式。压缩气体制冷循环可利用理想气体性质和过程的特征进行循环分析,计算循环制冷量、制冷系数、气体流量等。热泵循环通常从环境介质等低温热源吸取能量,输送到高温热源加以利用,它与制冷循环一样必须消耗某种形式的能量。热泵循环的理论分析可参照制冷循环。

归纳起来,合理组织循环,确保工质在循环中的参数在合理的水平,是提高循环的经济性指标应共同遵循的原则。

思 考 题 6

6-1 气体动力循环(包括活塞式内燃机循环、燃气轮机装置循环等)实际循环如何简化并抽象成理想循环? 对理想循环的研究有什么意义?

6-2 煤气机最初发明时无燃烧前的压缩,设这种煤气机的示功图如图 6-33 所示。6—1 为进气线,这时活塞向右移动,进气阀打开,空气与煤气的混合物进入气缸。活塞到达位置 1 时,进气阀关闭,火花塞点火。1—2 为接近定容的燃烧过程;2—3 为膨胀线;在 3—4 中,排气阀开启,部分废气排出,气缸中压力降低。4—5—6 为排气线,这时活塞向左沿动,排净废气。试画出这种内燃机理想循环的 $p-v$ 图和 $T-s$ 图。

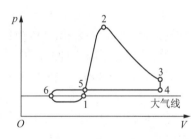

图 6-33 早期煤气机示功图

6-3 既然压缩过程需要耗功,为什么内燃机和燃气轮机装置在燃烧前都有压缩过程?

6-4 活塞式内燃机的平均吸热温度都相当高,但是循环热效率还不是太高,为什么?

6-5 蒸汽动力循环热效率不高的主要原因是冷凝器放热损失大,可否取消冷凝器,直接将乏汽送回锅炉加热,以避免冷凝放热损失?

6-6 同一台蒸汽动力机组,冬季运行时热效率可比夏季运行时热效率高,为什么?

6-7 正向卡诺循环的高温热源与低温热源之间的温差越大越好,逆向卡诺循环是否也这样? 为什么?

6-8 既然节流是不可逆过程,必然存在损失,为什么压缩蒸汽制冷循环采用节流阀来替代膨胀机?

6-9 制冷工质应具有哪些性质? 替代工质应具备怎样的性质?

6-10 进行逆向循环是否必须消耗机械功或电能? 为什么?

习 题 6

6-1 某活塞式内燃机的定容加热理想循环,工质为空气,可视为理想气体,比热容取定值,$\kappa = 1.4$。若循环压缩比 $\varepsilon = 9$,压缩冲程的初始状态为 100 kPa、27 ℃,吸热量为 920 kJ/kg。试求:(1) 各个过程终态的压力和温度;(2) 循环热效率。

6-2   某活塞式内燃机的定压加热理想循环,工质为空气,可视为理想气体,比热容取定值,$\kappa = 1.4$。若循环压缩比 $\varepsilon = 18$,压缩冲程的初始状态为 98 kPa、17 ℃,循环的最高温度为 2 100 ℃。试求:(1) 绝热膨胀过程终态的压力和温度;(2) 循环热效率。

6-3   压缩比为 $\varepsilon = 16$ 的狄塞尔循环,压缩冲程的初始温度为 288 K,膨胀冲程终温是 940 K,工质为空气,可视为理想气体,比热容取定值,$\kappa = 1.4$。试计算循环热效率。

6-4   活塞式内燃机的混合加热理想循环(见图 6-2),$t_1 = 90$ ℃,$t_2 = 400$ ℃,$t_3 = 590$ ℃,$t_5 = 300$ ℃,工质是可视为理想气体的空气,比热容取定值。求循环热效率及同温限卡诺循环的热效率。

6-5   活塞式内燃机的混合加热理想循环,工质是可视为理想气体的空气,$\kappa = 1.4$。若循环压缩比 $\varepsilon = 14$,循环中工质吸热量是 1 000 kJ/kg,定容过程和定压过程的吸热量各占一半,压缩过程的初始状态为 100 kPa、27 ℃。试计算循环热效率和输出净功。

6-6   在定容加热理想循环中,如果绝热膨胀不在点 4 停止(见图 6-5),而使其继续进行到点 5,使 $p_5 = p_1$,然后定压放热,返回点 1。试画出该循环的 $p-v$ 图和 $T-s$ 图,并据 $T-s$ 图比较哪种方式的效率较高。

6-7   在燃气轮机定压加热理想循环中,压气机入口空气状态为 100 kPa、20 ℃,空气以质量流量为 4 kg/s 经压气机被压缩到 500 kPa。燃气轮机入口燃气温度为 900 ℃。试计算压气机耗功量、燃气轮机的做功量、压气机耗功量和燃气轮机的做功量之比及循环热效率。假定空气的 $c_p = 1.03$ kJ/(kg·K) 且为常量,$\kappa = 1.4$。

6-8   用氦气作工质的燃气轮机实际循环,压气机入口状态是 400 kPa、44 ℃,增压比为 3,燃气轮机入口温度是 710 ℃。压气机的绝热效率是 0.85,燃气轮机相对内效率为 0.90。当输出功率为 59 kW 时,(1) 氦气的质量流量是多少? (2) 压缩过程和膨胀过程的熵产及㶲损失分别是多少? 氦气的 $\kappa = 1.667$,$c_p = 5.200$ kJ/(kg·K)。

6-9   水蒸气朗肯循环的初温 $t_1 = 500$ ℃,背压(即乏汽压力)$p_2 = 0.004$ MPa,分别求初压 $p_1 = 4$ MPa 和 $p_1 = 9$ MPa 时的循环净功、加热量、热效率、汽耗率及汽轮机出口蒸汽干度。

6-10   水蒸气朗肯循环的初压 $p_1 = 4$ MPa,背压 $p_2 = 0.004$ MPa。分别求初温 $t_1 = 400$ ℃ 和 $t_1 = 550$ ℃ 时的循环净功、加热量、热效率、汽耗率及汽轮机出口蒸汽干度(忽略水泵功)。

6-11   北方冷却水温度较低,可以降低冷凝压力,使 $p_2 = 0.004$ MPa,南方冷却水温度较高,冷凝压力仅可达 $p_2 = 0.007$ MPa,试计算当汽轮机进汽压力 $p_1 = 3.5$ MPa,进汽温度 $t_1 = 450$ ℃ 时,上述两种情况的热效率(忽略水泵功)。

6-12   某蒸汽朗肯循环的初温 $t_1 = 380$ ℃,初压 $p_1 = 2.6$ MPa,背压 $p_2 = 0.007$ MPa,若汽轮机相对内效率为 0.8,求循环热效率、循环净功及汽耗率(忽略水泵功)。

6-13   某太阳能动力装置利用水为工质,从太阳能集热器出来的是 175 ℃ 的饱和水蒸气,在汽轮机内等熵膨胀后排向 7.5 kPa 的冷凝器,求循环的热效率。

6-14   核电站蒸汽动力装置的构成与工作过程与一般的蒸汽动力装置比较,主要区别就是用反应堆和蒸汽发生器取代了蒸汽锅炉(参见图 1-1)。二回路的工作介质在蒸汽发生器中从反应堆冷却剂吸收热量,成为具有做功能力的水蒸气,然后经历膨胀、排热、压缩,进行循环。由于冷却剂为液态水,进、出蒸汽发生器的平均温度约为 300 ℃ 左右,故蒸汽发生器产生的是约为 6.54 MPa 的饱和水蒸气,在汽轮机内膨胀后排向 7 kPa 的冷凝器,求二回路循环的理论热效率。

6-15 一台制冷机在 -20 ℃ 和 30 ℃ 之间工作,若其吸热量为 10 kW,循环制冷系数是同温限逆向卡诺循环的 75%。试计算:(1) 散热量;(2) 耗功量;(3) 制冷量为多少冷吨。

6-16 一种逆向卡诺循环,用于热泵向温室供暖,每秒向温室提供 250 kJ 的热量。若温室需要维持温度在 22 ℃,室外空气温度为 -3 ℃,试计算:循环供暖系数、循环的耗功量及从室外空气中吸收的热量。

6-17 某冷库温度须保持在 250 K,而环境温度为 300 K,若压缩空气制冷装置采用逆向布雷顿循环,并且循环的增压比分别是 3 和 6,试计算它们的性能系数及制冷量。空气可作为理想气体,比热容取定值,$c_p = 1.004 \ \text{kJ/(kg·K)}$,$\kappa = 1.4$。

6-18[*] 某压缩空气制冷循环增压比为 6,冷库出口工质温度为 -36 ℃,循环最低温度为 -100 ℃。(1) 求循环制冷系数;(2) 若压气机绝热效率为 $\eta_{c,s} = 0.85$,膨胀机的相对内效率 $\eta_T = 0.90$,循环增压比和压气机入口温度及冷库出口工质温度不变,求循环的制冷系数。

6-19 某冷库温度须保持在 -20 ℃,而环境温度为 30 ℃,若采用氨制冷机组,压缩机入口处为干饱和氨蒸气,而进入节流阀的是饱和氨溶液,循环中压缩机耗功率为 3.5 kW,试计算:(1) 循环中压缩机的压比是多少?(2) 循环的制冷系数是多少?(3) 制冷工质的质量流量是多少?(4) 放热量是多少 kW?制冷量是多少冷吨?

6-20[*] 某氨蒸气压缩制冷装置(见图 6-20),已知冷凝器中氨的压力为 1 MPa,节流后压力降为 0.3 MPa,制冷量为 1.5×10^5 kJ/h,压缩机绝热效率为 80%。试求:(1) 氨的质量流量;(2) 压气机出口温度和所耗功率;(3) 循环制冷系数;(4) 压缩过程的熵产及㶲损失。

6-21 在冬天,利用图 6-21 所述的装置改装成热泵设备以向室内供热。这时,蒸发器放在室外,冷凝器放在室内空气中,工质从室外冷空气中吸收热量 q_2,经压缩机压缩升温升压后在冷凝器中凝结为饱和氨液,对室内空气放热 q_1。设蒸发器中氨的温度为 -10 ℃,进入压缩机时蒸汽的干度为 $x_1 = 0.95$,冷凝器中饱和液温度为 50 ℃。试求:(1) q_1、q_2、w_{net} 和热泵循环的供暖系数;(2) 设该装置每小时向室内供给热量 $Q_1 = 80\,000$ kJ,求以带动这台热泵的最小功率为多少 kW?(3) 循环工质改用 R134a,再求上述各参数。

6-22[*] 采用回热的大型陆上燃气轮机装置定压加热理想循环(见图 6-31),输出净功率为 100 MW,循环的最高温度为 1 600 K,最低温度为 300 K,循环最低压力为 100 kPa,压缩机中的压比 $\pi = 14$,若回热度为 0.75,空气比热容可取定值,求:循环空气的流量和循环的热效率。

6-23[*] 某压水堆二回路循环采用一次抽汽加热给水,循环抽象简化为图 6-34 所示,若新蒸汽的 $p = 6.69$ MPa、$t = 282.2$ ℃,抽汽压力 $p_{01} = 0.782$ MPa,凝汽器压力维持在 0.009 MPa,忽略水泵功,试求:(1) 抽汽量 α;(2) 循环热率;(3) 汽耗率 d;(4) 与朗肯循环的热效率 η_t、汽耗率 d 进行比较,并说明汽耗率为什么反而增大?

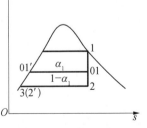

图 6-34 抽汽回热
循环示意图

传 热 学 篇

　　传热学是一门研究热量传递规律及工程应用的学科。根据热力学第二定律，只要物体之间存在温差，就必然引起热量从高温物体向低温物体进行传递，在能源、热能动力、化工、冶金、土建、机械工程、电机电器、农业、生物及医学、宇航、环保等领域都有大量的传热问题。因工程热力学主要研究系统经历一个平衡态过程时与外界的热量和功量的转换规律及提高转换效率的有效途径，所以无法回答"热量传递会以多大的速率进行""多长时间才能达到预期的温度分布状态"等问题，而这类工程上必须做出明确回答的问题正是传热学研究的对象。现代科学技术的飞快发展不断地给传热学提出新的研究课题，提供新的研究手段，促使这门学科的研究范围日益扩大。传热学已经成为一门内涵越来越丰富的学科，其研究成果广泛应用于工农业生产、国防建设、科学技术及人们的日常生活等各个领域。

　　热量的传递有导热（热传导）、热对流和热辐射三种基本方式，实际的传热问题往往是几种基本传热方式共同作用的综合，因此热量传递是一种十分复杂的物理过程。

　　本篇将围绕传热过程中能量数量守恒，针对导热、对流传热和辐射换热涉及的机理及其工程应用展开。第7章介绍三种基本传热方式。第8章讨论导热的基本概念、基本定律，介绍常见形状物体的一维稳态导热的计算方法及最典型非稳态导热问题的概念。第9章讨论对流传热的物理机制，影响对流传热的主要因素，介绍强迫对流传热、自然对流传热及相变传热的常用计算方法。第10章介绍辐射的基本概念和黑体辐射定律及组成封闭空间的灰体之间的辐射换热。第11章介绍热交换器热性能的简单设计计算方法及传热的增强和减弱措施。

　　通过本篇内容的学习，读者可应用热量传递基本概念、基本计算方法对工程领域中传热问题进行简化并计算求解一维稳态导热，用集中参数法分析简单的非稳态导热问题；选择合适的关联式求解流体管内、外强迫对流传热，大空间自然对流传热，以及讨论相变换热；计算组成封闭空间的两灰体之间的辐射换热；把传热学原理付诸工程实践，进行热交换器热性能的简单设计计算和讨论传热的强化和削弱措施。

第7章　传热的基本形式和机理

热量的传递是十分复杂的物理过程,有导热(热传导)、热对流和热辐射三种基本方式,它们各有不同的传递机理因而遵循不同的方程,而且实际的传热过程往往是几种基本方式联合作用的结果,但不论问题如何复杂,都必须遵守包括能量守恒在内的基本物理定律。

本章概要讨论传热的三种基本方式及传热过程的机理。

7.1　热量传递的基本方式

对于图7-1所示杯中热水:一方面,由于热水和杯子壁面的加热作用,附近空气温度升高,密度下降,产生浮升力,与周围较冷的空气形成对流,冷的空气进入热水上方和杯子壁面周围,对流的空气带走了热量;另一方面,热水把热量传递给杯子底部内侧表面,杯子壁内侧表面传到外侧表面,再由杯子外侧表面传给桌子。同时,杯子壁面不断向外进行热辐射。这三种不同的传热方式分别称为热传导、热对流和热辐射。仔细分析各种热量传递过程都可看到热量传递的三种基本方式。实际的热量传递过程往往是由两种或三种基本传热方式组成的。下面分别简要介绍这三种基本传热方式。

图7-1　热水冷却过程

7.1.1　热传导

物体各部分之间不发生相对位移时,依靠分子、原子及自由电子等微观粒子的热运动而产生的热量传递称为热传导(或称导热)。例如,固体内部热量从温度较高的部分传递到温度较低的部分,以及温度较高的物体把热量传递给与之接触的温度较低的另一物体都是导热现象。图7-1中热量从杯子内壁表面传递到外壁表面就是依靠导热。热传导现象不仅可发生在固体之中、固体与固体之间,也可发生在液体和气体中。

下面来分析一种最简单的导热问题。设有如图7-2所示的一块宽和高远大于厚度的无限大平壁,壁厚为δ,一侧表面面积为A,两侧表面分别维持均匀恒定温度t_{w1}和t_{w2}。实践表明,单位时间内从表面1传导到表面2的热流量Φ与导热面积A和导热温差$(t_{w1} - t_{w2})$成正比,与厚度δ成反比

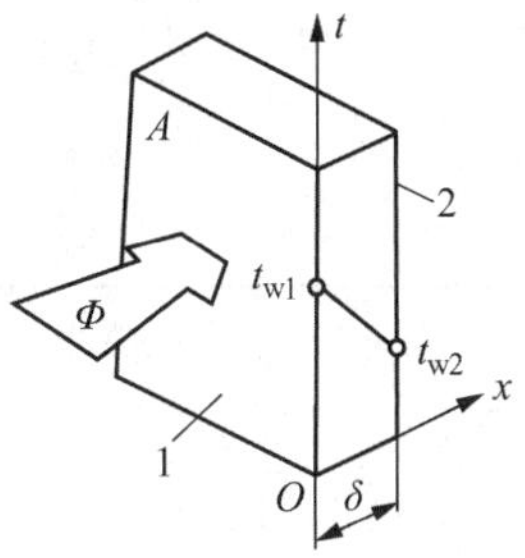

$$\Phi = \lambda A \frac{t_{w1} - t_{w2}}{\delta} \qquad (7-1)$$

或

$$q = \frac{\Phi}{A} = \lambda \frac{t_{w1} - t_{w2}}{\delta} \qquad (7-2)$$

图7-2　通过平壁的导热

式中:q为热流密度(或称面积热流量),是单位时间通过单位面积的热流量,单位为W/m^2。比例系数λ称为热导率或导热系数,单

位为 W/(m·K)。导热系数是一种物性参数,反映材料导热能力的大小。不同材料的导热系数值不同,同一种材料的导热系数值与温度等因素有关,在下文将进行进一步讨论。一般而言,金属材料的导热系数最高,是良导电体也是良导热体;固体的导热系数大于液体,气体最小。还需要指出,只有在密实的固体中才会发生单纯的导热,在土壤这样的多孔介质中的传热过程必定伴随对流和辐射。导热系数也是一种物性参数,但与密度、比热容这一类系统平衡状态热力学参数不同,导热系数与输运性质相关。

7.1.2　热对流

流动流体中,温度不同的各部分之间发生相对位移,冷热不同部分相互掺混所引起的热量传递称为热对流。对流仅能发生在流体中,而且因为流体分子不断进行热运动,因而对流必然同时伴随导热。工程上特别感兴趣的是流体流过固体壁面时的热量传递过程,称为对流传(换)热。对流传热实质上是导热和热对流两种传热方式联合作用的结果,而由于黏性的作用,流体在固体表面会形成速度、温度等参数变化剧烈的薄层——边界层。

根据流动产生的原因,对流传热可分成自然对流与强制对流两类。自然对流是由于流体各部分的密度不同而引起的,图 7-1 中杯子附近的受热空气向上流动就是自然对流的例子。如果流体的流动是由水泵、风机或其他压差作用所造成的,则称为强制对流。例如从空调器吹出的冷空气的流动由风扇驱动,属于强制对流。另外,工程上还常遇到液体在热表面上沸腾及蒸汽在冷表面上凝结的对流传热问题,它们是伴随有相变的对流传热。

对流传热所传递的热量的计算以牛顿冷却公式为基础。它指出:对流传热的热流量 Φ 与换热表面积 A 及固体壁面和流体之间的温度差 $(t_w - t_f)$ 成正比,即

$$\Phi = hA(t_w - t_f) \tag{7-3}$$

式中:h 为表面传热系数,习惯上又称作"对流传热系数"或"放热系数"。

表面传热系数表示了流体和固体之间传热的强弱,其数值等于壁面与流体之间的温差为 1 K 时,两者之间在单位表面积上、单位时间内的对流传热量,单位为 W/(m²·K)。

由式(7-3),对流传热单位面积的热流量可表示为

$$q = \frac{\Phi}{A} = h(t_w - t_f) \tag{7-4}$$

式中:q 为热流密度,W/m²。

对流传热时,热量的传递总是和流体的流动联系在一起的。一般说来,对流传热的强弱与流动发生的原因、流体的流动状况、流体的热物性及换热面的形状、位置等一系列因素有关。研究对流传热主要研究对流传热系数,由于对流传热是流体流过壁面时的热量传递,因此,流体的物性和影响流动的因素都会影响对流传热系数。表 7-1 给出空气和水在某些情况下表面传热系数 h 的大致范围。

表 7-1　空气和水在某些情况下的表面传热系数

对流传热情况	$h/[W/(m^2 \cdot K)]$	对流传热情况	$h/[W/(m^2 \cdot K)]$
空气做自由运动	4~50	水在管内做受迫流动	250~15 000
空气在管内做受迫流动	24~500	水发生沸腾	2 500~25 000
水做自由流动	100~500	水蒸气发生凝结	5 000~100 000

7.1.3　热辐射

物体对外发射电磁波的过程称为辐射。物体发射电磁波的能力取决于物体的温度,任何物体,因为其温度总是高于绝对零度,因此都具有发射电磁波的本领。电磁波有各种不同的波长,其中波长为 $0.4 \sim 1\,000\ \mu m$ 的电磁波具有较显著的热效应,这样的电磁波称为"热射线"。所谓的热辐射就是指这种热射线的传播过程。热辐射具有一般辐射现象的共性。例如,热辐射也以光速在空间传播,其频率、波长和速率也有如下关系

$$c = \nu \lambda \tag{7-5}$$

式中:c 为电磁波的传播速率,m/s,真空中 $c = 3 \times 10^8$ m/s;ν 为频率,s^{-1};λ 为波长,m。

物体热辐射的波长可以包括整个波谱,但在工程常遇到的温度范围(2 000 K 以下)内有实际意义的热辐射波长位于 $0.38 \sim 100\ \mu m$,并且大部分波长能量位于红外区段的 $0.79 \sim 20\ \mu m$ 范围内,如图 7-3 所示。太阳辐射中可见光的能量比例约占 45%,而 40 μm 以内波长的红外辐射大约也占 45%。

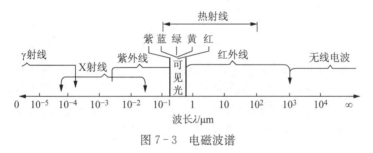

图 7-3　电磁波谱

物体热辐射的能力取决于物体的温度,但温度相同的不同物体的热辐射能力也不一样。同一温度下黑体(黑体是研究辐射传热的理想化模型,在给定温度下,黑体的辐射热流密度是所有物质中最高的)的热辐射能力和吸收能力最强。黑体表面在单位时间内发出的热辐射能量为

$$\Phi = A\sigma_b T^4 = Ac_b \left(\frac{T}{100} \right)^4 \tag{7-6}$$

式中:T 为黑体的热力学温度,K;σ_b 为黑体辐射常数,$\sigma_b = 5.67 \times 10^{-8}$ W/(m²·K⁴);c_b 为黑体辐射系数,$c_b = 5.67$ W/(m²·K⁴);A 为辐射表面积,m²。

实际物体的辐射能力都小于同温度下的黑体。一般物体表面辐射热流量为同温度下黑体的辐射热流量乘以物体的发射率 $\varepsilon (< 1)$

$$\Phi = \varepsilon A\sigma_b T^4 \tag{7-7}$$

发射率习惯上称为黑度,是实际物体的辐射力与同温度下黑体辐射力的比值,表示物体辐射能力接近黑体的程度,它与物体的种类及表面状态有关。

热量通过辐射的方式由高温物体传向低温物体的过程称为"辐射换热"。自然界中各个物体都不停地向空间发出热辐射,同时又不断地吸收其他物体发出的辐射,其综合结果就造成了以辐射方式进行的物体间的能量传递——辐射换热。当物体与周围环境处于热平衡时,辐射换热量等于零,但辐射与吸收过程仍在不停地进行。要计算辐射换热量还必须考虑投到物体

上的辐射能量的吸收过程。如表面积为 A_1、表面温度为 T_1、发射率为 ε_1 的食物放置在一个表面温度为 T_2 的烤箱内,此时该物体与烤箱内表面间的辐射换热量按下式计算

$$\Phi = \varepsilon_1 A_1 \sigma_b (T_1^4 - T_2^4) \tag{7-8}$$

辐射换热是与导热和对流传热在机理上完全不同的一种重要的热量传递方式。导热和对流传热是物质的宏观运动和微观粒子的热运动所造成的能量转移,而辐射换热是由物质微观粒子的电磁运动所引起的热能传递,参与换热的物体相互间不需要接触。当两个物体被真空隔开时,例如地球与太阳之间,导热与对流都不会发生,只能进行辐射换热。辐射换热区别于导热、对流传热的另一个特点是,它不仅产生能量的转移,而且还伴随着能量形式的转换:能量发射时从热能转换为辐射能,而被吸收时又从辐射能转换为热能。

7.2 传热过程

热量由温度较高的热流体通过固体壁传递给冷流体的过程称为"传热过程"。工程上大多数设备的热传递过程都属于这种情况,它实际上是一种复杂传热过程,热量通过固体通常是导热过程;壁面两侧流体与壁面之间的传热,可以是对流传热,也可以是两种或两种以上的基本传热方式同时起作用的复合传热。因此,传热过程包括多种热传递的基本方式。如热量从汽车散热器中以对流传热的方式传递给金属管壁内表面,再通过导热的方式由管壁内表面传到外表面,最后再主要以对流传热的方式把热量传给空气。其他设备和日用品,如锅炉、炊具等有时还须考虑流体与壁面之间的辐射换热。一些工程问题中常把辐射换热折合到对流传热中,适当加大对流传热的表面传热系数来考虑辐射换热的影响。

7.2.1 传热过程和传热方程

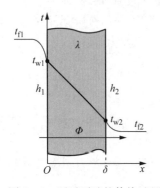

图 7-4 通过平壁的传热过程

如图 7-4 所示,导热率 λ 为常数,厚度为 δ 的无限大平壁(长度和宽度均远大于壁厚的平壁)的两侧各有分别维持温度为 t_{f1} 和 $t_{f2}(t_{f1} > t_{f2})$ 的流体进行传热,平壁两侧表面分别维持温度 t_{w1} 和 $t_{w2}(t_{w1} > t_{w2})$。经验证明在通过平壁的稳定的传热过程中,单位时间内通过单位面积所传递的热量与固体壁面两侧热、冷流体的温度差成正比,即

$$q = \frac{t_{f1} - t_{f2}}{\dfrac{1}{h_1} + \dfrac{\delta}{\lambda} + \dfrac{1}{h_2}} = k(t_{f1} - t_{f2}) \tag{7-9}$$

式中:h_1 为热流体与固体壁面之间的表面传热系数;h_2 为冷流体与固体壁面之间的表面传热系数;k 为传热过程的传热系数[W/(m²·K)],表示热、冷流体的温差为 1 ℃时,单位时间内、单位传热面积所传递的热量,是一个与过程有关的物理参数,其大小取决于热冷流体的物性、流速、固体壁面的形状及布置、材料的导热系数等。

$$k = \frac{1}{\dfrac{1}{h_1} + \dfrac{\delta}{\lambda} + \dfrac{1}{h_2}} \tag{7-10}$$

传热过程的热流量常以下述传热方程式计算

$$\Phi = kA(t_{f1} - t_{f2}) \tag{7-11}$$

式中：t_{f1}、t_{f2} 分别为热流体和冷流体的温度，℃；A 为流体与壁面间的接触面积，m^2。

由于在传热过程中，热、冷流体的温度可能不断变化，因此利用式(7-11)计算整个传热面积上的传热量的关键是如何确定传热系数和流体温差。

7.2.2　复合传热

两种或两种以上的基本传热方式同时起作用的传热过程称为复合传热。如室内取暖器表面的散热过程，就是由取暖器表面与空气的对流传热过程、取暖器表面与室内其他物体之间的辐射换热过程所组成的复合传热过程。在稳态下，可以认为组成复合传热过程的各基本过程是互不影响且独立进行的。复合传热的结果是基本传热过程单独作用的总和。物体在复合传热过程中，较多的场合是对流传热起主要作用，此时可用适当加大表面传热系数的办法来考虑辐射换热的影响，即

$$h_t = h_c + h_r \tag{7-12}$$

式中：h_t、h_c、h_r 分别为复合表面传热系数、对流传热表面传热系数和辐射换热表面传热系数，单位都是 $W/(m^2 \cdot K)$。

$$h_r = \frac{\Phi_r}{A(T_w - T_f)} \tag{7-13}$$

式中：Φ_r 为辐射换热量，W；T_f 和 T_w 为流体和壁面的热力学温度，K。

把辐射换热量加上对流传热量后，总换热量

$$\Phi = \Phi_c + \Phi_r = (h_c + h_r)A(T_w - T_f) \tag{7-14}$$

【例 7-1】　已知墙厚 200 mm；室内的空气温度为 20 ℃，室外空气的温度为 -10 ℃；砖墙导热系数 $\lambda = 0.95\ W/(m \cdot K)$，室内空气对墙面的对流表面传热系数 $h_1 = 8\ W/(m^2 \cdot K)$，室外空气的对流表面传热系数 $h_2 = 22\ W/(m^2 \cdot K)$。试求：(1)室内外空气通过单位面积砖墙传递的热量和砖墙内表面的温度；(2)若室内空气的相对湿度为 60%，问内墙面上是否会结露？

【解】　(1)通过单位面积砖墙传递的热量为

$$q = \frac{t_{f1} - t_{f2}}{\dfrac{1}{h_1} + \dfrac{\delta}{\lambda} + \dfrac{1}{h_2}} = \frac{293\ K - 263\ K}{\dfrac{1}{8\ W/(m^2 \cdot K)} + \dfrac{0.20\ m}{0.95\ W/(m \cdot K)} + \dfrac{1}{22\ W/(m^2 \cdot K)}}$$

$$= 78.74\ W/m^2$$

稳态条件下由室内空气通过对流传热传递给内墙面的热量等于通过砖墙传递的热量，故砖墙内表面温度

$$t_{w1} = t_{f1} - \frac{q}{h_1} = 293\ K - \frac{78.74\ W/m^2}{8\ W/(m^2 \cdot K)} = 283.16\ K = 10.16\ ℃$$

（2）查水蒸气表，温度为 20 ℃时 p_s = 2.339 kPa

$$p_v = \varphi p_s = 0.60 \times 2.339 \text{ kPa} = 1.403 \text{ kPa}$$

与此对应饱和温度，即露点为 12.0 ℃ > 10.16 ℃，所以内墙面发生结露。

【点评】 虽然室内主流空气温度高于露点，所含水蒸气处于过热的状态，但紧附于墙内表面的边界层气温低于露点，故有水蒸气凝结，分压力降低。形成与主流空气内水蒸气的压差，于是水蒸气向边界层内扩散、凝结，产生明显的结露。

【例 7 - 2】 某室冬季内墙表面温度为 12 ℃，室内空气温度为 22 ℃。若室内人体衣物外表面的温度等于 27 ℃，表面发射率为 0.8，人体可以简化成直径为 0.3 m、高为 1.75 m 的圆柱体。试估算室内人体的辐射散热量和辐射换热的表面传热系数。如果人体衣物外表面自然对流的表面传热系数是 5.03 W/(m²·K)，那么人体的总散热量等于多少？

【解】 假设人体散热表面积只算圆柱面与顶面

$$A = \pi dl + \frac{\pi}{4}d^2 = \pi d\left(l + \frac{d}{4}\right) = \pi \times 0.3 \text{ m} \times \left(1.75 \text{ m} + \frac{0.3 \text{ m}}{4}\right) = 1.72 \text{ m}^2$$

辐射散热量

$$\Phi_r = \varepsilon \sigma A(T_w^4 - T_{sur}^4)$$
$$= 0.8 \times 5.67 \times 10^{-8} \text{ W/(m}^2 \cdot \text{K}^4) \times 1.72 \text{ m}^2 \times (300^4 - 285^4)\text{K}^4 = 117.2 \text{ W}$$

$$q_r = \frac{\Phi_r}{A} = \frac{117.2 \text{ W}}{1.72 \text{ m}^2} = 68.14 \text{ W/m}^2$$

$$h_r = \frac{q_r}{\Delta t} = \frac{68.14 \text{ W/m}^2}{(27-22)℃} = 13.63 \text{ W/(m}^2 \cdot \text{K)}$$

对流散热量

$$\Phi_c = hA\Delta t = 5.03 \text{ W/(m}^2 \cdot \text{K)} \times 1.72 \text{ m}^2 \times (27-22)℃ = 43.26 \text{ W}$$

$$q_c = \frac{\Phi_c}{A} = \frac{43.26 \text{ W}}{1.72 \text{ m}^2} = 25.15 \text{ W/m}^2$$

所以　　　　　$$\Phi = \Phi_r + \Phi_c = 117.2 \text{ W} + 43.26 \text{ W} = 160.5 \text{ W}$$

或　　　$$h_t = h_c + h_r = (5.03 + 13.63)\text{W/(m}^2 \cdot \text{K)} = 18.66 \text{ W/(m}^2 \cdot \text{K)}$$

$$\Phi_t = h_t A\Delta t = 18.66 \text{ W/(m}^2 \cdot \text{K)} \times 1.72 \text{ m}^2 \times (27-22)℃ = 160.5 \text{ W}$$

【点评】 辐射换热量与温度的 4 次方差相关，但若将辐射换热的热流密度表达为辐射换热表面传热系数与温差的 1 次方的乘积，可使稳态复合传热过程（通常是对流传热起主要作用）采用适当加大对流传热表面传热系数的办法来考虑辐射换热的影响。

7.3 小结

热量的传递是一种十分复杂的物理过程，有导热、热对流和热辐射三种基本方式，而实际的传热过程往往是几种基本方式联合作用的结果。

物体各部分或相互接触的物体之间依靠微观粒子的热运动而产生的热量传递称为热传导（或称导热）。流动流体中,温度不同的各部分之间发生相对位移引起的热量传递称为热对流。热对流仅能发生在流体中,而且必然同时伴随导热。工程上感兴趣的是流体流过固体壁面时的热量传递过程,称为对流传热。热辐射是指热射线的传播过程,具有一般辐射现象的共性。热量通过辐射的方式由高温物体传向低温物体的过程称为"辐射换热"。

热量由温度较高的热流体通过固体壁传递给冷流体的过程称为传热过程。通常,传热过程往往是复合传热过程,有两种或两种以上的基本传热方式同时起作用。传热过程中热量通过固体进行导热过程,壁面两侧流体与壁面之间的传热,可以是对流传热,也可以是复合传热。

导热不仅可以发生在固体各部分或不同固体之间,也可发生在液体、气体内部。对流传热是流体流过固体壁面时的热量传递过程。这两者的实施均需要有物质的接触、参与,是物质的宏观运动和微观粒子的热运动所造成的能量转移,而辐射换热是由物质微观粒子的电磁运动所引起的热能传递,参与换热的物体相互间不需要接触。此外,辐射换热不仅产生能量的转移,而且还伴随着能量形式的转换：发射时从热能转换为辐射能,而被吸收时又从辐射能转换为热能。

思 考 题 7

7-1　进行传热过程的最基本条件是什么？请列举传热与高科技发展的关系。

7-2　用实例说明热传导（导热）、热对流和热辐射三种热量传递基本方式各自的特点及它们之间的联系与区别。

7-3　在计算机主机箱中,为什么在中央处理器（CPU）上和电源旁要加风扇？试说明CPU 的散热过程的基本传热方式。

7-4　试从传热的角度说明暖气片放在室中什么位置合适。

7-5　什么是复合传热过程？

习 题 7

7-1　一块大平板,高 3 m、宽 2 m、厚 0.02 m,导热系数为 45 W/(m·K),两侧表面温度分别为 $t_{w1}=100\ ℃$、$t_{w2}=50\ ℃$,试求该板的热流量和热流密度。

7-2　有一块平板稳态导热,已知其厚度 $\delta=25$ mm、面积 $A=0.1\ m^2$、平板材料的平均导热系数 $\lambda=0.2$ W/(m·K)。若单位时间导热量 $\Phi=1.5$ W,试求平板两侧的温差。

7-3　厚度为 0.3 m、表面积等于 $4\ m\times5\ m$ 的混凝土墙壁,其内表面温度为 22 ℃,外表面温度为 -10 ℃。混凝土导热系数是 1.54 W/(m·K)。试求通过墙壁的总热流量和热流密度。

7-4　某房间的砖墙宽 5 m,高 3 m,厚 0.25 m,墙的内、外表面维持温度为 15 ℃ 和 -5 ℃,砖的导热系数 $\lambda=0.7$ W/(m·K),求通过砖墙的散热量。

7-5　木板墙厚 5 cm,内外表面的温度分别为 45 ℃ 和 15 ℃,通过此木板墙的热流密度是 $65\ W/m^2$,求该木板在此厚度方向上的导热系数。

7-6　空气在一根内径为 50 mm、长 2.5 m 的管子内流动并被加热,已知空气平均温度为 100 ℃,管内对流传热的表面传热系数 $h=50$ W/(m²·K),热流密度 $q=5\ 000\ W/m^2$,试求管壁温度及热流量。

7-7　一个浸没式电加热器的功率为 1 500 W,如果它的外径是 10 mm,长度等于 400 mm,浸没在 20 ℃水中时它的表面传热系数等于 1 200 W/(m² · K),求电加热器表面的温度。当水被加热到沸点以后,表面传热系数达到 25 000 W/(m² · K),此时电加热器的表面温度将是多少?

7-8　表面积等于 1 cm² 的集成电路芯片,如果用 20 ℃的空气来冷却,表面传热系数最高达到 200 W/(m² · K),芯片最高允许工作温度是 85 ℃。假设芯片表面温度均匀,求:(1) 该芯片的耗散功率最高不能超过多少? (2) 若改用绝缘的液体并采用喷射冷却方式,表面传热系数至少可以升高到 3 000 W/(m² · K),这时芯片的耗散功率可以允许提高到多少?

7-9　在地球静止轨道上运行的人造卫星的表面发射率等于 0.4,其表面平均温度大约为 260 K。试计算该卫星的辐射热流密度。宇宙空间的背景温度可视为 4 K。如果设法降低表面发射率,情况将如何变化?

7-10　表面积为 0.6 m² 的焊接板式换热器放置在一台大型真空钎焊炉内,如果换热器的温度等于 20 ℃,表面发射率是 0.6,钎焊炉的壁面温度为 650 ℃,求该换热器获得的热量。

7-11　一个单层玻璃窗,高 1.2 m,宽 1 m,玻璃厚 0.003 m,玻璃导热系数 λ_g = 1.05 W/(m · K),室内外的空气温度分别为 20 ℃和 −5 ℃,室内外空气与窗玻璃之间对流传热的表面传热系数分别为 h_1 = 5 W/(m² · K), h_2 = 20 W/(m² · K),试求玻璃窗的散热损失。

7-12　有一面厚度 δ = 300 mm 的房屋外墙,导热系数 λ_b = 0.5 W/(m · K)。冬季,室内空气温度 t_1 = 20 ℃,与墙内壁面之间对流传热的表面传热系数 h_1 = 4 W/(m² · K),室外空气温度 t_2 = −3 ℃,与外墙之间对流传热的表面传热系数 h_2 = 8 W/(m² · K)。如果不考虑热辐射,试求通过墙壁的传热系数、单位面积的传热量和内外壁面温度。

第8章 导　　热

本章讨论与导热问题密切相关的温度场、导热微分方程、导热系数等基本概念以及一维稳态导热问题的求解和非稳态问题的集总参数法,也将对导热问题数值解法做粗略介绍。

8.1　导热的微分方程和导热系数

8.1.1　温度场

前已述及导热是指物体不同温度各部分之间或相互接触的温度不同的各个物体之间依靠物质微粒的运动进行的能量传递,因此导热与物体内的温度分布密切相关。某一瞬间物体内各点温度的分布称为温度场。一般来说,温度场是空间坐标和时间坐标的函数,可表示为

$$t = f(x, y, z, \tau)$$

温度场可分为温度不随时间变化的稳态温度场和温度随时间变化的非稳态温度场。对于稳态温度场 $\left(\dfrac{\partial t}{\partial \tau} = 0 \right)$,故

$$t = f(x, y, z)$$

若温度只在一个坐标方向变化,称为一维温度场;若温度场是两个或三个空间坐标的函数,则称为二维或三维温度场。稳态温度场中的导热称为稳态导热,非稳态温度场中的导热称为非稳态导热。

为了形象地表示物体内的温度分布,常使用等温面(线)来表示温度场:温度场中同一时刻温度相同的点组成的面为等温面。等温面与任一坐标平面垂直相交所得截面线为等温线。因为物体内任一点的温度是唯一的,所以,物体中的任一条等温线或者形成一个封闭的曲线,或者在物体表面上终止,两条等温线不会相交。另外,当等温线图上每两条相邻等温线间的温度间隔相等时,等温线的疏密可直观地反映出不同区域导热热流密度的相对大小。

温度场中沿不同的方向温度的变化率是不同的,沿等温面法线方向的变化率 $\dfrac{\partial t}{\partial n}$ 最大。沿等温面法线,指向温度升高方向的温度变化率称为温度梯度,温度梯度是有方向的矢量。

8.1.2　导热微分方程和傅里叶定律

傅里叶定律是在实验的基础上建立起来的,它指出:导热热流密度的大小与温度梯度的绝对值成正比,其方向与温度梯度的方向相反

$$q = -\lambda \frac{\partial t}{\partial n} \tag{8-1}$$

因为热量传递方向与温度梯度的方向相反,所以等式中存在负号。傅里叶定律的本质即在有温度差的物系内部,热流总是朝着温度降低的方向传递。

当给定导热面上热流密度相等时

$$\Phi = -\lambda A \frac{\partial t}{\partial n} \qquad (8-2)$$

傅里叶定律揭示了连续温度场内热流密度与温度梯度的关系。对于一维稳态导热问题可直接利用傅里叶定律积分求解,求出导热热流量。但由于傅里叶定律未能揭示各点温度与其相邻点温度之间的关系,以及此刻温度与下一时刻温度的联系,对于多维稳态导热和一维及多维非稳态导热问题都不能直接利用傅里叶定律积分求解。导热微分方程揭示了连续物体内的温度分布与空间坐标和时间的内在联系,使上述导热问题的求解成为可能。

根据傅里叶定律和能量守恒方程,可以推得直角坐标下的导热微分方程

$$\frac{\partial t}{\partial \tau} = \frac{\lambda}{\rho c} \left[\frac{\partial^2 t}{\partial x^2} + \frac{\partial^2 t}{\partial y^2} + \frac{\partial^2 t}{\partial z^2} \right] + \frac{\dot{\Phi}}{\rho c} = a \left[\frac{\partial^2 t}{\partial x^2} + \frac{\partial^2 t}{\partial y^2} + \frac{\partial^2 t}{\partial z^2} \right] + \frac{\dot{\Phi}}{\rho c} \qquad (8-3)$$

式中:a 为热扩散率,又称导温系数,$a = \frac{\lambda}{\rho c}$,$m^2/s$;$\dot{\Phi}$ 为单位时间内、单位体积中内热源生成的热量,W/m^3。

热扩散率是一个综合性物性参数,导热系数 λ 表明材料导热能力的大小;ρc 代表材料单位体积储存热量的能力,所以,热扩散率表示在加热或冷却的过程中物体内温度趋于均匀一致的能力,即热扩散率 a 越大,温度变化越快,因此热扩散率是非稳态导热问题重要的物性参数。

导热微分方程是对导热物体内部温度场内在规律的描述,适用于所有导热过程,要获得特定情况下导热问题的解,必须附加该情况下的限制条件,这些条件称为定解条件。定解条件包括时间条件和边界条件。因此,导热问题完整的数学描述包括导热微分方程和相应的定解条件。时间条件给定某一时刻导热物体内的温度分布,称为初始条件。稳态导热时,导热物体内的温度分布不随时间变化,初始条件没有意义,所以非稳态导热才有初始条件。边界条件是指导热物体边界处的温度或表面传热情况。边界条件通常分为以下三类。

(1) 第一类边界条件:给定物体边界上任何时刻的温度分布。

$$t_w = f(z, y, z, \tau) \qquad (8-4)$$

(2) 第二类边界条件:给定物体边界上的热流密度分布。

$$-\lambda \left(\frac{\partial t}{\partial n} \right)_w = f(z, y, z, \tau) \qquad (8-5)$$

(3) 第三类边界条件:给定物体边界与周围流体间的表面传热系数 h 及流体的温度 t_f。

$$-\lambda \left(\frac{\partial t}{\partial n} \right)_w = h(t_w - t_f) \qquad (8-6)$$

以上三类边界条件之间有一定的联系。当物体边界温度等于流体温度,第三类边界条件变成

第一类边界条件。当边界面的表面传热系数 h 为零时,第三类边界条件变成特殊的第二类边界条件——物体边界面绝热。

8.1.3 导热系数

导热系数是物质的一个物性参数,表示物质导热能力的大小。由式(8-1)得

$$\lambda = -\frac{q}{\partial t/\partial n}$$

即导热系数的数值等于温度梯度为 1 K/m 时,单位时间内通过单位面积的导热量。不同物质的导热系数彼此不同,即使是同一种物质,导热系数的值也随压力、温度以及该物质内部结构、湿度等因素而变化。物质的导热系数通常由实验确定。表 8-1 列出一些材料的导热系数的数值,更详尽的数据请参阅有关热物性手册。

表 8-1 一些典型材料在温度 280 K 时的导热系数

材料名称	银	铜	软钢	不锈钢	木料	石棉	水	空气
$\lambda/[\text{W}/(\text{m}\cdot\text{K})]$	415.0	380.0	45.0	19.0	0.17	0.17	0.60	0.026

各种物质导热系数的范围:气体 0.006~0.6 W/(m·K);液体 0.07~0.7 W/(m·K);金属 6~470 W/(m·K);保温与建筑材料 0.02~3 W/(m·K)。根据现行国家标准规定,平均温度在 350 ℃以下时导热系数不超过 0.12 W/(m·K)的材料称为保温材料。实际工程应用中隔热保温材料,如发泡聚氨酯、聚苯乙烯、玻璃纤维的导热系数常在 0.07~0.03 W/(m·K),但需要注意导温系数是随温度变化的,并应在其温度允许的范围内使用。此外,保温材料常常是多孔结构,进水或受潮将大大影响其保温性能。

同一种物质固态的导热系数最大、气态导热系数最低,例如,0 ℃时冰的导热系数为 2.22 W/(m·K),水导热系数为 0.551 W/(m·K),水蒸气导热系数为 0.018 3 W/(m·K)。一般,金属材料的导热系数比非金属材料高,纯金属的导热系数又比合金高,各种纯金属中以银的导热系数为最高,电的良导体往往是热的良导体。通常,气体的导热系数为最小,而且在较大的压力范围内,气体的导热系数只是温度的函数,与压力无关。除液态金属外,液体材料中水的导热系数是较大的。

各种材料的导热系数随温度变化的规律不尽相同。通常低温下纯金属具有极高的导热系数值,如纯铜 10 K 时的导热系数高达 12 000 W/(m·K),且纯金属的导热系数一般随温度的升高而下降,而一般合金的导热系数则随温度的升高而增大。气体的导热系数随温度升高而增大。气体中氢和氦的热导率比其他气体高 4~9 倍。处于理想气体状态气体的热导率随压力的变化很小,工程上常可忽略不计。混合气体的热导率一般通过实验测定,尚未发现可用各组元热导率的加权计算的方法。除水和甘油外,一般液体的导热系数一般随温度升高而减小。常见的保温和建筑材料大多具有多孔或纤维结构,孔内充满空气,因此,保温与建筑材料的导热系数大多数随温度升高而增大,还与材料的结构、孔隙度、密度和湿度有关。

在一定温度范围内,大多数工程材料的导热系数可以近似认为是温度的线性函数,即

$$\lambda = \lambda_0(1 + bt) \tag{8-7}$$

式中：λ_0 为 0 ℃时按上式计算的导热系数(一般，它并非 0 ℃时的实际值)；b 为由实验确定的常数。

8.2 稳态导热

稳态导热是指温度场不随时间变化的导热过程。处于稳定运行状态的热力设备内发生的导热过程就是稳态导热。本节讨论常见的平壁及圆筒壁的一维稳态导热问题。

8.2.1 通过平壁的稳态导热

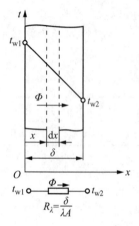

图 8-1 单层平壁的导热

设有一厚度为 δ 的无限大平壁，其两侧外表面各维持一定的温度，且不随时间而改变，如图 8-1 所示。由于平壁宽和高远大于厚度，故可忽略高度和宽度方向的散热，壁内温度只沿厚度方向，即垂直于壁面的 x 轴方向变化，因此属于一维稳定温度场。若取材料的导热系数为常数，且无内热源，则导热微分方程(8-3)简化成

$$\frac{\mathrm{d}^2 t}{\mathrm{d} x^2} = 0 \tag{8-8}$$

边界条件为

$$x = 0,\ t = t_{w1}$$
$$x = \delta,\ t = t_{w2}$$

对式(8-8)积分两次，并代入边界条件，整理后得平壁内温度分布

$$t(x) = t_{w1} - \frac{t_{w1} - t_{w2}}{\delta} x \tag{8-9}$$

可见，物体的导热系数 λ 为常数时，平壁内温度呈线性分布。若平壁的导热系数是温度的函数，则平壁内的温度分布就不再是直线。

根据温度分布，利用傅里叶定律不难求出热流密度为

$$q = -\lambda \frac{\mathrm{d} t}{\mathrm{d} x} = -\lambda \frac{t_{w1} - t_{w2}}{\delta} \tag{8-10}$$

或

$$\Phi = -\lambda A \frac{t_{w1} - t_{w2}}{\delta} \tag{8-11}$$

式(8-10)和式(8-11)可写成

$$q = \frac{t_{w1} - t_{w2}}{\dfrac{\delta}{\lambda}} = \frac{\Delta t}{r_\lambda} \tag{8-12}$$

$$\Phi = \frac{t_{w1} - t_{w2}}{\dfrac{\delta}{\lambda A}} = \frac{\Delta t}{R_\lambda} \tag{8-13}$$

式中：$\Delta t = t_1 - t_2$ 为温压或温差，℃；$r_\lambda = \dfrac{\delta}{\lambda}$，为单位导热面积的导热热阻，$m^2 \cdot K/W$；

$R_\lambda = \dfrac{\delta}{\lambda A}$，为导热面积为 A 时的导热热阻，K/W。显然，若有内热源则上述公式不再适用。采用不同导热系数的材料和改变几何尺寸均可改变导热热阻，在不改变材料性质和壁面厚度情形下加装肋片而拓展导热面积是工程和生活实践中常见的增强导热的措施（详见第11章）。

式(8-12)表明，热流密度 q 与温压 Δt 成正比，而与热阻 r_λ 成反比。式(8-12)与电工学中的欧姆定律类似，这里 q 相当于电路中的电流 I，r_λ 相当于电路电阻 R，而温压 Δt 就相当于电压 U。引进这些概念后，可以用串联、并联电路的方法来分析换热问题，如多层平壁的热阻就相当于串联电路的电阻，可以相加。

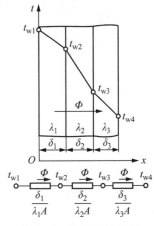

图 8-2　多层平壁导热

工程上遇到的平壁常常是由若干层不同材料所组成的多层平壁。例如，住宅墙壁常由砂浆层、红砖和护壁板组合而成。一般假定各层紧密接触，并认为相邻两层接触面上的温度相同。下面研究由三层平壁组成的多层壁导热，如图8-2所示。各层的厚度分别为 δ_1、δ_2、δ_3；导热系数分别为 λ_1、λ_2、λ_3，均为常数；两侧表面温度均匀，分别为 t_{w1} 和 t_{w4}，且 $t_{w1} > t_{w4}$；用 t_{w2} 和 t_{w3} 表示各层之间接触面的温度。根据热力学第一定律，在稳定的情况下，通过各层的热流密度应当相同，就像电流依次流过串联电阻时电流相同一样。因此，总温压为 $t_{w1} - t_{w4}$，总热阻等于各层导热热阻的总和，因而

$$q = \frac{\Delta t}{r_{\lambda 1} + r_{\lambda 2} + r_{\lambda 3}} = \frac{t_{w1} - t_{w4}}{\dfrac{\delta_1}{\lambda_1} + \dfrac{\delta_2}{\lambda_2} + \dfrac{\delta_3}{\lambda_3}} \qquad (8-14)$$

根据热阻串联的概念，上式可方便地推广到 n 层平壁

$$q = \frac{\Delta t}{\sum\limits_i r_{\lambda i}} = \frac{t_{w1} - t_{w,n+1}}{\sum\limits_i \dfrac{\delta_i}{\lambda_i}} \qquad (8-15)$$

$$\Phi = \frac{A(t_{w1} - t_{w,n+1})}{\sum\limits_i \dfrac{\delta_i}{\lambda_i}} \qquad (8-16)$$

根据各层热流密度相等，可导得各层接触面上的温度计算公式

$$t_{w,i+1} = t_{w,i} - q\frac{\delta_i}{\lambda_i} = t_{w1} - q\sum_{i=1}^{n}\frac{\delta_i}{\lambda_i} \qquad (8-17)$$

多层平壁稳定导热时，若各层导热系数都取常数，则每一层内的温度按直线分布，由于各层材料的导热系数不同，所以整个多层平壁中的温度是呈折线分布的。

8.2.2 通过圆筒壁的稳态导热

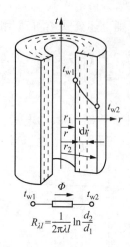

图 8-3 单层圆筒壁导热

圆筒具有强度高、受力均匀、制造方便等许多优点,因此在各种热力设备中得到广泛应用。下面讨论通过圆筒壁的热流量和圆筒壁中的温度分布。

设有一圆筒,其内外直径分别为 d_1 和 d_2,长为 l。假定长度 l 远大于外径 d_2,圆筒内外表面分别维持均匀不变的温度 t_{w1} 和 t_{w2},且 t_{w1} 大于 t_{w2},见图 8-3。管子材料的导热系数为 λ,且为常数。由于圆筒壁很长,沿轴向的导热可忽略不计,温度仅沿半径方向发生变化,所以可将其简化为一个一维的稳定温度场,和圆筒内、外表面平行的同心圆柱面上各点温度相等。现取出一半径为 r、厚度为 dr 的薄层,如图 8-3 中虚线所示,该无限薄圆筒壁内的温度变化率为 $\dfrac{dt}{dr}$,采用圆柱坐标的导热微分方程或直接根据傅里叶定律可得到,通过该微元圆筒壁的热流量为

$$\Phi = -\lambda A \frac{dt}{dr} = -2\pi r\lambda l \frac{dt}{dr}$$

积分得

$$t = t_{w1} - \frac{\Phi}{2\pi\lambda l}\ln\frac{d}{d_1} \tag{8-18}$$

所以,圆筒壁剖面的温度分布呈对数曲线,与平壁内温度分布曲线(直线)不同,其原因在于圆筒壁内外表面积不相等。在 $d=d_2$ 处,$t=t_{w2}$,故有

$$\Phi = \frac{t_{w1} - t_{w2}}{\dfrac{1}{2\pi\lambda l}\ln\dfrac{d_2}{d_1}} \tag{8-19}$$

实际工作中常常计算通过单位管长的热流量

$$\Phi_l = \frac{\Phi}{l} = \frac{t_{w1} - t_{w2}}{\dfrac{1}{2\pi\lambda}\ln\dfrac{d_2}{d_1}} \tag{8-20}$$

所以,1 m 单层圆筒壁的热阻为

$$R_{\lambda l} = \frac{1}{2\pi\lambda}\ln\frac{d_2}{d_1} \tag{8-21}$$

对于 n 层圆筒壁,其总热阻等于各层热阻之和。若总温压为 $t_{w1} - t_{w,n+1}$,则 1 m 长圆筒壁的热流量为

$$\Phi_l = \frac{\Phi}{l} = \frac{t_{w1} - t_{w,n+1}}{\sum_{i=1}^{n} R_{\lambda l,i}} = \frac{t_{w1} - t_{w,n+1}}{\sum_{i=1}^{n}\left(\dfrac{1}{2\pi\lambda_i}\ln\dfrac{d_{i+1}}{d_i}\right)} \tag{8-22}$$

各层接触面上的温度,可按各层热流量相等,等于温度降乘以热阻的原理确定

$$t_{w, i+1} = t_{w1} - \Phi_l \sum_i \frac{1}{2\pi\lambda_i} \ln \frac{d_{i+1}}{d_i} \qquad (8-23)$$

　　热阻的概念可以推广到对流传热和辐射传热场合。若面积 A 上对流传热系数式保持常数(或取截面上的平均值)式(7-3)改写为

$$\Phi = \frac{t_w - t_f}{1/(hA)} \qquad (8-24)$$

式中,$1/(hA)$ 即为对流传热的热阻 R_c,K/W,单位导热面积的导热热阻 $r_C = 1/h$,$\mathrm{m^2 \cdot K/W}$。 显然,对流热阻不仅与表面传热系数有关,也与表面积大小相关。

　　类似可得出与表面辐射传热相应的当量热阻表达式

$$R_r = 1/(h_r A) \qquad (8-25)$$

　　由于辐射传热与物体表面温度、表面性质(如发射率等)与计算表面发生辐射传热的物体表面温度及物体表面相关,因此其影响因素更复杂。在复合传热过程中该当量辐射热阻可以认为与对流热阻有类似于电路中并联的关系。前已述及,大多工程场合的复合传热过程(如高温蒸汽输送管道的散热)中,对流传热起主要作用,此时可用适当加大表面传热系数的办法来考虑辐射传热的影响,

　　引入热阻概念后,通过固体壁面的传热过程热流密度可表达为传热的总温差(压)与总热阻之比,总热阻是可视具体布置由导热热阻、对流热阻(若一侧流体为气体则应包含辐射化热的作用)组成的串联或并联或串并联热阻。

　　【例 8-1】　锅炉炉墙由三层材料组成:内层为耐火砖,厚度为 230 mm,导热系数为 1.1 W/(m·K);中间层为石棉隔热层,厚度为 60 mm,导热系数为 0.1 W/(m·K);外层为红砖,厚度为 240 mm,导热系数为 0.58 W/(m·K);已知炉墙内、外表面的温度分别为 500 ℃ 和 50 ℃,试求通过炉墙的热流密度和各层接触面处的温度。

　　【解】　由式(8-14)

$$q = \frac{\Delta t}{\sum_i R_{\lambda i}} = \frac{t_{w1} - t_{w4}}{\dfrac{\delta_1}{\lambda_1} + \dfrac{\delta_2}{\lambda_2} + \dfrac{\delta_3}{\lambda_3}}$$

而

$$\frac{\delta_1}{\lambda_1} = \frac{0.23 \text{ m}}{1.1 \text{ W/(m·K)}} = 0.21 \text{ (m}^2 \cdot \text{K)/W}$$

$$\frac{\delta_2}{\lambda_2} = \frac{0.06 \text{ m}}{0.1 \text{ W/(m·K)}} = 0.60 \text{ (m}^2 \cdot \text{K)/W}$$

$$\frac{\delta_3}{\lambda_3} = \frac{0.24 \text{ m}}{0.58 \text{ W/(m·K)}} = 0.41 \text{ (m}^2 \cdot \text{K)/W}$$

所以

$$q = \frac{(500-50)\text{K}}{(0.21+0.60+0.41)(\text{m}^2 \cdot \text{K)/W}} = 368.9 \text{ W/m}^2$$

由式(8-17)

$$t_{\mathrm{w},\,i} = t_{\mathrm{w}1} - q \sum_i \frac{\delta_{i-1}}{\lambda_{i-1}}$$

所以

$$t_{\mathrm{w}2} = t_{\mathrm{w}1} - q \left(\frac{\delta_1}{\lambda_1} \right) = 500\ ℃ - 368.9\ \mathrm{W/m^2} \times 0.21\ (\mathrm{m^2 \cdot K})/\mathrm{W} = 422.5\ ℃$$

$$t_{\mathrm{w}3} = t_{\mathrm{w}2} - q \left(\frac{\delta_2}{\lambda_2} \right) = t_1 - q \left(\frac{\delta_1}{\lambda_1} + \frac{\delta_2}{\lambda_2} \right)$$

$$= 500\ ℃ - 368.9\ \mathrm{W/m^2} \times (0.21 + 0.60)(\mathrm{m^2 \cdot K})/\mathrm{W} = 201.2\ ℃$$

【点评】 在无内热源且稳定的情况下,通过各层的热流密度相同,可利用热阻串(并)联方法计算总热阻。

【例 8-2】 蒸汽管道的内径为 160 mm,外径为 170 mm。管外覆有两层保温材料,第一层的厚度 $\delta_1 = 30$ mm,第二层厚度 $\delta_2 = 50$ mm。设钢管和两层保温材料的导热系数分别为 $\lambda_1 = 50$ W/(m·℃)、$\lambda_2 = 0.15$ W/(m·℃) 和 $\lambda_3 = 0.08$ W/(m·℃)。已知蒸汽管内表面温度 $t_{\mathrm{w}1} = 300$ ℃,第二层保温材料的外表面温度 $t_{\mathrm{w}4} = 50$ ℃,试求 1 m 长蒸汽管的散热损失和各层接触面上的温度。

【解】 据题意 $d_1 = 0.16$ m,$d_2 = 0.17$ m,$d_3 = d_2 + 2\delta_1 = 0.23$ m,$d_4 = d_3 + 2\delta_2 = 0.33$ m。

1 m 长管道的热流量

$$\Phi_l = \frac{t_{\mathrm{w}1} - t_{\mathrm{w},\,n+1}}{\sum_i R_{\lambda l,\,i}} = \frac{t_{\mathrm{w}1} - t_{\mathrm{w}4}}{\frac{1}{2\pi\lambda_1}\ln\frac{d_2}{d_1} + \frac{1}{2\pi\lambda_2}\ln\frac{d_3}{d_2} + \frac{1}{2\pi\lambda_3}\ln\frac{d_4}{d_3}}$$

$$= \frac{2 \times 3.141\ 6 \times (300 - 50)℃}{\dfrac{1}{50\ \mathrm{W/(m \cdot ℃)}}\ln\dfrac{0.17\ \mathrm{m}}{0.16\ \mathrm{m}} + \dfrac{1}{0.15\ \mathrm{W/(m \cdot ℃)}}\ln\dfrac{0.23\ \mathrm{m}}{0.17\ \mathrm{m}} + \dfrac{1}{0.08\ \mathrm{W/(m \cdot ℃)}}\ln\dfrac{0.33\ \mathrm{m}}{0.23\ \mathrm{m}}}$$

$$= 240.6\ \mathrm{W/m}$$

各层接触面上的温度

$$t_{\mathrm{w}2} = t_{\mathrm{w}1} - \Phi_l \frac{1}{2\pi\lambda_1}\ln\frac{d_2}{d_1}$$

$$= 300\ ℃ - 240.6\ \mathrm{W/m} \times \frac{1}{2 \times 3.141\ 6 \times 50\ \mathrm{W/(m \cdot ℃)}} \times \ln\frac{0.17\ \mathrm{m}}{0.16\ \mathrm{m}} = 299.95\ ℃$$

$$t_{\mathrm{w}3} = t_{\mathrm{w}2} - \Phi_l \frac{1}{2\pi\lambda_2}\ln\frac{d_3}{d_2}$$

$$= 299.95\ ℃ - 240.6\ \mathrm{W/m} \times \frac{1}{2 \times 3.141\ 6 \times 0.15\ \mathrm{W/(m \cdot ℃)}} \times \ln\frac{0.23\ \mathrm{m}}{0.17\ \mathrm{m}} = 222.78\ ℃$$

【点评】 通常,薄壁金属管的热阻与保温层的热阻相比常常可忽略不计,因而本例钢管壁两侧表面的温度差很小,故而一般工程初步估算中可不计薄壁金属管的热阻。

8.3　非稳态导热

许多自然现象和工业过程除需要确定物体内部的温度分布,还需要确定物体内部不同位置温度随时间变化的规律。例如,从太阳辐射加热建筑物墙体开始,到室内空气温度升高,有一定的弛豫时间。合理地组织这一过程,可节约建筑物空调所需的能量。寒流来临时,农作物果实内部及土壤中都经历着复杂的温度波动过程,该过程对于农作物的生长及果实的产量和质量均有很大的影响。又如汽车发动机从起动加速至满负荷过程中,无论内部构件还是排气系统,都要经历严重的温度冲击。只有合理设计的热力系统,才能达到较高的经济性能,同时又实现较低的污染物排放,非稳态导热指物体温度和导热热流均随时间变化的导热。非稳态导热过程主要有两大类,瞬态导热和周期性导热。前者指物体内的温度随时间连续变化直至逼近某个新的平衡状态的过程,后者则指由边界面上的热环境发生周期性的变化,导致物体内的温度也呈现周期性反复升降的过程。本节简要讨论非周期性非稳态导热基本概念和集中参数法。

8.3.1　非周期性非稳态导热的基本概念

非稳态导热问题中,物体内部的温度是不均匀的。为了说明这一类非稳态导热过程的特点,让我们来考察一个简单的例子。设有一平壁,如图 8-4 所示,其初始温度为 t_0。令其左侧表面的温度突然升高到 t_1 并保持不变,而右侧仍与温度为 t_0 的空气相接触。在这种条件下,物体的温度场要经历以下的变化过程。首先,物体紧挨高温表面部分的温度很快上升,而其他部分仍保持原来的温度 t_0,如图中曲线 HBD 所示。随着时间的推移,温度变化波及的范围不断扩大,经一定时间以后,右侧表面的温度也逐渐升高,图中曲线 HCD、HE、HF 示意性地表示了这种变化过程。最终达到稳态时,温度分布保持恒定,如曲线 HG 所示(导热系数为常数时,此曲线为直线)。由于在温度升高过程中,物质的热力学能发生变化,所以导热过程中同时存在着热量的传递和能量的储存(或释放),是导热和储热同时进行且不断推进的过程。

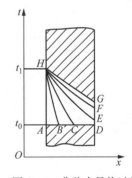

图 8-4　非稳态导热过程

以上分析表明,在上述非稳态导热过程中,存在右侧面不参与换热过程和参与换热过程两个不同阶段。在右侧面不参与换热过程阶段里,温度分布呈现出部分为非稳态导热规律控制区和部分为初始温度区的混合分布。存在着有区别的两个不同阶段是非稳态导热过程的一个特点。还可以注意到,在热量传递的过程中,各处随本身温度变化要积聚或消耗能量。所以,与稳态导热不同,即使对于穿过平壁的导热来说,每个与热流方向相垂直的截面上的热流量也是处处不等的。这是非稳态导热过程的又一个特点。

8.3.2　集总参数法

从理论上说,任何非稳态导热问题都可以从导热微分方程式(8-3)出发,结合特定的初始条件和边界条件,获得所需的解。但导热微分方程仅在少数特定的初始条件和边界条件下才可以获得分析解。本节仅介绍式(8-3)的所谓"零维模型",即最简单的集总参数法。对于一维及多维问题,在特定的条件下可以从分离变量法出发,推导出工程应用的图线——诺谟图。有关内容可参考其他传热学教材。

当对小型金属工件进行热处理时,若工件内部的导热热阻远小于其表面的传热热阻时,工件内部的温度趋于一致,进而可以认为整个工件在同一瞬间均处于同一温度下。这时所要求解的温度仅是时间 τ 的一元函数而与坐标无关,好像工件原来连续分布的质量与热容量汇总到一点上,而只有一个温度那样。这种忽略内部导热热阻的简化分析方法称为集总参数法。显然,如果物体的导热系数相当大,或者几何尺寸很小,或表面传热系数极低,则其导热问题都可能属于这一类型的非稳态导热问题。热电偶就是这类问题的典型实例。下面以热电偶为例讨论集总参数法。

将体积为 V,表面积为 A,具有均匀的初始温度 t_0 的热电偶置于温度恒为 $t_\infty(t_0 > t_\infty)$ 的流体中,假定流体与热电偶间的表面传热系数 h 及各物性参数均保持常数,讨论物体温度随时间的依变关系。显然,本问题可以应用集总参数法分析,非稳态、有内热源的导热微分方程式(8-3)原则上适用

$$\frac{\partial t}{\partial \tau} = \frac{\lambda}{\rho c}\left[\frac{\partial^2 t}{\partial x^2} + \frac{\partial^2 t}{\partial y^2} + \frac{\partial^2 t}{\partial z^2}\right] + \frac{\dot{\Phi}}{\rho c}$$

由于物体的内部热阻可以忽略,温度与坐标无关,式中对坐标的导数项均为零。于是上式简化成

$$\frac{\partial t}{\partial \tau} = \frac{\dot{\Phi}}{\rho c} \tag{8-26}$$

式中:$\dot{\Phi}$ 可看成广义热源。按对流传热的牛顿冷却公式,物体与外界的总传热热流量

$$-\dot{\Phi}V = hA(t - t_\infty) \tag{8-27}$$

在物体被冷却的条件下热源放热,故式(8-27)有负号,代入式(8-26)得

$$\rho cV\frac{dt}{d\tau} = -hA(t - t_\infty) \tag{8-28}$$

式中:ρcV 为物体的热容量。这就是适用于本题的导热微分方程式。式(8-28)也可从物体吸热升温吸收的热流量等于流体放出的热流量直接导出。

引入过余温度 $\theta = t - t_\infty$,则上式可以表示成

$$\rho cV\frac{d\theta}{d\tau} = -hA\theta \tag{8-29}$$

以过余温度表示的初始条件为

$$\theta(0) = t_0 - t_\infty = \theta_0 \tag{8-30}$$

式(8-29)分离变量可得

$$\frac{d\theta}{\theta} = -\frac{hA}{\rho cV}d\tau \tag{8-31}$$

式(8-31)从 0 到 τ 积分得到

$$\int_{\theta_0}^{\theta} \frac{\mathrm{d}\theta}{\theta} = -\int_0^{\tau} \frac{hA}{\rho c V} \mathrm{d}\tau$$

$$\ln \frac{\theta}{\theta_0} = -\frac{hA}{\rho c V}\tau \tag{8-32}$$

即

$$\frac{\theta}{\theta_0} = \frac{t - t_\infty}{t_0 - t_\infty} = \mathrm{e}^{-\frac{hA}{\rho c V}\tau} \tag{8-33}$$

上式中,$\dfrac{V}{A}$ 具有长度量纲。整理右端的指数得

$$\frac{hA}{\rho c V}\tau = \frac{hV}{\lambda A}\frac{\lambda A^2}{\rho c V^2}\tau = \frac{h(V/A)}{\lambda}\frac{a\tau}{(V/A)^2} = \frac{hL}{\lambda}\frac{a\tau}{L^2} = Bi_V Fo_V$$

式中: $Bi_V = \dfrac{hL}{\lambda}$ 为毕渥准则(λ 是固体的导热系数,下角标 V 指其特性长度 $L = \dfrac{V}{A}$);$Fo_V = \dfrac{a\tau}{L^2}$ 为傅里叶准则(a 是固体的热扩散率,下角标 V 指其特性长度 $L = \dfrac{V}{A}$)。

式(8-33)又可以表示为

$$\frac{\theta}{\theta_0} = \frac{t - t_\infty}{t_0 - t_\infty} = \mathrm{e}^{-Bi_V Fo_V} \tag{8-34}$$

式(8-33)或式(8-34)表明,当采用集总参数法来分析时,物体中的过余温度随时间成指数曲线关系变化。在过程的开始阶段温度变化很快,随后逐渐减慢,不同时间常数物体的温度变化如图 8-5 所示。

式(8-33)中 $\dfrac{hA}{\rho c V}$ 具有 $1/\tau$ 的量纲。当 $\tau = \dfrac{\rho c V}{hA}$ 时,有

$$\frac{\theta}{\theta_0} = \frac{t - t_\infty}{t_0 - t_\infty} = \mathrm{e}^{-1} = 0.368 = 36.8\%$$

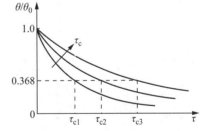

图 8-5 过余温度的变化曲线

式中: $\dfrac{\rho c V}{hA}$ 称为时间常数,用 τ_c 表示。当时间等于时间常数 ($\tau = \tau_c$)时,物体的过余温度已经达到了初始温度值的 36.8%。在用热电偶测定流体温度的场合,热电偶的时间常数是说明热电偶对流体温度变动影响快慢的指标。显然,时间常数越小,热电偶越能反映出流体温度的变动。时间常数不仅取决于热电偶的几何参数(V/A)、物理性质(ρ, c),还同传热条件(h)有关。从物理意义上来说,热电偶对流体温度变动反应的快慢取决于其自身的热容量($\rho c V$)及表面传热条件(hA)。热容量越大,温度变化得越慢;表面传热条件越好(hA 越大),单位时间内传递的热量越多,则越能使热电偶的温度迅速接近被测流体的温度。$\rho c V$ 与 hA 的比值反映了这两种影响的综合结果。

据式(8-33)还可以求出从初始时刻($\tau = 0$)到某一瞬间 τ 为止的时间间隔内物体与流体间所交换的热量为

$$Q_\tau = \int_0^\tau \Phi d\tau = \int_0^\tau hA(t - t_\infty) d\tau = \int_0^\tau hA(t_0 - t_\infty) e^{-\frac{hA}{\rho cV}\tau} d\tau$$

$$= (t_0 - t_\infty) \int_0^\tau hA e^{-\frac{hA}{\rho cV}\tau} d\tau = (t_0 - t_\infty)\rho cV(1 - e^{-\frac{hA}{\rho cV}\tau}) \qquad (8-35)$$

上式是针对物体被冷却的情况而导出的,但同样适用于被加热的场合,只是为使换热量恒取正值而应将式(8-35)中的 $(t_0 - t_\infty)$ 改为 $(t_\infty - t_0)$。

下面讨论毕渥准则 Bi 及傅里叶准则 Fo 的物理意义。毕渥准则 $\left(Bi = \dfrac{hL}{\lambda} = \dfrac{L/\lambda}{1/h}, L \right.$ 为导热物体的特征尺寸,如厚度为 2δ 的平壁的特征尺寸为 δ,半径为 r 的圆柱和球体为 $\left. r \right)$ 具有固体内部单位导热面积上的导热热阻与单位表面积上的传热热阻(即外部热阻)之比的意义。Bi 越小,意味着内部热阻越小或外部热阻越大,这时采用集总参数法分析的结果就越接近实际情况。例如,对于用热电偶测定流体温度的场合,Bi_V 准则(用 V/A 为特征尺度的毕渥准则)的值大概只有 0.001(或更小)的数量级。实验证实,这时式(8-33)同实测结果符合得很好。傅里叶准则可以理解为两个时间间隔相除所得的无量纲的时间,$Fo = \dfrac{\tau}{L^2/a}$,分子 τ 是从边界上开始发生热扰动的时刻起到所计算时刻为止的时间间隔,分母 L^2/a 可以视为使热扰动扩散到 L^2 面积上所需的时间。显然,在非稳态导热过程中,这一时间越长,热扰动就越深入地传播到物体内部,因而物体内各点的温度越接近周围介质的温度。

分析指出,对于形如平板、柱体和球这一类的物体,如果毕渥准则满足下列条件

$$Bi_V = \frac{h(V/A)}{\lambda} < 0.1M \qquad (8-36)$$

则物体中各点间温度的偏差小于 5%,其中 M 是与物体几何形状有关的无量纲数。对于无限大平板,$M = 1$;对于无限长圆柱,$M = \dfrac{1}{2}$;对于球,$M = \dfrac{1}{3}$。一般以式(8-36)作为容许采用集总参数法的判断条件。还应指出,Bi_V 准则所用的特性尺度为 V/A。分别计算平板、圆柱及球体的 V/A 值可得:

(1) 厚度为 2δ 的平板,$\dfrac{V}{A} = \dfrac{A\delta}{A} = \delta$。

(2) 半径为 r 的圆柱,$\dfrac{V}{A} = \dfrac{\pi r^2 l}{2\pi r l} = \dfrac{r}{2}$。

(3) 半径为 r 的球体,$\dfrac{V}{A} = \dfrac{\frac{4}{3}\pi r^3}{4\pi r^2} = \dfrac{r}{3}$。

由此可见:对于平板,$Bi_V = Bi$;对于圆柱,$Bi_V = \dfrac{Bi}{2}$;对于球体,$Bi_V = \dfrac{Bi}{3}$。

8.3.3*　内部热阻不可忽略物体的非稳态导热

工程上常遇到内部热阻不可忽略的物体的非稳态导热问题,此时,集总参数法不再适用。对于大平壁、圆柱体和球体这类形状比较简单的物体在第三类边界条件(给定物体边界与周围流体间的表面传热系数 h 及流体温度 t_f)的导热问题,可借助由求解导热微分方程和初始条件及边界条件构成的微分方程组简化导出的工程应用的计算线图——诺谟图解决。下面仅以厚度为 2δ 的大平壁为例进行简要说明,详细内容可参考其他传热学教材[4]。

在导热微分方程及初始条件、边界条件构成的微分方程组中,引进过余温度 $\theta(x,\tau)=t(x,\tau)-t_f$,当 $Fo=\dfrac{\tau}{L^2/a}>0.2$ 时,方程组解可简化为 Fo、Bi 和 x/L 的函数

$$\frac{\theta}{\theta_0}=f_1\left(Fo,Bi,\frac{x}{L}\right)$$

在中心面 $(x=0)$ 的过余温度 $\theta_m=t(0,\tau)-t_f$,则为

$$\frac{\theta_m}{\theta_0}=f_2(Fo,Bi)$$

而

$$\frac{\theta}{\theta_0}=\frac{\theta}{\theta_m}\cdot\frac{\theta_m}{\theta_0}$$

于是可得

$$\frac{\theta}{\theta_m}=f_3\left(Bi,\frac{x}{L}\right)$$

针对上述几个关系式,科学家海斯勒设计制作了一套以 $\dfrac{\theta_m}{\theta_0}$ 和 $\dfrac{\theta}{\theta_m}$ 为纵轴的分别适合大平壁、长圆柱等的诺谟图(又称海斯勒图),据 Fo、Bi 分别查得 $\dfrac{\theta_m}{\theta_0}$ 和 $\dfrac{\theta}{\theta_m}$,将从两张图所得到的纵轴值相乘即得平壁任意位置的过余温度值。

【例 8-3】　一支温度计的水银泡呈圆柱形,长为 20 mm,内径为 4 mm,温度为 t_0,将其插入储气罐中测量气体温度。设水银泡同气体间的表面传热系数 $h=11.63\ \text{W}/(\text{m}^2\cdot\text{K})$,水银泡外薄玻璃的作用可忽略不计,试计算此条件下温度计的时间常数,并确定插入 5 min 后温度计读数的过余温度为初始过余温度的百分之几?水银物性参数为:$\lambda=10.36\ \text{W}/(\text{m}\cdot\text{K})$,$\rho=13\,110\ \text{kg}/\text{m}^3$,$c=0.138\ \text{kJ}/(\text{kg}\cdot\text{K})$。

【解】　首先检验是否可用集总参数法。考虑到水银泡柱体的上端面不直接受热,故

$$\frac{V}{A}=\frac{\pi r^2 l}{2\pi rl+\pi r^2}=\frac{rl}{2(l+0.5r)}=\frac{0.002\ \text{m}\times0.02\ \text{m}}{2\times(0.02+0.5\times0.002)\text{m}}=0.953\times10^{-3}\ \text{m}$$

$$Bi_V=\frac{h(V/A)}{\lambda}=\frac{11.63\ \text{W}/(\text{m}^2\cdot\text{K})\times0.953\times10^{-3}\ \text{m}}{10.36\ \text{W}/(\text{m}\cdot\text{K})}=1.07\times10^{-3}<0.05$$

可以采用集总参数法,时间常数为

$$\frac{\rho cV}{hA} = \frac{13\,110\ \text{kg/m}^3 \times 0.138 \times 10^3\ \text{J/(kg·K)} \times 0.953 \times 10^{-3}\ \text{m}}{11.63\ \text{W/(m}^2·\text{K})} = 148\ \text{s}$$

$$Fo_V = \frac{a\tau}{(V/A)^2} = \frac{\lambda}{\rho c}\frac{\tau}{(V/A)^2}$$

$$= \frac{10.36\ \text{W/(m·K)}}{0.138 \times 10^3\ \text{J/(kg·K)} \times 13\,110\ \text{kg/m}^3} \times \frac{5 \times 60\ \text{s}}{(0.953 \times 10^{-3}\ \text{m})^2} = 1.89 \times 10^3$$

$$\frac{\theta}{\theta_0} = \text{e}^{-Bi_V Fo_V} = \text{e}^{-1.07 \times 10^{-3} \times 1.89 \times 10^3} = \text{e}^{-2.02} = 13.3\%$$

即经过 5 min 后,温度计读数的过余温度为初始过余温度的 13.3%。也就是说,在这段时间内温度计的读数从 t_0 上升到流体温度 t_∞ 的 86.7%。

【点评】 本例精确分析时应考虑圆柱形水银泡与储气罐内壁的辐射传热及水银泡同气体间的表面传热过程中变化的影响。

8.4* 导热问题的数值解法

导热微分方程的分析解能清楚地显示各种因素对温度分布的影响,但是,只有少数几何形状和边界条件都比较简单的导热问题才能精确地被分析求解。从 20 世纪 70 年代开始,人们借助现代计算机强大的运算能力,采取适当的数值方法,获得式(8-3)在许多实际问题中的数值解,大大拓展了传热学的应用范围,并形成了传热学的一门重要分支——计算传热学。数值解法的基本思想是用有限个离散点(称为节点)的温度代替物体内实际的温度分布,从而将物体内连续的温度函数的求解(导热微分方程的求解)转化为在相同的空间和时间域内各个节点温度的求解(各个节点温度方程构成的一组代数方程的求解)问题。所有离散点上温度值的集合就叫作导热问题的数值解。求解导热问题的数值方法主要有有限差分法、有限元法、边界元法。本节通过一个二维稳态导热问题,介绍有限差分法的思想和方法,为读者今后进行导热数值计算提供入门指导。

8.4.1* 有限差分法原理

有限差分法的基本原理是用有限差分近似微分,用差商近似微商,即 $\Delta x \approx \text{d}x$,$\frac{\Delta t}{\Delta x} \approx \frac{\text{d}t}{\text{d}x}$,进而将导热偏微分方程转化为节点温度的差分方程,求解这一组节点温度的差分方程,用离散的节点上的温度作为近似解。下面以二维稳态导热问题为例说明。

把一个二维的物体在 x 及 y 方向上分别以 Δx 和 Δy 距离分割成矩形网格,网格线的交点称为节点,符号 m、n 分别用来表示各个节点的位置,每个节点作为以它为中心的控制体积的代表,如图 8-6 所示。由于有限差分法中,温度及坐标的微分都用有限差分来近似地表达,因此,一般而言,网格分得越密集,温度分布就越接近于真实的温度分布,但过多的节点会使计算工作量大大增加。

考察物体内部网格节点$(m，n)$，建立节点上的温度方程，这种结点上的物理量方程称为离散方程。离散方程可以从导热微分方程作泰勒级数展开得到，也可由热平衡法得到。热平衡法物理概念清晰，推导过程简捷，故本书采用热平衡法。

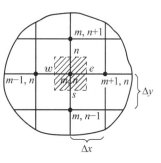

图 8-6 二维物体中的网格

通过控制体积的界面（图 8-6 中的虚线）所传导的热流量可以对相关的两个节点应用傅里叶定律写出，如从节点$(m-1，n)$通过界面 w 传导到节点$(m，n)$的热流量为

$$\Phi_w = \lambda \Delta y \frac{t_{m-1，n} - t_{m，n}}{\Delta x}$$

根据能量守恒原理，稳态的条件下节点$(m，n)$代表的控制体积的能量方程为

$$\Phi_e + \Phi_w + \Phi_n + \Phi_s = 0$$

所以

$$\lambda \Delta y \frac{t_{m-1，n} - t_{m，n}}{\Delta x} + \lambda \Delta y \frac{t_{m+1，n} - t_{m，n}}{\Delta x} + \lambda \Delta x \frac{t_{m，n+1} - t_{m，n}}{\Delta y} + \lambda \Delta x \frac{t_{m，n-1} - t_{m，n}}{\Delta y} = 0$$

等式两侧均除以 $\Delta x \Delta y$，并整理后得

$$\frac{t_{m+1，n} - 2t_{m，n} + t_{m-1，n}}{(\Delta x)^2} + \frac{t_{m，n+1} - 2t_{m，n} + t_{m，n-1}}{(\Delta y)^2} = 0 \tag{8-37}$$

如果取正方形网格，即取 $\Delta x = \Delta y$，上式可简化为

$$t_{m+1，n} + t_{m-1，n} + t_{m，n+1} + t_{m，n-1} - 4t_{m，n} = 0 \tag{8-38}$$

以上关系式表明在导热系数为常量时，热量的转移可以用温度差来表达。

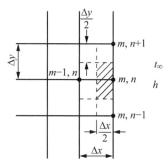

图 8-7 第三类边界条件下
平直边界节点

如果边界温度不是已知的，则也要写出边界节点的热平衡式，边界节点的热平衡式与式（8-37）形式不同。下面我们来分析给定第三类边界条件的平直边界节点$(m，n)$的热平衡关系，如图 8-7 所示。这时边界以外的流体温度 t_∞ 和边界上的传热系数 h 是已知的。节点$(m，n)$的热平衡式（垂直纸面方向取单位长度）是

$$-\lambda \Delta y \frac{t_{m，n} - t_{m-1，n}}{\Delta x} - \lambda \frac{\Delta x}{2} \frac{t_{m，n} - t_{m，n+1}}{\Delta y} - \lambda \frac{\Delta x}{2} \frac{t_{m，n} - t_{m，n-1}}{\Delta y} = h \Delta y (t_{m，n} - t_\infty) \tag{8-39}$$

取 $\Delta x = \Delta y$ 的方形网格时，上式可简化为

$$\frac{t_{m，n+1} + t_{m，n-1}}{2} + t_{m-1，n} + \frac{h \Delta x}{\lambda} t_\infty - \left(2 + \frac{h \Delta x}{\lambda}\right) t_{m，n} = 0 \tag{8-40}$$

这就是第三类边界条件下平直边界节点的基本计算式。其他边界情况可按类似方法求出其相应的基本计算式。对绝热边界上的节点，只要令 h 等于零就可从式（8-40）中得到相对应的节点计算式。

8.4.2* 二维稳态导热计算解题过程

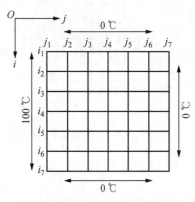

图 8-8　方形物体网格示意图

下面选择一个导热系数为常量的方形物体作为利用计算机求解二维稳态导热问题例子的具体对象,其横截面如图 8-8 所示。它每边六等分,物体内部共有 25 个节点。已知左边界温度为 100 ℃,其余三个边界温度均为 0 ℃。计算任何一个内部节点温度的基本方程式仍然是式(8-38)。计算机对物体内部每个节点逐一按此式进行计算,计算方法采用高斯-赛德尔迭代。开始时物体内部 25 个节点全部赋予假定的初始温度值(50 ℃)。计算机运算重复进行,直到所有节点相邻两次计算的差值落入规定的精度控制范围为止。这时运算结束,计算机随即输出各节点的温度值并统计迭代次数,然后停机。

计算过程的简要框图见图 8-9,程序所用信息的意义如表 8-2 所示。

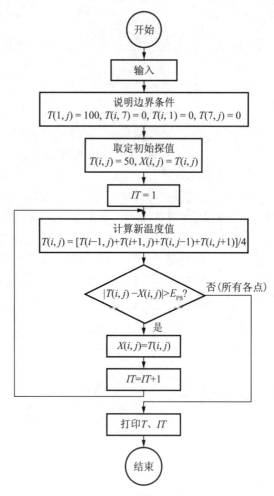

图 8-9　计算过程框图

表 8-2 程序所用信息的意义

信　息	意　义
$T(i,j)$	现刻节点温度
$X(i,j)$	新算出的节点温度
EPS	精度控制量
i,j	工作单元——坐标变量
IT	工作单元——统计迭代次数

求解时各边界温度分别是：上边界 $T_{TB}=0\,℃$，下边界 $T_{BB}=0\,℃$，左边界 $T_{LB}=100\,℃$，右边界 $T_{RB}=0\,℃$。规定的收敛判据是 $EPS=0.08$，内部节点的初始赋值 $IT=50\,℃$。迭代 19 次后达到收敛判据的要求，计算结束。计算结果汇总于表8-3。

表 8-3 计 算 结 果

项　目	j_1	j_2	j_3	j_4	j_5	j_6	j_7
i_1	100.00	0.00	0.00	0.00	0.00	0.00	0.00
i_2	100.00	46.97	24.71	13.62	7.30	3.19	0.00
i_3	100.00	63.08	38.12	22.35	12.30	5.44	0.00
i_4	100.00	67.10	42.16	25.24	14.02	6.22	0.00
i_5	100.00	63.04	38.06	22.29	12.25	5.41	0.00
i_6	100.00	46.93	24.64	13.55	7.25	3.16	0.00
i_7	100.00	0.00	0.00	0.00	0.00	0.00	0.00

求得各点的温度值后，导入或导出这个方形物体的热流量都可以按下式算出

$$\Phi=\sum \lambda \Delta x\,\frac{\Delta t}{\Delta y}$$

应用此公式时，物体的长度，即垂直于图 8-8 所示截面的 z 坐标方向上的长度为单位长度。由于网格是正方形的，即 $\Delta x=\Delta y$，并且导热系数为常量，上式可简化成

$$\Phi=\lambda \sum \Delta t$$

自左边界导入物体的总热流量为

$$\Phi_1=\lambda \sum_{i=2}^{6}(t_{i,1}-t_{i,2})=\lambda(53.03+36.92+32.90+36.96+53.07)=212.88\lambda$$

导出物体的总热流量 Φ_2 来源于上、下、右三个边界

$$\Phi_2=\lambda\Big[\sum_{j=2}^{6}(t_{2,j}-t_{1,j})+\sum_{j=2}^{6}(t_{6,j}-t_{7,j})+\sum_{i=2}^{6}(t_{i,6}-t_{i,7})\Big]$$

$$=\lambda\big[(46.97+24.71+13.62+7.30+3.19)+(46.93+24.64+13.55+$$
$$7.25+3.16)+(3.19+5.44+6.22+5.41+3.16)\big]=214.74\lambda$$

稳态时,导出和导入的热流量应相等,故可取用两者的平均值,即

$$\Phi=\frac{\Phi_1+\Phi_2}{2}=213.81\lambda\,(\text{W})$$

8.5　小结

　　导热是物体不同温度各部分之间或相互接触的温度不同的各个物体之间由于温差而进行的能量传递,因此导热与物体内的温度分布密切相关。某一瞬间物体内各点温度分布称为温度场。一般来说,温度场是空间坐标和时间坐标的函数。导热系数是表示物质导热能力大小的一个物性参数,不同物质的导热系数彼此不同,即使是同一种物质,导热系数的值也随压力、温度等因素而变化,且各种材料的导热系数随温度变化的规律不尽相同。导温系数,又称热扩散率,它表示在加热(或冷却)过程中物体内温度趋于均匀一致的能力,是一个综合性的物性参数。

　　由经验总结的傅里叶定律指出,导热热流密度的大小与温度梯度的绝对值成正比,其方向与温度梯度的方向相反。多维稳态导热和一维及多维非稳态导热问题都不能直接利用傅里叶定律积分求解。导热微分方程揭示了物体内的温度分布与空间坐标和时间的内在联系,求解导热微分方程和定解条件(包括时间条件和边界条件)构成的微分方程组,可以得到适用于所有导热过程的物体内部温度场,求解导热问题。

　　处于稳定运行状态的热力设备内发生的导热过程通常是稳态导热,是温度场不随时间变化的导热过程。工程和生活中常见的通过大平壁和长圆筒壁的稳态导热本质没有差异,但因圆筒壁内、外表面积不同,所以通过内、外表面的热流量相同,但热流密度不同。工程设备中常见多层壁的情况,为简化,一般假定各层紧密接触,并认为相邻两层接触面上的温度相同。没有内热源的稳态导热过程的热流密度与温压成正比,而与热阻成反比。引进热阻的概念后可以用串联、并联电路相仿的方法来分析多层平壁和多层圆筒壁的传热问题,如多层平壁每层热阻相加为其总热阻,而通过每层平壁的热流量相同,等于通过多层壁热流量。通过多层圆筒壁的每层圆筒壁热流量相同,但每层的热流密度不同,工程上用单位管长的热流密度取而代之。通过固体壁面的传热过程(包括固体壁面两侧的对流传热)的热流密度可通过传热的总温差(压)与总热阻之比计算,总热阻是由导热热阻、对流传热热阻组成的串联或并联或串并联结构的热阻。

　　非稳态导热指物体温度和导热热流均随时间变化的导热,其中瞬态导热是指物体内的温度随时间连续变化直至逼近某个新的平衡状态的导热过程。非稳态导热问题中,物体内部的温度是不均匀的,在温度升降过程中,物质的热力学能发生变化,所以导热过程中同时存在着热量的传递和能量的储存(或释放),是导热和储(放)热同时进行且不断推进的过程。当固体内部的导热热阻远小于其表面的传热热阻时,可以认为在同一瞬间固体内部均处于同一温度。这种忽略内部导热热阻的简化分析方法称为集总参数法。若物体的导热系数相当大,或者几何尺寸很小,或者表面传热系数极低,则其导热问题可由毕渥准则判断

是否可用集总参数法求解。内部热阻不可忽略的物体非稳态导热问题,集总参数法不再适用。对于大平壁、圆柱体和球体这类形状比较简单物体在第三类边界条件的导热问题,可借助诺谟图求解。

随着计算机的介入,借助现代计算机强大的运算能力,采取适当的数值方法,可以获得导热微分方程的数值解,大大拓展了传热学的应用范围。

思 考 题 8

8-1 说明温度场和温度梯度的含义。

8-2 试说明导热系数和导温系数的物理意义,并举例说明其影响因素。

8-3 试示意绘出多层圆筒壁(各层材料的导热系数为常数)一维稳态导热的温度分布曲线。

8-4 如何理解导热热阻? 利用热阻概念求解导热问题必须具备什么条件?

8-5 列举两类非稳态导热的实例,并说明与稳态导热的差异,试写出稳态导热微分方程。

8-6 集总参数法有什么特点? 使用条件是什么? 试说明 Fo 和 Bi 两准则的物理意义。

8-7 有人说测温热电偶的球头直径越小越好,你同意吗? 为什么?

8-8 差分方程和微分方程的差别在哪里?

习　题　8

8-1 200 mm 厚的平面墙,其导热系数 $\lambda_1 = 1.3$ W/(m·K)。为了使每平方米墙的热损失不超过 1 830 W,在墙外覆盖了一层导热系数 $\lambda_2 = 0.35$ W/(m·K) 的保温材料。已知复合壁的两侧温度为 1 300 ℃ 和 30 ℃,试确定保温层应有的厚度。

8-2 蒸汽管道的内外直径分别为 160 mm 和 170 mm,管壁导热系数 $\lambda_1 = 58$ W/(m·K);管外有两层保温材料,第一层厚度 $\delta_2 = 30$ mm、导热系数 $\lambda_2 = 0.17$ W/(m·K),第二层厚度 $\delta_3 = 50$ mm、导热系数 $\lambda_3 = 0.093$ W/(m·K),蒸汽管的内表面温度 $t_1 = 300$ ℃,保温层外表面的温度 $t_4 = 50$ ℃。 求每米管长总热阻、每米管长热损失和各层接触面的温度。

8-3 外径为 100 mm、内径为 85 mm 的蒸汽管道,其内表面温度为 180 ℃,现采用导热系数 $\lambda = 0.053$ W/(m·K) 的保温材料进行保温,若要求外表面温度不高于 40 ℃,蒸汽管允许的热损失 $q_l = 52.3$ W/m。 问保温材料的厚度应为多少?

8-4 锅炉过热器合金钢管的内、外直径分别为 32 mm 和 42 mm,导热系数 $\lambda_1 = 32.6$ W/(m·K),过热器钢管内、外壁面温度分别为 $t_1 = 560$ ℃、$t_2 = 580$ ℃。 试求:(1) 不积灰时每米管长的热流量 q_l;(2) 倘若管外积有 1 mm 厚的烟灰,其导热系数 $\lambda_2 = 0.06$ W/(m·K),如总温压保持不变,求此时每米管长的热流量 q_l'。

8-5 若题 7-11 其他条件不变,改用双层玻璃窗,双层玻璃间的空气夹层厚度为 3 mm,夹层中的空气完全静止,空气的导热系数 $\lambda_a = 0.025$ W/(m·K)。 再求玻璃窗的散热损失。

8-6 若题 7-12 墙的内墙表面增设厚为 10 mm,$\lambda_w = 0.35$ W/(m·K) 的护墙板,其他条件不变,再求通过墙壁的传热系数、单位面积的传热量和内外壁面温度。

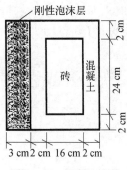

图 8-10　混凝土砌块结构示意

8-7* 混凝土砌块的单元结构和主要尺寸如图 8-10 所示。刚性泡沫的导热系数为 0.032 W/(m·K),钢筋混凝土的导热系数为 1.54 W/(m·K),砖的导热系数为 0.81 W/(m·K)。若墙内外侧的表面传热系数分别为 6 W/(m²·K)和 14 W/(m²·K),相应的温度为 22 ℃ 和 -10 ℃。假设复合壁仍维持一维导热,常物性,求该传热过程的总热阻和单位表面积的传热量。

8-8 直径为 50 mm 的金属球,导热系数 $\lambda = 85$ W/(m·K),热扩散率 $a = 2.95 \times 10^{-5}$ m²/s,初始时温度均匀,等于 300 ℃。今把铜球置于 36 ℃ 的大气中,若对流表面传热系数 $h = 30$ W/(m²·K),试以集总参数法计算球达 90 ℃ 时所需要的时间。

8-9 有一长为 0.3 m、直径为 0.1 m 的圆柱形不锈钢,导热系数 $\lambda = 35$ W/(m·K),比热容 $c = 460$ J/(kg·K),密度 $\rho = 7\,800$ kg/m³。初始时温度均匀,为 850 ℃。将其迅速置于 40 ℃ 的大气中冷却,设其表面与周围环境折合表面传热系数为 $h = 30$ W/(m²·K),试以集总参数法计算钢柱中心达 100 ℃ 时所需要的时间。

8-10 将直径为 0.08 m,长为 0.2 m,初始温度为 80 ℃ 的紫铜棒突然置于 20 ℃ 的气流中,5 min 后紫铜棒的表面温度降到 34 ℃。已知紫铜的密度 $\rho = 8\,954$ kg/m³,比热容 $c = 383.1$ J/(kg·K),导热系数 $\lambda = 386$ W/(m·K),试求紫铜棒表面与周围环境介质对流表面传热系数。

8-11* 已知图 8-11 所示平面各个边界的温度,试求其内部节点的温度。

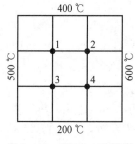

图 8-11　题 8-11* 附图

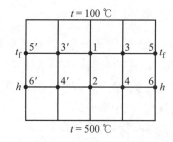

图 8-12　题 8-12* 附图

8-12* 试求图 8-12 所示平面的节点温度。已知材料的导热系数 $\lambda = 20$ W/(m·K),介质温度 $t_1 = 50$ ℃,表面传热系数 $h = 10$ W/(m²·K),$\Delta x = \Delta y = 10$ cm。

第9章 对流传热

对流传热是流体流过壁面时热量的传递过程,对流传热可分成自然对流与强制对流两类,还可细分为单相对流传热和伴随有相变的对流传热。对流传热所传递的热量的计算以牛顿冷却公式 $\Phi = hA(t_w - t_f)$ 为基础,关键是确定对流传热表面传热系数 h。本章将给出对流传热的数学描述,并给出一些主要基于实验的用以确定对流传热表面传热系数的特征数方程。

9.1 对流传热的基本概念

9.1.1 对流传热过程

前已述及,对流传热是指流动的流体和固体壁面直接接触时,相互之间的传热过程。过程中热量的传递是依靠流体的位移而形成的对流和流体本身的导热。当固体壁面温度高于流体温度时,热量从固体壁面传向流体;反之,热量从流体传向固体壁面。对流传热所传递的热量的计算以牛顿冷却公式为基础。指出:对流传热的传热量 Φ 与传热表面积 A 以及固体壁面和流体之间的温度差 $(t_w - t_f)$ 成正比,引进热阻的概念,则

$$\Phi = hA(t_w - t_f) = \frac{\Delta t}{\dfrac{1}{hA}} = \frac{\Delta t}{R_h} \tag{9-1}$$

式中:h 为表面传热系数,$W/(m^2 \cdot K)$;$R_h = \dfrac{1}{hA}$ 为对流传热热阻,K/W。

对流传热的热流密度可表示为

$$q = \frac{\Phi}{A} = h(t_w - t_f) = \frac{\Delta t}{\dfrac{1}{h}} = \frac{\Delta t}{r_h} \tag{9-2}$$

式中:$r_h = \dfrac{1}{h}$ 为单位表面积对流传热热阻,$K/(m^2 \cdot W)$。

9.1.2 边界层

对流传热时,热量的传递总是和流体的流动联系在一起,因而使这一类问题变得复杂。下面简述与对流传热有密切关系的流动边界层概念。

当具有黏性且能润湿壁面的流体流过壁面时就会与壁面产生摩擦力,使靠近壁面的流体速度降低,而直接接触壁面的流体实际上将黏附于壁面而停滞,即速度为零。随着与壁面的距离增大,流体的速度也增大,经过厚度为 δ 的薄层,速度接近主流速度。把该薄层称作流动边界层或速度边界层。把接近主流速度,与主流速度之比为 0.99 处薄层的厚度定义为边界层厚

度。边界层厚度相对于壁面尺寸只是一个很小的数。例如,20 ℃的空气以 $u_\infty=10$ m/s 的速度掠过平板,在离前缘 100 mm 和 200 mm 处的边界层厚度分别约为 1.8 mm 和 2.5 mm。边界层以外,流体流速维持来流速度 u_∞ 不变,称为主流区。因此,流场可以划分为边界层区和主流区两个区域。

　　边界层在壁面上的形成和发展过程如图 9-1 所示,流体以速度 u_∞ 流向平板,平板前缘边界层厚度为零。进入平板后,边界层厚度逐渐加厚,边界层内流动状态保持层流状态,即流体质点运动轨迹相互平行,呈一层一层的滑动状况,此时,称为层流边界层。随着边界层厚度的增大,层流边界层外缘逐渐变得不稳定起来,自距前缘 x_c 起,层流向湍流(也称紊流)过渡。再向下游流动,边界层最终过渡到旺盛湍流,边界层内出现涡旋和脉动,此时,称为湍流边界层。但是,即使在湍流边界层中,紧靠壁面的一薄层仍保持层流,称为层流底层。

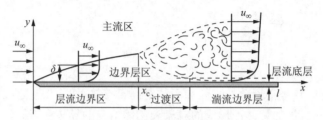

图 9-1　流体外掠平板时流动边界层形成与发展示意图

　　与流动边界层类似,主流和壁面之间有温差时,流体温度在壁面法线方向变化。紧贴壁面的流体温度等于壁温 t_w,在薄层内温度剧烈变化到主流流体的温度。与定义速度边界层厚度相同,将流体相对过余温度 $\dfrac{t-t_w}{t_\infty-t_w}=0.99$ 作为热边界层的外缘。该处到壁面的距离称为热边界层的厚度,用 δ_t 表示。热边界层厚度相对于壁面尺寸同样是很小的数(液态金属除外)。因此,热边界层把流体分为沿垂直壁面方向有温度变化的热边界层区和温度基本不变的等温流动区。

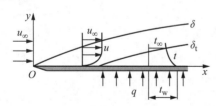

图 9-2　流动边界层和热边界层不同时发展

　　需要指出,流动边界层和热边界层是两个不同的概念。流动边界层厚度 δ 反映了分子动量扩散能力,与运动黏度 ν 有关;而热边界层厚度 δ_t 反映了分子热量扩散能力,与热扩散率 a 有关。流动边界层和热边界层厚度的比值 δ_t/δ 与 a/ν 有关,而且流动边界层和热边界层可以不同时发展(见图 9-2)。

9.1.3　影响对流传热的主要因素

　　由于对流传热是流体流过壁面时热量传递的过程,因此,流体的物性和影响流动的因素都会影响对流传热系数。一般说来,对流传热的强弱与流动发生的原因、流体的流动状况、流体的热物性以及换热面的形状、位置等一系列因素有关。

　　1) 流体运动产生的原因

　　流体可以是在泵、风机及其他压力差的作用下流过换热面,也可以是在密度差造成的浮升力的作用下形成对流。前者称为强迫对流,后者称为自然对流。自然对流的运动速度较低,扰动性较小,故其传热过程通常比强制对流弱。通常,气体自然对流传热的表面传热

系数为 $1 \sim 10$ W/(m² · K),而气体强迫对流传热的表面传热系数为 $10 \sim 100$ W/(m² · K),在风口必须多穿衣服就是这个道理。在一般情况下,流体通过强迫对流进行传热时,也会在受迫运动中附加自然对流。但当受迫运动较强烈时,附加的自由运动的影响可忽略不计。电厂锅炉炉墙、蒸汽管道外表面等对周围环境的散热,通常是自然对流传热。空调器盘管内冷媒在管内做受迫流动,在对流传热过程中把热量传给管壁,是强迫对流传热的例子。

2) 流体的流动状态

早在 1883 年,英国物理学家雷诺就证实了流体在管内的流动存在着层流和湍流两种不同的状态,并可据无量纲的特征数——"雷诺准则"或"雷诺数"Re 判别流动的状态。

$$Re = \frac{\rho u d}{\eta} = \frac{ud}{\nu} \tag{9-3}$$

式中:u 为流体的速度,m/s;d 为特征尺寸,又称定型尺寸,通常是对流动、传热影响最大的尺寸,如管内流动时的管内径,m;ρ 为流体的密度,kg/m³;η 为流体的动力黏性系数或称动力黏度,Pa · s;$\nu = \frac{\eta}{\rho}$ 为流体的运动黏度,m²/s。

对管内流动,当 $Re < 2\,300$ 时为稳定层流,$Re > 1 \times 10^4$ 时为旺盛湍流,$2\,300 < Re < 10^4$ 时则为不稳定的过渡段。

层流时热量的法向传递依靠导热,而湍流时垂直于流动方向出现剧烈的扰动,热对流起了作用,故湍流对流传热比层流对流传热强烈。

3) 流体的物理性质

流体的物理性质,如密度 ρ、动力黏度 η、导热系数 λ 和比定压热容 c_p 以及体胀系数 $\alpha_V \left(= -\frac{1}{v} \frac{\partial v}{\partial T} \right)$ 等物性参数随流体种类不同而不同,即使同一种流体,温度不同时物性也不同。显然,流体的物理性质对传热的强弱会产生影响。流体物理性质对对流传热的影响在许多场合可用一个被称为"普朗特数"或"普朗特准则"的无量纲的综合量 Pr 来表示

$$Pr = \frac{\eta c_p}{\lambda} = \frac{\nu}{a} \tag{9-4}$$

式中:η 为流体的动力黏性系数,Pa · s;c_p 为流体的比定压热容,J/(kg · K);λ 为流体导热系数,W/(m · K);a 为热扩散率,m²/s;ν 为运动黏度,m²/s。

普朗特数是流体的一个物性参数,其值可通过实验确定。干空气的 Pr 很接近常数,大约在 0.7。水的 Pr 随其温度不同而有较显著的变化。

4) 换热面的几何因素

图 9-3 给出了几种几何条件下的流动,显然换热面的几何形状、尺寸、相对位置及表面的粗糙情况将影响流体的流动状况,进而影响流体的速度分布和温度分布,对对流传热产生重要影响。

5) 流体有无相变

流体发生相变,如液体受热沸腾或蒸汽遇冷凝结的对流传热过程,称为相变换热。由于流体在相变时吸收或放出汽化潜热,而同种流体的汽化潜热一般远大于显热,沸腾时产生的气泡

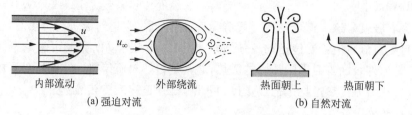

(a) 强迫对流   (b) 自然对流

图 9 - 3   换热面的几何因素影响

又加强了液体内部的扰动,因此,通常相变换热比单相流体的对流传热更强烈。

总之,影响对流传热的因素很多,各种不同情况下表面传热系数 h 的数值可以相差很大。

9.2* 对流传热的基本方程组

对流传热中热量的传递是依靠流体的位移而形成的对流和流体本身的导热,所以对流传热的基本方程组一般包括:传热方程、动量方程、连续性方程及能量方程等方程,加上单值性条件(包括几何条件、物理条件、时间条件和边界条件)形成求解对流传热的完整的数学物理基础。本节提出的微分方程组将限于二维问题。同时,为了揭示常见对流传热问题的基本方程,将忽略一些次要因素,采用下列简化假设:流体为不可压缩的牛顿型流体(服从牛顿黏性定律的流体),常物性,无内热源,由黏性摩擦产生的耗散热可以忽略不计。对流传热的基本方程组包括:传热微分方程、x 方向和 y 方向的动量方程、连续性方程及能量方程这 5 个方程。

9.2.1* 传热微分方程

如上述,当黏性流体在壁面上流动时,由于黏性的作用,在靠近壁面的地方流速逐渐减小,在贴壁处这一极薄的贴壁流体层相对于壁面是不流动的,壁面与流体间的热量传递必须穿过这个流体层,而穿过不流动的流体层的热量传递只能是导热。因此,有

$$\Phi = -\lambda A \frac{\partial t}{\partial y}\bigg|_{y=0}$$

式中:$\dfrac{\partial t}{\partial y}\bigg|_{y=0}$ 为贴壁处流体的法向温度变化率;λ 为流体的导热系数;A 为换热面积。

对流传热量应等于贴壁流体层的导热量,代入牛顿冷却公式(9-1)即得传热微分方程

$$h = -\frac{\lambda}{\Delta t}\frac{\partial t}{\partial y}\bigg|_{y=0} \tag{9-5}$$

式(9-5)将表面传热系数与流体的温度场联系起来。应指出,上式中的 h 原则上是局部表面传热系数,整个换热面的平均表面传热系数应是局部表面传热系数的积分平均值。

9.2.2* 连续性微分方程和动量微分方程

连续性方程和动量方程是描述流体流动状态的方程。

连续性方程是从质量守恒方程导出的,直角坐标系中二维连续性微分方程形式为

$$\frac{\partial(\rho u)}{\partial x}+\frac{\partial(\rho v)}{\partial y}=0$$

式中：u、v 分别是 x、y 方向的速度。

考虑物性为常数，上式化为

$$\frac{\partial u}{\partial x}+\frac{\partial v}{\partial y}=0 \qquad (9-6)$$

动量微分方程是根据动量守恒导出的，表示微元体动量的变化等于作用在微元体上的外力之和。x 方向和 y 方向的动量微分方程为

$$\rho\left(\frac{\partial u}{\partial \tau}+u\frac{\partial u}{\partial x}+v\frac{\partial u}{\partial y}\right)=F_x-\frac{\partial p}{\partial x}+\eta\left(\frac{\partial^2 u}{\partial x^2}+\frac{\partial^2 u}{\partial y^2}\right) \qquad (9-7)$$

$$\rho\left(\frac{\partial v}{\partial \tau}+u\frac{\partial v}{\partial x}+v\frac{\partial v}{\partial y}\right)=F_y-\frac{\partial p}{\partial y}+\eta\left(\frac{\partial^2 v}{\partial x^2}+\frac{\partial^2 v}{\partial y^2}\right) \qquad (9-8)$$

式(9-7)、式(9-8)就是纳维-斯托克斯方程，是描写黏性流体流动的经典方程。式中：等号左边表示动量的变化，称为惯性力项；等号右边第一项是体积力(重力、浮升力、弯曲流动时出现的离心力、导电流体通过电磁场出现的电磁力等)项，第二项是压力梯度项，第三项是黏性力项。

对于稳态流动

$$\frac{\partial u}{\partial \tau}=0, \quad \frac{\partial v}{\partial \tau}=0$$

当体积力中只有重力场作用时，浮升力将在自然对流中起重要作用，而强制对流一般可以忽略重力项。

纳维-斯托克斯方程对不可压缩黏性流体的层流和湍流流动都是适用的。但是，将其应用于湍流流动时，速度、压力等脉动的物理量都应取瞬时值。

9.2.3* 能量微分方程

能量微分方程描述流动流体的温度与有关物理量的联系，它根据热力学第一定律导出。在解得速度场后，它是求取流体温度场的基本微分方程。若不考虑动能和位能的变化，二维微元体的能量守恒可表述为：单位时间内由导热进入微元体的净热量和由对流进入微元体的净热量之和等于微元体热力学能的增加量。据此可导得能量微分方程

$$\frac{\partial t}{\partial \tau}+u\frac{\partial t}{\partial x}+v\frac{\partial t}{\partial y}=\frac{\lambda}{\rho c_p}\left(\frac{\partial^2 t}{\partial x^2}+\frac{\partial^2 t}{\partial y^2}\right) \qquad (9-9)$$

流体不流动时，$u=v=0$，式(9-9)简化成为无内热源的导热微分方程[参见 8.1.2 式(8-3)]。能量微分方程中包括对流项 $u\dfrac{\partial t}{\partial x}$ 和 $v\dfrac{\partial t}{\partial y}$，这对于理解对流传热是对流与导热两种基本热量传递方式的联合作用是有意义的。流动着的流体，除了导热外，还依靠流体的宏观位移来传递热量。这种表达形式不仅适用于二维，对三维问题也是适用的。

式(9-5)~式(9-9)构成对流传热微分方程组,方程组中未知量也有 5 个,即表面传热系数 h,速度分布 u、v,温度 t 及压力 p,所以方程组是封闭的。结合针对具体对流传热过程的单值性条件(包括几何条件、物理条件、时间条件和边界条件)构成对流传热问题的完整的数学描述。对于只需要求解温度分布而不需要求解 h 的问题,如给定壁面热流密度的第二类边界条件的问题,微分方程组不需要包括传热微分方程,未知量也减为 u、v、t 及 p 这 4 个参数,方程组也是封闭的。

9.2.4* 传热边界层微分方程组

虽然对流传热微分方程组是封闭的,原则上可以求解,然而由于纳维-斯托克斯方程的复杂性和非线性的特点,要针对实际问题在整个流场内求解上述方程组却是非常困难的。这种局面直到 1904 年德国科学家普朗特提出著名的边界层概念,并用它对纳维-斯托克斯方程进行了实质性的简化后才有改观,自此分析解得到很大的发展。后来,又把边界层概念推广应用于对流传热问题,提出了热边界层的概念,使对流传热问题的分析求解也得到很大的发展。

从边界层概念出发,通过对基本方程组中各变量的数量级分析,并假定边界层内压力沿 x 方向变化与主流区相同,压力 p 可用主流区理想流体的伯努利方程确定,简化对流传热微分方程组,可以得到边界层传热微分方程组

$$\frac{\partial u}{\partial x} + \frac{\partial v}{\partial y} = 0 \tag{9-10}$$

$$u\frac{\partial u}{\partial x} + v\frac{\partial u}{\partial y} = u_\infty\frac{\mathrm{d}u_\infty}{\mathrm{d}x} + \eta\frac{\partial^2 u}{\partial y^2} \tag{9-11}$$

$$u\frac{\partial t}{\partial x} + v\frac{\partial t}{\partial y} = \frac{\lambda}{\rho c_p}\frac{\partial^2 t}{\partial y^2} \tag{9-12}$$

上述 3 个方程中仅有 u、v、t 3 个未知量,方程组封闭。

上述微分方程组配上特定问题的定解条件即可求解。如流体纵掠平壁时主流是均速 u_∞、均温 t_∞,壁温恒定,即 $y=0$ 时 $t=t_0$ 的问题,定解条件可以表示为

$$y=0 \text{ 时} \qquad u=0,\ v=0,\ t=t_0$$
$$y\to\infty \text{ 时} \qquad u\to u_\infty,\ t\to t_\infty$$

卡门在 1921 年从边界层概念出发,对边界层区域进行控制体积分,导出了边界层动量积分方程

$$\rho\frac{\mathrm{d}}{\mathrm{d}x}\int_0^\delta (u_\infty - u)u\,\mathrm{d}y + \rho\frac{\mathrm{d}u_\infty}{\mathrm{d}x}\int_0^\delta (u_\infty - u)\mathrm{d}y = \tau_\mathrm{w} \tag{9-13}$$

由积分方程求出的分析解称为近似解,以区别于微分方程的精确解。

动量积分方程只包含 x 一个变量,比包含 x、y 两个变量的动量微分方程容易求解。微分方程要求每个流体质点都满足动量守恒关系,而积分方程只要求流动的流体在整体上满足动量守恒的关系,而不去深究每个流体质点是否满足动量守恒关系。与微分方程相比,积分方程要粗糙一些,这是它的解被称为近似解的原因。积分方程解的准确度,在很大程度上取决于

所补充的速度分布函数 $u = f(y)$ 的表达式。

同样地,也可以推导出边界层能量积分方程

$$\frac{\mathrm{d}}{\mathrm{d}x} \int_0^{\delta_t} (t_\infty - t) u \mathrm{d}y = a \frac{\partial t}{\partial y} \bigg|_{y=0} \tag{9-14}$$

它与边界层动量积分方程一起组成对流传热边界层积分方程组。

从对流传热边界层积分方程组出发,利用三次方速度分布和温度分布假设,可以导出定壁温条件下流体强制层流掠过平板时局部表面传热系数 h_x 的表达式

$$h_x = 0.332 \frac{\lambda}{x} \left[\frac{u_\infty x}{\nu} \right]^{1/2} \left(\frac{\nu}{a} \right)^{1/3} \tag{9-15}$$

确定对流传热的表面传热系数除了分析解法还有数值解法、实验法和比拟方法等。由于对流传热控制方程的复杂性,与导热问题相比,对流传热数值解法的难度和复杂性也随之加大。在相似理论指导下的实验研究不仅可以打破分析法和数值法的局限性,其实验数据还可用来检验其他方法的准确性,因而是解决复杂对流传热问题的主要和可靠的方法。比拟法就是利用热量传递与动量传递在机理上的共性建立起表面传热系数与摩擦因数之间的比拟关系式,由比较容易进行的流体流动实验获得的摩擦因数数据求出对流传热表面传热系数,但近些年来由于实验法和数值解法的发展,比拟法很少被应用。目前,理论分析、数值计算和实验研究相结合是解决复杂对流传热问题的主要研究方法。

9.3　相似原理简介

对流传热计算的关键在于确定表面传热系数 h。研究对流传热的任务,实际上常常成为研究各种条件下的表面传热系数。从前面的讨论可以看到,在一定条件下表面传热系数可利用数学分析、边界层理论方法确定,但有很大的局限性。目前,常用对流传热问题的计算公式大多是采用实验的方法综合得到的。但由于对流传热过程的影响因素很多,完全经过实验找出每个因素的影响规律不仅实验工作量巨大,而且往往难以实现。运用相似原理,可以将影响对流传热过程的数量众多的物理量组合成数量较少的无量纲的综合量——相似特征数。通过实验研究可以得到适用于不同条件,由若干相似特征数组成的特征数关联式,这就是对流传热过程的实验解。实验研究得到的特征数关联式只适用于相似的物理现象,并要求每个特征数的变化在特征数关联式指出的特征数变化范围之内,同时要注意选取关联式指定的几何尺度和确定流体物性参数的温度。

相似原理的核心内容:物理现象相似的性质、特征数间的关系和现象相似的条件。物理现象的相似以几何相似为前提。两个同类图形对应尺度成同一比例,则这两个同类图形几何相似。几何相似的两个图形中对应的空间点之间的距离必然成同一比例。

物理现象相似是指同类物理现象在所有对应瞬间及空间对应点的同名物理量成同一比例,其实质是该现象所涉及的所有物理量场的相似。如速度相似则速度场中任意时刻空间对应点的速度成同一比例,等等。同类物理现象是指物理性质相同,可以用形式相同、内容相同的数学方程和单值性条件(包括几何条件、物性条件、时间条件和边界条件)进行描述的物理现

象。强制对流传热和自然对流传热因为传热机理不同,描述现象的数学方程也不同,不属于同类物理现象;等壁温的管内强制对流传热和等热流密度的对流传热虽然数学方程相同,但边界条件不同,也不属于同类的物理现象。

尽管影响对流传热的物理量数量较多,但都有其内在的联系。根据分析可以将这些物理量归纳为若干按一定关系组合,并有一定物理意义的相似特征数,如前面提及的 Re、Pr。相似特征数的数量和特征数的构成取决于具体现象的特征,无法给出统一的结论。稳定的对流传热现象中常用的相似特征数还有格拉晓夫数 Gr、努塞尔数 Nu 等,分别介绍如下

$$Gr = \frac{g\,\alpha_V \Delta t l^3}{\nu^2} \qquad (9-16)$$

式中:$\alpha_V = \dfrac{1}{v}\left(\dfrac{\partial v}{\partial T}\right)_p$ 为流体的体积膨胀系数,K^{-1}。理想气体的体积膨胀系数 $\alpha_V = \dfrac{1}{T}$。

$$Nu = \frac{hl}{\lambda} \qquad (9-17)$$

在特征尺寸 l 和流体的热导率 λ 相同的情况下,努塞尔数 Nu 反映了对流传热的强弱。

相似原理指出,两个现象相似,它们的同名相似特征数必相等。例如,从描述常物性流体纵掠平壁对流传热的边界层对流传热微分方程和单值性条件入手,经无量纲化后得到相似特征数 Re、Pr 和 Nu。因此,常物性流体纵掠平壁对流传热现象相似时,它们对应的相似特征数 Re、Pr 和 Nu 分别相等。

相似原理还指出,由描述某物理现象的微分方程组和单值性条件中的各物理量组成的特征数(包括无量纲的长度、无量纲的速度和无量纲的相对过余温度等)之间存在着函数关系(称特征数方程,习惯上称为准则方程)。如常物性流体纵掠平壁对流传热中,$Nu = f(Re, Pr)$。

相似原理还指出了判断物理现象相似的条件:凡同类现象,单值性条件相似且同名已定相似特征数相等,则它们彼此相似。如在判断常物性流体纵掠平壁对流传热现象时,只要 Re 和 Pr 分别相等,对流传热现象就相似,Nu 必定相等。此时,Re 和 Pr 只含有已知量,称为已定(相似)特征数,而 Nu 中含有待定量 h,称为待定(相似)特征数。

在 Re、Nu、Gr 等特征数中的几何尺寸 l 称为特征长度(或定型尺寸),它是指对流传热现象中有代表意义的几何尺寸。不同的对流传热现象中,可以选择不同的特征长度。一般圆管内的受迫对流传热,取管内径作特征长度;流体横掠圆管的强制对流传热和圆管外流体的自然对流传热均可取圆管外径作特征长度;流体纵掠平板的强制对流传热,特征长度通常选取平板长度。

特征数中包含了流体的热物性,而热物性随温度的变化而改变,有些热物性的变化甚至很大。定性温度就是指确定特征数中流体热物性的温度。通常,在管内强制对流传热中可取两个温度的算术平均值作为定性温度;流体纵掠平板的换热可取来流温度作为定性温度,也可用平板和来流温度的平均值,或者其他的平均值作为定性温度。

强迫对流传热特征数关联式中计算雷诺数 Re 所选用的流速称为特征流速。不同场合选用的特征流速不同。纵掠平壁时选用主流流速 u_∞;管内强迫对流选用管内流体平均温度下的流动截面平均流速 u_f;横掠单管时选用来流速度 u_0(流体与管壁接触前的流速);横掠管束

时选用流体平均温度下的管间最大流速 $u_{f, max}$。

特征温度、特征尺寸和特征流速常称为对流传热的三大特征量。特征数实验关联式的研究者选择三大特征量的通常原则是这些特征量必须对对流传热有重大影响,并且被选的特征量应是容易测量或是单值性条件中给定的物理量,而且根据这些特征量所确定的特征数关联式在实际应用时比较方便。

由于研究者对对流传热的机理理解不同,对于同一对流传热现象,不同研究者可能采用不同的特征量。使用关联式时只能用关联式中指定的特征量来计算。

目前,已经得到了许多针对不同条件的对流传热的特征数关联式,在选择和应用特征数关联式时必须注意以下几点:

(1) 根据对流传热的类型和有关参数的范围选择所需要的关联式,当有关参数已超越关联式的使用范围时,原则上不得把关联式外推后应用。

(2) 按规定选取特征温度、特征尺寸和特征流速。

(3) 正确选用各种修正系数。由于对流传热现象的复杂性,实验研究时常先将一些次要因素撇开,得出特征数实验关联式,然后再由另外的实验单独研究这些次要因素的影响,得到各种相应的修正系数对关联式加以修正。例如:管内强迫对流湍流传热,先研究温差($t_w - t_f$)较小时长直管的表面传热系数,当温差($t_w - t_f$)较大时用温度修正系数来考虑边界层内温度分布对 h 的影响;在管道较短时再引用短管修正系数来考虑管长对 h 的影响,等等。

9.4　单相流体管内强迫对流传热特征数关联式

工程上常见的绝大多数单相流体的对流传热问题都已经有了计算表面传热系数的特征数关联式,这些关联式的准确性在大量的工程应用中得到了进一步的验证。

9.4.1　管内流动对流传热的影响因素

流体在管内流动时,因雷诺数 Re 不同而呈不同的流动状态。显然,在不同流动状态下,边界层的厚度和边界层内流体流动情况不同,对流传热系数有显著差异。雷诺数小于 2 300 时,管内流动为层流。但是在流体与管壁有换热时,只有小管径的横管并处于小温压下,才会得到严格的层流。除了流态,下述因素也对单相流体的管内对流传热产生重要影响。

1) 物性不均匀的影响

在有换热的条件下,管截面上的温度是不均匀的。因为温度要影响黏度,所以截面上的速度分布与等温流动的分布有所不同,在图 9-4 上示出了换热时速度分布的畸变。图中曲线 1 为等温流的速度分布。液体的黏度随温度的降低而升高,液体被冷却时,近壁处的黏度较管心处高,而速度分布低于等温曲线,变成曲线 2。若液体被加热,则速度分布变成曲线 3,近壁处流速高于等温曲线。近壁处流速增强会加强换热,反之会减弱换热,这就说明了不均匀物性场对换热的影响。对于气体,黏度随温度的增加而升高,与液体作用相反,故曲线 2 适用于气体被加热,而曲线 3 适用于气体被冷却。综上所述,不均匀物性场对换热的影响,视是液体还是气体、加热还是冷却及温压大小而异。在实用计算式里,往往采用在准

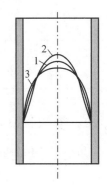

图 9-4　换热引起速度改变

则关联式中引进相关变量的系数$(\mu_f/\mu_w)^n$ 或$(Pr_f/Pr_w)^n$ 来考虑不均匀物性场对换热的影响。

2) 流动进口段影响

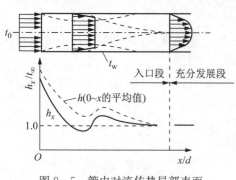

图 9-5　管内对流传热局部表面
传热系数沿程变化

流体以均匀流速流入圆管时,在管子的入口段,流动边界层的厚度从 0 开始不断增长,直到汇合于中心线成为充分发展段(又称定型段)为止,如图 9-5 所示。类似地,当流体与管壁之间有热交换时,管子壁面上的热边界层也有一个从零开始增长直到汇合于管子中心线的过程。在入口段,由于边界层较薄,传热系数比充分发展段高。湍流时局部传热系数 h_x 及平均传热系数 h 沿管长的变化亦示于图 9-5。

实验研究表明,层流时入口段长度由下式确定

$$\frac{l}{d} = 0.05RePr \tag{9-18}$$

而湍流时,只要 $\dfrac{l}{d} > 60$,则平均表面传热系数就可不计入口段的影响。

3) 非圆截面和弯管

对于非圆形截面槽道,如采用当量直径 d_e 作为特征(定型)尺度,则可近似应用对圆管得出的湍流传热公式

$$d_e = \frac{4A_c}{P} \tag{9-19}$$

式中: A_c 为槽道流通截面积,m^2;P 为湿润周长,m。

工程上还常常遇到流体在弯管和螺旋管内流动传热,此时,由于流体运动过程中连续地改变方向,冲刷壁面边界层并在横截面上引起二次环流而强化传热,故需在直管计算基础上乘以修正系数 c_r(见表 9-1)。

表 9-1　温度修正系数 c_t 和弯管修正系数 c_r

物质	温度修正系数 c_t		弯管修正系数 c_r
	加热	冷却	
液体	$c_t = (\eta_f/\eta_w)^{0.11}$	$c_t = (\eta_f/\eta_w)^{0.25}$	$c_r = 1 + 10.3(d/R)^3$
气体	$c_t = (T_f/T_w)^{0.55}$	$c_t = 1$	$c_r = 1 + 1.77(d/R)$

9.4.2　管内强迫对流传热特征数关联式

历史上应用时间最长、最普遍的管内强迫对流传热的特征数关联式是

$$Nu_f = 0.023Re_f^{0.8}Pr_f^n \tag{9-20}$$

加热流体时,$n = 0.4$;冷却流体时,$n = 0.3$。此式适用于流体与壁面温度具有中等温差,式中

取流体平均温度(即管道进、出口截面平均温度的算术平均值)为定性温度,管内径为特征尺寸。特征速度为流体平均温度下的平均流速。适用范围为: $Re_f = 10^4 \sim 1.5 \times 10^5$, $Pr_f = 0.7 \sim 120$, $l/d > 60$。

若流体与壁面温差较大, l/d 较小或是弯管,则需要分别考虑用短管修正系数 c_l(见图 9-6)、温度修正系数 c_t 和弯管修正系数 c_r(见表 9-1)修正由式(9-20)计算的 Nu_f。表中: d 为弯管内直径, R 为弯管弯曲半径;下标 f 和 w 分别代表以流体平均温度和壁面温度为定性温度。

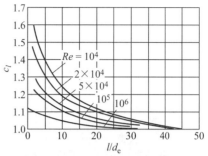

图 9-6 短管修正系数

对于层流强迫对流,计算平均传热系数可采用以下关联式

$$Nu_f = 1.86 \left(Re_f Pr_f \frac{d}{l} \right)^{1/3} \left(\frac{\eta_f}{\eta_w} \right)^{0.14} \qquad (9-21)$$

上式适用范围: $Re_f < 2\,200$, $Pr_f = 0.5 \sim 1\,700$, $\dfrac{\eta_f}{\eta_w} = 0.044 \sim 9.8$, $Re_f Pr_f \dfrac{d}{l} > 10$。如果

$Re_f Pr_f \dfrac{d}{l} < 10$,则可改用下式计算平均对流表面传热系数

$$Nu_f = 3.36 + \frac{0.066\,8 Re_f Pr_f \dfrac{d}{l}}{1 + 0.04 \left(Re_f Pr_f \dfrac{d}{l} \right)^{2/3}} \left[\frac{\eta_f}{\eta_w} \right]^{0.14} \qquad (9-22)$$

理论分析表明,当管内层流进入充分发展段后,常物性流体对流传热系数保持不变, Nu 也保持不变:圆管恒壁温时 $Nu = 3.66$,恒热流时 $Nu = 4.36$。 理论分析还指出不同形状的管道即使当量直径相同,充分发展段的 Nu 也不一样。因此,严格来讲,式(9-21)和式(9-22)只适用于圆管,非圆管遇到此类对流传热计算,只能近似地采用式(9-21)和式(9-22)计算。

【例 9-1】 在一台凝汽器内,冷却水以 $u = 2$ m/s 的速度流过内径 $d = 17$ mm、长 $l = 2$ m 的直铜管。已知进出口截面处的冷却水温度分别为 25 ℃ 和 35℃,管壁温恒定 $t_w = 40$ ℃。 试求水侧的对流表面传热系数 h 及单位管长的放热量。

【解】 据题意,流体平均温度为 $t_f = \dfrac{(25+35)℃}{2} = 30$ ℃。据此,从附表查得水的参数 $\lambda_f = 0.618$ W/(m·K), $\nu_f = 0.805 \times 10^{-6}$ m²/s, $Pr_f = 5.42$, $\eta_f = 8.02 \times 10^{-4}$ kg/(m·s)。

$$Re_f = \frac{ud}{\nu_f} = \frac{2 \text{ m/s} \times 0.017 \text{ m}}{0.805 \times 10^{-6} \text{ m}^2/\text{s}} = 42\,236$$

Re_f 在 $10^4 \sim 1.5 \times 10^5$ 内,选用式(9-20)。按 $t_w = 40$ ℃ 查得 $\eta_w = 6.54 \times 10^{-4}$ kg/(m·s),由于水被加热,故

$$Nu_f = 0.023 Re_f^{0.8} Pr_f^{0.4} \left[\frac{\eta_f}{\eta_w} \right]^{0.11}$$

$$h = 0.023 \frac{\lambda_f}{d} Re_f^{0.8} Pr_f^{0.4} \left(\frac{\eta_f}{\eta_w}\right)^{0.11}$$

$$= 0.023 \times \frac{0.618 \text{ W/(m·K)}}{0.017 \text{ m}} \times 42\,236^{0.8} \times 5.42^{0.4} \times \left(\frac{8.02 \times 10^{-4}}{6.54 \times 10^{-4}}\right)^{0.11}$$

$$= 8\,436 \text{ W/(m}^2 \cdot \text{K)}$$

$$\Phi = hA(t_w - t_f) = \pi dl h(t_w - t_f)$$

$$= 3.141\,6 \times 0.017 \text{ m} \times 2 \text{ m} \times 8\,436 \text{ W/(m}^2 \cdot \text{K)} \times (40 - 30)\text{℃} = 9\,011 \text{ W}$$

$$\Phi_l = \frac{\Phi}{l} = \frac{9\,011 \text{ W}}{2 \text{ m}} = 4\,506 \text{ W/m}$$

【点评】 选用特征数方程应注意其适用范围,选定后应按被选用方程指定的方法确定定性温度、特征长度等。本题 $\dfrac{l}{d} = \dfrac{2 \text{ m}}{0.017 \text{ m}} = 117 > 60$,故可忽略入口段效应,不必采用短管修正系数 c_l 来修正计算值。

9.5　外部强迫对流传热的特征数关联式

除管内流动传热,工程上还常见流体外掠平板、横掠单管与管束的对流传热现象,如空气掠过机翼、锅炉烟气掠过过热器管束等。

9.5.1　外掠平板

来流是均匀分布的层流平行流过平板,则在距平板前缘的一段距离之内形成层流边界层。对于流体外掠平板的层流传热,理论分析已经相当充分,所得结论和实验结果吻合很好。若从平板前缘($x = 0$)就开始传热,可采用下面两个公式计算局部表面传热系数和平均表面传热系数

$$Nu_x = \frac{h_x x}{\lambda} = 0.332 Re_x^{1/2} Pr^{1/3} \tag{9-23}$$

$$Nu = \frac{hl}{\lambda} = 0.664 Re^{1/2} Pr^{1/3} \tag{9-24}$$

式中:定性温度为边界层的算术平均温度,$t_m = \dfrac{1}{2}(t_w + t_\infty)$,定型尺寸分别为距前缘的距离 x 和板长 l。适用范围为 $0.6 < Pr < 50$,$Re < 5 \times 10^5$。

若流体纵掠平壁从 $x = 0$ 处就形成湍流边界层,即整个平壁上都是湍流边界层,可采用下面的特征数关联式计算局部表面传热系数和平均表面传热系数

$$Nu_x = \frac{h_x x}{\lambda} = 0.029\,6 Re_x^{4/5} Pr^{1/3} \tag{9-25}$$

$$Nu_L = \frac{hl}{\lambda} = 0.037 Re_L^{1/2} Pr^{1/3} \tag{9-26}$$

式中:定性温度为边界层平均温度,$t_m = \dfrac{1}{2}(t_w + t_\infty)$,定型尺寸分别为距前缘的距离 x 和板

长 l,下标 L 表示平壁全长。适用范围为 $0.6 < Pr < 60$。

工程上,流体纵掠平板形成边界层往往是前段为层流边界层再转换为湍流边界层,此时整个平板的表面的平均对流表面传热系数是两部分的平均值,若层流边界层转换为湍流边界层的临界雷诺数 $Re_{x,c} = 5 \times 10^5$,则平均对流表面传热系数可用下式计算

$$Nu = 0.037(Re_l^{4/5} - 23\,500)Pr^{1/3} \tag{9-27}$$

式中:定性温度为边界层平均温度 t_m,定型尺寸为板长 l。

9.5.2 横掠单管

横掠单管就是流体沿着垂直于管子轴线的方向流过管子表面。流体横掠单管流动除了具有边界层特征外,还要发生绕流脱体,而产生回流、旋涡和涡束,如图 9-7 所示。当流体流过圆管所在位置时,流动截面缩小,流速增加,压力递降。在后半部由于流动截面的增加,压力又

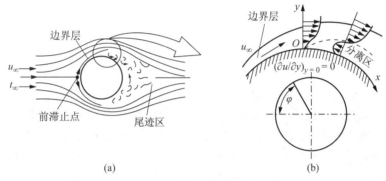

图 9-7 流体横掠单管边界层的分离

回升。边界层内流体靠本身的动量克服压力增加而向前流动,速度分布趋于平缓,终于在壁面某处速度梯度变为 0。随后产生与原流动方向相反的回流,这一转折点称为绕流脱体的起点(或称分离点),从此点起边界层内缘脱离壁面,故称流动脱体。脱体起点位置取决于 Re。

流体横掠单管流动边界层的成长和流动脱体致使沿管表面的局部表面传热系数的变化极为复杂,图 9-8 是恒热流壁面局部 Nu 随角度 φ 的变化。在 φ 为 $0° \sim 80°$ 范围内,层流边界层不断增厚,局部 Nu 随角度的增加而递降,以后由于绕流脱体扰动强化了换热而回升。在高 Re 时,Nu 数将发生两次回升,第一次回升是层流转变成湍流,第二次回升则是湍流边界层分离脱体。

流体横掠单管换热平均表面传热系数的变化较有规律。通常,对空气推荐以下关联式

$$Nu = CRe^n Pr^{1/3} \tag{9-28}$$

式中:C 和 n 的值如表 9-2 所示;定性温度为来流温度和

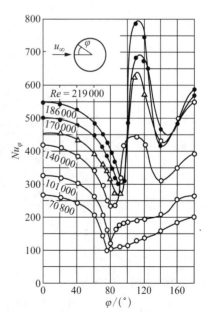

图 9-8 圆管表面局部
表面传热系数

管壁温的平均温度 $(t_\mathrm{w}+t_\infty)/2$；定型尺寸是管外径；$Re$ 中的速度为来流速度 u_∞。该式对空气的实验温度验证范围为 $t=15.5\sim 980\ ℃$，$t_\mathrm{w}=21\sim 1\,046\ ℃$。

表 9-2　式(9-28)中 C 和 n 的值

Re	C	n
0.4~4	0.989	0.330
4~40	0.911	0.335
40~4 000	0.683	0.466
4 000~40 000	0.193	0.618
40 000~400 000	0.026 6	0.805

若来流方向与圆管轴线夹角 $\psi<90°$ 时，对流传热将减弱。当 $\psi=30°\sim 90°$ 时，可在流体横掠单管时的平均表面传热系数上乘以修正系数 ε_ψ

$$\varepsilon_\psi=1-0.54(\cos\psi)^2 \tag{9-29}$$

9.5.3　横掠管束

工业上许多换热设备都是由多根管子组成的管束构成，一种流体在管内流动，另一种流体在管外横向掠过管束。当流体外掠管束时，除 Re、Pr 之外，管束的排列方式、管间距以及管排数对流体和管外壁面之间的对流传热都会产生影响。管束的排列方式通常有顺排与叉排两种，如图 9-9 所示。叉排管束对流体的扰动比顺排剧烈，因此对流传热更强；但顺排管束的流动阻力比叉排小，管外表面的污垢比较容易清洗。由于管束中后排管的对流传热受到前排管尾流的影响，所以后排管的平均表面传热系数要大于前排，这种影响一般要延伸到 10 排以上。

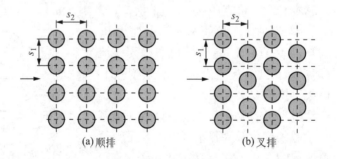

图 9-9　管束的排列方式

根据大量实验数据，流体外掠管束对流传热的管束平均表面传热系数关联式为

$$Nu_\mathrm{f}=CRe_\mathrm{f}^m Pr_\mathrm{f}^{0.36}\left(\frac{Pr_\mathrm{f}}{Pr_\mathrm{w}}\right)^{0.25}\varepsilon_n \tag{9-30}$$

该式的适用范围为 $1<Re_\mathrm{f}<2\times 10^6$，$0.6<Pr_\mathrm{f}<500$。式中：除 Pr_w 采用管束平均壁面温度 t_w 下的数值外，其他物性参数的定性温度为管束进出口流体的平均温度 t_f；Re_f 中的流速采用管束最窄流通截面处的平均流速。常数 C 和 m 的值列于表 9-3。ε_n 为管排数的修正系数，其数值列于表 9-4。

表 9-3　式(9-30)中 C 和 m 之值

排列方式	Re_f	C	m
顺排	$1 \sim 10^2$	0.9	0.4
	$10^2 \sim 10^3$	0.52	0.5
	$10^3 \sim 2 \times 10^5$	0.27	0.63
	$2 \times 10^5 \sim 2 \times 10^6$	0.033	0.8
叉排	$1 \sim 5 \times 10^2$	1.04	0.4
	$5 \times 10^2 \sim 10^3$	0.7	0.5
	$10^3 \sim 2 \times 10^5$		
叉排	$\dfrac{s_1}{s_2} \leqslant 2$	$0.35\left(\dfrac{s_1}{s_2}\right)^{0.2}$	0.6
	$\dfrac{s_1}{s_2} > 2$	0.4	0.6
	$2 \times 10^5 \sim 2 \times 10^6$	$0.31\left(\dfrac{s_1}{s_2}\right)^{0.2}$	0.8

表 9-4　式(9-30)中的管排修正系数 ε_n

排列方式	Re_f	管　排　数										
		1	2	3	4	5	7	9	10	13	15	$\geqslant 16$
顺排	$Re_f > 10^3$	0.07	0.80	0.86	0.91	0.93	0.95	0.97	0.98	0.99	0.994	1.0
叉排	$10^2 < Re_f < 10^3$	0.83	0.87	0.91	0.94	0.95	0.97	0.98	0.984	0.993	0.996	1.0
	$Re_f > 10^3$	0.62	0.76	0.84	0.90	0.92	0.95	0.97	0.98	0.99	0.997	1.0

式(9-30)仅适用于流体流动方向与管束垂直的情况，如果冲击角 $\psi < 90°$，对流换热将减弱，可在按式(9-30)计算的管束平均表面传热系数上乘以一个修正系数 ε_ψ。修正系数 ε_ψ 随冲击角的变化曲线如图 9-10 所示。如果冲击角 $\psi = 0$，即流体纵向流过管束，可按管内强迫对流换热公式计算，特征长度取管束间流通截面的当量直径 d_e。

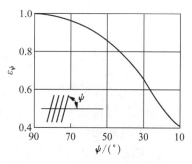

图 9-10　ε_ψ 随冲击角的变化关系

【例 9-2】　某型号锅炉的低温段管式空气预热器为顺排布置，$s_1 = 76$ mm，$s_2 = 57$ mm，管子外径 $d_o = 38$ mm，壁厚 $\delta = 1.5$ mm。空气横向冲刷管束，空气平均温度为133 ℃，管间最大流速 $u_{f,\max} = 6.03$ m/s，空气流动方向上的总管排数为44排。设管壁平均温度 $t_w = 165$ ℃，求管束与空气间的对流传热系数。如将管束改为叉排，其余条件不变，对流传热系数增加多少？

【解】　由特征温度 $t_f = 133$ ℃ 查表得空气的物性值为 $\lambda_f = 0.034\,4$ W/(m·K)，$\nu_f = 27.0 \times 10^{-6}$ m²/s，$Pr_f = 0.684$；由 $t_w = 165$ ℃ 查得 $Pr_w = 0.682$。所以

$$Re_f = \frac{u_{f,\max} d_o}{\nu_f} = \frac{6.03 \text{ m/s} \times 0.038 \text{ m}}{27.0 \times 10^{-6} \text{ m}^2/\text{s}} = 8\,487$$

由表 9-3 和表 9-4 查得 $C=0.27$ 和 $m=0.63$，故

$$Nu_f = \frac{h_f d_o}{\lambda_f} = 0.27 Re_f^{0.63} Pr_f^{0.36} \left[\frac{Pr_f}{Pr_w} \right]^{0.25}$$

$$h_f = 0.27 \frac{\lambda_f}{d_o} Re_f^{0.63} Pr_f^{0.36} \left[\frac{Pr_f}{Pr_w} \right]^{0.25}$$

$$= 0.27 \times \frac{0.034\ 4\ \text{W/(m · K)}}{0.038\ \text{m}} \times 8\ 487^{0.63} \times 0.684^{0.36} \times \left(\frac{0.684}{0.682} \right)^{0.25}$$

$$= 63.71\ \text{W/(m}^2 \cdot \text{K)}$$

若改为叉排，因 $\dfrac{s_1}{s_2} < 2$，所以

$$Nu_f = \frac{h_f d_o}{\lambda_f} = 0.35 Re_f^{0.6} Pr_f^{0.36} \left[\frac{Pr_f}{Pr_w} \right]^{0.25} \left[\frac{s_1}{s_2} \right]^{0.2}$$

$$h_f = 0.35 \frac{\lambda_f}{d_o} Re_f^{0.6} Pr_f^{0.36} \left[\frac{Pr_f}{Pr_w} \right]^{0.25} \left[\frac{s_1}{s_2} \right]^{0.2}$$

$$= 0.35 \times \frac{0.034\ 4\ \text{W/(m · K)}}{0.038\ \text{m}} \times 8\ 487^{0.6} \times 0.684^{0.36} \times \left(\frac{0.684}{0.682} \right)^{0.25} \times \left(\frac{0.076\ \text{m}}{0.057\ \text{m}} \right)^{0.2}$$

$$= 66.68\ \text{W/(m}^2 \cdot \text{K)}$$

对流传热系数增加 $\dfrac{(66.68 - 63.71)\text{W/(m}^2 \cdot \text{K)}}{63.71\ \text{W/(m}^2 \cdot \text{K)}} = 4.7\%$

所以，在本题的条件下，将顺排改为叉排后对流表面传热系数提高约 4.7%。

【点评】 虽然将顺排改为叉排后传热性能提高，但顺排管束的流动阻力比叉排小，管外表面的污垢比较容易清洗。

9.6 大空间自然对流传热

工程上还经常发生流体在浮升力作用下的对流传热，如热力管道和设备在无风情况下与周围空气的对流传热，太阳能集热器空气夹层中的对流传热等。这种对流传热称为自然对流传热。在有些场合，自然对流可能成为系统安全的关键，如掉电状态下核反应堆的安全。自然对流传热分为大空间自然对流传热和有限空间自然对流传热。传热面上边界层的形成和发展不受周围物体的干扰时的自然对流传热称为大空间自然对流传热，否则称为有限空间自然对流传热。有时单从几何空间大小来看是有限空间，但若它并不干扰边界层的形成和发展，仍称为大空间自然对流传热。主要本节讨论大空间自然对流传热。

静止流体与壁面接触时，如流体温度与壁面温度不同，壁面附近的流体就会被壁面加热或冷却，使密度发生变化而与远处流体的密度不同产生浮升力或沉降力，使流体沿壁面向上或向下流动。图 9-11(a)示出了壁面温度 t_w 大于流体温度 t_∞ 时壁面上边界层的形成和发展。如果竖壁足够高，从壁面下端开始形成层流边界层，并随着壁面高度的增加层流边界层增厚，在一定条件下（$Gr \cdot Pr > 10^9$）层流边界层转变成湍流边界层，不同形状的传热面，从层流转变

成湍流的判据 $Gr \cdot Pr$ 值也不一样。竖壁边界层内的温度分布与流体纵掠平壁时相似,壁面处温度变化较快,随着离壁面距离的增大温度变化变慢,在边界层外缘处流体温度近似为远处流体温度 t_∞。竖壁边界层内的速度分布与流体纵掠平壁时有明显不同。由于流体的黏性,贴壁层流体速度为零。在边界层外缘流体与远处流体温差近似为零,流体速度也为零。边界层内形成了两边速度为零、中间有峰值的速度分布,如图 9-11(b)所示。

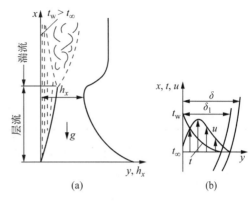

层流边界层和湍流边界层的结构不同,对流表面传热系数 h 也不一样,竖壁自然对流局部传热系数 h_x 随着边界层的形成和发展的变化情况如图 9-11(a)所示。开始时层流边界层增厚,对流传热热阻增加,对流传热系数 h_x 减小。此后因层流边界层向湍流边界层过渡,边界层内流体的掺和作用使边界层热阻减小,h_x 增加。转变成湍流边界层后,h_x 基本上不再变化。

图 9-11 竖壁自然对流边界层和局部表面换热系数

简单的大空间自然对流传热(如竖壁层流自然对流传热),可以通过求解边界层对流传热微分方程组得到理论解,但大多数情况下还是靠实验研究得出特征数关联式。下面介绍恒壁温自然对流传热系数的特征数关联式,恒热流密度自然对流传热系数的特征数关联式请参阅有关文献。

特征温度为壁面温度 t_w 和远处流体温度 t_∞ 的平均值,即 $t_m = \dfrac{1}{2}(t_w + t_\infty)$,大空间恒壁温自然对流传热系数的特征数关联式常整理成如下形式

$$Nu_m = c(Gr \cdot Pr)_m^n \tag{9-31}$$

式中:Gr 为格拉晓夫数,$Gr = \dfrac{g \, \alpha_V \Delta t \, l^3}{\nu^2}$;$c$ 和 n 为由实验确定的系数和指数,几种典型情况下的数值如表 9-5 所示。

表 9-5 式(9-31)中的 c 和 n

加热表面的位置和形状	系数 c 和指数 n			特征尺寸	$(Gr \cdot Pr)_m$ 范围
	流态	c	n		
竖平壁及竖圆柱	层流	0.59	$\dfrac{1}{4}$	高度 H	$10^4 \sim 10^9$
	湍流	0.10	$\dfrac{1}{3}$		$10^9 \sim 10^{13}$
横圆柱	层流	0.48	$\dfrac{1}{4}$	外径 d	$10^4 \sim 1.5 \times 10^8$
	湍流	0.10	$\dfrac{1}{3}$		$> 1.5 \times 10^8$

加热表面的 位置和形状	系数 c 和指数 n			特征尺寸	$(Gr \cdot Pr)_{\mathrm{m}}$ 范围
	流态	c	n		
水平板,热面朝上或 冷面朝下	层流	0.54	$\dfrac{1}{4}$	正方形取边长,长方形取两边 边长的平均值;圆盘取 $0.9d$; 狭长条取短边	$2 \times 10^4 \sim 5 \times 10^6$
	湍流	0.15	$\dfrac{1}{3}$		$5 \times 10^6 \sim 1 \times 10^{11}$
水平板,热面朝下或 冷面朝上	层流	0.59	$\dfrac{1}{4}$		$3 \times 10^5 \sim 3 \times 10^{10}$

　　将表 9-5 中系数 c 和指数 n 代入式(9-31)可发现,湍流自然对流表面传热系数与特征尺寸无关,说明只要保持湍流自然对流,特征尺寸大小将不影响特征数实验关联式的准确性,这种现象称为自模化。自模化现象对指导实验有很大的意义。

　　工程上相当一部分自然对流传热发生在比较狭窄的空间中,其空间朝向可以水平、竖立或倾斜。此时空间内发生的自然对流,传热面上边界层的形成和发展受到周围表面的干扰,因此,对流传热与冷热表面的温差、间距、空间方位以及流体的物性参数等均有关系。

　　矩形封闭腔是最典型的有限空间自然对流传热。通常这类空间的厚度 δ 远小于高度 H,封闭腔内空气同时以导热和对流传热的方式将高温壁的热量传递给低温壁,引入当量导热系数 λ_{e},通过封闭腔的自然对流换热可以表述成一维平壁导热的形式,用牛顿冷却公式表述为

$$q_{\mathrm{w}} = h(t_1 - t_2) = Nu_\delta \frac{\lambda}{\delta}(t_1 - t_2) = \frac{\lambda_{\mathrm{e}}}{\delta}(t_1 - t_2) \qquad (9-32)$$

式中:$Nu_\delta = \lambda_{\mathrm{e}}/\lambda$;$t_1$、$t_2$ 分别为高、低温壁面温度。

　　大量实验结果表明,气体在封闭腔中的自然对流关联式一般具有如下形式

$$Nu_\delta = \frac{\lambda_{\mathrm{e}}}{\lambda} = C(Gr_\delta Pr)^n \left(\frac{H}{\delta}\right)^m (t_1 - t_2) \qquad (9-33)$$

式中:λ_{e} 为流体的当量导热系数。特征尺寸取为空腔两板间距,即夹层厚度 δ,定性温度为冷热表面的算术平均温度。式(9-33)适用气体的各项系数和幂指数以及适用范围列于表9-6。

表 9-6　气体在封闭腔中自然对流传热关联式(9-33)参数

空间方位	$Ra_\delta = Gr_\delta Pr$	Pr	H/δ	C	n	m
竖立空腔 等温表面	$<2\,000$	$Nu_\delta = 1$				
	$2\,000 \sim 200\,000$	$0.5 \sim 2$	$11 \sim 42$	0.197	0.25	$-1/9$
	$200\,000 \sim 10^7$	$0.5 \sim 2$	$11 \sim 42$	0.073	0.333	$-1/9$
水平空腔 等温表面 热面在下	$<1\,700$	$Nu_\delta = 1$				
	$1\,700 \sim 7\,000$	$0.5 \sim 2$	—	0.059	0.4	0
	$7\,000 \sim 3.2 \times 10^5$	$0.5 \sim 2$	—	0.212	0.25	0
	$>3.2 \times 10^5$	$0.5 \sim 2$	—	0.061	0.333	0

注:$Nu_\delta = 1$ 意味纯导热。

【例 9 - 3】　试求空气沿 3 m 高的热平壁作自然对流时的平均表面传热系数。已知壁温 $t_w = 170$ ℃，四周空气温度 $t_f = 10$ ℃。

【解】　首先确定准则 $Gr \cdot Pr$ 的数值

$$t_m = \frac{t_w + t_f}{2} = \frac{170\ ℃ + 10\ ℃}{2} = 90\ ℃$$

查表得 $\lambda_m = 0.031\ 3\ W/(m \cdot K)$，$\nu_m = 22.1 \times 10^{-6}\ m^2/s$，$Pr_m = 0.690$。理想气体 $pv = R_g T$，$\left(\frac{\partial v}{\partial T}\right)_p = \frac{v}{T}$，故体积膨胀系数 $\alpha_V = \frac{1}{T}$，综上

$$Gr_m = \frac{g\alpha_V \Delta t H^3}{\nu_m^2} = \frac{9.81\ m/s^2 \times (170 - 10)℃ \times (3\ m)^3}{(273 + 90)℃ \times (22.1 \times 10^{-6}\ m^2/s)^2} = 2.40 \times 10^{11}$$

$$(Gr \cdot Pr)_m = 2.40 \times 10^{11} \times 0.690 = 1.65 \times 10^{11} > 10^9 (湍流)$$

选用湍流方程式(9 - 31)计算

$$Nu_m = 0.10(Gr \cdot Pr)_m^{1/3} = 0.10 \times (1.65 \times 10^{11})^{1/3} = 548$$

所以平均表面传热系数可按下式算出

$$h = \frac{Nu_m \lambda_m}{H} = \frac{548 \times 0.031\ 3\ W/(m \cdot K)}{3\ m} = 5.72\ W(m^2 \cdot K)$$

【点评】　① 应当注意，不同的对流传热现象，有不同的准则式，即使同一现象，也可有许多不尽相同的准则关系，必须注意使用的条件，以求得较正确的表面传热系数 h，进而利用牛顿冷却公式，求出对流传热量。② 表 9 - 5 中竖圆柱和横圆柱，水平板的热面朝上或朝下，系数 c 数值不同，再次说明表面传热系数不仅与流体的物性和影响流动的因素有关，也与换热面的形状、位置等因素相关。

9.7　相变换热

在实践中，常遇到液体受热沸腾和蒸汽放热凝结的对流传热过程，如空调器中制冷剂在蒸发器和冷凝器中发生的过程及自然界中的结露过程等。此时，液体的集态发生变化，因此这种换热过程与不发生集态改变时的对流传热过程有着明显的差别。

9.7.1　凝结换热

蒸汽在与低于其相应压力下饱和温度的冷壁面相接触时，放出汽化潜热而凝结成液体附着在冷壁面上。润湿性液体在冷壁面上会铺展成一层完整的液膜，称为膜状凝结。这层液膜使蒸汽和冷壁面隔开，蒸汽的凝结只能在液膜外侧进行，热量必须通过这层液膜才能传给冷壁面，这层液膜往往成为膜状凝结的主要热阻。非润湿性液体的蒸汽凝结时，凝结液体在冷壁面上凝聚成一颗颗小液珠，并逐渐成长。在重力作用下液珠向下滚落，同时将沿途的液珠带走，对壁面起着清扫作用，使较多壁面直接暴露于蒸汽之中，壁面重复液珠的形成和成长下落的过程，这种凝结形式称为珠状凝结(见图 9 - 12)。在珠状凝结时，蒸汽与大部分冷壁面之间无液

图 9-12 珠状凝结

膜热阻,所以表面传热系数比相同条件下膜状凝结表面传热系数大几倍甚至高出一个数量级。但是鉴于不能长久保持珠状凝结,所以实际工业应用都只能实现膜状凝结。近年来,珠状凝结的研究工作取得了不少进展,我国学者也取得了可喜的成果。然而要将其在工业上大规模应用,尚有待做更多的工作。

1916 年,努塞尔在作了包括常物性、汽液界面无黏滞应力等在内的简化假定后导出了纯净蒸汽层流膜状凝结的分析解。他抓住了液膜层的导热热阻是凝结过程的主要热阻,忽略次要因素,从理论上揭示了有关参数对凝结换热的影响,长期以来这被公认为是运用理论分析求解换热问题的一个典范。因篇幅限制这里仅给出努塞尔分析解的主要求解结果。

竖壁液膜厚度计算式为

$$\delta = \left[\frac{4\eta_l \lambda_l (t_s - t_w) x}{g \rho_l \gamma} \right]^{1/4} \tag{9-34}$$

竖壁局部表面传热系数为

$$h_x = \left[\frac{g \gamma \rho_l^2 \lambda_l^3}{4 \eta_l (t_s - t_w) x} \right]^{1/4} \tag{9-35}$$

式中:g 为重力加速度,m/s^2;t_s 为蒸汽饱和温度,℃;t_w 为壁面温度,℃;γ 为汽化潜热,由饱和温度 t_s 确定,J/kg;η_l 为凝结液动力黏度,Pa·s;λ_l 为凝结液导热系数,W/(m·K);ρ_l 为凝结液密度 kg/m^3。

凝结液的物性用液膜平均温度 $t_m = \frac{1}{2}(t_w + t_s)$ 确定。

假定常物性及高为 l 的整个竖壁上温差 $\Delta t = t_s - t_w$ 为常数,整个竖壁的平均表面传热系数为

$$h_V = 0.943 \left[\frac{g \gamma \rho_l^2 \lambda_l^3}{\eta_l l (t_s - t_w)} \right]^{1/4} \tag{9-36}$$

式中的脚标 V 表示竖壁。式(9-36)就是液膜层流时竖壁膜状凝结努塞尔的理论解。对于与水平轴倾斜角为 φ 的倾斜壁,只需要用 $g \sin \varphi$ 取代式中的 g 即可。

努塞尔的理论分析可推广到水平圆管及球表面上的层流膜状凝结(横管直径较小时,实践上均在层流范围)。水平圆管平均表面传热系数的计算式为

$$h_H = 0.729 \left[\frac{g \gamma \rho_l^2 \lambda_l^3}{\eta_l d (t_s - t_w)} \right]^{1/4} \tag{9-37}$$

式中:d 为水平圆管直径;脚标 H 表示水平圆管。

式(9-36)和式(9-37)中除相变热 γ 按蒸汽饱和温度 t_s 确定外,其他物性取膜层平均温度 $t_m = \frac{1}{2}(t_w + t_s)$ 为特征温度。

在其他条件相同时,横管平均表面传热系数 h_H 与竖壁平均表面传热系数 h_V 的比值为

$$\frac{h_{\mathrm{H}}}{h_{\mathrm{V}}} = 0.77 \left(\frac{l}{d}\right)^{1/4} \qquad (9-38)$$

当 $l/d = 50$ 时,横管的平均表面传热系数是竖壁的平均表面传热系数的 2 倍,所以冷凝器中通常都采用横管的布置方案。

实验证实,横管的实验数据与式(9-37)符合得很好,对于水蒸气在竖壁上凝结,工程上采用把理论式(9-36)的系数增加 20% 的实验公式

$$h_{\mathrm{V}} = 1.13 \left[\frac{g \gamma \rho_l^{\,2} \lambda_l^{\,3}}{\eta_l l (t_{\mathrm{s}} - t_{\mathrm{w}})}\right]^{1/4} \qquad (9-39)$$

影响膜状凝结的因素有不凝结气体、蒸汽速度、蒸汽的过热度,以及管子排数和凝结表面的形状等。特别需要指出的是,蒸汽中含有空气或其他不凝性气体时,即使含量极微也会在液膜表面附近积聚一层不凝性气体,而大大降低表面传热系数。例如,水蒸气中即使只含 10%(质量分数)的空气时,表面传热系数将下降 60%。因此,在冷凝器的工作过程中,排除不凝性气体是非常重要的。

9.7.2 沸腾换热

沸腾可分为大容器沸腾(也称池内沸腾)和强制对流沸腾(如管内流动沸腾)。这些沸腾又可分为饱和沸腾和过冷沸腾。

加热壁面沉浸在具有自由表面的液体中所发生的沸腾称为大容器沸腾,此时产生的气泡可自由浮升,穿透液体自由表面进入容器空间,壁面温度 t_{w} 高于液体饱和温度 t_{s} 而液体主体温度达到饱和温度 t_{s} 时所发生的沸腾称为饱和沸腾。沸腾过程的特点:液体内部在加热面的某些特定点上(称为汽化核心)不断产生气泡。气泡继续受热,迅速长大,最后跃离加热面而上升。在气泡上升过程中,周围液体不断汽化进入气泡,使其进一步扩大,直至冲破液面。气泡脱离加热面后,周围冷液体来填补它的位置。经历一定时间后,该处又会再次出现气泡。由于气泡在加热面上不断地产生、跃离,冷流体不断冲刷加热面,使紧贴加热面的液体层处于剧烈扰动状态。因此,沸腾时的表面传热系数比无相变时的表面传热系数要大得多。

实验显示,饱和沸腾时,随着壁面过热度 $\Delta t = t_{\mathrm{w}} - t_{\mathrm{s}}$ 的增高,会出现 4 个换热规律不同的区域。下面以水在 0.1013 MPa 下的饱和沸腾曲线(见图 9-13)为例分析壁面过热度 Δt 对热流密度 q 的影响。

壁面过热度较小时(图 9-13 中 $\Delta t < 4\ ℃$)沸腾尚未开始,换热服从单相自然对流规律。随着壁面过热度的增加,在加热面的某些特定点(汽化核心)上产生气泡。开始阶段由于 Δt 并不是很大,汽化核心产生的气泡彼此互不干扰,随着 Δt 的进一步增加,汽化核心增加,气泡相互影响,并会合成气块及气柱。气泡的剧烈扰动,传热系数和热流密度都急剧增大,直至热流密度的峰值点——临界热流密度 q_{c}。这时沸腾统称为核态沸腾(或称为泡状沸腾)。

从临界热流密度进一步提高 Δt,热流密度不仅不随 Δt 的升高而提高,反而越来越降低。这是因为随着壁面过热度的增加,气泡汇聚成气膜覆盖在加热面上,阻碍了液体与壁面的接触,加大了传热的热阻。最初这种气膜层并不稳定,但随 Δt 的增加,加热面上将产生稳定的气膜层,使热流密度降低到最低值 $q_{\min}$。这段沸腾称为过渡沸腾,是很不稳定的过程。

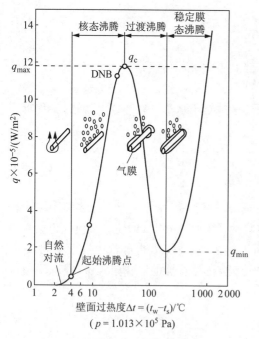

图 9-13   饱和水在水平加热面上
沸腾的典型曲线

从热流密度达 q_{min} 起继续增加 Δt,这时加热面上已形成稳定的蒸汽膜层,q 将随 Δt 增加而增大。此段称为稳定膜态沸腾。稳定膜态沸腾在物理上与膜状凝结有共同点,不过因为热量必须穿过热阻比液膜大的气膜,所以传热系数比凝结小得多。

核态沸腾有温压小、换热强的特点,所以一般工业应用都设计在这个范围。热流密度的峰值 q_c 有重大意义,工程上称为临界热流密度(CHF)。对于依靠控制热流密度来改变工况的加热设备,如电加热器,一旦热流密度超过峰值,工况将从 q_c 沿虚线(见图 9-13)跳至稳定膜态沸腾线,Δt 将猛升(图 9-13 中近 1 000 ℃),可能导致设备的烧毁,所以必须严格监视并控制热流密度,确保其在安全工作范围之内。也由于超过它可能导致设备烧毁,所以 q_c 亦称烧毁点。显然,把烧毁点前热流密度略小 q_c 的状态点,如图 9-13 上的点 DNB(意即偏离核态沸腾规律)作为监视接近 q_c 的警

戒点对工程实践是很重要的。对于蒸发冷凝器等这些壁温可控的设备,这种监视同样是重要的,因为一旦 Δt 超过该转折点的值,就会产生稳定的膜态沸腾,使换热量大大减少。

以上是对于水的饱和沸腾的概述。不同工质在不同压力,沸腾参数亦异,但沸腾现象的演变和规律是类似的。

研究表明,影响核态沸腾的因素主要是壁面过热度和汽化核心,而汽化核心数又受到壁面材料及其表面状况、压力、物性等的支配。由于因素比较复杂,文献中提出的计算式分歧较大。基于核态沸腾换热主要是气泡高度扰动的强制对流传热的设想,这里推荐一个适用性较广的实验关联式

$$\frac{c_{pl}\Delta t}{\gamma Pr_l^s} = C_{wl}\left[\frac{q}{\eta_l\gamma}\sqrt{\frac{\sigma}{g(\rho_l-\rho_v)}}\right]^{0.33} \tag{9-40}$$

式中:c_{pl} 为饱和液体的比定压热容,J/(kg·K);C_{wl} 为取决于加热表面-液体组合情况的经验常数,见表 9-7;γ 为汽化潜热,J/kg;g 为重力加速度,m/s²;Pr_l 为饱和液体的普朗特数,$Pr_l=\dfrac{c_{pl}\eta_l}{\lambda_l}$;$q$ 为沸腾热流密度,W/m²;Δt 为壁面过热度,℃;η_l 为饱和液体动力黏度,Pa·s;ρ_l、ρ_v 分别为饱和液体和饱和蒸汽的密度,kg/m³;σ 为液体-蒸汽界面的表面张力,N/m;s 为经验指数,对于水,$s=1$,对于其他液体,$s=1.7$。

大容器沸腾临界热流密度 q_c 可用下面的半经验公式计算

$$q_c = \frac{\pi}{24}\gamma\rho_v^{1/2}\left[g\sigma(\rho_l-\rho_v)\right]^{1/4} \tag{9-41}$$

表 9-7　各种表面-液体组合情况的 C_{wl} 值

加热面-液体组合	C_{wl}	加热面-液体组合	C_{wl}
水-抛光的铜	0.013 0	水-机械抛光的不锈钢	0.013 0
水-黄铜	0.006 0	苯-铬	0.010 0
水-铂	0.013 0	乙醇-铬	0.002 7
水-化学腐蚀的不锈钢	0.013 0		

对于制冷介质而言,以下的库珀公式目前得到较广泛的应用

$$\begin{cases} h = C q^{0.67} M_r^{-0.5} p_r^m (-\lg p_r)^{-0.55} \\ C = 90\ \mathrm{W}^{0.33}/(\mathrm{m}^{0.66} \cdot \mathrm{K}) \\ m = 0.12 - 0.2\lg \{R_p\}_{\mu m} \end{cases} \tag{9-42}$$

式中:M_r 为液体的相对分子质量(习惯上又称分子量);p_r 为对比压力(即液体压力与该流体的临界压力 p_{cr} 之比);R_p 为表面平均粗糙度(μm),对一般工业用管材表面,R_p 为 0.3~0.4 μm;q 为热流密度,$\mathrm{W/m^2}$。

膜态沸腾中,气膜的流动和换热在许多方面类似于膜状凝结中液膜的流动和换热,横管的膜态沸腾可采用下式计算

$$h_H = 0.62 \left[\frac{g \gamma \rho_v (\rho_l - \rho_v) \lambda_l^3}{\eta_l d (t_w - t_s)} \right]^{1/4} \tag{9-43}$$

式中:除 γ 及 ρ_l 的值由饱和温度 t_s 决定,其余物性均以平均温度 $t_m = \dfrac{t_w + t_s}{2}$ 为特征温度;特征尺寸为管外径 d,m。

【例 9-4】　压力为 1.013×10^5 Pa 的水蒸气在外径为 0.01 m 的水平横管外凝结,管壁温度保持 98 ℃。试计算 1 m 管长、1 h 的换热量及凝结水蒸气量。

【解】　应首先计算 Re,判断液膜是层流还是湍流,然后选取相应的公式计算,但由于题给的横管直径较小,故通常可直接判定为液膜处于层流状态。由 $p = 1.013 \times 10^5$ Pa、$t_s = 100$ ℃,查得 $\gamma = 2\ 257$ kJ/kg。其他物性参数按特征温度 $t_m = \dfrac{100\ ℃ + 98\ ℃}{2} = 99\ ℃$ 从附录查得

$$\rho_l = 958.4\ \mathrm{kg/m^3},\ \eta_l = 2.825 \times 10^{-4}\ \mathrm{kg/(m \cdot s)},\ \lambda_l = 0.68\ \mathrm{W/(m \cdot K)}$$

$$h = 0.729 \left[\frac{g \gamma \rho_l^2 \lambda_l^3}{\eta_l d (t_s - t_w)} \right]^{1/4}$$

$$= 0.729 \times \left[\frac{9.81\ \mathrm{m/s^2} \times 2\ 257 \times 10^3\ \mathrm{J/kg} \times (958.4\ \mathrm{kg/m^3})^2 \times [0.68\ \mathrm{W/(m \cdot K)}]^3}{2.825 \times 10^{-4}\ \mathrm{kg/(m \cdot s)} \times 0.01\ \mathrm{m} \times 2\ \mathrm{K}} \right]^{1/4}$$

$$= 2.38 \times 10^4\ \mathrm{W/(m^2 \cdot K)}$$

换热量可按牛顿冷却公式计算

$$\Phi = h A (t_s - t_w) = 2.38 \times 10^4\ \mathrm{W/(m^2 \cdot K)} \times \pi \times 0.01\ \mathrm{m} \times 1\ \mathrm{m} \times 2\ \mathrm{K}$$

$$= 1.50 \times 10^3\ \mathrm{W}$$

水蒸气凝结量(质量流量)为

$$q_m = \frac{\Phi}{\gamma} = \frac{1.50 \times 10^3 \text{ W}}{2\,257 \times 10^3 \text{ J/kg}} = 6.650 \times 10^{-4} \text{ kg/s} = 2.39 \text{ kg/h}$$

【点评】　本例若所有条件不变,仅由横管改为竖管,则据 $h_H/h_V = 0.77\,(l/d)^{1/4}$,冷凝的表面传热系数将下降为 $h = 0.98 \times 10^4$ W/(m² · K),完成同样的水蒸气凝结量需要冷凝管长 2.44 m,所以冷凝器通常都采用横管的布置方案。

【例 9-5】　R134a 是一种可替代对大气臭氧层有破坏作用的 R12 及 R22 的新制冷剂。为测定其热力性能,进行了大容器水平光管沸腾换热实验,实验的工况是 $t_s = 5 \text{ ℃}$,$p_s = 0.349$ MPa,测得数据如表 9-8 所示。R134a 的相对分子质量 $M_r = 102$,临界压力 $p_c = 4.06$ MPa,试计算 h 值并与实测的 h_e 值相比较。

表 9-8　例 9-5 的实测数据

$q/(10^4$ W/m²)	2.09	2.51	2.93	3.35	3.76	4.11	4.19	4.61
$h_e/[$W/(m² · K)]	4 058	4 456	5 262	5 669	6 059	6 463	7 084	6 950

【解】　为了方便计算,将库珀公式简化成 $h = C_1 q^{0.67}$ 的形式

$$h = [C M_r^{-0.5} p_r^m (-\lg p_r)^{-0.55}] q^{0.67} = C_1 q^{0.67}$$

式中:$m = 0.12 - 0.2 \lg \{R_p\}_{\mu m}$,$p_r = \dfrac{p_s}{p_c}$,$C = 90$ W$^{0.33}$/(m$^{0.66}$ · K)。

根据现有资料查阅商用铜管参数,R_p 在 $0.3 \sim 0.4\ \mu m$,取 $R_p = 0.35\ \mu m$,则

$$m = 0.12 - 0.2 \lg \{R_p\}_{\mu m} = 0.12 - 0.2 \lg 0.35 = 0.211\,2$$

$$p_r = \frac{p_s}{p_c} = \frac{0.349 \text{ MPa}}{4.06 \text{ MPa}} = 0.086$$

$$C_1 = 90 \text{ W}^{0.33}/(\text{m}^{0.66} \cdot \text{K}) \times 102^{-0.5} \times 0.086^{0.211\,2} \times (-\lg 0.086)^{-0.55}$$
$$= 5.12 \text{ W}^{0.33}/(\text{m}^{0.66} \cdot \text{K})$$

表面传热系数 h 的计算值与实测的 h_e 的对比如表 9-9 所示。

表 9-9　例 9-5 的 h 计算值与实测值 h_e 对比

$q/(10^4$ W/m²)	2.09	2.51	2.93	3.35	3.76	4.11	4.19	4.61
$h/[$W/(m² · K)]	4 015	4 540	5 036	5 509	5 952	6 317	6 400	6 823
$\dfrac{h_e - h}{h_e} \times 100\%$	1.1	-1.9	4.3	2.8	2.3	2.3	9.7	1.8

【点评】　若取 $R_p = 0.30\ \mu m$,最大误差达 12.9%,可见应用库珀公式的不确定性与 R_p 值的选取有关。

9.8 小 结

　　对流传热是流体的热对流以及流体本身的导热的复合机制形成的热量传递的过程。按流动的成因对流传热可分成自然对流与强制对流两类,还可细分为单相对流传热和伴随有相变的对流传热。任何流体均有黏性,因此对流传热绕不开流动边界层。边界层有形成、发展的过程,但即使在充分发展的湍流边界层的底层仍然是层流底层,流体与壁面的对流传热必须克服此层液体的导热热阻,降低层流底层的导热热阻常常是强化对流传热的关键。如管内流动换热,进口段因其边界层尚未充分发展而较薄,在弯管部分因离心力的作用使边界层变薄,使得局部表面传热系数较大;横掠单管时局部表面传热系数随迎风角的变化也主要受限于边界层厚度;甚至沸腾的表面传热系数较高也与产生的气泡对边界层的冲刷有关。与流动边界层相仿,可以想象存在热的边界层。

　　影响对流传热的因素很多,流动产生的原因、流体的流动状态、流体自身的热物理性质、是否伴有相变、换热面的形状和位置等都会使表面传热系数 h 的数值产生很大的偏差。通常强制流动比自然对流强烈,故强制对流传热强于自然对流。由于层流时热量的法向传递依靠导热,而湍流时垂直于流动方向出现剧烈的扰动,故湍流对流传热比层流对流传热强烈。流体的物理性质,如密度、动力黏度、导热系数、比定压热容和体胀系数等物性参数显然直接影响到流动、导热,进而改变对流传热的强弱。流体发生相变时吸收或放出热量,而同种流体的汽化潜热一般远大于显热,故通常相变换热比单相流体的对流传热更强烈。换热面的几何形状、尺寸、相对位置及表面的粗糙情况必定影响流体的流动状况,因此影响流体的速度分布和温度分布,会对对流传热产生重要影响。正是这些因素,使得对流换热的表面传热系数成为不是仅由物体性质及其状态所决定的物性参数。

　　正是对流传热中热量的传递是依靠流体的位移而形成的对流和流体本身的导热,所以对流传热的基本方程组包括描述对流传热的传热微分方程,描述流动的动量微分方程以及必须遵循连续性微分方程和能量微分方程等方程,加上单值性条件(包括几何条件、物理条件、时间条件和边界条件)形成完整且精确的对流传热的数学物理方程组。遗憾的是,直至今日只有极少数简单的对流传热问题可以通过求解上述方程组得到分析解。工程上的绝大多数对流传热问题求解只能依赖建立在相似理论基础上,经由大量实验形成的特征数关联式或通过计算机求得数值解。

　　特征数是由热物性、流速、几何因素等与对流传热相关的量组成的无量纲量,对探究影响对流传热的主要因素和实验设计及实验数据整理的简化具有重要作用。本章常用的主要特征数有雷诺数 $Re = \dfrac{ul}{\nu}$、努塞尔数 $Nu = \dfrac{hl}{\lambda}$、普朗特数 $Pr = \dfrac{\nu}{a}$、格拉晓夫数 $Gr = \dfrac{g\alpha_V \Delta t l^3}{\nu^2}$。雷诺数的本质是惯性力和黏性力的比值,是判断流型的准则。在特征尺寸 l 和流体的热导率 λ 相同的情况下,努塞尔数则反映了对流传热的强弱。需要注意的是,努塞尔数中的 λ 是流体的热导率,而第 8 章中的毕渥数 $Bi = \dfrac{hl}{\lambda}$ 的 λ 是导热物体(通常为固体)的热导率。普朗特数是流体物性对对流传热影响的综合量。格拉晓夫数体现浮升力的影响。

　　各类对流传热问题的特征数关联式很多,本章介绍了一些常用的特征数关联式,应用这些关系式要注意各自的适用范围、选用各自规定的定性温度、特征长度和速度。解题时,首先计算雷诺数、普朗特数等,选择合适方程。同样的问题,可能有很多的特征数关联式适用,但计算结果往往相互有较大的不同,与实际也会有误差。这不仅体现了对流传热问题的复杂性,还揭示还有很多工作有待深入研究。

思 考 题 9

9-1 何谓对流传热的表面传热系数? 它与物体导热率一样是物性参数吗?

9-2 影响对流传热强度的主要因素有哪些?

9-3 什么是流动边界层和温度边界层? 什么是层流边界层和湍流边界层? 边界层理论对求解对流传热问题有何意义?

9-4 什么是特征温度和特征尺寸? 特征数 Re、Pr、Gr 和 Nu 的定义是什么?

9-5 举例说明影响管内强迫流动换热的因素。

9-6 为什么冷凝器内管子都是水平布置而没有竖立布置的?

9-7 不凝性气体对凝结换热有什么影响?

9-8 什么是临界热流密度(CHF)? 它对工程实践有什么意义?

9-9 如何加强凝结换热和沸腾换热?

习 题 9

9-1 空气在内径为 50 mm 的管内流动,流速为 15 m/s,壁面温度 $t_w = 100\ ℃$,管长 5 m。如果空气的平均温度为 200 ℃,试求空气与壁面的表面对流传热系数 h 和传热量。

9-2 给水流过锅炉省煤器时,从 $t_1 = 170\ ℃$ 被加热到 $t_2 = 230\ ℃$,若管子的内径 $d = 30$ mm,水在管内的平均流速 $u = 0.5$ m/s,管壁的平均温度 $t_w = 250\ ℃$。 试确定该省煤器水侧的表面传热系数 h。

9-3 水流过长 $l = 5$ m 的直管,从 $t_{f1} = 25.3\ ℃$ 被加热到 $t_{f2} = 34.6\ ℃$,若管子内径 $d = 20$ mm,水在管内的平均流速 $u = 2$ m/s。 试确定水侧的表面传热系数 h。

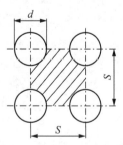

图 9-14 习题 9-4 附图

9-4 一座原子能反应堆使用水作为冷却剂,其圆柱形燃料棒(释热元件)依靠冷却剂纵向流过每 4 根棒之间形成的通道得到冷却。已知燃料棒的外径 $d = 9$ mm,相邻两棒的节距 $s = 13$ mm(见图 9-14),水的平均温度 $t_f = 300\ ℃$,平均流速 $u = 8$ m/s,燃料棒的平均热负荷 $q = 1.75 \times 10^6$ W/m²。 试求水对燃料棒外表面的表面传热系数 h 以及棒外表面的温度。(提示:把 4 根棒之间形成的通道作为非圆形通道,求其当量直径)

9-5* 直径为 0.1 mm 的电阻丝置于与来流方向垂直的空气流中,若空气流的温度为 20 ℃,电阻丝的温度为 35 ℃,测出电阻丝的加热功率为 2.35 W/m。试确定空气的流速(忽略辐射散热)。

9-6 空气横向掠过单管,管外径 $d = 12$ mm,管外来流速度 $u = 14$ m/s,空气温度 $t_f = 30\ ℃$,壁温 $t_w = 22\ ℃$,求空气侧的表面传热系数。

9-7 空气预热器内 7 排管子叉排,管外径 $d = 12$ mm,管子间距 $s_1 = 18$ mm,$s_2 =$

15 mm。管壁温 $t_w=80\ ℃$。管束间空气最大速度 $u_{max}=15\ m/s$,空气的平均温度 $t_f=40\ ℃$。冲击角 $\psi=70°$。求管束壁面与空气间的平均表面传热系数。

9-8 在一台锅炉中,烟气横掠 4 排管子组成的顺排管束。已知管外径 $d=60\ mm$,管子间距 $s_1=120\ mm$,$s_2=120\ mm$,管壁温 $t_w=120\ ℃$,烟气平均温度 $t_f=600\ ℃$。烟气通道最窄处平均流速 $u=8\ m/s$。试求管束平均表面传热系数。

9-9 已知水平蒸汽输汽管外径 $d=0.3\ m$,壁温 $t_w=450\ ℃$,环境温度 $t_f=30\ ℃$,试求每米长管子的自然对流散热损失。

9-10 直径为 150 mm 的竖管,高为 1.5 m,表面温度 $t_w=80\ ℃$,空气温度 $t_f=20\ ℃$,试求管外壁空气自然对流的表面传热系数。

9-11 矩形加热炉的一侧可视为高 0.7 m、宽 0.5 m 的竖平壁,假定壁面温度均匀并保持为 225 ℃。若周围空气温度为 15 ℃,试计算通过该侧面的热流量。

9-12 室温为 10 ℃的大房间内有一个水平设置的直径为 150 mm 烟筒,长度为 15 m,烟筒的平均壁温为 110 ℃,求每小时的对流散热量(不计辐射换热)。

9-13 压力为 $1.013×10^5\ Pa$ 的饱和水蒸气在 20 cm×20 cm 的方形竖壁外凝结,管壁温保持 98 ℃。试计算每小时的换热量及凝结蒸汽量(假设液膜为层流)。

9-14 饱和温度为 50 ℃的纯净水蒸气在外径为 25.4 mm 的竖直管外凝结。水蒸气与管壁的温差为 11 ℃,若管长为 1.5 m,试计算该冷凝管的热负荷(假设液膜为层流)。

9-15 水蒸气在外径为 25.4 mm 的水平管外凝结,若水蒸气饱和压力为 0.05 MPa,管壁的温度低于饱和温度 5 ℃,试计算凝结换热系数(假设液膜为层流)。

9-16 一根卧式氨冷凝器管子的直径为 20 mm,第一排管子的壁面温度 $t_w=25\ ℃$,冷凝温度为 30 ℃。试计算第一排管子每米长的凝结液量。

9-17 直径为 50 mm 的电加热铜棒被用来生产 0.362 MPa 的饱和水蒸气,铜棒表面温度高于饱和温度 5 ℃,问维持 100 kg/h 的产汽率需要多长的铜棒?已知此温度下表面张力 $\sigma=507.2×10^{-4}\ N/m$。

9-18 一台电热锅炉,用功率为 8 kW 的电加热器来产生 0.143 MPa 的饱和水蒸气。电热丝置于两根长为 1.85 m,外径为 15 mm 的经机械磨光的不锈钢管内,钢管壁厚为 1.5 mm,导热系数为 10 W/(m·K),该钢管置于水内。设输入功率全部用来产出蒸汽,试计算不锈钢管壁面的最高温度。已知此温度下 $\sigma=569×10^{-4}\ N/m$。

9-19[*] 一直径为 3.5 mm、长为 100 mm 的机械抛光的薄壁不锈钢管,被置于压力为 1 atm 的水容器中,水温已非常接近饱和温度。将该不锈钢管两端通电以作为加热表面。试计算当加热功率分别为 1.9 W 及 100 W 时,水与钢管表面之间的表面传热系数。已知 101 ℃时水的 $\alpha_V=7.54×10^{-4}\ K^{-1}$。

9-20 某氨蒸发器中,氨液在一组水平管外沸腾,沸腾温度为 -20 ℃。假设可把该沸腾过程近似作为大容器沸腾,试估算每平方米蒸发器外表面所能承担的最大制冷量。-20 ℃时氨的汽化潜热 $\gamma=1\,329\ kJ/kg$,表面张力 $\sigma=0.031\ N/m$,$\rho_v=1.604\ kg/m^3$,$\rho_l=666.7\ kg/m^3$。

第10章 辐射换热

辐射换热是与导热和对流传热在机理上具有本质不同的一种重要的热量传递方式。导热和对流传热分别是微观粒子的热运动和物质宏观运动所导致的热量转移,而辐射换热是由于微观粒子的热运动发射或吸收电磁波所引起的热量从高温物体向低温物体传递。由于辐射换热过程中的能量是以电磁波的形式传递的,因此,参与换热的物体间无须介质,传热过程伴随能量形式的转换,并且与波长和方向都有关系。因此,研究辐射换热应有与导热及对流传热不同的思路和方法。本章将简要讨论热辐射的基本概念、基本定律及组成封闭空间的两物体表面间辐射换热的计算。

10.1 热辐射的基本概念

前已述及,热辐射的本质是电磁波,它与其他电磁波的区别仅仅在于波长不相同。任何 0 K 以上的物体都在自发地、不停地向外辐射,同时也吸收外来的辐射能量。这种不断地向外辐射同时也吸收外来的辐射能量的过程即使在两个温度相等的物体之间也照常进行,所谓的辐射平衡即指这种过程。

10.1.1 吸收比、反射比和穿透比

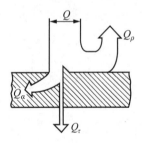

图 10-1 辐射能的能量平衡

投射到物体表面的总辐射能 Q,其中一部分 Q_α 被物体吸收,另一部分 Q_ρ 为物体所反射,其余部分 Q_τ 透过物体,如图 10-1 所示,则据能量守恒定律

$$Q = Q_\alpha + Q_\rho + Q_\tau$$

如以 Q 除全式,并令 $\alpha = \dfrac{Q_\alpha}{Q}$,$\rho = \dfrac{Q_\rho}{Q}$,$\tau = \dfrac{Q_\tau}{Q}$,则有

$$\alpha + \rho + \tau = 1 \qquad (10-1)$$

式中:α、ρ 和 τ 分别称为物体对投射辐射的吸收比、反射比和穿透比(习惯上称为吸收率、反射率和穿透率)。

辐射能到达固体或液体表面后,通常会在一个极短的距离(金属导体仅为 1 μm 的数量级、大多数非导电体小于 1 mm)内就被全部吸收,因此可以认为固体和液体的穿透比 $\tau = 0$。于是,对于固体和液体

$$\alpha + \rho = 1 \qquad (10-2)$$

因而,对于固体和液体,吸收能力大的物体其反射本领就小,吸收能力小的物体其反射本领就大。物体表面对热辐射的反射与可见光一样,有镜反射和漫反射之分,这取决于表面的粗糙程度。一般工程材料的表面都能近似形成漫反射,在高度磨光的金属板表面则可形成镜反射。

辐射能投射到气体上时,因气体对辐射能几乎没有反射能力,可认为反射比 $\rho=0$,故

$$\alpha+\tau=1$$

显然,吸收性好的气体,其穿透性就差。

据上所述,绝大部分固体和液体对投入辐射所呈现的吸收和反射特性,都具有在物体表面上进行的特点,因此其表面状况对辐射特性的影响至关重要。而对于气体,热辐射的发射和吸收在整个气体容积中进行,表面状况则无关紧要。

10.1.2　黑体模型

当 $\alpha=1$ 时,表示物体全部吸收了投射到它上面的辐射能,这种物体被称为绝对黑体(简称黑体)。对于 $\rho=1$ 和 $\tau=1$ 的物体则分别称为镜体(漫反射时称为绝对白体)和绝对透明体(简称透明体)。这些都是为了研究热辐射换热规律而假定的理想物体,自然界中可能并不存在,即使是最接近于黑体的烟炱、黑丝绒和霜雪,它们的吸收比也只在 0.97 左右,而氧气、氮气等双原子气体则接近于透明体。二氧化碳、水蒸气、甲烷等气体对有些波段的辐射接近于透明,但对其他波段的辐射则有较高的吸收比。由于二氧化碳、甲烷等气体的吸收波段与地球主要的辐射波段重合,因而它们让太阳辐射透过,而把地球辐射截留,产生所谓的温室效应。值得注意的是,对光波透明的材料未必是透热体,如热辐射对玻璃的穿透比很小。

尽管在自然界并不存在黑体,但开有小孔且内壁温均匀的空腔可以近似为黑体模型,如图 10-2 所示。因为当辐射能经小孔射入空腔后,在空腔内要经历多次吸收和反射,而每经过一次吸收,辐射能就按照内壁吸收率的份额被减弱一次,最终能离开小孔的能量是微乎其微的,可以认为能量完全被吸收在空腔内部。

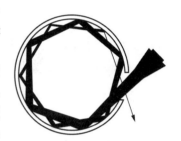

图 10-2　黑体模型

10.1.3　辐射力和光谱辐射力

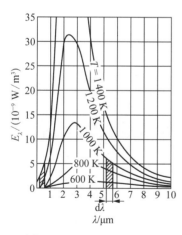

图 10-3　$E_\lambda=f(\lambda,T)$

为了定量表示物体向外界发射的辐射能,需要引入两个物理量:辐射力 E 及光谱辐射力 E_λ(习惯上常称单色辐射力)。

辐射力 E 是指物体单位表面积在单位时间内向半球空间所有方向发射出去的全部波长的辐射能的总量,单位是 W/m^2。在热辐射的整个波谱内不同波长发出的辐射能是不同的,图 10-3 表示了不同波长发射出的辐射能的变化。每条曲线下的面积表示相应温度下黑体的辐射力。光谱辐射力 E_λ 是物体从波长 λ 到 $(\lambda+d\lambda)$ 区间发射出的能量,即物体单位表面积在单位时间内向半球空间所有方向上发射出去的包含 λ 的单位波长范围内的辐射能,单位是 W/m^3。显而易见,辐射力及光谱辐射力有以下关系

$$E=\int_0^\infty E_\lambda \, d\lambda \tag{10-3}$$

10.1.4　定向辐射强度

黑体辐射不仅按波长变化,沿空间方向也有变化,即辐射能量在半球空间不同方向立体角的能量分布不同。

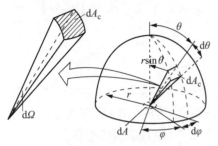

图 10-4　立体角和微元立体角

立体角即为某一方向的空间占总空间的大小(见图 10-4),立体角和微元立体角分别定义如式(10-4)和式(10-5)

$$\Omega = \frac{A_c}{r^2} \qquad (10-4)$$

立体角的单位为 sr,称为球面度。按照几何学原理

$$d\Omega = \frac{dA_c}{r^2} \qquad (10-5)$$

式中:r 为半球的半径;A_c 为立体角球表面积。

$$d\Omega = \sin\theta \, d\theta \, d\varphi \qquad (10-6)$$

定向辐射强度 I 定义为单位时间、单位可见辐射面积向(θ, φ)方向的单位立体角内发射的所有波长的总辐射能,即

$$I(\theta) = \frac{d\Phi(\theta)}{dA\cos\theta \, d\Omega} \qquad (10-7)$$

式中:θ 为方位角;$dA\cos\theta$ 为微元黑体表面 dA(位于球心)向方向 p 辐射的折合面积,一般称为可见辐射面积。

10.2　黑体辐射的基本定律

黑体辐射的三个基本定律分别阐述黑体辐射随波长的变化规律,随方向的变化规律,以及在所有波长和所有方向内的总能量。

10.2.1　普朗克定律

普朗克定律揭示了黑体辐射力按波长的分布规律,根据量子理论,真空中普朗克定律的数学表达式为

$$E_{b\lambda} = \frac{c_1 \lambda^{-5}}{\exp\left[\dfrac{c_2}{\lambda T}\right] - 1} \qquad (10-8)$$

式中:$E_{b\lambda}$ 为黑体光谱辐射力,W/m^3,下角标 b 表示黑体;λ 为波长,m;T 为黑体的热力学温度,K;c_1 为第一辐射常量,3.742×10^{-16} W $\cdot$ m^2;c_2 为第二辐射常量,1.438×10^{-2} m $\cdot$ K。

研究指出,黑体光谱辐射力随着温度的升高,其峰值向波长较短的方向移动。描述最大光

谱辐射力的波长 λ_m 与温度之间关系的定律称为维恩定律

$$\lambda_m T = 2.897\,6 \times 10^{-3}\ \text{m} \cdot \text{K} \tag{10-9}$$

维恩定律表明最大光谱辐射力的波长 λ_m 与温度成反比。

应该指出,实际物体的光谱辐射力按波长分布的规律与普朗克定律不完全相同,但定性上是一致的。

10.2.2 斯忒藩-玻耳兹曼定律

斯忒藩-玻耳兹曼定律给出了黑体辐射力的计算公式,该定律虽然是由斯忒藩和玻耳兹曼分别独立推导和证明的,但也可以由普朗克定律积分得到,即

$$E_b = \int_0^\infty E_{b\lambda}\,\mathrm{d}\lambda = \int_0^\infty \frac{c_1 \lambda^{-5}}{\exp\left[\dfrac{c_2}{\lambda T}\right] - 1}\,\mathrm{d}\lambda = \sigma T^4 \tag{10-10}$$

式中:σ 为斯忒藩-玻耳兹曼常数,又称黑体辐射常数,$5.67 \times 10^{-8}\ \text{W}/(\text{m}^2 \cdot \text{K}^4)$。

这一定律现又称为辐射四次方定律,表明辐射力随着温度的上升急剧增加。四次方定律是热辐射工程计算的基础。

在许多实际问题中,常需要确定黑体在波长 λ_1 至 λ_2 区段所发射出的能量

$$\Delta E_b = \int_{\lambda_1}^{\lambda_2} E_{b\lambda}\,\mathrm{d}\lambda \tag{10-11}$$

这一能量可用图 10-5 中波长 λ_1 至 λ_2 之间有关温度曲线下的面积表示。为了方便起见,把给定的波段区间单位时间内黑体单位面积的辐射能量用下式给出

$$E_{b(\lambda_1-\lambda_2)} = F_{b(\lambda_1-\lambda_2)} E_b = (F_{b(0-\lambda_2)} - F_{b(0-\lambda_1)}) E_b \tag{10-12}$$

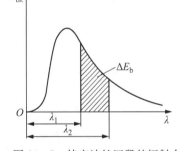

图 10-5 特定波长区段的辐射力

式中:$F_{b(\lambda_1-\lambda_2)} = F_{b(0-\lambda_2)} - F_{b(0-\lambda_1)}$ 是波长 λ_1 至 λ_2 波段区间的辐射能占同温度下黑体辐射力(λ 从 0 到 ∞ 整个波谱的辐射能)的百分比。$F_{b(0-\lambda)}$ 是 0 至 λ 波段区间的辐射能占同温度下黑体辐射力的百分比,它可以表示为单一变量 λT 的函数,$F_{b(0-\lambda)} = f(\lambda T)$,$f(\lambda T)$ 称为黑体辐射函数,已制成表格(见表 10-1)供使用。这样利用黑体辐射函数表数据可较方便地计算 $E_{b(\lambda_1-\lambda_2)}$ 的值。

表 10-1 黑体辐射函数

$\lambda T/(\mu\text{m} \cdot \text{K})$	$F_{b(0-\lambda)}$	$\lambda T/(\mu\text{m} \cdot \text{K})$	$F_{b(0-\lambda)}$
1 000	0.000 32	2 000	0.066 72
1 100	0.000 91	2 200	0.100 88
1 200	0.002 13	2 400	0.140 25
1 300	0.004 32	2 600	0.183 11

$\lambda T/(\mu m \cdot K)$	$F_{b(0-\lambda)}$	$\lambda T/(\mu m \cdot K)$	$F_{b(0-\lambda)}$
1 400	0.007 79	2 800	0.227 88
1 500	0.012 85	3 000	0.273 22
1 600	0.019 72	3 200	0.318 09
1 700	0.028 53	3 400	0.361 72
1 800	0.039 34	3 600	0.403 59
1 900	0.052 10	3 800	0.443 36
4 000	0.480 85	18 000	0.980 81
4 200	0.515 99	20 000	0.985 55
4 400	0.548 77	22 000	0.988 86
4 600	0.579 25	24 000	0.991 23
4 800	0.607 53	26 000	0.992 97
5 000	0.633 72	28 000	0.994 29
5 500	0.690 87	30 000	0.995 29
6 000	0.737 78	35 000	0.996 95
6 500	0.776 31	40 000	0.997 92
7 000	0.808 07	45 000	0.998 51
7 500	0.834 36	50 000	0.998 90
8 000	0.856 25	60 000	0.999 40
9 000	0.889 99	70 000	0.999 60
10 000	0.914 15	80 000	0.999 70
12 000	0.945 05	90 000	0.999 80
14 000	0.962 85	100 000	0.999 90
16 000	0.973 77		

10.2.3　兰贝特定律

兰贝特定律给出了黑体表面发出的辐射能在所面对的半球空间不同方向上的分布规律，指出黑体辐射的定向辐射强度 $I(\theta)$，即单位时间、单位可见辐射面积、单位立体角内的辐射能量与方向无关，也就是说，在半球空间的各个方向上定向辐射强度相等，即

$$I(\theta) = I = 常量 \tag{10-13}$$

将式(10-13)代入式(10-7)得

$$\frac{\mathrm{d}\Phi(\theta)}{\mathrm{d}A\mathrm{d}\Omega} = I\cos\theta \tag{10-14}$$

上式表明，服从兰贝特定律的辐射从单位辐射面积发出的辐射能，落到空间不同方向单位立体角内的辐射能量的数值并不相等，其值正比于该方向与辐射面法线方向夹角的余弦，所以兰贝特定律又称余弦定律。余弦定律说明，黑体表面发出的辐射能在空间不同方向的分布是不均匀的，法线方向最大，切线方向为零。

研究表明,大多数工程材料的辐射力近似服从兰贝特定律,服从兰贝特定律的表面称为漫射表面,可以导出漫射表面的辐射力是定向辐射强度的 π 倍。

归纳起来,黑体的辐射力由斯忒藩-玻耳兹曼定律确定,辐射力正比于热力学温度的四次方;黑体辐射能量按波长的分布服从普朗克定律,按空间方向的分布服从兰贝特定律;黑体的光谱辐射力存在一个峰值,与此峰值相对应的波长 λ_m 由维恩位移定律确定,随着温度的升高,λ_m 向波长短的方向移动。

【例 10-1】 工业所遇到的温度范围通常在 2 000 K 以下,而太阳表面温度可达约 5 800 K,试分别计算温度为 2 000 K 和 5 800 K 的黑体的最大光谱辐射力所对应的波长 λ_m。

【解】 据维恩位移定律

$$T = 2\ 000\ \text{K 时}, \lambda_m = \frac{2.897\ 6 \times 10^{-3}\ \text{m} \cdot \text{K}}{2\ 000\ \text{K}} = 1.45 \times 10^{-6}\ \text{m} = 1.45\ \mu\text{m}$$

$$T = 5\ 800\ \text{K 时}, \lambda_m = \frac{2.897\ 6 \times 10^{-3}\ \text{m} \cdot \text{K}}{5\ 800\ \text{K}} = 0.50 \times 10^{-6}\ \text{m} = 0.50\ \mu\text{m}$$

【点评】 上述计算结果与图 7-3 对照可见,在工业上的一般高温范围内,黑体辐射的最大光谱辐射力的波长位于红外线区段,而相当于太阳表面温度的黑体辐射的最大光谱辐射力的波长位于可见光区段。

【例 10-2】 试求表面温度分别为 47 ℃ 和 367 ℃ 的黑体表面的辐射力。

【解】 据斯忒藩-玻耳兹曼定律,黑体的辐射力

$$E_{b1} = C_0 \left(\frac{T_1}{100}\right)^4 = 5.67\ \text{W/(m}^2 \cdot \text{K}^4) \times \left[\frac{(273+47)\text{K}}{100}\right]^4 = 594.5\ \text{W/m}^2$$

$$E_{b2} = C_0 \left(\frac{T_2}{100}\right)^4 = 5.67\ \text{W/(m}^2 \cdot \text{K}^4) \times \left[\frac{(273+367)\text{K}}{100}\right]^4 = 9\ 512.7\ \text{W/m}^2$$

【点评】 虽温度仅提高 1 倍,但黑体的辐射力之比却高达 16 倍(注意,四次方定律中温度为热力学温度)。

10.3 灰体和基尔霍夫定律

10.3.1 实际物体的辐射特性

实际物体(这里指不透明的固体和液体)的辐射特性与绝对黑体不同:实际物体的光谱辐射力往往随波长呈现不规则的变化;辐射力并不严格地与热力学温度的四次方成正比;定向辐射强度在不同方向上有变化。通常用发射率(习惯上称为黑度)来描述实际物体的辐射力随波长做不规则变化的特性。实际物体的辐射力与同温度下黑体的辐射力的比值称为发射率,用 ε 表示

$$\varepsilon = \frac{E}{E_b} = \frac{\int_0^\infty \varepsilon(\lambda) E_{b\lambda}\,d\lambda}{\sigma T^4} \tag{10-15}$$

式中：$\varepsilon(\lambda) = \dfrac{E_\lambda}{E_{b\lambda}}$ 为实际物体的光谱辐射力 E_λ 与同温度下黑体光谱辐射力 $E_{b\lambda}$ 的比值,称为实际物体的光谱发射率(又称为单色黑度)。

据式(10-15),实际物体的辐射力可由下式计算

$$E = \varepsilon E_b = \varepsilon \sigma T^4 = \varepsilon C_0 \left(\frac{T}{100}\right)^4 \tag{10-16}$$

实际物体的辐射力并不严格地与热力学温度的四次方成正比,工程上把实际物体的辐射力对与热力学温度的四次方成正比的偏离修正到用实验方法确定的发射率中去,因此发射率还与温度有依变关系。

实际物体表面也不是漫射表面,并不严格服从兰贝特定律,所以辐射强度还是方向角 θ 的函数,从而实际物体的发射率也随方向角 θ 而改变。但工程材料绝大多数可以忽略发射率随方向角 θ 的变化,近似作为漫射体。

各种材料的发射率由实验测定,介于 0 到 1 之间。发射率与材料的种类、温度和表面状况等有关。一般,磨光的金属表面发射率较小,粗糙或有氧化层的金属表面发射率较大。金属的表面状况对表面发射率有很大的影响,因此在选用金属材料表面发射率数值时要充分关注表面状况。各种颜色的非金属材料的黑度都比较大,一般为 0.85~0.95,并且与表面状况(包括颜色在内)关系不大,在缺乏资料时,可近似取 0.9。表 10-2 列出了一些材料的法向发射率 ε_n 的值,对于一般材料,可把法向发射率值 ε_n 近似作为半球平均发射率 ε;对于高度磨光的金属表面,可将表中所列法向发射率值 ε_n 乘以 1.20 得出半球平均发射率 ε。

表 10-2　一些材料的法向发射率 ε_n

材料名称和表面状况	$t/{}^\circ\!C$	ε_n	材料名称和表面状况	$t/{}^\circ\!C$	ε_n
光亮的铝	170~550	0.039~0.050	耐火砖	1 000	0.75
严重氧化的铝	93~550	0.20~0.31	炭黑	98~225	0.95~0.96
600 ℃时氧化后的钢	200~600	0.79	玻璃	22~90	0.94
磨光的钢铸件	770~10 400	0.52~0.56	油漆和涂料	75~145	0.91~0.96
镀锌铁皮	25	0.23~0.28	雪	0	0.80
红砖	20	0.93	水(厚度大于 0.1 mm)	0~100	0.96

10.3.2　灰体

单位时间内从外界辐射到物体单位表面积上的能量称为该物体的投入辐射。物体对投入辐射的吸收百分率称为该物体的吸收比。实际物体的吸收比不仅与物体本身状况,如物质的种类、表面温度和表面状况有关,而且与投入辐射的特性有关,因而物体的吸收比相比于发射率更为复杂。物体对某一特定波长辐射能的吸收百分率称为该物体的光谱吸收比。实际物体的光谱吸收比随投入辐射的波长而异,这种特性称为物体的吸收具有选择性。实际物体吸收比的这一特性给辐射换热计算带来很大的困难。如果物体的光谱吸收比与波长无关,则不管投入辐射分布如何,吸收比只决定于物体自身状况,是同一常数,这将为辐射换热的计算带来很大方便。在热辐射分析中,把光谱吸收比与波长无关的物体称为灰体。显然,对于灰体

$$\alpha = \alpha(\lambda) = 常数 \tag{10-17}$$

像黑体一样,灰体也是一种理想物体。通常在工业上遇到的热辐射波长范围内,把大多数工程材料当作灰体处理引起的误差是在允许范围内的,它给辐射换热分析带来的方便却是巨大的。

10.3.3 基尔霍夫定律

基尔霍夫定律指出了物体的吸收比与辐射力之间的关系,可表达为:在热平衡的条件下,任意物体对黑体投入辐射的吸收比等于同温度下该物体的发射率,即

$$\alpha = \frac{E}{E_b} = \varepsilon \tag{10-18}$$

但是实际工程辐射换热中无法满足黑体投入辐射和热平衡这两个条件。不过对于漫射的灰体而言,不论投入辐射是否来自黑体,也不论其是否处于热平衡,其吸收比恒等于同温度下的发射率($\alpha = \varepsilon$)。由于大多数工程材料可当作漫射的灰体处理,所以这个结论给物体辐射换热条件下的吸收比的确定带来了实质性的简化。

由基尔霍夫定律可知,物体的吸收能力愈强,则其辐射能力亦愈强,反之亦然。换句话说,善于吸收的物体必善于辐射,所以同温度下黑体的辐射力最大。

需要注意的是,研究物体表面对太阳能的吸收时,由于太阳表面温度高达约 5 800 K,在太阳辐射的波长范围内,一般物体不能近似为灰体,即不能把物体在常温下的发射率作为对太阳辐射的吸收比。

【例 10-3】 实验测得 2 500 K 钨丝的法向单色发射率在 $0\sim2\ \mu m$ 波长时是 0.45,在 $2\ \mu m\sim\infty$ 波长时是 0.1,试计算其辐射力。

【解】 钨丝向半球空间内的总辐射力可通过发射率 ε 而确定,据式(10-15),ε 与光谱发射率间有如下关系

$$\varepsilon = \frac{E}{E_b} = \frac{\int_0^2 \varepsilon(\lambda)E_{b\lambda}\,d\lambda + \int_2^\infty \varepsilon(\lambda)E_{b\lambda}\,d\lambda}{E_b} = \varepsilon_{\lambda 1}F_{b(0-2)} + \varepsilon_{\lambda 2}(1 - F_{b(0-2)})$$

$$\lambda_1 T = 2 \times 10^{-6}\ m \times 2\ 500\ K = 5\ 000\ \mu m \cdot K$$

由表 10-1 查得 $F_{b(0-2)} = 0.633\ 72$,所以

$$\varepsilon = 0.45 \times 0.633\ 72 + 0.1 \times (1 - 0.633\ 72) = 0.322$$

$$E = \varepsilon E_b = 0.322 \times 5.67\ W/(m^2 \cdot K^4) \times \left(\frac{2\ 500\ K}{100}\right)^4 = 7.13 \times 10^5\ W/m^2$$

【点评】 $F_{\infty(0-\lambda)}$ 是黑体在 0 至 λ 波段区间的辐射能占同温度下黑体辐射力的百分比,因此 $F_{b(0-\lambda)} + F_{b(\lambda-\infty)} = 1$。

10.4 角系数

10.4.1 角系数定义

两个表面之间的辐射换热量除了与其本身的性质有关外,还与它们的相对位置有很大的

关系。表面 1 发出的辐射能中直接落到表面 2 上的百分数称为表面 1 对表面 2 的角系数,记为 $X_{1,2}$(同理可定义角系数 $X_{2,1}$)。值得指出的是,表面 1"发出"的辐射能是指离开表面 1 的所有的辐射能,包括表面的自身发射和对外来投射辐射的反射;"直接落到"表面 2 上并不意味被表面 2 全部吸收。若两个任意放置的漫射表面向外发射的辐射热流密度是均匀的,那么物体表面的温度及发射率的改变只影响该物体向外发射的辐射能的大小而不影响辐射能在空间的相对分布,此时,角系数就是一个几何因子,与两个表面的温度及发射率无关。实际工程问题不一定能满足这样的假定,但产生的偏差在允许的范围内。下文关于角系数性质的讨论建立在黑体的基础上,但结论同样适用于漫灰表面。

10.4.2 角系数的性质

角系数有以下特性:

1) 角系数的相对性(又称互换性)

$$A_1 X_{1,2} = A_2 X_{2,1} \qquad (10-19)$$

当两个黑体表面间进行辐射换热时,表面 1 辐射到表面 2 的辐射能为

$$\Phi_{1\to 2} = E_{b1} A_1 X_{1,2}$$

表面 2 辐射到表面 1 的辐射能为

$$\Phi_{2\to 1} = E_{b2} A_2 X_{2,1}$$

由于两个表面均为黑体,落到其上的辐射能被全部吸收,所以两表面之间的净辐射换热量为

$$\Phi_{1,2} = \Phi_{1\to 2} - \Phi_{2\to 1} = E_{b1} A_1 X_{1,2} - E_{b2} A_2 X_{2,1} \qquad (10-20)$$

式(10-20)对黑体的温度没有限制。若两个黑体温度相等,则据热力学定律,净辐射换热量 $\Phi_{1,2} = 0$,又因 $E_{b1} = E_{b2}$,即得式(10-19)。

2) 角系数的完整性

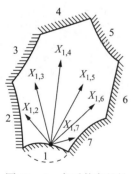

对于由 n 个表面组成的封闭系统(见图 10-6),据能量守恒原理,任何一个表面发射出的辐射能必定全部落到该封闭系统的各表面(包括辐射面本身)上。因此任一表面对其他表面的角系数之间存在着称为角系数的完整性的关系

$$X_{i,1} + X_{i,2} + \cdots + X_{i,j} + \cdots + X_{i,n} = \sum_{j=1}^{n} X_{i,j} = 1 \qquad (10-21)$$

图 10-6　角系数完整性
示意图

其中 $X_{i,i}$ 是自身对自身的角系数。图 10-6 中表面 1 若为凹表面,则其部分辐射能必将落在自身。

对于未构成封闭形状的研究对象可以设想有一虚构表面与实际表面形成封闭系统,仍可使用式(10-21)。

3）角系数的可加性

考虑如图 10-7 所示表面 1 对表面 2 的角系数。由于从表面 1 发出而直接落到表面 2 上的总能量等于落到表面 2 的各部分上辐射能的总和，即

$$A_1 E_{\mathrm{bl}} X_{1,2} = A_1 E_{\mathrm{bl}} X_{1,2\mathrm{a}} + A_1 E_{\mathrm{bl}} X_{1,2\mathrm{b}}$$

故有

$$X_{1,2} = X_{1,2\mathrm{a}} + X_{1,2\mathrm{b}} \qquad (10-22)$$

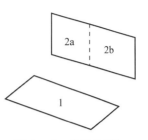

图 10-7　角系数可加性示意图

显然，式(10-22)可推广到表面 2 被分割成多个区域的情况，但对于分割成多个区域的表面 2 对表面 1 的角系数则不存在这样的可加性。

除上述特性外，在辐射换热表面具有某种对称性时，譬如矩形房间的地板或天花板和四面墙壁构成封闭的系统，可以合理认为地板(天花板)对相向的两面墙壁的角系数相等。

10.4.3　角系数的计算方法

确定角系数的方法有多种，最主要有代数分析法和积分法两种，其他还有图解法、光模拟法、电模拟法、蒙特卡罗法等。本节主要讨论代数法，对于积分法，只做简单介绍。

所谓积分法就是根据角系数的基本定义，通过积分运算求得角系数的方法。对于几何形状和相对位置复杂一些的系统，积分运算将会非常繁琐和困难。为了工程计算方便，已将常见几何系统的角系数计算结果用公式或线图（见图 10-8～图 10-10）的形式给出。

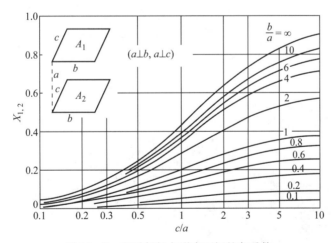

图 10-8　两平行长方形表面间的角系数

代数法是利用角系数的定义及性质，通过代数运算确定角系数的方法。下文举例说明如何利用代数法确定角系数，例题中假定各表面都是不透明的而表面间的介质都是透明的。

【例 10-4】 图 10-11 (a)(b)和(c)分别是由一个非凹表面 1 与一个凹形表面 2 构成的封闭空腔、由凸表面物体 1 与包壳 2 构成的封闭空腔和两个凹形表面组成的封闭空腔，求各角系数 $X_{2,1}$。

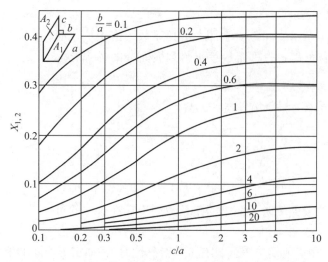

图 10-9 具有公共边的两垂直长方形表面间的角系数

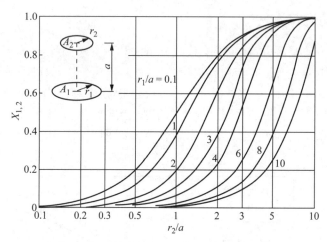

图 10-10 两同轴平行圆盘表面间的角系数

【解】 据角系数的相对性

$$A_1 X_{1,2} = A_2 X_{2,1}$$

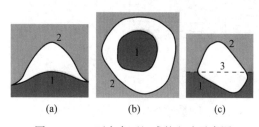

图 10-11 两个表面组成的空腔示意图

对于图 10-11(a)所示由一个非凹表面 1 与一个凹形表面 2 构成的封闭空腔,因 $X_{1,2}=1$,所以

$$X_{2,1} = \frac{A_1}{A_2}$$

图 10-11(b)所示的由凸表面物体 1 与包壳 2 构成的封闭空腔和图 10-11(a)所示空腔性质相似,同样有 $X_{1,2}=1$,所以 $X_{2,1} = \dfrac{A_1}{A_2}$。

图 10-11(c)所示的是由两个凹形表面组成的封闭空腔,设想在两个表面间添设假想表面 3。从表面 1 投射到表面 2 的辐射能全部穿过假想面 3,因此,据角系数的定义,$X_{1,2} = X_{1,3}$。考虑由表面 1 和表面 3 构成的封闭空腔,则因 $X_{1,3}A_1 = X_{3,1}A_3$, $X_{3,1} = 1$,而有

$$X_{1,3} = \frac{A_3}{A_1} = X_{1,2}$$

考虑由表面 1 和表面 2 构成的封闭空腔,则

$$X_{2,1} = X_{1,2}\frac{A_1}{A_2} = X_{1,3}\frac{A_1}{A_2} = \frac{A_3}{A_1}\frac{A_1}{A_2} = \frac{A_3}{A_2}$$

【点评】　由两个表面构成封闭空腔的角系数为 1 的表面使求解角系数问题得到简化,因此有时可以添加虚拟的角系数为 1 的表面简化角系数的求解。

【例 10-5】　图 10-12(a)所示的是由两个垂直于纸面方向很长的非凹表面构成的系统,求角系数 $X_{1,2}$。

【解】　先考察由三个垂直于纸面方向很长的非凹表面构成的系统,见图 10-12(b),由于从垂直纸面的两端逸出的辐射能可以忽略不计,因而可假定为封闭空腔。

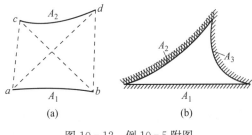

图 10-12　例 10-5 附图

据角系数的完整性,有

$$A_1 X_{1,2} + A_1 X_{1,3} = A_1 \qquad (10-23)$$

$$A_2 X_{2,1} + A_2 X_{2,3} = A_2 \qquad (10-24)$$

$$A_3 X_{3,1} + A_3 X_{3,2} = A_3 \qquad (10-25)$$

将式(10-23)、式(10-24)、式(10-25)相加,得

$$A_1 X_{1,2} + A_2 X_{2,1} + A_1 X_{1,3} + A_3 X_{3,1} + A_2 X_{2,3} + A_3 X_{3,2} = A_1 + A_2 + A_3$$

$$(10-26)$$

因角系数的相对性,有

$$A_1 X_{1,2} = A_2 X_{2,1}, \ A_1 X_{1,3} = A_3 X_{3,1}, \ A_2 X_{2,3} = A_3 X_{3,2}$$

代入式(10-26)得

$$A_1 X_{1,2} + A_1 X_{1,3} + A_2 X_{2,3} = \frac{1}{2}(A_1 + A_2 + A_3)$$

将上式分别减去式(10-23)、式(10-24)、式(10-25),整理后可得

$$X_{1,2} = \frac{A_1 + A_2 - A_3}{2A_1} = \frac{l_1 + l_2 - l_3}{2l_1}$$

$$X_{1,3} = \frac{A_1 + A_3 - A_2}{2A_1} = \frac{l_1 + l_3 - l_2}{2l_1}$$

$$X_{2,3} = \frac{A_2 + A_3 - A_1}{2A_2} = \frac{l_2 + l_3 - l_1}{2l_2}$$

式中：l_1、l_2 和 l_3 分别为系统横断面上三个表面线段的长度。

现在可以考虑由两个垂直于纸面方向很长的非凹表面构成系统的角系数 $X_{1,2}$。添加辅助面 ac、bd、ad 和 bc，它们同样在垂直于纸面方向很长。对于表面 1、2 与辅助平面 ac、bd 构成的封闭空腔 $abcd$，根据角系数的完整性有

$$X_{1,2} = 1 - X_{1,ac} - X_{1,bd} \tag{10-27}$$

根据前面三个非凹表面组成的封闭空腔的分析结果，对于表面 1 和辅助平面 ac、bc 组成的封闭空腔以及表面 1 和辅助平面 ad、bd 组成的封闭空腔，可得

$$X_{1,ac} = \frac{ab + ac - bc}{2ab}, \quad X_{1,bd} = \frac{ab + bd - ad}{2ab}$$

将它们代入式(10-27)得

$$X_{1,2} = \frac{(ad + bc) - (ac + bd)}{2ab}$$

用文字表述为

$$X_{1,2} = \frac{\text{交叉线长度之和} - \text{非交叉线长度之和}}{2 \text{倍表面 1 的横断面线长度}}$$

这种确定角系数的方法称为交叉线法，用于求解无限长延伸表面间的角系数。

【点评】 通过添设辅助面，使垂直于纸面方向很长的非凹表面构成的系统构成封闭空腔，是简化此类系统角系数问题求解的常用方法。

【例 10-6】 试确定图 10-13 所示的表面 1 对表面 2 的角系数 $X_{1,2}$。

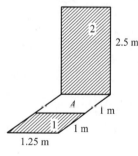

图 10-13 例 10-6 附图

【解】 据角系数的可加性，有

$$X_{2,(1+A)} = X_{2,1} + X_{2,A}$$

因此有

$$X_{2,1} = X_{2,(1+A)} - X_{2,A}$$

据角系数的相对性可得

$$X_{1,2} = \frac{A_2 X_{2,1}}{A_1} = \frac{A_2 (X_{2,(1+A)} - X_{2,A})}{A_1}$$

查图 10-9：据 $c=1$ m，$b=2.5$ m，$a=1.25$ m，得 $X_{2,A} = 0.10$；据 $c=2$ m，$b=2.5$ m，$a=1.25$ m，得 $X_{2,(1+A)} = 0.14$。 代入上式得

$$X_{1,2} = \frac{2.5 \text{ m} \times 1.25 \text{ m} \times (0.14 - 0.10)}{1 \text{ m} \times 1.25 \text{ m}} = 0.1$$

【点评】 图 10-9 适用于具有公共边的两个垂直面，所以可以分别查取面 A 及 $(1+A)$ 与

面 2 的角系数 $X_{2,A}$ 和 $X_{2,(1+A)}$，再利用角系数的性质求得 $X_{2,1}$ 及 $X_{1,2}$。综合上述例题，添/减辅助面(线)是求取角系数的有用工具。

10.5　组成封闭空间的两灰体之间的辐射换热计算

10.5.1　有效辐射

首先考察由两个黑体表面组成的充满透明介质的封闭空间的辐射换热。由于两个表面均为黑体表面，落到其上的辐射能被全部吸收，所以两个表面之间的净辐射换热量为

$$\Phi_{1,2} = E_{b1} A_1 X_{1,2} - E_{b2} A_2 X_{2,1} = A_1 X_{1,2}(E_{b1} - E_{b2}) = A_2 X_{2,1}(E_{b1} - E_{b2})$$

$$(10-28)$$

因此，黑体系统辐射换热量计算的关键在于求得角系数。但灰体系统的情况就要复杂得多，因为灰体表面的吸收比小于 1，投入到灰体表面上的辐射能要经过多次反射，而且由于灰体表面向外发射出去的辐射能除了其自身的辐射力外还包括了被反射的辐射能在内。这就使辐射换热的计算中出现多次吸收及反射，为了简化计算需要引入有效辐射等概念。

自身辐射是指物体本身表面向外发出的辐射能，用辐射力 E 表示；投射辐射是指单位时间内由外界向该物体单位表面积投射来的总辐射能，用 G 表示；有效辐射是指单位时间内离开表面单位面积的总辐射能，用 J 表示(见图 10-14)。有效辐射 J 不仅包括表面的自身辐射 E，而且还包括投射辐射 G 被表面反射的部分 ρG （ρ 为表面的反射比，对于固体和液体表面可表示成 $1-\alpha$），即

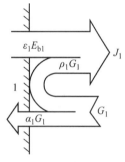

图 10-14　有效辐射示意图

$$J = E + \rho G = \varepsilon E_b + (1-\alpha)G \qquad (10-29)$$

根据表面的能量平衡，单位面积的辐射换热量应该等于有效辐射和投射辐射之差

$$\frac{\Phi}{A} = J - G \qquad (10-30)$$

单位面积的辐射换热量也可理解为自身辐射力与吸收的投射辐射能之差，即

$$\frac{\Phi}{A} = \varepsilon E_b - \alpha G \qquad (10-31)$$

将式(10-29)代入式(10-30)或式(10-31)，并注意到漫灰表面存在 $\alpha = \varepsilon$，可得

$$J = E_b - \left(\frac{1}{\varepsilon} - 1\right)\frac{\Phi}{A} \qquad (10-32)$$

显然，黑体表面 $\varepsilon = 1$，故 $J = E_b$；漫灰表面 $\varepsilon < 1$，$J < E_b$。

10.5.2　漫灰表面构成的封闭空腔中的辐射换热

下面分析两个漫灰表面 1 和 2 组成的封闭空腔之间的辐射换热，两者的吸收比分别为 α_1

和 α_2,热力学温度为 T_1 和 T_2,假设 $T_1 > T_2$。稳定情况下,两者的辐射换热量应为

$$\Phi_{1,2} = J_1 A_1 X_{1,2} - J_2 A_2 X_{2,1} \tag{10-33}$$

据式(10-32)

$$J_1 A_1 = A_1 E_{b1} - \left(\frac{1}{\varepsilon_1} - 1\right)\Phi_{1,2} \tag{10-34}$$

$$J_2 A_2 = A_2 E_{b2} - \left(\frac{1}{\varepsilon_2} - 1\right)\Phi_{2,1} \tag{10-35}$$

稳定情况下,两者的辐射换热量

$$\Phi_{1,2} = -\Phi_{2,1} \tag{10-36}$$

将式(10-34)、式(10-35)和式(10-36)代入式(10-33)可得

$$\Phi_{1,2} = \frac{E_{b1} - E_{b2}}{\dfrac{1-\varepsilon_1}{\varepsilon_1 A_1} + \dfrac{1}{A_1 X_{1,2}} + \dfrac{1-\varepsilon_2}{\varepsilon_2 A_2}} \tag{10-37}$$

若用 A_1 作为计算面积,上式可写为

$$\Phi_{1,2} = \frac{A_1(E_{b1} - E_{b2})}{\left(\dfrac{1}{\varepsilon_1} - 1\right) + \dfrac{1}{X_{1,2}} + \dfrac{A_1}{A_2}\left(\dfrac{1}{\varepsilon_2} - 1\right)} = \varepsilon_s A_1 X_{1,2}(E_{b1} - E_{b2}) \tag{10-38}$$

式中: $\varepsilon_s = \dfrac{1}{1 + X_{1,2}\left(\dfrac{1}{\varepsilon_1} - 1\right) + X_{2,1}\left(\dfrac{1}{\varepsilon_2} - 1\right)}$,称为系统发射率(常称系统黑度)。由于 ε_1

和 ε_2 均小于 1,$\left(\dfrac{1}{\varepsilon_1} - 1\right)$ 和 $\left(\dfrac{1}{\varepsilon_2} - 1\right)$ 均大于 0,故 ε_s 的值小于 1。若两个表面都是黑表面,则 $\varepsilon_1 = \varepsilon_2 = 1$,进而有 $\varepsilon_s = 1$,式(10-38)转化为式(10-28)。因此,系统发射率是考虑灰体发射率的值小于 1 引起的多次吸收与反射对换热量影响的因子。

对于如图 10-11 所示的空腔,表面 1 为非凹表面,即 $X_{1,2} = 1$,$X_{2,1} = \dfrac{A_1}{A_2}$ 系统发射率简化为

$$\varepsilon_s = \frac{1}{\dfrac{1}{\varepsilon_1} + \dfrac{A_1}{A_2}\left(\dfrac{1}{\varepsilon_2} - 1\right)}$$

注意到

$$E_1 = \varepsilon_1 C_0\left(\frac{T_1}{100}\right)^4 = \alpha_1 C_0\left(\frac{T_1}{100}\right)^4$$

$$E_2 = \varepsilon_2 C_0\left(\frac{T_2}{100}\right)^4 = \alpha_2 C_0\left(\frac{T_2}{100}\right)^4$$

式(10-38)可化简为

$$\varPhi_{1,2} = \frac{A_1(E_{b1} - E_{b2})}{\dfrac{1}{\varepsilon_1} + \dfrac{A_1}{A_2}\left(\dfrac{1}{\varepsilon_2} - 1\right)} = 5.67\varepsilon_s A_1\left[\left(\frac{T_1}{100}\right)^4 - \left(\frac{T_2}{100}\right)^4\right] \tag{10-39}$$

若表面积 A_1 和 A_2 相差很小,如两块相距很小距离的大平板,此时 $\dfrac{A_1}{A_2}$ 趋于1,式(10-38)可改写为

$$\varPhi_{1,2} = \frac{A_1(E_{b1} - E_{b2})}{\dfrac{1}{\varepsilon_1} + \dfrac{1}{\varepsilon_2} - 1} = \frac{5.67 A_1\left[\left(\dfrac{T_1}{100}\right)^4 - \left(\dfrac{T_2}{100}\right)^4\right]}{\dfrac{1}{\varepsilon_1} + \dfrac{1}{\varepsilon_2} - 1} \tag{10-40}$$

当表面积 A_1 比 A_2 小得多时,即 $\dfrac{A_1}{A_2} \approx 0$,式(10-39)又可简化为

$$\varPhi_{1,2} = \varepsilon_1 A_1(E_{b1} - E_{b2}) = 5.67\varepsilon_1 A_1\left[\left(\frac{T_1}{100}\right)^4 - \left(\frac{T_2}{100}\right)^4\right] \tag{10-41}$$

式(10-41)有很大的实用意义,工程上埋设在管沟中的高温管道、烟气道内的测温热电偶等很多热力学问题都满足该公式规定的条件,此时可根据管道的表面积 A_1 和发射率 ε_1 计算辐射换热量。

【例 10-7】 液态氧储存在双壁镀银的容器中(见图 10-15),外壁内表面温度 $t_{w1} = 20\ ℃$,内壁外表面温度 $t_{w2} = -183\ ℃$。试求单位表面积由于辐射而透入容器的热量。镀银壁的发射率可取为 $\varepsilon = 0.02$。

【解】 $T_{w1} = 20 + 273 = 293\ K$,$T_{w2} = -183 + 273 = 90\ K$。

因液态氧储存容器内外壁面积相当,且平行又间隙很小,可认为满足式(10-41)的两块表面积很大而又基本相等的平行平板的要求,可由式(10-41)计算辐射换热量

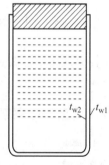

图 10-15　液氧容器
示意图

$$q_{1,2} = \frac{\varPhi_{1,2}}{A} = \frac{5.67}{\dfrac{1}{\varepsilon_1} + \dfrac{1}{\varepsilon_2} - 1}\left[\left(\frac{T_{w1}}{100}\right)^4 - \left(\frac{T_{w2}}{100}\right)^4\right]$$

$$= \frac{5.67\ W/(m^2 \cdot K^4)\left[(2.93\ K)^4 - (0.9\ K)^4\right]}{\dfrac{1}{0.02} + \dfrac{1}{0.02} - 1} = 4.18\ W/m^2$$

【点评】 抽真空并涂以低发射率涂层的双层容器可以极大降低辐射散热量,在工程和生活领域有广泛的应用,本例若不采用镀银壁,发射率 $\varepsilon = 0.8$,则 $q_{1,2}$ 将高达 276 W/m^2。

【例 10-8】 利用热电偶温度计测量烟道中烟气的温度,稳定后热电偶温度计的读数 $T_{w1} = 473\ K$,烟道内表面温度 $T_{w2} = 373\ K$。已知热电偶测点的黑度 $\varepsilon_1 = 0.8$,烟气对热电偶测点的表面传热系数 $h = 47\ W/(m^2 \cdot K)$。试求由于热电偶测点与烟道内表面之间的辐射换热

所引起的热电偶温度计的读数误差及烟气的真实温度。

【解】 设烟气的实际温度是 T_f,热电偶测点的表面积为 A_1,则烟气与热电偶测点的对流传热量为 $\Phi_1 = h(T_f - T_{w1})A_1$,因为热电偶测点的表面积 A_1 相对于烟道内表面积来说非常小,故由式(10-41)可知,热电偶测点与烟道内表面积的辐射换热量

$$\Phi_{1,2} = 5.67\varepsilon_1 A_1 \left[\left(\frac{T_{w1}}{100} \right)^4 - \left(\frac{T_{w2}}{100} \right)^4 \right]$$

因热电偶读数稳定,所以热电偶测点与烟道内表面积的辐射换热量和烟气与热电偶测点的对流传热量平衡

$$h(T_f - T_{w1})A_1 = 5.67\varepsilon_1 A_1 \left[\left(\frac{T_{w1}}{100} \right)^4 - \left(\frac{T_{w2}}{100} \right)^4 \right]$$

所以,热电偶温度计的读数与烟气实际温度误差为

$$\Delta t = (T_f - T_{w1}) = \frac{5.67\varepsilon_1 \left[\left(\frac{T_{w1}}{100} \right)^4 - \left(\frac{T_{w2}}{100} \right)^4 \right]}{h}$$

$$= \frac{5.67 \text{ W/(m}^2 \cdot \text{K}^4) \times 0.8 \times \left[(4.73 \text{ K})^4 - (3.73 \text{ K})^4 \right]}{47 \text{ W/(m}^2 \cdot \text{K})} = 29.6 \text{ K}$$

烟气的真实温度为

$$T_f = \Delta t + T_{w1} = 29.6 \text{ K} + 473 \text{ K} = 502.6 \text{ K}$$

【点评】 温度计反映的是达到热平衡的测温元件温度,所以热电偶测量高温气流温度时必须考虑辐射换热的影响,如采用遮热罩抽气式热电偶进行修正。

10.6 辐射换热计算的网络法

构成封闭空腔的漫灰表面的辐射换热计算还可借助类似于电路网络的辐射换热网络进行。

10.6.1 空间辐射热阻和表面辐射热阻

引进热阻的概念,并与电学中欧姆定律比拟,把分别表示两个黑体和漫灰表面辐射换热量的计算式(10-28)和式(10-33)改写成

$$\Phi_{1,2} = \frac{E_{b1} - E_{b2}}{\dfrac{1}{A_2 X_{2,1}}} \tag{10-42}$$

式中:$\dfrac{1}{A_2 X_{2,1}}$ ——称为空间辐射热阻,m^{-2},可以理解为因两个表面的几何形状、大小及相对位置而在它们之间产生的辐射换热阻力;E_b(或 J)相当于电源电动势,$E_{b1} - E_{b2}$(或 $J_1 - J_2$)相当

于电势差;Φ 则相当于电流强度。

引进辐射热阻后,把漫灰表面有效辐射的式(10-32)改写成

$$\Phi = \frac{A\varepsilon}{1-\varepsilon}(E_b - J) = \frac{E_b - J}{\dfrac{1-\varepsilon}{A\varepsilon}} \tag{10-43}$$

式中:$\dfrac{1-\varepsilon}{A\varepsilon}$ 称为表面辐射热阻,m^{-2}可理解为因灰体表面 $\varepsilon < 1$ 而带来的辐射阻力。黑体 $\varepsilon = 1$,故表面辐射热阻为零,$E_b = J$。 当换热表面中有某个表面的面积远大于其他表面时,$\dfrac{1-\varepsilon}{A\varepsilon}$ 趋近于零,也可近似认为表面辐射热阻为零。因此,$\dfrac{1-\varepsilon}{A\varepsilon}$ 是因为表面的发射率不等于1或表面积未达到无穷大而产生的热阻。总之,表面进行辐射换热时需要同时克服表面辐射热阻和空间热阻。

10.6.2　漫灰表面构成的封闭空腔中辐射换热的网络法

由两个表面组成的封闭系统中,一个表面的净辐射换热量也就是该表面与另一个表面间的辐射换热量,可比拟串联电路网络计算。而在多个表面组成的系统中,一个表面的净辐射换热量是与其余各表面分别换热的换热量之和,也可以采用网络法来计算每个表面的净辐射换热量。

据式(10-43),表面 1 和 2 各自的净辐射热量为

$$\Phi_i = \frac{E_{bi} - J_i}{\dfrac{1-\varepsilon_i}{A_i\varepsilon_i}}, \quad \Phi_2 = \frac{E_{b2} - J_2}{\dfrac{1-\varepsilon_2}{A_2\varepsilon_2}} \tag{10-44}$$

而据有效辐射的概念及角系数的相对性,表面 1 和表面 2 之间净辐射换热量为

$$\Phi_{1,2} = J_1 A_1 X_{1,2} - J_2 A_2 X_{2,1} = A_1 X_{1,2}(J_1 - J_2)$$

即

$$\Phi_{1,2} = \frac{J_1 - J_2}{\dfrac{1}{A_1 X_{1,2}}} \tag{10-45}$$

式中:$\dfrac{1}{A_1 X_{1,2}}$ 为空间辐射热阻;$(J_1 - J_2)$ 为表面 1 和 2 的有效辐射差,相当于电路网络的节点电位差。

引入空间辐射热阻和表面辐射热阻后,式(10-37)可理解为构成封闭空腔的两个漫灰表面 1、2 之间的辐射换热的热阻由两个表面辐射热阻 $\dfrac{1-\varepsilon_1}{A_1\varepsilon_1}$、$\dfrac{1-\varepsilon_2}{A_2\varepsilon_2}$ 和一个空间辐射热阻 $\dfrac{1}{A_1 X_{1,2}}$ 串联组成。两个漫灰表面辐射换热,可以比拟成驱动势为 $E_{b1} - E_{b2}$,且同时克服两个

表面辐射热阻和一个空间热阻的串联电路网络中的电流。

表面辐射热阻和空间辐射热阻的热阻网络单元见图10-16,构成封闭空腔的两个漫灰表面之间的辐射换热等效网络示意图如图10-17所示。

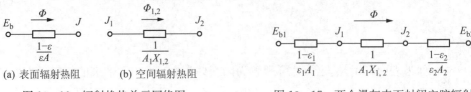

图10-16　辐射换热单元网络图　　　　图10-17　两个漫灰表面封闭空腔辐射换热等效网络图

对于多个表面构成的封闭空腔系统,也可以采用网络法来计算每个表面的净辐射换热量。原理如下:多个漫灰表面构成的封闭空腔内,任意表面 i 辐射的净能量等于该表面与空腔内所有其他表面的辐射换热量的代数和。据式(10-44)和式(10-45),得

$$\Phi_i = \frac{E_{bi} - J_i}{\dfrac{1-\varepsilon_i}{A_i\varepsilon_i}} = \sum_{j=1}^{n} = \frac{J_i - J_j}{\dfrac{1}{A_iX_{i,j}}} \qquad (10-46)$$

式(10-46)与电学中直流电路的节点方程具有相同的形式,因此可以绘出相应的辐射网络如图10-18所示。利用相应的空间辐射热阻网络单元将封闭空腔内所有的表面辐射热阻网络单元中的有效辐射节点连接起来,构成了完整的封闭空腔辐射换热网络,进而运用电学中直流电路的求解方法,据式(10-46)列出所有节点的节点方程,解出各节点的有效辐射,就可以利用式(10-44)求出各表面的净辐射换热量。这种求解辐射换热的方法称为辐射网络法。当构成封闭空腔的表面数量很少时,可以绘出清楚、直观的辐射网络。如由三个漫灰表面组成的封闭空腔的辐射换热网络如图10-19所示。

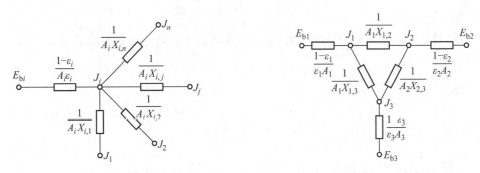

图10-18　空腔内表面 i 的辐射换热网络　　　图10-19　三个表面封闭空腔的辐射换热等效网络

值得指出,在工程辐射传热计算中常会遇到有所谓重辐射面的情形,如电炉及加热炉中保温很好的耐火炉墙就是这种表面。稳定运行时可以认为它把落在其表面上的辐射能又完全重新辐射出去,因而被称为重辐射面。因重辐射表面的净辐射热流为零,据式(10-44),有 $E_{bi}=J_i$,故可省略网络图中表面热阻单元。虽然重辐射面与其他换热表面之间无净辐射热量交换(绝热),但它的重辐射引起了辐射能传递方向和光谱分布的改变,从而影响到其他换热表面间的辐射传热。

【例 10 - 9】　两块 $0.5\text{ m}\times1.0\text{ m}$ 的平行板,相距 0.5 m,放置在温度为 $10\ ℃$ 的很大的房间里,两板的温度分别为 $1\,000\text{ K}$ 和 500 K,发射率分别为 $\varepsilon_1=0.2$、$\varepsilon_2=0.5$。 平板仅相对的面存在辐射换热,背面不参与换热,试求两板的净换热量。

【解】　这是一个多个灰体表面间的辐射换热问题,由于房间的面积很大,其壁面面积也很大,其表面热阻 $\dfrac{1-\varepsilon_3}{A_3\varepsilon_3}$ 可忽略不计,因而 $J_3=E_{b3}$,所以本题等效网络图如图 10 - 20 所示。

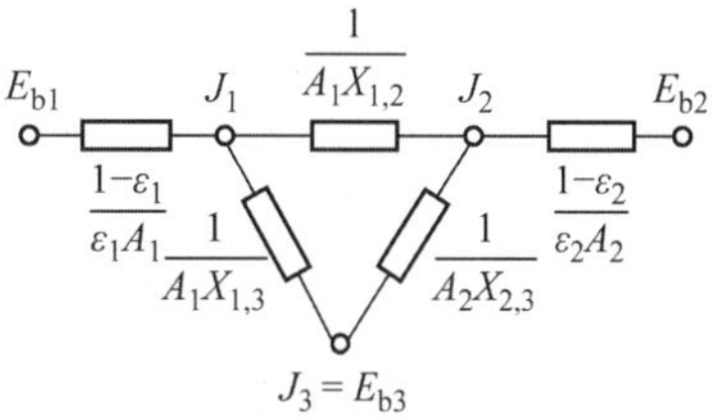

图 10 - 20　例 10 - 9 等效网络图

据给定几何条件 $c/a=1,b/a=2$,查图 10 - 8,得

$$X_{1,2}=0.285=X_{2,1}$$

而

$$X_{1,3}=1-X_{1,2}=1-0.285=0.715=X_{2,3}$$

网络各热阻为

$$\frac{1-\varepsilon_1}{A_1\varepsilon_1}=\frac{1-0.2}{0.2\times0.5\text{ m}\times1.0\text{ m}}=8.0\text{ m}^{-2}$$

$$\frac{1-\varepsilon_2}{A_2\varepsilon_2}=\frac{1-0.5}{0.5\times0.5\text{ m}\times1.0\text{ m}}=2.0\text{ m}^{-2}$$

$$\frac{1}{A_1X_{1,2}}=\frac{1}{0.5\text{ m}\times1.0\text{ m}\times0.285}=7.018\text{ m}^{-2}$$

$$\frac{1}{A_1X_{1,3}}=\frac{1}{0.5\text{ m}\times1.0\text{ m}\times0.715}=2.797\text{ m}^{-2}=\frac{1}{A_2X_{2,3}}$$

$$E_{b1}=C_0\left(\frac{T_1}{100}\right)^4=5.67\text{ W/(m}^2\cdot\text{K}^4)\times\left(\frac{1\,000\text{ K}}{100}\right)^4=56\,700\text{ W/m}^2$$

$$E_{b2}=C_0\left(\frac{T_2}{100}\right)^4=5.67\text{ W/(m}^2\cdot\text{K}^4)\times\left(\frac{500\text{ K}}{100}\right)^4=3\,543.75\text{ W/m}^2$$

$$J_3=E_{b3}=C_0\left(\frac{T_3}{100}\right)^4=5.67\text{ W/(m}^2\cdot\text{K}^4)\times\left(\frac{283\text{ K}}{100}\right)^4=363.69\text{ W/m}^2$$

J_1 和 J_2 节点方程

$$\frac{E_{b1}-J_1}{\dfrac{1-\varepsilon_1}{A_1\varepsilon_1}}+\frac{J_2-J_1}{\dfrac{1}{A_1X_{1,2}}}+\frac{J_3-J_1}{\dfrac{1}{A_1X_{1,3}}}=\frac{E_{b1}-J_1}{8.0\text{ m}^{-2}}+\frac{J_2-J_1}{7.018\text{ m}^{-2}}+\frac{J_3-J_1}{2.797\text{ m}^{-2}}=0$$

$$\frac{E_{b2}-J_2}{2.0\text{ m}^{-2}}+\frac{J_1-J_2}{7.018\text{ m}^{-2}}+\frac{J_3-J_2}{2.797\text{ m}^{-2}}=0$$

将 E_{b1}、E_{b2} 和 $E_{b3}(=J_3)$ 数据代入上述方程解得

$$J_1=12\,383.7\text{ W/m}^2,\quad J_2=366.4\text{ W/m}^2$$

所以板 1 和板 2 的辐射换热量为

$$\varPhi_1 = \frac{E_{b1}-J_1}{\dfrac{1-\varepsilon_1}{A_1\varepsilon_1}} = \frac{56\,700\ \text{W/m}^2 - 1\,283.7\ \text{W/m}^2}{8.0\ \text{m}^{-2}} = 5\,540\ \text{W}$$

$$\varPhi_2 = \frac{E_{b2}-J_2}{\dfrac{1-\varepsilon_2}{A_2\varepsilon_2}} = \frac{3\,543.75\ \text{W/m}^2 - 3\,666.4\ \text{W/m}^2}{2.0\ \text{m}^{-2}} = -61.33\ \text{W}$$

据能量守恒关系,墙壁的辐射换热量为

$$\varPhi_3 = -(\varPhi_1+\varPhi_2) = -(5\,540-61.33)\,\text{W} = -5\,480\ \text{W}$$

【点评】 房间的壁面起了重辐射表面的作用,辐射换热系统中的重辐射表面本身没有净能量得失,但它的存在改变了系统能量分配的状态,相当于给定了一种热边界条件。

10.7 小结

辐射换热是由于微观粒子的热运动发射或吸收热射线而进行的能量传递,热辐射本质是电磁波,热辐射的波长包括整个波谱,但在工程常遇到的温度范围(2 000 K 以下)内热辐射大部分能量位于红外区段范围内。任何 0 K 以上的物体都在不停地向外辐射,同时也吸收外来的辐射能量。物体对投射辐射的吸收比 α、反射比 ρ 和穿透比 τ(习惯上称为吸收率、反射率和穿透率)各不相同,辐射换热不仅与物体处于固态、液态或气态有关,而且与其温度、表面的性质甚至与向物体投射辐射的外界温度、相对位置等因素有关。可以认为固体和液体的穿透比 $\tau=0$。 于是,$\alpha+\rho=1$。 物体表面对热辐射的反射有镜面反射和漫反射之分,这取决于表面的粗糙程度。一般工程材料的表面都能近似形成漫反射,高度磨光的金属板表面则可形成镜面反射。气体对辐射能几乎没有反射能力,可认为反射比 $\rho=0$,此时,$\alpha+\tau=1$。 绝大部分固体和液体表面状况对辐射特性的影响至关重要,气体热辐射的发射和吸收在整个气体容积中进行,表面状况则无关紧要。

黑体表面是辐射研究中抽象出来的简化辐射的发射和吸收特性的固体(或液体)表面,它能吸收全部的投射辐射,即 $\alpha=1$。 黑体的辐射力 E(辐射力是指物体单位表面积在单位时间内向半球空间所有方向发射出去的全部波长的辐射能的总量),按波长分布的规律满足普朗克定律 $E_{b\lambda}=\dfrac{c_1\lambda^{-5}}{\exp[c_2/\lambda T]-1}$;黑体向所有波长和所有方向辐射的总能量满足斯忒藩-玻耳兹曼定律 $E_b=\displaystyle\int_0^\infty E_{b\lambda}\,\mathrm{d}\lambda=\int_0^\infty \dfrac{c_1\lambda^{-5}}{\exp[c_2/\lambda T]-1}\,\mathrm{d}\lambda=\sigma T^4$;黑体表面发出的辐射能在所面对的半球空间不同方向上的分布规律服从兰贝特定律(又称余弦定律)$\dfrac{\mathrm{d}\varPhi(\theta)}{\mathrm{d}A\,\mathrm{d}\Omega}=I\cos\theta$,说明,黑体表面发出的辐射能在空间不同方向的分布是不均匀的,法线方向最大,切线方向为零。与黑体的光谱辐射力 $E_{b\lambda}$(即物体单位表面积在单位时间内向半球空间所有方向上发射出去的包含 λ 的单位波长范围内的辐射能)的峰值相对应的波长 λ_m 随着温度的升高向波长短的方向移动:$\lambda_m T=2.897\,6\times10^{-3}\ \text{m}\cdot\text{K}$,称为维恩位移定律。显然,$E=\displaystyle\int_0^\infty E_\lambda\,\mathrm{d}\lambda$。 黑体在波长 λ_1 至 λ_2 区段所发射出的能量可表达为 $E_{b(\lambda_1-\lambda_2)} = (F_{b(0-\lambda_2)} - F_{b(0-\lambda_1)})E_b$,其中 $F_{b(0-\lambda)} = f(\lambda T)$, $f(\lambda T)$ 称为黑体辐射函数,利用黑体辐射函数表,可较方便地计算 $E_{b(\lambda_1-\lambda_2)}$ 的值。

实际物体的辐射力 $E = \varepsilon E_b = \varepsilon \sigma T^4$,其中,$\varepsilon(T)$ 称为发射率(习惯上称为黑度),即实际物体的辐射力与同温度下黑体的辐射力的比值。实际物体的光谱辐射力往往随波长呈现不规则的变化;辐射力并不严格地正比于热力学温度的四次方;定向辐射强度在不同方向上有变化。

通常,用光谱发射率(又称为单色黑度)$\varepsilon(\lambda, T) = \dfrac{E_\lambda}{E_{b\lambda}}$,即实际物体的光谱辐射力 E_λ 与同温度下黑体光谱辐射力 $E_{b\lambda}$ 的比值,来描述实际物体的辐射力随波长不规则变化的特性。工程上把实际物体的辐射力对与温度的四次方成正比的偏离修正到用实验方法确定的发射率中去,因此发射率还与温度有依变关系。工程材料绝大多数可以忽略发射率随方向角 θ 的变化,可近似作为漫射体。

与黑体一样,灰体也是为简化辐射传热研究而提出的理想化概念。实际物体表面的光谱吸收比随投射辐射的波长而变,所谓的灰体是光谱吸收比不随投射辐射的波长而变的理想物体,即 $\alpha = \alpha(\lambda) = $ 常数。在一般工程上常见的热射线主要波长范围内,大多数工程材料可近似按灰体处理。灰体假设使辐射换热计算摆脱了发出投射辐射的物体温度的影响。漫射灰体还具有吸收比恒等于同温度下发射率($\alpha = \varepsilon$)的特性,给物体辐射换热的吸收比的确定带来了实质性的简化。

两个表面之间的辐射换热量还与它们的相对位置有关。表面 1 发出的辐射能中直接落到表面 2 上的百分数称为表面 1 对表面 2 的角系数,记为 $X_{1,2}$。对于黑体而言,角系数就是一个几何因子。角系数的特性有:角系数的相对性,即 $A_1 X_{1,2} = A_2 X_{2,1}$;角系数的完整性,即 $\sum_{j=1}^{n} X_{i,j} = 1$;角系数的可加性,$X_{1,2} = X_{1,2a} + X_{1,2b}$。确定角系数的方法有多种,利用角系数的性质借助相关线图,添/减辅助面(线),是代数分析法求取角系数的有效手段。

组成封闭空间的灰体表面间的辐射换热因其本身发射辐射和表面间多次反射辐射而变得复杂。利用有效辐射 J(单位时间内离开表面单位面积的总辐射能,包括表面的自身辐射 E 以及投射辐射 G 被表面反射的部分,$J = \varepsilon E_b + (1-\alpha)G$)的概念可使问题简化。首先求得各灰体表面的有效辐射,是求各灰体表面的辐射换热量的有效途径。

两个漫灰表面 1 和 2 组成的封闭空腔稳定辐射换热量,$\Phi_{1,2} = \dfrac{E_{b1} - E_{b2}}{\dfrac{1-\varepsilon_1}{\varepsilon_1 A_1} + \dfrac{1}{A_1 X_{1,2}} + \dfrac{1-\varepsilon_2}{\varepsilon_2 A_2}}$,

或 $\Phi_{1,2} = \varepsilon_s A_1 X_{1,2}(E_{b1} - E_{b2})$,式中,$\varepsilon_s = \dfrac{1}{1 + X_{1,2}\left(\dfrac{1}{\varepsilon_1} - 1\right) + X_{2,1}\left(\dfrac{1}{\varepsilon_2} - 1\right)}$ 称为系统发射

率(系统黑度)。若表面 1 为非凹表面,可简化为 $\Phi_{1,2} = 5.67\varepsilon_s A_1 \left[\left(\dfrac{T_1}{100}\right)^4 - \left(\dfrac{T_2}{100}\right)^4\right]$,此时 $\varepsilon_s = \dfrac{1}{\dfrac{1}{\varepsilon_1} + \dfrac{A_1}{A_2}\left(\dfrac{1}{\varepsilon_2} - 1\right)}$;当表面积 A_1 比 A_2 小得多时,$\Phi_{1,2} = 5.67\varepsilon_1 A_1 \left[\left(\dfrac{T_1}{100}\right)^4 - \left(\dfrac{T_2}{100}\right)^4\right]$;

若两块相距很小的大平板表面积 A_1 和 A_2 相差很小，$\varPhi_{1,2}=\dfrac{5.67A_1\left[\left(\dfrac{T_1}{100}\right)^4-\left(\dfrac{T_2}{100}\right)^4\right]}{\dfrac{1}{\varepsilon_1}+\dfrac{1}{\varepsilon_2}-1}$。

引进热阻的概念，构建辐射换热的热阻网络图，可以较方便地进行封闭空腔内的辐射换热计算。漫灰表面进行辐射换热需要克服表面辐射热阻和空间辐射热阻两种阻力。空间辐射热阻 $\dfrac{1}{A_2X_{2,1}}$，可以理解为由两个表面的几何形状、大小及相对位置而在它们之间产生的辐射换热阻力。表面辐射热阻 $\dfrac{1-\varepsilon}{A\varepsilon}$ 可理解为因灰体表面 $\varepsilon<1$ 而带来的向外（或吸收外来）辐射的阻力。因此，两个漫灰表面之间辐射换热的热阻由两个表面辐射热阻和一个空间辐射热阻串联组成。每个漫灰表面形成相当于电学中直流电路网络的节点，其有效辐射为节点的"势"（相当于电动势），据节点的能量平衡列出节点能量方程，解出各节点的有效辐射，即可求得表面的净辐射热量 $\varPhi_i=\dfrac{E_{bi}-J_i}{\dfrac{1-\varepsilon_i}{A_i\varepsilon_i}}$。

思 考 题 10

10-1 吸收比、反射比和穿透比的含义是什么？大多数工程材料的吸收比与其同温度下的发射率有何关系？

10-2 什么是辐射力？什么是光谱辐射力？

10-3 黑体、灰体都是理想概念，为什么要引进这两个概念？

10-4 表面的黑度与表面的颜色有无必然关系？

10-5 何谓角系数？角系数有哪些特性？

10-6 如图 10-7 所示表面 2 对表面 1 的角系数可否利用角系数可加性原则得 $X_{2,1}=X_{2a,1}+X_{2b,1}$？为什么？

10-7 试说明自身辐射、投射辐射及有效辐射的含义和相互关系。

10-8 什么是表面辐射热阻？什么是空间辐射热阻？封闭空腔内辐射换热是否一定要画出辐射换热网络后才能计算？

10-9 有人说重辐射表面能把投射辐射全部反射出去，所以它就是绝对白体，你同意他的看法吗？为什么？

习 题 10

10-1 试计算 300 K 和 4 000 K 时，黑体的最大光谱辐射力所对应的波长。

10-2 一黑体表面置于温度为 327 ℃ 的炉内。试求在热平衡条件下黑体表面的辐射力。

10-3 试计算温度为 1 400 ℃ 的碳化硅涂料表面的辐射力，已知 1 400 ℃ 时碳化硅涂料的 ε =0.92。

10-4 一电炉的电功率为 1 kW,炉丝温度为 847 ℃,直径为 1 mm。电炉的效率(辐射功率与电功率之比)为 0.96,试确定所需炉丝的最短长度。若炉丝的发射率为 0.95 时,炉丝的长度又是多少?

10-5 有一块厚为 3 mm 的玻璃,经测定,其对波长为 $0.3\sim2.5\ \mu m$ 的辐射能的穿透比为 0.9,而对其他波长的辐射能可以认为完全不穿透。试计算温度为 5 800 K 的黑体辐射及300 K 的黑体辐射投射到该玻璃上时各自的穿透比并据此解释玻璃暖房的升温作用。

10-6 两块平行放置的平板,温度分别保持在 $t_1=527$ ℃,$t_2=27$ ℃。 板的发射率为 0.8,板间距远小于板的宽度和高度,试求:(1) 板 1 的自身辐射、板 1 的有效辐射及板 1 和板 2 之间的辐射换热量;(2) 在两块平板间插入一块发射率为 0.05 的薄金属板,画出辐射换热的网络图并计算热流量的变化。

10-7 一家用冰箱背面距墙面距离为 200 mm,表面发射率 ε_1 约为 0.7,墙面发射率 ε_2 约为 0.5。散热时冰箱背部温度为 60 ℃,墙面温度为 30 ℃。计算冰箱背部与墙面单位面积的辐射换热量(不考虑空气对流传热)。

10-8 有一直径为 80 mm、长度为 5 m 的蒸汽裸管,外壁温度为 327 ℃,发射率 $\varepsilon_1=$ 0.8。 试问:(1) 置于室温 $t_2=27$ ℃ 的大空间中,其辐射热损失为多少?(2) 如果置于由红砖砌成的 $(0.3\times0.3)\,m^2$ 的正方形管沟中,管沟内表面温度 $t_2=27$ ℃,发射率 $\varepsilon_2=0.93$,则辐射热损失又为多少?

10-9 用热电偶温度计测得炉膛内烟气的温度为 800 ℃,炉墙温度为 600 ℃。若烟气对热电偶的表面传热系数为 50 W/(m²·K)。热电偶表面的发射率为 0.3,试求烟气的真实温度。

10-10 悬挂在房内的玻璃水银温度计测出室内(空气)的温度是 21.3 ℃,已知温度计玻璃表面的发射率是 0.86,空气与温度计之间的表面传热系数 $h=6.4$ W/(m²·K),室内墙壁的温度为 13.4 ℃,求室内空气的真实温度。

10-11 下列各式中哪些是正确的?
(1) $X_{1+2,3}=X_{1,3}+X_{2,3}$;   (2) $X_{3,1+2}=X_{3,2}+X_{3,2}$;
(3) $A_{1+2}X_{3,1+2}=A_1X_{3,1}+A_2X_{3,2}$;   (4) $A_{1+2}X_{1+2,3}=A_1X_{1,3}+A_2X_{2,3}$;
(5) $A_3X_{1+2,3}=A_3X_{1,3}+A_2X_{2,3}$。

10-12 一长 0.5 m,宽 0.4 m,高 0.3 m 的小炉窑,窑顶和四周壁温度为 300 ℃,发射率为 0.8;窑底温度为 150 ℃,发射率为 0.6。试计算窑顶和四周壁面对底面的辐射传热量。

10-13* 房间内有一块钻有圆孔的金属,如图 10-21 所示。孔径 $d=25$ mm,孔深 $l=40$ mm。圆孔内壁面的温度保持为 $t_1=600$ ℃,发射率 $\varepsilon_1=0.5$。金属块周围的空气温度 $t_f=20$ ℃,试计算通过孔口的辐射热损失。提示:由于孔口外为 20 ℃ 的大空间,所以孔口可视为大壳体(房间)表面上的一个小孔。根据人工黑体的概念,该小孔具有 20 ℃ 的黑体表面的性质。因而可把圆孔整个内表面积 A_1 和孔口表面积 A_2 作为两个表面构成的辐射系统来处理。

10-14* 假定例 10-9 中大房间的墙壁为重辐射表面,其他条件不变,试计算温度较高表面的净辐射散热量。提示:本题与例 10-9 的区别在于把房间墙壁看成是绝热表面,房间墙壁不能把热量传向外界,其辐射网络见图 10-22。因其他条件不变,例 10-9 中各热阻值及 E_{b1} 和 E_{b2} 的值在本题中仍然有效。

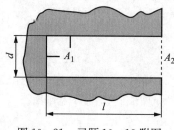

图 10-21   习题 10-13 附图

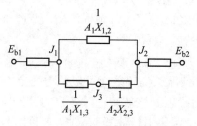

图 10-22   习题 10-14 等效网络图

10-15   温度为 20 ℃的房内有两相距 1 m、直径为 2 m 的平行放置的圆盘,相对表面的温度分别为 $T_1=773\,\text{K}$ 和 $T_2=473\,\text{K}$,发射率分别为 $\varepsilon_1=0.3$ 和 $\varepsilon_2=0.6$,另外两个表面的换热不计,求每个圆盘的净辐射换热量。

第 11 章　传热过程分析和换热器热计算基础

工程上比较普遍的热传递过程是高温流体通过固体壁面把热量传给低温流体，用以实现这样的传热过程的设备称为换热器或热交换器。换热器的完整设计应包括传热、结构、经济性和流动阻力等的分析和计算。本章将讨论换热器传热过程及增强或减弱传热的途径，并且简述换热器的热计算。

11.1　传热过程分析

11.1.1　通过平壁和圆筒壁的稳定传热过程

第 7 章已讨论过传热过程分析和计算的基本关系式(7-11)和传热系数 k，即

$$\Phi = kA(t_{f1} - t_{f2})$$

故改变流体温差和(总)传热系数是改变传热量的关键。

显然，在稳定的传热过程中，热流密度与固体壁面两侧热、冷流体的温度差成正比，即

$$q = k(t_{f1} - t_{f2}) = \frac{t_{f1} - t_{f2}}{R_t} \tag{11-1}$$

式中：R_t 为传热过程的总热阻，$R_t = \dfrac{1}{k}$，$(\mathrm{m}^2 \cdot \mathrm{K})/\mathrm{W}$。

如图 11-1 所示，设 t_{f1} 和 t_{f2} 分别代表热、冷流体的温度；h_1、h_2 分别代表热、冷流体与固体壁面之间的表面传热系数；t_{w1} 和 t_{w2} 分别为固体壁两侧面的温度；δ 为平壁的厚度；λ 为平壁材料的导热系数。对于稳定的工况，通过平壁的热流密度 q 应为一常量，整个传热过程可以类比于电流稳定流过一串联电路。因此，此传热过程的总热阻应当等于三个局部热阻之和，即

$$R_t = R_{h1} + R_\lambda + R_{h2} = \frac{1}{h_1} + \frac{\delta}{\lambda} + \frac{1}{h_2} \tag{11-2}$$

$$k = \frac{1}{R_t} = \frac{1}{\dfrac{1}{h_1} + \dfrac{\delta}{\lambda} + \dfrac{1}{h_2}} \tag{11-3}$$

故热流密度

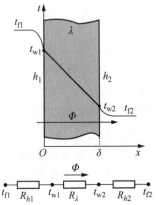

图 11-1　通过平壁的传热过程

$$q = k(t_{f1} - t_{f2}) = \frac{t_{f1} - t_{f2}}{R_t} = \frac{t_{f1} - t_{f2}}{\dfrac{1}{h_1} + \dfrac{\delta}{\lambda} + \dfrac{1}{h_2}} \tag{11-4}$$

对于多层壁的传热,则有

$$q = \frac{t_{f1} - t_{f2}}{\dfrac{1}{h_1} + \displaystyle\sum_{i=1}^{n} \dfrac{\delta_i}{\lambda_i} + \dfrac{1}{h_2}} \tag{11-5}$$

同理,对多层圆筒壁内沿径向的一维稳态导热,其单位长度上的总传热热阻

$$R_{tl} = \frac{1}{k_l} = \frac{1}{h_1 \pi d_1} + \sum_{i=1}^{n} \frac{1}{2\pi\lambda_i} \ln \frac{d_{i+1}}{d_i} + \frac{1}{h_2 \pi d_{n+1}} \tag{11-6}$$

故单位长度的热流量为

$$\Phi_l = k_l(t_{f1} - t_{f2}) = \frac{t_{f1} - t_{f2}}{R_{tl}} = \frac{\pi(t_{f1} - t_{f2})}{\dfrac{1}{h_1 d_1} + \displaystyle\sum_{i=1}^{n} \dfrac{1}{2\lambda_i} \ln \dfrac{d_{i+1}}{d_i} + \dfrac{1}{h_2 d_{n+1}}} \tag{11-7}$$

各层固体壁面上的温度可根据温度降等于热流量乘以相关热阻的原理予以确定。

11.1.2 传热过程的强化

所谓强化传热就是应用传热学的基本原理去增强传热效果,除了增大传热面积、增大传热温差,最本质的是设法减小传热总热阻,从而增大传热系数。因为传热过程的总热阻等于各局部热阻之和,所以为了减少总热阻首先就应减小局部热阻中最大的热阻。例如两侧分别为蒸汽和空气的金属管壁,空气侧的传热系数 $h_1 = 30$ W/(m^2·K),蒸汽冷凝侧的传热系数 $h_2 = 5\,000$ W/(m^2·K)。一般金属管壁的导热系数较大,管壁较薄,所以管壁热阻常可忽略。此时,传热系数

$$k = \frac{1}{\dfrac{1}{h_1} + \dfrac{1}{h_2}} = \frac{1}{\dfrac{1}{30 \text{ W/(m}^2 \cdot \text{K)}} + \dfrac{1}{5\,000 \text{ W/(m}^2 \cdot \text{K)}}} = 29.82 \text{ W/(m}^2 \cdot \text{K)}$$

如果为增大 k 值而使 h_2 增大一倍,k 的值仅由 29.82 W/(m^2·K)增大到 29.91 W/(m^2·K),只增大了 0.3%;如果保持 h_2 不变,将 h_1 的值由 30 W/(m^2·K)提高到 60 W/(m^2·K),k 值将增大到 59.29 W/(m^2·K),提高将近一倍。所以本例中改善空气侧的传热系数是强化传热的关键。如果 h_1 和 h_2 都较大,即两侧的对流传热热阻都较小,而金属壁面上黏附有污垢层,其厚度虽不大,但导热系数很小,从而产生较大的导热热阻(例如,1 mm 厚的水垢约相当于 40 mm 钢板的热阻),此时应清洗换热面,去除污垢,以免传热系数下降。使速度边界层厚度减小和在表面传热系数较小的一侧采用肋壁是行之有效的提高传热效果的方法。所谓肋壁就是在壁的光面上增加一些延伸的肋片。

图 11-2 是厚度为 δ 的平壁加肋后的示意图。肋壁的导热系数为 λ,假定内侧光壁面积

为 A_1,加肋后的外侧表面积为 A_2,A_2 是肋片表面积 A_2' 和肋片之间的壁面积 A_2'' 之和,其他符号参见图 11-2。由于热量通过肋片传递、散发,故肋片表面的温度从肋基开始沿肋片的高度逐渐降低,肋面的平均温度 t_{w2}' 小于肋基温度 t_{w2}。因此,肋片的实际散热量 $h_2 A_2' (t_{w2}' - t_{f2})$ 比假定肋表面处于肋基温度下理想散热量 $h_2 A_2' (t_{w2} - t_{f2})$ 要小,两者之比称为肋片效率,即

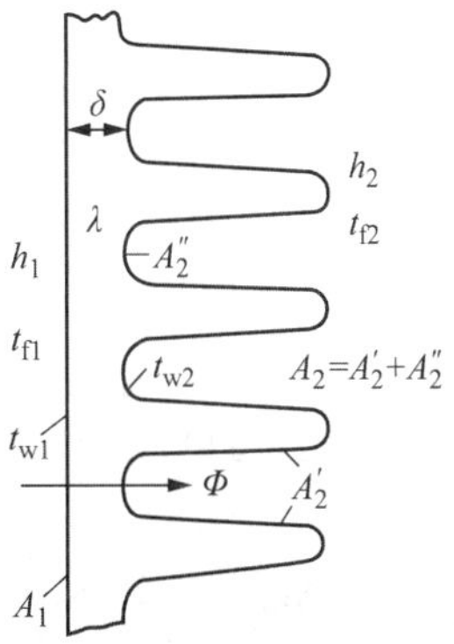

$$\eta = \frac{h_2 A_2' (t_{w2}' - t_{f2})}{h_2 A_2' (t_{w2} - t_{f2})} = \frac{t_{w2}' - t_{f2}}{t_{w2} - t_{f2}} \qquad (11-8)$$

图 11-2　通过肋壁的传热

肋侧对流传热

$$\Phi = h_2 A_2' (t_{w2}' - t_{f2}) + h_2 A_2'' (t_{w2} - t_{f2}) \qquad (11-9)$$

将式(11-8)代入式(11-9)可得

$$\Phi = h_2 (A_2'' + \eta A_2')(t_{w2} - t_{f2}) = h_2 \eta_t A_2 (t_{w2} - t_{f2}) = \frac{t_{w2} - t_{f2}}{\dfrac{1}{h_2 \eta_t A_2}} \qquad (11-10)$$

式中:$\eta_t = (A_2'' + \eta A_2')/A_2$,称为肋面总效率。通常,因 $A_2' \gg A_2''$,$A_2 \approx A_2'$,故 $\eta_t \approx \eta$。

光面侧的对流传热

$$\Phi = h_1 A_1 (t_{f1} - t_{w1}) = \frac{t_{f1} - t_{w1}}{\dfrac{1}{h_1 A_1}} \qquad (11-11)$$

通过壁的导热

$$\Phi = \frac{t_{w1} - t_{w2}}{\dfrac{\delta}{\lambda A_1}} \qquad (11-12)$$

在稳态传热的条件下,联立求解式(11-10)、式(11-11)和式(11-12)得通过肋壁的传热量计算公式

$$\Phi = \frac{t_{f1} - t_{f2}}{\dfrac{1}{h_1 A_1} + \dfrac{\delta}{\lambda A_1} + \dfrac{1}{h_2 A_2 \eta_t}} \qquad (11-13)$$

上式还可改写为

$$\Phi = A_1 \frac{t_{f1} - t_{f2}}{\dfrac{1}{h_1} + \dfrac{\delta}{\lambda} + \dfrac{A_1}{A_2} \dfrac{1}{h_2 \eta_t}} = A_1 \frac{t_{f1} - t_{f2}}{\dfrac{1}{h_1} + \dfrac{\delta}{\lambda} + \dfrac{1}{h_2 \beta \eta_t}} = k_1 A_1 (t_{f1} - t_{f2})$$

$$(11-14)$$

式中:k_1 称为以光壁表面为基准的肋壁总传热系数。

$$k_1 = \cfrac{1}{\cfrac{1}{h_1} + \cfrac{\delta}{\lambda} + \cfrac{1}{h_2 \beta \eta_t}} \qquad (11-15)$$

式中：$\beta = \dfrac{A_2}{A_1}$ 称为肋化系数，是加肋后的总表面积与该侧未加肋时的表面积之比。β 往往远大于 1，而且总可使 $\beta \eta_t$ 也远大于 1，因此肋化后外侧的传热热阻 $\dfrac{1}{h_2 \beta \eta_t}$ 通常小于肋化前的表面传热热阻 $\dfrac{1}{h_2}$。因此，在 h 较小的一侧设置肋片，能够有效地提高传热系数和传热量。当然，如果 β 选择过大，会使强化作用不明显。一般 β 的选择应使 $\dfrac{1}{h_2 \beta \eta_t}$ 接近 $\dfrac{1}{h_1}$ 为宜。

肋片效率 η 与肋片导热系数、肋面换热系数及肋片几何尺寸等因素有关，需视具体情况选择。矩形及三角形直肋的肋片效率曲线和矩形环肋的肋片效率曲线分别如图 11-3 和图 11-4 所示。

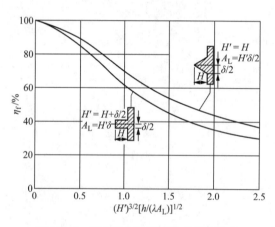

图 11-3　矩形及三角形直肋的效率曲线

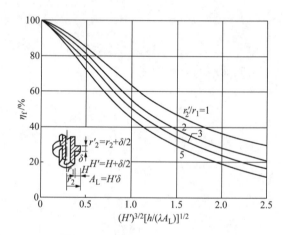

图 11-4　矩形环肋的效率曲线

工程应用中并非所有场合都适宜采用肋壁，此时可考虑提高对流传热的表面传热系数，达到减小传热过程的总热阻的目的。因流体的黏性，固体表面总是存在底层为层流的流动边界层，此底层的导热热阻对流体和壁面之间表面传热系数有着重大影响。在流动阻力可接受的范围内提高流速、增加流动的扰动（如采用扭曲的管道、盘管、管簇叉排等），在冷凝表面尽可能排除不凝性气体和在沸腾时远离模态沸腾等，这些措施或者加强了冲刷作用，使层流底层的厚度减小，或者减少了气体导热层，提高了对流表面传热系数。

11.1.3　传热过程的削弱

1）临界热绝缘直径

工程上也常常遇到要求限制或削弱传热的情况，例如为了减少各种热力设备和热力管道的散热损失，就应增大传热总热阻。通常的做法是采用增加一层附加导热热阻的方法，如在管道外面敷设适当的热绝缘层来削弱传热。必须指出，对于平壁来说，敷设或加厚热绝缘层总会加大总热阻,从而达到削弱传热的目的。但是,对于管道,由式(11-6)可以看出在管道外面敷设附加的热绝缘层后,在增加导热热阻的同时,热绝缘层外表面的对流传热热阻却随外直径的增大而减小了。在小直径管道包裹上导热系数较大的热绝缘层,就有可能使对流传热热阻减小幅度超过导热热阻的增加幅度,从而使传热总热阻反而减小,加大热损失。因此,只有绝热层外径超过某一值后才能起到减少单位管长热损失的作用,此直径称为临界热绝缘直径,用 d_c 表示。d_c 可由求 q_l 对热绝缘层外径的一阶导数并令之等于零而得到

$$d_c = \frac{2\lambda}{h_2} \tag{11-16}$$

式中:h_2 为管道热绝缘层的外表面对环境的表面传热系数,$W/(m^2 \cdot K)$;λ 为保温材料的导热系数,$W/(m \cdot K)$。

因为工程上所用的热力管道的热绝缘层的外径通常都大于 d_c,所以随着热绝缘层厚度的增加,管道热损失减小。但是与管道热绝缘的情况相反,为使输电线路具有最大的散热能力,则应使电绝缘层的外径尽可能等于或接近临界热绝缘直径 d_c。

2) 遮热板原理

遮热板是一种广泛使用的减少表面间辐射换热的手段,遮热板并不能从系统中移走热量,而是通过增加热阻以减少传热量。如图 11-5(a)所示,大平壁的面积均为 A,温度分别为 T_1、T_2,表面发射率分别为 ε_1、ε_2。

没有遮热板时,两块平壁间的辐射换热的热阻为两个表面辐射热阻 $\dfrac{1-\varepsilon_1}{A_1\varepsilon_1}$、$\dfrac{1-\varepsilon_2}{A_2\varepsilon_2}$ 和一个空间辐射热阻 $\dfrac{1}{A_1 X_{1,2}}$,其等效网络图如图 11-5(b)所示。据式(10-37)并考虑到 $X_{1,2} \approx 1$、$A_1 = A_2$,辐射换热量

$$\Phi_{1,2} = \frac{A(E_{b1}-E_{b2})}{\dfrac{1-\varepsilon_1}{\varepsilon_1}+\dfrac{1}{X_{1,2}}+\dfrac{1-\varepsilon_2}{\varepsilon_2}} = \frac{A\sigma_b(T_1^4-T_2^4)}{\dfrac{1}{\varepsilon_1}+\dfrac{1}{\varepsilon_2}-1}$$

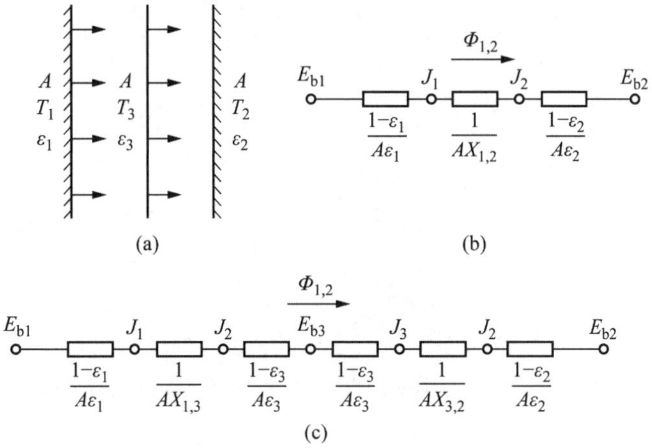

图 11-5　遮热板及其等效热阻

加入一层遮热板后增加两个表面辐射热阻和一个空间辐射热阻,据稳态过程的特征,辐射换热量

$$\Phi_{1,3,2}=\Phi_{1,3}=\Phi_{2,3}$$

$$=\frac{(E_{b1}-E_{b2})}{\dfrac{1-\varepsilon_1}{A_1\varepsilon_1}+\dfrac{1}{A_1X_{1,3}}+\dfrac{1-\varepsilon_3}{A_3\varepsilon_3}+\dfrac{1-\varepsilon_3}{A_3\varepsilon_3}+\dfrac{1}{A_3X_{3,2}}+\dfrac{1-\varepsilon_2}{A_2\varepsilon_2}}$$

$$=\frac{A\sigma_b(T_1^4-T_2^4)}{\dfrac{1}{\varepsilon_1}+\dfrac{1}{\varepsilon_3}-1+\dfrac{1}{\varepsilon_3}+\dfrac{1}{\varepsilon_2}-1}$$

如果 $\varepsilon_1=\varepsilon_2=\varepsilon_3$,则 $\Phi_{1,3,2}=\dfrac{1}{2}\Phi_{1,2}$。用同样的方法可得出,在两块大平行平板间插入 n 块发射率相同的遮热板(薄金属板)时的辐射换热热流量为无遮热板时辐射传热热流量的 $\dfrac{1}{(n+1)}$。同时,要提高遮热板的遮热效果,还可以采用低表面发射率的遮热板。

工程上,遮热原理得到广泛应用,例如,在炼钢炉炉门和人之间加铁板,减少打开的炉门对人体的辐射传热;为减少热电偶对锅炉水冷壁的辐射传热,提高测量精度,采用遮热罩式热电偶等。日常生活中遮阳伞不仅阻断了可导致人体免疫功能下降的太阳辐射中紫外线 B 对人体的伤害,还大大减少了人体受到的辐射热。

【例 11-1】 若例 7-1 其他条件不变,仅内墙增加一层导热系数 $\lambda=0.15\ \text{W}/(\text{m}\cdot\text{K})$、厚度为 15 mm 的松木护墙板,问内墙面上是否会结露?

【解】 增加护墙板后通过单位面积墙体传递的热量为

$$q=\frac{t_{f1}-t_{f2}}{\dfrac{1}{h_1}+\dfrac{\delta_1}{\lambda_1}+\dfrac{\delta_2}{\lambda_2}+\dfrac{1}{h_2}}$$

$$=\frac{293\ \text{K}-263\ \text{K}}{\dfrac{1}{8\ \text{W}/(\text{m}^2\cdot\text{K})}+\dfrac{0.20\ \text{m}}{0.95\ \text{W}/(\text{m}\cdot\text{K})}+\dfrac{0.015\ \text{m}}{0.15\ \text{W}/(\text{m}\cdot\text{K})}+\dfrac{1}{22\ \text{W}/(\text{m}^2\cdot\text{K})}}$$

$$=62.37\ \text{W}/\text{m}^2$$

墙内表面温度

$$t_{w1}=t_{f1}-\frac{q}{h_1}=293\ \text{K}-\frac{62.37\ \text{W}/\text{m}^2}{8\ \text{W}/(\text{m}^2\cdot\text{K})}=285.20\ \text{K}=12.20\ ℃$$

因为例 7-1 露点为 12.0 ℃,所以内墙面尚不会结露。

【点评】 因为内墙表面温度稍高于室内空气的露点,所以不会产生明显的结露。木材的导热系数具有明显的方向性,本例采用的是垂直木纹的数据,同样为松木,平行木纹的导热系数可高达 0.35 W/(m·K)。

【例 11-2】 电厂有一内径 $d_1=100\ \text{mm}$、壁厚 $\delta_1=4\ \text{mm}$、导热系数 $\lambda_1=40\ \text{W}/(\text{m}\cdot\text{K})$ 的

钢质蒸汽直管,管外包厚度 $\delta_2 = 70$ mm、导热系数 $\lambda_2 = 0.05$ W/(m·K) 的保温层。管内蒸汽温度 $t_{f1} = 300$ ℃,表面传热系数 $h_1 = 200$ W/(m²·K),保温层外壁复合表面传热系数 $h_2 = 8$ W/(m²·K),周围空气温度 $t_\infty = 20$ ℃。试计算单位管长蒸汽管道的散热损失 Φ_l 及管道外壁与周围环境辐射换热的表面传热系数 h_r。

【解】 $d_2 = d_1 + 2\delta_1 = 100$ mm $+ 2 \times 4$ mm $= 108$ mm, $d_3 = 108$ mm $+ 2 \times 70$ mm $= 248$ mm。

据式(11-7)

$$\Phi_l = \frac{\pi(t_{f1} - t_{f2})}{\dfrac{1}{h_1 d_1} + \dfrac{1}{2\lambda_1}\ln\dfrac{d_2}{d_1} + \dfrac{1}{2\lambda_2}\ln\dfrac{d_3}{d_2} + \dfrac{1}{h_2 d_3}}$$

式中

$$\frac{1}{h_1 d_1} = \frac{1}{200 \text{ W/(m}^2\text{·K)} \times 0.1 \text{ m}} = 0.05 \text{ m·K/W}$$

$$\frac{1}{2\lambda_1}\ln\frac{d_2}{d_1} = \frac{1}{2 \times 40 \text{ W/(m·K)}}\ln\frac{108 \text{ mm}}{100 \text{ mm}} = 9.62 \times 10^{-4} \text{ m·K/W}$$

$$\frac{1}{2\lambda_2}\ln\frac{d_3}{d_2} = \frac{1}{2 \times 0.05 \text{ W/(m·K)}}\ln\frac{248 \text{ mm}}{108 \text{ mm}} = 8.313 \text{ m·K/W}$$

$$\frac{1}{h_2 d_3} = \frac{1}{8 \text{ W/(m}^2\text{·K)} \times 0.248 \text{ m}} = 0.504 \text{ m·K/W}$$

所以

$$\Phi_l = \frac{\pi \times (300 - 20)\text{K}}{(0.05 + 9.62 \times 10^{-4} + 8.313 + 0.504)\text{m·K/W}} = 99.2 \text{ W/m}$$

由式

$$\Phi_l = \pi h_2 d_3 (t_{w3} - t_{f2})$$

$$t_{w3} = t_{f2} + \frac{\Phi_l}{\pi h_2 d_3} = 20 \text{ ℃} + \frac{99.2 \text{ W/m}}{\pi \times 0.248 \text{ m} \times 8 \text{ W/(m}^2\text{·K)}} = 36 \text{ ℃}$$

管道外壁与周围环境换热是自然对流和热辐射复合换热,可利用自然对流的特征数关联式确定自然对流的表面传热系数。本题的特征温度

$$t_m = \frac{1}{2}(t_{w3} + t_{f2}) = \frac{1}{2}(36 + 20)\text{℃} = 28 \text{ ℃}$$

按此温度从附录查得空气的参数值

$$\nu = 15.8 \times 10^{-6} \text{ m}^2/\text{s}, \ \lambda = 2.65 \times 10^{-2} \text{ W/(m·K)}, \ Pr = 0.701$$

理想气体的体积膨胀系数 $\alpha_V = \dfrac{1}{T}$,故空气的体积膨胀系数

$$\alpha_V = \frac{1}{T_m} = \frac{1}{(273 + 28)\text{K}} = 3.32 \times 10^{-3} \text{ K}^{-1}$$

$$Gr = \frac{g\alpha_V \Delta t d^3}{\nu^2}$$

$$= \frac{9.81 \text{ m/s}^2 \times 3.32 \times 10^{-3} \text{ K}^{-1} \times (36-20)\text{K} \times (0.248 \text{ m})^3}{(15.8 \times 10^{-6} \text{ m}^2/\text{s})^2} = 3.069 \times 10^7$$

$$Gr \cdot Pr = 3.069 \times 10^7 \times 0.701 = 2.151 \times 10^7$$

从表 9 - 5 查得 $c = 0.48$，$n = 0.25$，于是据式(9 - 31)

$$Nu = c(Gr \cdot Pr)^n = 0.48(Gr \cdot Pr)^{0.25} = 0.48 \times (2.151 \times 10^7)^{0.25} = 32.70$$

于是

$$h_c = \frac{\lambda}{d_3} Nu = \frac{2.65 \times 10^{-2} \text{ W/(m} \cdot \text{K)}}{0.248 \text{ m}} \times 32.70 = 3.494 \text{ W/(m}^2 \cdot \text{K)}$$

$$h_r = h_t - h_c = (8 - 3.494)\text{W/(m}^2 \cdot \text{K)} = 4.506 \text{ W/(m}^2 \cdot \text{K)}$$

【点评】　本题表明,在外壁温度不是很高的条件下,辐射换热损失可以大于对流传热损失,工程上常在管道外包裹一层表面发射率较小的镀锌铁皮,在降低辐射散热损失同时也起到保护保温层的作用。

【例 11 - 3】　一块导热系数为 40 W/(m · K)的钢板,两侧流体分别为水和空气,水侧的表面传热系数为 255 W/(m² · K),空气侧的表面传热系数为 12 W/(m² · K)。为增加两流体间的传热量,在钢板上敷设厚度 $\delta = 2$ mm、高度 $H = 25$ mm 的钢肋片,两肋片的中心面相距 10 mm。求以下情况下加肋后传热量提高的百分比: (a) 加在空气侧; (b) 加在水侧; (c) 加在两侧。

【解】　取 1 m × 1 m 的钢板来研究。

(1) 计算肋片效率。

肋片数 $n = 1/0.01 = 100$。　未装肋部分的面积

$$A_2'' = 1 - n\delta b = 1 - 100 \times 0.002 \text{ m} \times 1 \text{ m} = 0.8 \text{ m}^2$$

肋片表面积

$$A_2' = n(2bH + \delta b) = 100 \times (2 \times 1 \text{ m} \times 0.025 \text{ m} + 1 \text{ m} \times 0.002 \text{ m}) = 5.2 \text{ m}^2$$

加肋后的总面积

$$A_2 = A_2' + A_2'' = 5.2 \text{ m}^2 + 0.8 \text{ m}^2 = 6.0 \text{ m}^2$$

又

$$H' = H + \frac{\delta}{2} = 0.025 \text{ m} + \frac{0.002 \text{ m}}{2} = 0.026 \text{ m}$$

所以空气侧参量

$$H'^{3/2} \left[\frac{h_a}{\lambda A} \right]^{1/2} = (0.026 \text{ m})^{3/2} \left(\frac{12 \text{ W/(m}^2 \cdot \text{K)}}{40 \text{ W/(m} \cdot \text{K)} \times 0.002 \text{ m} \times 0.026 \text{ m}} \right)^{1/2} = 0.318$$

水侧参量

$$H'^{3/2} \left[\frac{h_w}{\lambda A} \right]^{1/2} = (0.026 \text{ m})^{3/2} \left(\frac{225 \text{ W/(m}^2 \cdot \text{K)}}{40 \text{ W/(m} \cdot \text{K)} \times 0.002 \text{ m} \times 0.026 \text{ m}} \right)^{1/2} = 1.47$$

查图 11-3 得,空气侧的肋片效率 $\eta_a = 0.94$,水侧的肋片效率 $\eta_w = 0.46$。空气侧加肋时肋面总效率为

$$\eta_{t,a} = \frac{A_2'' + \eta A_2'}{A_2} = \frac{0.8\ m^2 + 5.2\ m^2 \times 0.94}{6.0\ m^2} = 0.948$$

水侧加肋时肋面总效率为

$$\eta_{t,w} = \frac{A_2'' + \eta A_2'}{A_2} = \frac{0.8\ m^2 + 5.2\ m^2 \times 0.46}{6.0\ m^2} = 0.532$$

(2) 计算未加肋时的传热量(忽略钢平壁热阻)。

$$\Phi_0 = \frac{t_{af} - t_{wf}}{\dfrac{1}{h_a A_1} + \dfrac{1}{h_w A_1}}$$

$$= \frac{\Delta t}{\dfrac{1}{12\ W/(m^2 \cdot K) \times 1\ m^2} + \dfrac{1}{255\ W/(m^2 \cdot K) \times 1\ m^2}}$$

$$= 11.46 \Delta t$$

(3) 计算加肋后的传热量增加的百分比 ξ。

a. 空气侧加肋时的传热量

$$\Phi_a = \frac{\Delta t}{\dfrac{1}{h_w A_1} + \dfrac{1}{h_a A_2 \eta_{ta}} + \dfrac{\delta}{\lambda A_1}} \approx \frac{\Delta t}{\dfrac{1}{h_w A_1} + \dfrac{1}{h_a A_2 \eta_{ta}}}$$

$$= \frac{\Delta t}{\dfrac{1}{255\ W/(m^2 \cdot K) \times 1\ m^2} + \dfrac{1}{12\ W/(m^2 \cdot K) \times 6\ m^2 \times 0.948}}$$

$$= 53.84\ \Delta t$$

增加的百分比为

$$\xi_a = \frac{\Phi_a - \Phi_0}{\Phi_0} = \frac{53.84\ \Delta t - 11.46\ \Delta t}{11.46\ \Delta t} = 370\%$$

b. 水侧加肋时的传热量

$$\Phi_w = \frac{\Delta t}{\dfrac{1}{h_a A_1} + \dfrac{1}{h_w A_2 \eta_{tw}} + \dfrac{\delta}{\lambda A_1}} \approx \frac{\Delta t}{\dfrac{1}{h_a A_1} + \dfrac{1}{h_w A_2 \eta_{tw}}}$$

$$= \frac{\Delta t}{\dfrac{1}{12\ W/(m^2 \cdot K) \times 1\ m^2} + \dfrac{1}{255\ W/(m^2 \cdot K) \times 6\ m^2 \times 0.532}}$$

$$= 11.83 \Delta t$$

增加的百分比为

$$\xi_{\mathrm{w}} = \frac{\Phi_{\mathrm{w}} - \Phi_0}{\Phi_0} = \frac{11.83\,\Delta t - 11.46\,\Delta t}{11.46\,\Delta t} = 3.2\%$$

c. 两侧加肋时的传热量

$$\Phi_{\mathrm{wa}} = \cfrac{\Delta t}{\cfrac{1}{h_{\mathrm{a}}A_2\eta_{\mathrm{ta}}} + \cfrac{1}{h_{\mathrm{w}}A_2\eta_{\mathrm{tw}}} + \cfrac{\delta}{\lambda A_1}}$$

$$\approx \cfrac{\Delta t}{\cfrac{1}{12\,\mathrm{W/(m^2 \cdot K)} \times 6\,\mathrm{m^2} \times 0.948} + \cfrac{1}{255\,\mathrm{W/(m^2 \cdot K)} \times 6\,\mathrm{m^2} \times 0.532}} = 62.98\,\Delta t$$

增加的百分比为

$$\xi_{\mathrm{wa}} = \frac{\Phi_{\mathrm{wa}} - \Phi_0}{\Phi_0} = \frac{62.98\,\Delta t - 11.46\,\Delta t}{11.46\,\Delta t} = 450\%$$

【点评】　本例计算说明了在表面传热系数小的一侧(即热阻大的一侧)加肋对改善传热更有利,加在表面传热系数大的一侧时效果不显著,两侧表面传热系数相差越大,这种差异越显著。

11.2　换热器的基本概念

11.2.1　概述

凡是用来使热量从热流体传给冷流体的设备,统称为热交换器,简称换热器。换热器内的传热常常是导热、热对流和热辐射方式的综合作用,尤其是热对流的结果。按其作用原理可以分为表面式、回热式和混合式三类。

表面式换热器是目前使用最广泛的一种换热器,如各种管式、板式换热器。在这类换热器中,冷热两种流体同时在固体换热面的两侧连续流过,热流体通过壁面把热量传给冷流体。由于冷热两种流体不接触,故这类换热器也称间壁式换热器。空调器中的蒸发器、冷凝器,火电厂中的蒸汽过热器、空气预热器等都属于表面式换热器。如图 11-6 所示为常见的表面式换热器:(a) 套管式换热器;(b) 壳管式换热器;(c) 板式换热器;(d) 螺旋板式换热器;(e) U 形管式换热器;(f) 翅片管式换热器;(g) 板翅式换热器。对于管壳式换热器、U 形管式换热器等换热器,流体分别在管内和壳内(管及壳之间)流动并进行传热,为增加传热面积和强化传热,管侧流体常沿管子多次折返(称为管程),壳内通常设置折流板,这会造成壳侧流体运动中不断冲刷管子。这类换热器结构牢靠、可耐高温高压,但一般体积庞大,在化工、能源、石化等领域有广泛应用。由于板式换热器、翅片管式换热、板翅式换热器在单位体积内可容纳很大的传热面积(4 000～5 000 m²),习惯上,称之为紧凑式热交换器,这类换热器在狭窄空间得到广泛应用。

此外,自 20 世纪 60 年代以来因电子设备、航天器有效散热及中低温余热回收的强劲需求,出现了一种具有极高传热率的高效能导热元件——热管,由其构成的热管换热器有了迅猛的发展。热管利用相变传热有较大对流传热系数的特性将沸腾传热和凝结传热结合并应用于热管的吸热和放热场合中,能够在较小的温差下高效传递热量,尤其适用于气体换热。如空气

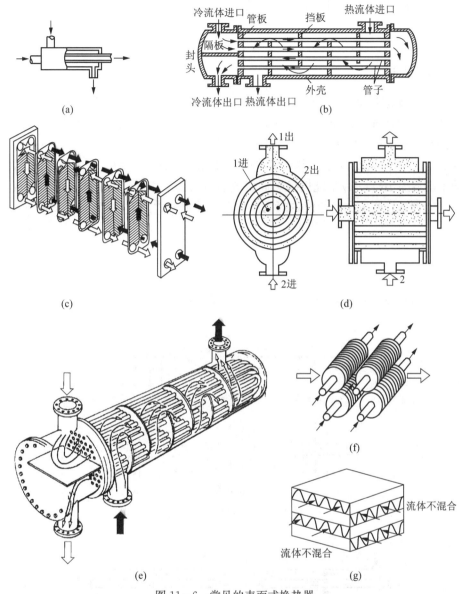

图 11-6 常见的表面式换热器

预热器中烟气与空气的换热、集成电路中电子元件向空气的散热。

回热式换热器的特点是冷热两种流体分别先后交替流过同一加热面,热流体流过加热面时,使加热面蓄积热量,当冷流体接续流过时,加热面将蓄积的热量传给冷流体。钢厂热风炉、大型电厂锅炉的回转式空气预热器就是这类换热器。

混合式换热器中热流体和冷流体通过直接接触并互相混合进行热量传递。火电厂除氧器和喷水式蒸汽减温器即为这类换热器。

方程(11-1)是换热器热工计算的基本方程,但由于换热器中冷、热流体沿换热面流动时,沿途温度通常要发生变化,两者之间的温差也随之变化,而且这种变化会随着换热器中流体流动方式不同而异。因此利用传热方程式(11-1)计算整个换热面上的热流量时,必须使用整个

换热面上的平均温差 Δt_m。此时，传热方程形式为

$$\Phi = kA\Delta t_m \tag{11-17}$$

11.2.2　平均温差

换热器内流体有多种多样的流动方式，一般说来，可分为顺流、逆流和复杂流这三种形式。两种流体平行流动且方向相同时称为顺流[见图 11-7(a)]；两种流体平行流动但方向相反时为逆流[见图 11-7(b)]；其他流动方式统称为复杂流[见图 11-7(c)(d)]。不论何种形式，热流体温度 t_1 和冷流体温度 t_2 沿换热面 A 的变化通常是非线性的(见图 11-8)，因此冷热两种流体间的平均温差 Δt_m 一般不能以换热面两端的温差 Δt_1 和 Δt_2 的算术平均值计算，而要以其对数平均值计算。顺流和逆流时的对数平均温差计算公式如下

$$\Delta t_m = \frac{\Delta t_{max} - \Delta t_{min}}{\ln \dfrac{\Delta t_{max}}{\Delta t_{min}}} \tag{11-18}$$

式中：Δt_{max} 为换热面两端温差中较大者；Δt_{min} 为换热面两端温差中的较小者。

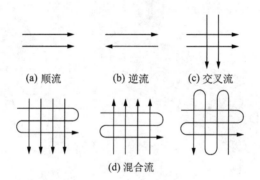

(a) 顺流　　　(b) 逆流　　　(c) 交叉流

(d) 混合流

图 11-7　流动形式示意图

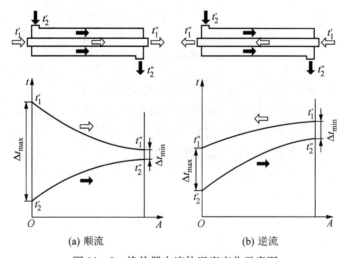

(a) 顺流　　　　　　　　　(b) 逆流

图 11-8　换热器中流体温度变化示意图

当 $\dfrac{\Delta t_{\max}}{\Delta t_{\min}} \leqslant 2$ 时,可用算术平均温差 $\Delta t_{\mathrm{m}} = \dfrac{\Delta t_{\max} + \Delta t_{\min}}{2}$ 来取代对数平均温差,其误差不超过 4%。对于复杂流动形式的换热器,其对数平均温差可如下求取:先以冷热流体进、出口温度计算出逆流布置条件下的对数平均温差,然后乘以温差修正系数 ψ,即

$$\Delta t_{\mathrm{m}} = \psi \frac{\Delta t_{\max} - \Delta t_{\min}}{\ln \dfrac{\Delta t_{\max}}{\Delta t_{\min}}} \tag{11-19}$$

修正系数 ψ 除与流动方式有关外,还与辅助量 P 与 R 有关。P、R 定义如下

$$P = \frac{t''_2 - t'_2}{t'_1 - t'_2} = 冷流体加热温升 / 两流体进口温差$$

$$R = \frac{t'_1 - t''_1}{t''_2 - t'_2} = 热流体冷却温降 / 冷流体加热温升$$

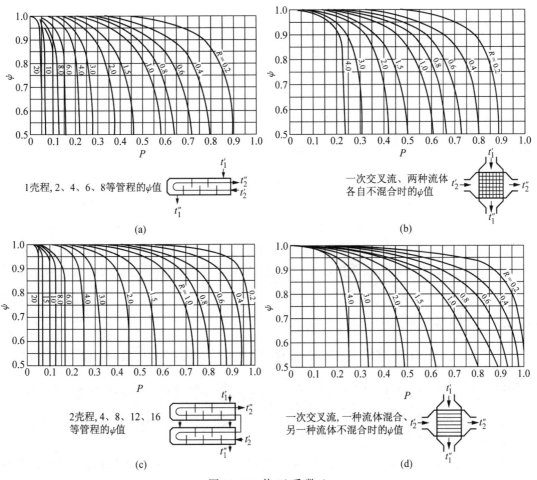

图 11-9　修正系数 ψ

据流动形式及 P 与 R 的值,从图 11-9 可查出 ψ 的值,更详细的修正系数图可参阅换热器设计手册。仅从传热的角度看,逆流时的温压较大,对传热有利,故许多换热设备采用逆流换热的方式。

【例 11-4】 某换热器,壳侧热流体的进、出口温度分别为 300 ℃ 和 150 ℃,管侧冷流体的进出、口温度分别为 35 ℃ 和 85 ℃。求该换热器分别布置为顺流、逆流及一次交叉流时,两种流体各自不混合时的平均温差。

【解】 逆流布置

$$\Delta t_m = \frac{\Delta t_{max} - \Delta t_{min}}{\ln \dfrac{\Delta t_{max}}{\Delta t_{min}}} = \frac{(300-85)℃ - (150-35)℃}{\ln \dfrac{(300-85)℃}{(150-35)℃}} = 159.8 ℃$$

顺流布置

$$\Delta t_m = \frac{\Delta t_{max} - \Delta t_{min}}{\ln \dfrac{\Delta t_{max}}{\Delta t_{min}}} = \frac{(300-35)℃ - (150-85)℃}{\ln \dfrac{(300-35)℃}{(150-85)℃}} = 142.3 ℃$$

交叉流布置

$$P = \frac{t''_2 - t'_2}{t'_1 - t'_2} = \frac{(85-35)℃}{(300-35)℃} = 0.19$$

$$R = \frac{t'_1 - t''_1}{t''_2 - t'_2} = \frac{(300-150)℃}{(85-35)℃} = 3$$

从图 11-9 查得修正系数 $\psi = 0.97$,于是

$$\Delta t_m = \psi \frac{\Delta t_{max} - \Delta t_{min}}{\ln \dfrac{\Delta t_{max}}{\Delta t_{min}}} = 0.97 \times 159.8 = 155 ℃$$

【点评】 由上述计算可知,逆流布置的对数温差最大,即若换热量相同、传热系数相同时,逆流式换热器所需的换热面积最小,但逆流布置换热器两端温差较大会带来较大的热应力。

11.2.3　污垢系数

换热器运行了一段时间后,换热面上经常会形成一层污垢,由此引起的附加热阻主要取决于污垢的导热系数 λ_F 和污垢的厚度 δ_F,把 $\dfrac{\delta_F}{\lambda_F}$ 称为污垢系数,用 r_F 表示,单位是 $m^2 \cdot K/W$。换热器壁面上污垢的形成及其性质较复杂,表 11-1 列出了一般污垢系数的参考值,更详细的内容请参阅相关文献。

利用热阻的概念在计算各种形式的换热表面的传热系数 k 时可较方便地将污垢的影响计入。

表 11 - 1　污垢系数 r_F 的参考值

物　　质	$r_F/(\text{m}^2 \cdot \text{K/W})$	物　　质	$r_F/(\text{m}^2 \cdot \text{K/W})$
海水	0.000 1	压缩空气	0.000 4
硬度不高的井水	0.000 2	制冷剂蒸气(含油)	0.000 4
河水	0.000 6	制冷剂液	0.000 2

11.2.4　换热器的热计算

换热器的热计算分两种：设计计算和校核计算。前者是根据给定的换热量，求换热器的换热面积；后者是按已知换热器的换热面积，求取工作流体的终温或核算换热器的换热量。

设计计算时，一般已知热流体和冷流体的初、终温(t_2''、t_2'、t_1''、t_1')中的 3 个参数、质量流量($q_{m,2}$、$q_{m,1}$)、比定压热容(c_{p1}、c_{p2})以及需要传递的热流量 Φ。要求确定换热器的类型、传热面积等。校核计算是对已有换热器进行校核，一般是给定热力工况的某些参数，如流体质量流量($q_{m,2}$、$q_{m,1}$)、流体进口温度 t_1' 和 t_2'，校核流体出口温度及热流量。

换热器的热计算常用方法有两种，一种是对数平均温差法，另一种是效能-传热单元(ε - NTU)法。限于篇幅，本书只讨论对数平均温差法。

1) 对数平均温差法设计计算主要步骤

(1) 根据给定条件，由热平衡式

$$\Phi = q_{m,1}c_{p1}(t_1' - t_1'') = q_{m,2}c_{p2}(t_2'' - t_2')$$

计算进、出口温度中的未知量，及传热量 Φ。

(2) 选定流动方式，由冷热流体的进、出口温度确定对数平均温差 Δt_m。

(3) 初步布置传热面(选定传热面的形状和尺寸，如平板或圆管、圆管的直径、壁厚、管间距等)，结合流体的质量流量等求出两侧的换热系数并计算出相应的总传热系数 k。

(4) 由传热方程(11 - 19) $\Phi = kA\Delta t_m$ 求出所需的换热面积 A，以及其他参数(如管长 l)。

(5) 计算换热器的流动阻力 Δp，若流阻过大，则应改变方案重新设计。

2) 对数平均温差法校核计算主要步骤

校核计算时，因为两种流体的出口温度未知，流体的物性无法确定，表面传热系数 h 和总传热系数 k 无法求得，所以要用试算法。对数平均温差法校核计算主要步骤如下：

(1) 假定一种流体的出口温度 t_1''(或 t_2'')，据热平衡式 $\Phi = q_{m,1}c_{p1}(t_1' - t_1'') = q_{m,2}c_{p2}(t_2'' - t_2')$，求出另一种流体的出口温度 t_2''(或 t_1'')，并计算传热量 Φ^1。

(2) 根据换热器的流动方式及冷、热流体的进、出口温度求得对数平均温差 Δt_m。

(3) 根据换热器的结构，算出相应工作条件下的表面传热系数 h 和总传热系数 k。

(4) 由传热方程 $\Phi = kA\Delta t_m$ 计算传热量 Φ^2，并与前述步骤(1)计算的热量 Φ^1 相比较，若两者相等或相对误差小于 5%，则表明前述假定的流体出口温度与事实相符或相近，计算结束；否则重复步骤(1)~(4)直至取得满意的结果。

用平均对数温差法进行换热器的热性能校核计算，是一个试算过程，有时工作量较大。效能-传热单元(ε - NTU)法可减少校核计算的工作量。

【例 11 - 5】　一台管壳式油冷器,壳程为 1,管程为 2,铜管交叉排列,管外径为 15 mm,壁厚为 1 mm。管内冷却水进口温度 $t'_2 = 33\ ℃$,流出温度 $t''_2 = 37\ ℃$,对流表面传热系数 $h_i = 4\,480\ W/(m^2 \cdot K)$。管外密度 $\rho = 879\ kg/m^3$、比定压热容 $c_p = 1\,950\ J/(kg \cdot K)$ 的某种润滑油在折板间流过,从 $t'_1 = 56.9\ ℃$ 被冷却到 $t''_1 = 45\ ℃$。若润滑油体积流量为 39 m^3/h,对流表面传热系数 $h_o = 452\ W/(m^2 \cdot K)$,试求油冷器所需的传热面积。

【解】　逆流时平均传热温差

$$\Delta t_m = \frac{\Delta t_{max} - \Delta t_{min}}{\ln \dfrac{\Delta t_{max}}{\Delta t_{min}}} = \frac{(t'_1 - t''_2) - (t''_1 - t'_2)}{\ln \dfrac{t'_1 - t''_2}{t''_1 - t'_2}}$$

$$= \frac{(56.9\ ℃ - 37\ ℃) - (45\ ℃ - 33\ ℃)}{\ln \dfrac{56.9\ ℃ - 37\ ℃}{45\ ℃ - 33\ ℃}} = 15.6\ ℃$$

$$P = \frac{t''_2 - t'_2}{t'_1 - t'_2} = \frac{37\ ℃ - 33\ ℃}{56.9\ ℃ - 33\ ℃} = 0.17,\ R = \frac{t'_1 - t''_1}{t''_2 - t'_2} = \frac{56.9\ ℃ - 45\ ℃}{37\ ℃ - 33\ ℃} = 3$$

查图 11 - 9 得修正系数 $\psi = 0.97$,所以传热平均温差

$$\Delta t = \psi \Delta t_m = 0.97 \times 15.6\ ℃ = 15.1\ ℃$$

热流量

$$\Phi = q_{m,1} c_{p,1} (t'_1 - t''_1) = q_{V,1} \rho_1 c_{p,1} (t'_1 - t''_1)$$

$$= \frac{39\ m^3/h}{3\,600\ s/h} \times 879\ kg/m^3 \times 1\,950\ J/(kg \cdot K) \times (56.9\ ℃ - 45\ ℃) = 2.21 \times 10^5\ W$$

传热系数

$$k = \frac{1}{\dfrac{d_o}{h_i d_i} + \dfrac{d_o}{2\lambda} \ln \dfrac{d_o}{d_i} + \dfrac{1}{h_o}} \approx \frac{1}{\dfrac{d_o}{h_i d_i} + \dfrac{1}{h_o}}$$

$$= \frac{1}{\dfrac{0.015}{4\,480 \times (0.015 - 2 \times 0.001)\ W/(m^2 \cdot K)} + \dfrac{1}{452\ W/(m^2 \cdot K)}}$$

$$= 404.9\ W/(m^2 \cdot K)$$

所以,传热面积

$$A = \frac{\Phi}{k \Delta t} = \frac{221\,000\ W}{404.9\ W/(m^2 \cdot K) \times 15.1\ ℃} = 36.1\ m^2$$

【点评】　管壳式换热器中,一种流体在折板间流过,流动过程非常复杂,因此求实际的表面传热系数很困难,本例仅为最简单的示意计算。同时,也就不能简单地令管外表面积等于传热面积来确定所需管长。

11.3　小　结

实现高温流体通过固体壁面把热量传给低温流体的传热过程的设备称为换热器或热交换器,稳定的传热过程热阻由流体与壁面的对流传热热阻(通常,辐射换热可用适当加大对流传热的表面传热系数加以考虑)和固体的导热热阻串联构成,多层平壁和圆筒壁的传热过程的总热阻仅需用串联形式增加导热热阻。

据传热方程,强化或削弱传热过程可通过加大或减小传热温差,增加或减小传热面积,以及增加或减小总传热系数。因为前两者往往受过程实际条件的限制,所以改变总传热热阻是达到强化或削弱传热的合理途径。

在流动阻力允许的范围内采用螺纹管等增加扰动的措施是减小对流传热热阻的方法,而在对流传热热阻较大的一侧采用肋壁则是降低传热热阻的有效措施。采用肋壁后的总传热系数 $k_1 = \dfrac{1}{\dfrac{1}{h_1} + \dfrac{\delta}{\lambda} + \dfrac{1}{h_2 \beta \eta_t}}$,其中:$\eta_t$ 称为肋面总效率,近似等于肋片效率 η(肋片的实际散热量与假定肋表面处于肋基温度下理想散热量之比);$\beta = \dfrac{A_2}{A_1}$ 称为肋化系数,是加肋后的总表面积与该侧未加肋时的表面积之比。β 可以远大于 1,因此,肋化后的表面传热热阻 $\dfrac{1}{h_2 \beta \eta_t}$ 通常小于肋化前的表面传热热阻 $\dfrac{1}{h_2}$。β 选择过大,会使强化作用不明显。

一般而言,增加绝热保温材料的厚度或增设保温层对于平壁必定增加传热热阻,但对于圆筒壁应考虑临界绝热半径问题,因为这样的措施在增加固体导热热阻的同时降低了外表面的对流传热热阻。减小辐射换热的一个途径是增设遮热板。

工程应用的换热器有多种形式,热计算往往是据冷热流体的参数确定换热器的型式和传热面积或对已有的换热器进行校核计算,计算的依据是能量守恒和各种情况下的对流传热规律,很关键的一点是确定冷热流体的温差。在对数平均温差法中,可以先由简单的逆流计算得到对数平均温差,再据参量 P 和 R 从相关曲线查取修正量,乘以通过简单的逆流计算求得的对数温差,即得传热方程中的温差。

思 考 题 11

11-1　总传热系数 k 与对流表面传热系数 h 有何不同? 传热过程总传热热阻应怎样计算?

11-2　怎样才能增强传热? 怎样才能使增强传热的措施得到事半功倍的效果?

11-3　某房间用热水流过水管供暖,若供暖量不足,可采用哪些方法改进供暖以增加供暖量?

11-4　怎样才能削弱传热? 何谓临界绝热半径?

11-5　应选取什么样的材料制作遮热板? 为什么很多人在夏日外出打遮阳伞?

11-6 表面式换热器中两种流体之间的对数平均温差怎样计算？仅从传热角度看，顺流和逆流式布置，哪种更好？

11-7 从传热学的角度，在安置和使用电冰箱中应注意哪些问题？

习　题　11

11-1 冬季室内空气温度 $t_{f1}=20\ ℃$，室外大气温度 $t_{f2}=-10\ ℃$；室内空气对壁面的表面传热系数 $h_1=8\ W/(m^2\cdot K)$，室外壁面对大气的传热系数 $h_2=20\ W/(m^2\cdot K)$。已测得室内空气的露点为 $14\ ℃$，若墙壁由 $\lambda=0.6\ W/(m\cdot K)$ 的红砖砌成，为了防止墙壁内表面结露，则该墙壁的厚度至少应为多少？

11-2 一台气体冷却器，气侧表面传热系数 $h_1=95\ W/(m^2\cdot K)$，间壁厚 $\delta=2.5\ mm$，导热系数 $\lambda_1=46.5\ W/(m\cdot K)$，水侧表面传热系数 $h_2=5\ 800\ W/(m^2\cdot K)$。设传热面可作为平壁处理，试计算总传热系数 k，并指出为了加强这一传热过程应首先从哪一个环节着手？

11-3 一面玻璃窗，尺寸为 $70\ cm\times45\ cm$，厚度为 $4\ mm$，冬天室内外温度分别为 $20\ ℃$ 和 $-8\ ℃$，内表面的自然对流表面传热系数为 $h_1=6\ W/(m^2\cdot K)$，外表面的强迫对流表面传热系数为 $h_2=20\ W/(m^2\cdot K)$，玻璃的导热系数 $\lambda=0.78\ W/(m\cdot K)$，试确定通过玻璃的热损失。

11-4 蒸汽管的内、外径分别为 $300\ mm$ 和 $320\ mm$，管外敷有 $120\ mm$ 厚的绝热保温层，其导热系数 $\lambda_2=0.1\ W/(m\cdot K)$，钢管的导热系数 $\lambda_1=50\ W/(m\cdot K)$。管内蒸汽的温度 $t_{f1}=300\ ℃$，管外周围空气的温度 $t_{f2}=20\ ℃$，管子内、外侧的对流表面传热系数各为 $h_1=150\ W/(m^2\cdot K)$，$h_2=10\ W/(m^2\cdot K)$。试求每米管长的热损失 q_l 及保温层内、外表面温度 t_{w1} 和 t_{w2}。

11-5 双层玻璃的火车车窗是两层 $1\ m\times0.8\ m$ 的 $5\ mm$ 厚钢化玻璃，$\lambda=0.78\ W/(m\cdot K)$，中间的空气层厚度为 $6\ mm$。假设车厢内侧的表面传热系数为 $8\ W/(m^2\cdot K)$，外侧的为 $60\ W/(m^2\cdot K)$；通过空气层的传热可按纯导热对待。试计算车厢内外空气温度分别为 $25\ ℃$ 和 $35\ ℃$ 时，每扇玻璃窗的热损失，并与相同参数条件下 $5\ mm$ 单层玻璃的散热做比较。

11-6* 蒸汽管的外径为 $80\ mm$，壁厚为 $3\ mm$，管外包有 $40\ mm$ 厚的珍珠岩保温层，其导热系数 $\lambda_2=(0.065+0.000\ 105T)\ W/(m\cdot K)$（$T$ 为保温层平均温度）。管内蒸汽的温度 $t_{f1}=150\ ℃$，管外周围空气的温度 $t_{f2}=20\ ℃$，保温层外侧的对流表面传热系数为 $h_o=7.6\ W/(m^2\cdot K)$，管内蒸汽与壁面的对流表面传热系数为 $h_i=116\ W/(m^2\cdot K)$，钢管的导热系数 $\lambda_1=46.7\ W/(m\cdot K)$，试求每米管长的热损失。

11-7 管外径为 $30\ mm$，壁厚为 $2\ mm$，装有环肋，高 $20\ mm$，厚 $0.4\ mm$，肋与肋之间的距离为 $2.6\ mm$，外侧的对流表面传热系数为 $h_o=80\ W/(m^2\cdot K)$，管子和肋壁的材料相同，导热系数 $\lambda=200\ W/(m\cdot K)$，管内水蒸气凝结表面传热系数为 $h_i=12\ 000\ W/(m^2\cdot K)$，试计算肋管以内表面为基准的总传热系数。

11-8 厚 $10\ mm$，导热系数 $\lambda=50\ W/(m\cdot K)$ 的平壁，两侧表面积均为 A_1，表面传热系数分别为 $h_1=200\ W/(m^2\cdot K)$，$h_2=10\ W/(m^2\cdot K)$，在一侧加肋后的肋化系数 $\beta=13$，肋面总效率 $\eta_t=0.9$，两侧流体温度分别为 $t_{f1}=75\ ℃$ 和 $t_{f2}=15\ ℃$，求加肋前后热流量的变化。

11-9 一台空气加热器的传热面为肋壁表面，厚度 $\delta=10\ mm$，导热系数 $\lambda=46.5\ W/$

$(m \cdot K)$，其光侧面积 $A_1 = 2\ m^2$，肋侧总面积 $A_2 = 26\ m^2$（其中肋间面积 $A_2' = 1\ m^2$，肋片表面积 $A_2'' = 25\ m^2$），肋片效率 $\eta = 0.85$，肋壁两侧表面传热系数 $h_2 = 11.6\ W/(m^2 \cdot K)$，$h_1 = 232\ W/(m^2 \cdot K)$，两侧流体的平均温度分别为 $t_{f1} = 75\ ℃$ 和 $t_{f2} = 15\ ℃$。试求肋壁的传热量和传热系数。

11-10　一根铝导线外直径为 2 mm，处于 15 ℃ 的空气中，导线表面温度为 72 ℃，导线与环境的表面传热系数为 9.6 $W/(m^2 \cdot K)$。在导线外包上厚度为 1.5 mm 的橡胶绝缘层，其导热系数 $\lambda = 0.14\ W/(m \cdot K)$，绝缘层外表面与空气的表面传热系数为 7.4 $W/(m^2 \cdot K)$，试问：电流通过时，橡胶绝缘层内铝导线表面温度为多少？

11-11　一根直径为 2 mm 的导线，已知其表面温度为 90 ℃，它被周围温度为 20 ℃ 的空气所冷却，原先裸线表面对空气的对流表面传热系数为 22 $W/(m^2 \cdot K)$。如果在导线外包上厚度为 4 mm 的橡胶绝缘层，其导热系数 $\lambda = 0.16\ W/(m \cdot K)$，从绝缘层外表面向空气的表面传热系数为 12 $W/(m^2 \cdot K)$。若通过导线的电流保持不变，试求包上橡胶绝缘层后的导线温度 t_w 及该导线的临界绝热直径 d_c。

11-12[*]　外径为 60 mm 的无缝钢管，壁厚 5 mm，$\lambda = 54\ W/(m \cdot K)$，管内热水的平均温度为 95 ℃，流速为 0.25 m/s，钢管水平放置在 20 ℃ 大气中，近壁空气传热方式为自然对流，试求以钢管外表面面积计算的传热系数。

11-13　一台逆流套管式换热器，热流体为 120 ℃ 的高压热水，体积流量为 12 m^3/h；冷流体为 10 ℃ 的空气，体积流量为 1 800 m^3/h（标准状态下），经过换热器后被加热到 50 ℃；若总传热系数 $k = 60\ W/(m^2 \cdot K)$。试求所需的传热面积。

11-14　一台逆流布置的空气加热器用热水每小时加热空气 1 600 kg，使空气的温度从 $t_2' = 20\ ℃$ 提高到 $t_2'' = 70\ ℃$，空气的比定压热容 $c_{p2} = 1.005\ kJ/(kg \cdot K)$。为了加热空气，每小时使用 $t_1' = 105\ ℃$ 的热水 1 050 kg，水的比定压热容 $c_{p1} = 4.187\ kJ/(kg \cdot K)$。如果总传热系数 $k = 46.5\ W/(m^2 \cdot K)$。试确定所需的换热面积。

11-15　设计一台 1-2 型壳管式换热器，要求把密度 $\rho_1 = 880\ kg/m^3$、比定压热容 $c_{p1} = 1.95\ kJ/(kg \cdot K)$、体积流量为 40 m^3/h 的 30[#] 透平油从 $t_1' = 57\ ℃$ 冷却到 $t_1'' = 45\ ℃$。冷却水在管内流动，进入换热器的温度 $t_2' = 32\ ℃$，温升不大于 4 ℃；油在管外流动。管外径为 15 mm，壁厚为 1 mm。若水侧和油侧的对流表面传热系数分别为 5 000 $W/(m^2 \cdot K)$ 和 400 $W/(m^2 \cdot K)$，计算冷却水质量流量和所需的换热面积。

11-16[*]　温度为 100 ℃、压力为 $3 \times 10^5\ Pa$ 的空气以 7 700 kg/h 的质量流量流经 1-2 型壳管式换热器壳侧；冷却水以 7 500 kg/h 的质量流量流经管内［见图 11-13（b）］。已知：冷却水进口温度为 15 ℃，总传热系数 $k = 155.8\ W/(m^2 \cdot K)$，传热面积 $A = 20.3\ m^2$。试求空气通过换热器后的出口温度。

附　　录

附表 1　物理常数和常用单位换算

物理常数

阿伏伽德罗常数	$N_A = 6.022 \times 10^{23} \text{ mol}^{-1}$
玻耳兹曼常数	$k = 1.380 \times 10^{-23} \text{ J/K}$
普朗克常数	$h = 6.626 \times 10^{-34} \text{ J} \cdot \text{s}$
摩尔气体常数	$R = 8.314\ 510 \text{ J/(mol} \cdot \text{K)}$
1 kg 干空气的气体常数	$R_{g,a} = 287.05 \text{ J/(kg} \cdot \text{K)}$
重力加速度	$g = 9.806\ 65 \text{ m/s}^2$
1 物理大气压	$1 \text{ atm} = 760 \text{ mmHg} = 101.325 \text{ kPa}$
光速	$c = 2.988 \times 10^8 \text{ m/s}$

常用单位换算

长度	$1 \text{ m} = 3.280\ 8 \text{ ft} = 39.37 \text{ in}$
质量	$1 \text{ kg} = 1\ 000 \text{ g} = 2.204\ 6 \text{ lb}$
时间	$1 \text{ h} = 3\ 600 \text{ s}$
力	$1 \text{ N} = 1 \text{ kg} \cdot \text{m/s}^2 = 0.102 \text{ kgf} = 0.224\ 8 \text{ lbf}$
能量	$1 \text{ J} = 1 \text{ kg} \cdot \text{m}^2/\text{s}^2 = 0.238\ 9 \times 10^{-3} \text{ kcal} = 1 \text{ N} \cdot \text{m}$
	$1 \text{ Btu} = 252 \text{ cal} = 1\ 055.0 \text{ J}$
	$1 \text{ eV} = 1.602 \times 10^{-19} \text{ J}$
功率	$1 \text{ W} = 1 \text{ J/s} = 0.947\ 8 \text{ Btu/s} = 0.238\ 8 \text{ kcal/s}$
	$1 \text{ 马力} = 75 \text{ kgf} \cdot \text{m/s} = 735.5 \text{ W}$
压力	$1 \text{ atm} = 760 \text{ mmHg} = 101\ 325 \text{ N/m}^2 = 1.033\ 3 \text{ kgf/cm}^2 = 1.033\ 23 \text{ at}$
	$1 \text{ bar} = 10^5 \text{ N/m}^2 = 1.019\ 7 \text{ kgf/cm}^2 = 750.06 \text{ mmHg} = 14.503\ 8 \text{ lbf/in}^2$
	$1 \text{ Pa} = 1 \text{ N/m}^2 = 1.019\ 7 \times 10^{-5} \text{ at} = 0.986\ 92 \times 10^{-5} \text{ atm}$
	$1 \text{ mmHg} = 133.3 \text{ Pa} = 1.359\ 5 \times 10^{-3} \text{ kgf/cm}^2 = 0.019\ 34 \text{ lbf/in}^2 = 1 \text{ Torr}$
	$1 \text{ mmH}_2\text{O} = 1 \text{ kgf/m}^2 = 9.806\ 65 \text{ Pa}$
比热容	$1 \text{ kJ/(kg} \cdot \text{K)} = 0.238\ 85 \text{ kcal/(kg} \cdot \text{K)} = 0.238\ 85 \text{ Btu/(lb} \cdot {}^\circ\text{R)}$
比体积	$1 \text{ m}^3/\text{kg} = 16.018\ 5 \text{ ft}^3/\text{lb}$
温度	$\dfrac{t}{{}^\circ\text{C}} = \dfrac{T}{\text{K}} - 273.15$
	$\dfrac{t_F}{{}^\circ\text{F}} = \dfrac{9}{5}\dfrac{t}{{}^\circ\text{C}} + 32 = \dfrac{9}{5}\dfrac{T}{\text{K}} - 459.67$
	$1\,{}^\circ\text{R} = \dfrac{5}{9}\text{K}$

附表 2　饱和水和饱和蒸汽的热力性质(按温度排列)[10]

温度	压力	比体积		焓		汽化潜热	熵	
		液体	蒸汽	液体	蒸汽		液体	蒸汽
t	p	v'	v''	h'	h''	γ	s'	s''
℃	MPa	m³/kg		kJ/kg		kJ/kg	kJ/(kg·K)	
0.00	0.000 611 2	0.001 000 22	206.154	−0.05	2 500.51	2 500.6	−0.000 2	9.154 4
0.01	0.000 611 7	0.001 000 21	206.012	0.00	2 500.53	2 500.5	0.000 0	9.154 1
1	0.000 657 1	0.001 000 18	192.464	4.18	2 502.35	2 498.2	0.015 3	9.127 8
2	0.000 705 9	0.001 000 13	179.787	8.39	2 504.19	2 495.8	0.030 6	9.101 4
4	0.000 813 5	0.001 000 08	157.151	16.82	2 507.87	2 491.1	0.061 1	9.049 3
5	0.000 872 5	0.001 000 08	147.048	21.02	2 509.71	2 488.7	0.076 3	9.023 6
6	0.000 935 2	0.001 000 10	137.670	25.22	2 511.55	2 486.3	0.091 3	8.998 2
8	0.001 072 8	0.001 000 19	120.868	33.62	2 515.23	2 481.63	0.121 3	8.948 0
10	0.001 227 9	0.001 000 34	106.341	42.00	2 518.90	2 476.9	0.151 0	8.898 8
12	0.001 402 5	0.001 000 54	93.756	50.38	2 522.57	2 472.2	0.180 5	8.850 4
14	0.001 598 5	0.001 000 80	82.828	58.76	2 526.24	2 467.5	0.209 8	8.802 9
15	0.001 705 3	0.001 000 94	77.910	62.95	2 528.07	2 465.1	0.224 3	8.779 4
16	0.001 818 3	0.001 001 10	73.320	67.13	2 529.90	2 462.8	0.238 8	8.756 2
18	0.002 064 0	0.001 001 45	65.029	75.50	2 533.55	2 458.1	0.267 7	8.710 3
20	0.002 338 5	0.001 001 85	57.786	83.86	2 537.20	2 453.3	0.296 3	8.665 2
22	0.002 644 4	0.001 002 29	51.445	92.23	2 540.84	2 448.6	0.324 7	8.621 0
24	0.002 984 6	0.001 002 76	45.884	100.59	2 544.47	2 443.9	0.353 0	8.577 4
25	0.003 168 7	0.001 003 02	43.362	104.77	2 546.29	2 441.5	0.367 0	8.556 0
26	0.003 362 5	0.001 003 28	40.997	108.95	2 548.10	2 439.2	0.381 0	8.534 7
28	0.003 781 4	0.001 003 83	36.694	117.32	2 551.73	2 434.4	0.408 9	8.492 7
30	0.004 245 1	0.001 004 42	32.899	125.68	2 555.35	2 429.7	0.436 6	8.451 4
35	0.005 626 3	0.001 006 05	25.222	146.59	2 564.38	2 417.8	0.505 0	8.351 1
40	0.007 381 1	0.001 007 89	19.529	167.50	2 573.36	2 405.9	0.572 3	8.255 1
45	0.009 589 7	0.001 009 93	15.263 6	188.42	2 582.30	2 393.9	0.638 6	8.163 0
50	0.012 344 6	0.001 012 16	12.036 5	209.33	2 591.19	2 381.9	0.703 8	8.074 5
55	0.015 752	0.001 014 55	9.572 3	230.24	2 600.02	2 369.8	0.768 0	7.989 6
60	0.019 933	0.001 017 13	7.674 0	251.15	2 608.79	2 357.6	0.831 2	7.908 0
65	0.025 024	0.001 019 86	6.199 2	272.08	2 617.48	2 345.4	0.893 5	7.829 5
70	0.031 178	0.001 022 76	5.044 3	293.01	2 626.10	2 333.1	0.955 0	7.754 0
75	0.038 565	0.001 025 82	4.133 0	313.96	2 634.63	2 320.7	1.015 6	7.681 2
80	0.047 376	0.001 029 03	3.408 6	334.93	2 643.06	2 308.1	1.075 3	7.611 2
85	0.057 818	0.001 032 40	2.828 8	355.92	2 651.40	2 295.5	1.134 3	7.543 6

（续表）

温度	压力	比体积		焓		汽化潜热	熵	
		液体	蒸汽	液体	蒸汽		液体	蒸汽
t	p	v'	v''	h'	h''	γ	s'	s''
℃	MPa	m³/kg		kJ/kg		kJ/kg	kJ/(kg·K)	
90	0.070 121	0.001 035 93	2.361 6	276.94	2 659.63	2 282.7	1.192 6	7.478 3
95	0.084 533	0.001 039 61	1.982 7	397.98	2 667.73	2 269.7	1.250 1	7.415 4
100	0.101 325	0.001 043 44	1.673 6	419.06	2 675.71	2 256.6	1.306 9	7.354 5
110	0.143 243	0.001 051 56	1.210 6	461.33	2 691.26	2 229.9	1.418 6	7.238 6
120	0.198 483	0.001 060 31	0.892 19	503.76	2 706.18	2 202.4	1.527 7	7.129 7
130	0.270 018	0.001 069 68	0.668 73	546.38	2 720.39	2 174.0	1.634 6	7.027 2
140	0.361 190	0.001 079 72	0.509 00	589.21	2 733.81	2 144.6	1.739 3	6.930 2
150	0.475 71	0.001 090 46	0.392 86	632.28	2 746.35	2 114.1	1.842 0	6.838 1
160	0.617 66	0.001 101 93	0.307 09	657.62	2 757.92	2 082.3	1.942 9	6.750 2
170	0.791 47	0.001 114 20	0.242 83	719.25	2 768.42	2 049.2	2.042 0	6.666 1
180	1.001 93	0.001 127 32	0.194 03	763.22	2 777.74	2 014.5	2.139 6	6.585 2
190	1.254 17	0.001 141 36	0.156 50	807.56	2 785.80	1 978.2	2.235 8	6.507 1
200	1.553 66	0.001 156 41	0.127 32	852.34	2 792.47	1 940.1	2.330 7	6.431 2
210	1.906 17	0.001 172 58	0.104 38	897.62	2 797.65	1 900.0	2.424 5	6.357 1
220	2.317 83	0.001 190 00	0.086 157	943.46	2 801.20	1 857.7	2.517 5	6.284 6
230	2.795 05	0.001 208 82	0.071 553	989.95	2 803.00	1 813.0	2.609 6	6.213 0
240	3.344 59	0.001 229 22	0.059 743	1 037.2	2 802.88	1 765.7	2.701 3	6.142 2
250	3.973 51	0.001 251 45	0.050 112	1 085.3	2 800.66	1 715.4	2.792 6	6.071 6
260	4.689 23	0.001 275 79	0.042 195	1 134.3	2 796.14	1 661.8	2.883 7	6.000 7
270	5.499 56	0.001 302 62	0.035 637	1 184.5	2 789.05	1 604.5	2.975 1	5.929 2
280	6.412 73	0.001 332 42	0.030 165	1 236.0	2 779.08	1 543.1	3.066 8	5.856 4
290	7.437 46	0.001 365 82	0.025 565	1 289.1	2 765.81	1 476.7	3.159 4	5.781 7
300	8.583 08	0.001 403 69	0.021 669	1 344.0	2 748.71	1 404.7	3.253 3	5.704 2
310	9.859 7	0.001 447 28	0.018 343	1 401.2	2 727.01	1 325.9	3.349 0	5.622 6
320	11.278	0.001 498 44	0.015 479	1 461.2	2 699.72	1 238.5	3.447 5	5.535 6
330	12.851	0.001 560 08	0.012 987	1 524.9	2 665.30	1 140.4	3.550 0	5.440 8
340	14.593	0.001 637 28	0.010 790	1 593.7	2 621.32	1 027.6	3.658 6	5.334 5
350	16.521	0.001 740 08	0.008 812	1 670.3	2 563.39	893.0	3.777 3	5.210 4
360	18.657	0.001 894 23	0.006 958	1 761.1	2 481.68	720.6	3.915 5	5.053 6
370	21.033	0.002 214 80	0.004 982	1 891.7	2 338.79	447.1	4.112 5	4.807 6
372	21.542	0.002 365 30	0.004 451	1 936.1	2 282.99	346.9	4.179 6	4.717 3
373.99	22.064	0.003 106	0.003 106	2 085.9	2 085.87	0.0	4.409 2	4.409 2

附表 3　饱和水和饱和蒸汽的热力性质（按压力排列）[10]

压力	温度	比体积		焓		汽化潜热	熵	
		液体	蒸汽	液体	蒸汽		液体	蒸汽
p	t	v'	v''	h'	h''	γ	s'	s''
MPa	℃	m³/kg		kJ/kg		kJ/kg	kJ/(kg·K)	
0.001	6.949 1	0.001 000 1	129.185	29.21	2 513.29	2 484.1	0.105 6	8.973 5
0.002	17.540 3	0.001 001 4	67.008	73.58	2 532.71	2 459.1	0.261 1	8.722 0
0.003	24.114 2	0.001 002 8	45.666	101.07	2 544.68	2 443.6	0.354 6	8.575 8
0.004	28.953 3	0.001 004 1	34.796	121.30	2 553.45	2 432.2	0.422 1	8.472 5
0.005	32.879 3	0.001 005 3	28.191	137.72	2 560.55	2 422.8	0.476 1	8.393 0
0.006	36.166 3	0.001 006 5	23.738	151.47	2 566.48	2 415.0	0.520 8	8.328 3
0.007	38.996 7	0.001 007 5	20.528	163.31	2 571.56	2 408.3	0.558 9	8.273 7
0.008	41.507 5	0.001 008 5	18.102	173.81	2 576.06	2 402.3	0.592 4	8.226 6
0.009	43.790 1	0.001 009 4	16.204	183.36	2 580.15	2 396.8	0.622 6	8.185 4
0.010	45.798 8	0.001 010 3	14.673	191.76	2 583.72	2 392.0	0.649 0	8.148 1
0.015	53.970 5	0.001 014 0	10.022	225.93	2 598.21	2 372.3	0.754 8	8.006 5
0.020	60.065 0	0.001 017 2	7.649 7	251.43	2 608.90	2 357.5	0.832 0	7.906 8
0.025	64.972 6	0.001 019 8	6.204 7	271.96	2 617.43	2 345.5	0.893 2	7.829 8
0.030	69.104 1	0.001 022 2	5.229 6	289.26	2 624.56	2 335.3	0.944 0	7.767 1
0.040	75.872 0	0.001 026 4	3.993 9	317.61	2 636.10	2 318.5	1.026 0	7.668 8
0.050	81.338 8	0.001 029 9	3.240 9	340.55	2 645.31	2 304.8	1.091 2	7.592 8
0.060	85.949 6	0.001 033 1	2.732 4	359.91	2 652.97	2 293.1	1.145 4	7.531 0
0.070	89.955 6	0.001 035 9	2.365 4	376.75	2 659.55	2 282.8	1.192 1	7.478 9
0.080	93.510 7	0.001 038 5	2.087 6	391.71	2 665.33	2 273.6	1.233 0	7.433 9
0.090	96.712 1	0.001 040 9	1.869 8	405.20	2 670.48	2 265.3	1.269 6	7.394 3
0.100	99.634	0.001 043 2	1.694 3	417.52	2 675.14	2 257.6	1.302 8	7.358 9
0.120	104.810	0.001 047 3	1.428 7	439.37	2 683.26	2 243.9	1.360 9	7.297 8
0.140	109.318	0.001 051 0	1.236 8	458.44	2 690.22	2 231.8	1.411 0	7.246 2
0.150	111.378	0.001 052 7	1.159 53	467.17	2 693.35	2 226.2	1.433 8	7.223 2
0.160	113.326	0.001 054 4	1.091 59	475.42	2 696.29	2 220.9	1.455 2	7.201 6
0.180	116.941	0.001 057 6	0.977 67	490.76	2 701.69	2 210.9	1.494 6	7.162 3
0.200	120.240	0.001 060 5	0.885 85	504.78	2 706.53	2 201.7	1.530 3	7.127 2
0.250	127.444	0.001 067 2	0.718 79	535.47	2 716.83	2 181.4	1.607 5	7.052 8
0.300	133.556	0.001 073 2	0.605 87	561.58	2 725.26	2 163.7	1.672 1	6.992 1
0.350	138.891	0.001 078 6	0.524 27	584.45	2 732.37	2 147.9	1.727 8	6.940 7
0.400	143.642	0.001 083 5	0.462 46	604.87	2 738.49	2 133.6	1.776 9	6.896 1
0.450	147.939	0.001 088 2	0.413 96	623.38	2 743.85	2 120.5	1.821 0	6.856 7

（续表）

压力	温度	比体积		焓		汽化潜热	熵	
		液体	蒸汽	液体	蒸汽		液体	蒸汽
p	t	v'	v''	h'	h''	γ	s'	s''
MPa	℃	m³/kg		kJ/kg		kJ/kg	kJ/(kg · K)	
0.500	151.867	0.001 092 5	0.374 86	640.35	2 748.59	2 108.2	1.861 0	6.821 4
0.600	158.863	0.001 100 6	0.315 63	670.67	2 756.66	2 086.0	1.931 5	6.760 0
0.700	164.983	0.001 107 9	0.272 81	697.32	2 763.29	2 066.0	1.992 5	6.707 9
0.800	170.444	0.001 114 8	0.240 37	721.20	2 768.86	2 047.7	2.046 4	6.662 5
0.900	175.389	0.001 121 2	0.214 91	742.90	2 773.59	2 030.4	2.094 8	6.622 2
1.00	179.916	0.001 127 2	0.194 38	762.84	2 777.67	2 014.8	2.138 8	6.585 9
1.10	184.100	0.001 133 0	0.177 47	781.35	2 781.21	1 999.9	2.179 2	6.552 9
1.20	187.995	0.001 138 5	0.163 28	798.64	2 784.29	1 985.7	2.216 6	6.522 5
1.30	191.644	0.001 143 8	0.151 20	814.89	2 786.99	1 972.1	2.251 5	6.494 4
1.40	195.078	0.001 148 9	0.140 79	830.24	2 789.37	1 959.1	2.284 1	6.468 3
1.50	198.327	0.001 153 8	0.131 72	844.82	2 791.46	1 946.6	2.314 9	6.443 7
1.60	210.410	0.001 158 6	0.123 75	858.69	2 793.29	1 934.6	2.344 0	6.420 6
1.70	204.346	0.001 163 3	0.116 68	871.96	2 794.91	1 923.0	2.371 6	6.398 8
1.80	207.151	0.001 167 9	0.110 37	884.67	2 796.33	1 911.7	2.397 9	6.378 1
1.90	209.838	0.001 172 3	0.104 707	896.88	2 797.58	1 900.7	2.423 0	6.358 3
2.00	212.417	0.001 176 7	0.099 588	908.64	2 798.66	1 890.0	2.447 1	6.339 5
2.50	223.990	0.001 197 3	0.079 949	961.93	2 802.14	1 840.2	2.554 3	6.255 9
3.00	233.893	0.001 216 6	0.066 662	1 008.2	2 803.19	1 794.9	2.645 4	6.185 4
3.50	242.597	0.001 234 8	0.057 054	1 049.6	2 802.51	1 752.9	2.725 0	6.123 8
4.00	250.394	0.001 252 4	0.049 771	1 087.2	2 800.53	1 713.4	2.796 2	6.068 8
4.50	257.477	0.001 269 4	0.044 052	1 121.8	2 797.51	1 675.7	2.860 7	6.018 7
5.00	263.980	0.001 286 2	0.039 439	1 154.2	2 793.64	1 639.5	2.920 1	5.972 4
6.00	275.625	0.001 319 0	0.032 440	1 213.3	2 783.82	1 570.5	3.026 6	5.888 5
7.00	285.869	0.001 351 5	0.027 371	1 266.9	2 771.72	1 504.8	3.121 0	5.812 9
8.00	295.048	0.001 384 3	0.023 520	1 316.5	2 757.70	1 441.2	3.206 6	5.743 0
9.00	303.385	0.001 417 7	0.020 485	1 363.1	2 741.92	1 378.9	3.285 4	5.677 1
10.0	311.037	0.001 452 2	0.018 026	1 407.2	2 724.46	1 317.2	3.359 1	5.613 9
12.0	324.715	0.001 526 0	0.014 263	1 490.7	2 684.50	1 193.8	3.495 2	5.492 0
14.0	336.707	0.001 609 7	0.011 486	1 570.4	2 637.07	1 066.7	3.622 0	5.371 1
16.0	347.396	0.001 709 9	0.009 311	1 649.4	2 580.21	930.8	3.745 1	5.245 0
18.0	357.034	0.001 840 2	0.007 503	1 732.0	2 509.45	777.4	3.871 5	5.105 1
20.0	365.789	0.002 037 9	0.005 870	1 827.2	2 413.05	585.9	4.015 3	4.932 2
22.0	373.752	0.002 704 0	0.003 684	2 013.0	2 084.02	71.0	4.296 9	4.406 6
22.064	373.99	0.003 106	0.003 106	2 085.9	2 085.87	0.0	4.409 2	4.409 2

附表 4　未饱和水和过热蒸汽的热力性质[10]

p	0.001 MPa			0.005 MPa			0.01 MPa		
饱和参数	$t_s = 6.949\ ℃$ $v' = 0.001\,000\,1,\ v'' = 129.185$ $h' = 29.21,\ h'' = 2\,513.3$ $s' = 0.105\,6,\ s'' = 8.973\,5$			$t_s = 32.879\ ℃$ $v' = 0.001\,005\,3,\ v'' = 28.191$ $h' = 137.72,\ h'' = 2\,560.6$ $s' = 0.476\,1,\ s'' = 8.393\,0$			$t_s = 45.799\ ℃$ $v' = 0.001\,010\,3,\ v'' = 14.673$ $h' = 191.76,\ h'' = 2\,583.7$ $s' = 0.649\,0,\ s'' = 8.148\,1$		
t	v	h	s	v	h	s	v	h	s
℃	m³/kg	kJ/kg	kJ/(kg·K)	m³/kg	kJ/kg	kJ/(kg·K)	m³/kg	kJ/kg	kJ/(kg·K)
0	0.001 000 2	−0.05	−0.000 2	0.001 000 2	−0.05	−0.000 2	0.001 000 2	−0.04	−0.000 2
10	130.598	2 519.0	8.993 8	0.001 000 3	42.01	0.151 0	0.001 000 3	42.01	0.151 0
20	135.226	2 537.7	9.058 8	0.001 001 8	83.87	0.296 3	0.001 001 8	83.87	0.296 3
40	144.475	2 575.2	9.182 3	28.854	2 574.0	8.436 6	0.001 009	167.51	0.572 3
50	149.096	2 593.9	9.241 2	29.783	2 592.9	8.496 1	14.869	2 591.8	8.173 2
60	153.717	2 612.7	9.298 4	30.712	2 611.8	8.553 7	15.336	2 610.8	8.231 3
80	162.956	2 650.3	9.408 0	32.566	2 649.7	8.663 9	16.268	2 648.9	8.342 2
100	172.192	2 688.0	9.512 0	34.418	2 687.5	8.768 2	17.196	2 686.9	8.447 1
120	181.426	2 725.9	9.610 9	36.269	2 725.5	8.867 4	18.124	2 725.1	8.546 6
140	190.660	2 764.0	9.705 4	38.118	2 763.7	8.962 0	19.050	2 763.3	8.641 4
150	195.277	2 783.1	9.751 1	39.042	2 782.8	9.007 8	19.513	2 782.5	8.687 3
160	199.893	2 802.3	9.795 9	39.967	2 802.0	9.052 6	19.976	2 801.7	8.732 2
180	209.126	2 840.7	9.882 7	41.815	2 840.5	9.139 6	20.901	2 840.2	8.819 2
200	218.358	2 879.4	9.966 2	43.662	2 879.2	9.223 2	21.826	2 879.0	8.902 9
250	241.437	2 977.1	10.162 5	48.281	2 977.0	9.419 5	24.136	2 976.8	9.099 4
300	264.515	3 076.2	10.343 4	52.898	3 076.1	9.600 5	26.448	3 078.0	9.280 5
350	287.592	3 176.8	10.511 7	57.514	3 176.7	9.768 8	28.755	3 176.6	9.448 8
400	310.669	3 278.9	10.669 2	62.131	3 278.8	9.926 4	31.063	3 278.7	9.606 4
450	333.746	3 382.4	10.817 6	66.747	3 382.4	10.074 7	33.372	3 382.3	9.754 8
500	356.823	3 487.5	10.958 1	71.362	3 487.5	10.215 3	35.680	3 487.4	9.895 3
600	402.976	3 703.4	11.220 6	80.594	3 703.4	10.477 8	40.296	3 703.4	10.157 9

(续表)

p	0.05 MPa			0.10 MPa			0.20 MPa		
饱和参数	$t_s = 81.399\ ℃$ $v' = 0.001\,029\,9,\ v'' = 3.240\,9$ $h' = 340.55,\ h'' = 2\,645.3$ $s' = 1.091\,2,\ s'' = 7.592\,8$			$t_s = 99.634\ ℃$ $v' = 0.001\,043\,1,\ v'' = 1.694\,3$ $h' = 417.52,\ h'' = 2\,675.1$ $s' = 1.302\,8,\ s'' = 7.358\,9$			$t_s = 120.240\ ℃$ $v' = 0.001\,060\,5,\ v'' = 0.885\,90$ $h' = 504.78,\ h'' = 2\,706.5$ $s' = 1.530\,3,\ s'' = 7.127\,2$		
t	v	h	s	v	h	s	v	h	s
℃	m³/kg	kJ/kg	kJ/(kg·K)	m³/kg	kJ/kg	kJ/(kg·K)	m³/kg	kJ/kg	kJ/(kg·K)
0	0.001 000 2	0.00	−0.000 2	0.001 000 2	0.05	−0.000 2	0.001 000 1	0.15	−0.000 2
10	0.001 003	42.05	0.151 0	0.001 000 3	42.10	0.151 0	0.001 000 2	42.20	0.151 0
20	0.001 001 8	83.91	0.296 3	0.001 001 8	83.96	0.296 3	0.001 001 8	84.05	0.296 3
40	0.001 007 9	167.54	0.572 3	0.001 007 8	167.59	0.572 3	0.001 007 8	167.67	0.572 2
50	0.001 012 1	209.36	0.703 7	0.001 012 1	209.40	0.703 7	0.001 012 1	209.49	0.703 7
60	0.001 017 1	251.18	0.831 2	0.001 017 1	251.22	0.831 2	0.001 017 0	251.31	0.831 1
80	0.001 029 0	334.93	1.075 3	0.001 029 0	334.97	1.075 3	0.001 029 0	335.05	1.075 2
100	3.418 8	2 682.1	7.694 1	1.696 1	2 675.9	7.360 9	0.001 043 4	419.14	1.306 8
120	3.607 8	2 721.2	7.796 2	1.793 1	2 716.3	7.466 5	0.001 060 3	503.76	1.527 7
140	3.795 8	2 760.2	7.892 8	1.888 9	2 756.2	7.565 4	0.935 11	2 748.0	7.230 0
150	3.889 5	2 779.6	7.939 3	1.936 4	2 776.0	7.612 8	0.959 68	2 768.6	7.279 3
160	3.983 0	2 799.1	7.984 8	1.983 8	2 795.8	7.659 0	0.984 07	2 789.0	7.327 1
180	4.169 7	2 838.1	8.072 7	2.078 3	2 835.3	7.748 2	1.032 41	2 829.6	7.418 7
200	4.356 0	2 877.1	8.157 1	2.172 3	2 874.8	7.833 4	1.080 30	2 870.0	7.505 8
250	4.820 5	2 975.5	8.354 7	2.406 1	2 973.8	8.032 4	1.198 78	2 970.4	7.707 6
300	5.284 0	3 075.0	8.536 4	2.638 8	3 073.8	8.214 8	1.316 17	3 071.2	7.891 7
350	5.746 9	3 175.9	8.705 1	2.870 9	3 174.9	8.384 0	1.432 94	3 172.9	8.061 8
400	6.209 4	3 278.1	8.862 9	3.102 7	3 277.3	8.542 2	1.549 32	3 275.8	8.220 5
450	6.671 7	3 381.8	9.011 5	3.334 2	3 381.2	8.690 9	1.665 46	3 379.9	8.369 7
500	7.133 8	3 487.0	9.152 1	3.565 6	3 486.5	8.831 7	1.781 42	3 485.4	8.510 8
600	8.057 7	3 703.1	9.414 8	4.027 9	3 702.7	9.094 6	2.013 01	3 701.9	8.774 0

（续表）

p	0.50 MPa			0.80 MPa			1.0 MPa		
饱和参数	$t_s = 156.867\ ℃$ $v' = 0.001\ 092\ 5,\ v'' = 0.374\ 90$ $h' = 640.55,\ h'' = 2\ 748.6$ $s' = 1.861\ 0,\ s'' = 6.821\ 4$			$t_s = 170.444\ ℃$ $v' = 0.001\ 114\ 8,\ v'' = 0.240\ 40$ $h' = 721.20,\ h'' = 2\ 768.9$ $s' = 2.046\ 4,\ s'' = 6.662\ 5$			$t_s = 179.916\ ℃$ $v' = 0.001\ 127\ 2,\ v'' = 0.194\ 40$ $h' = 762.84,\ h'' = 2\ 777.7$ $s' = 2.138\ 8,\ s'' = 6.585\ 9$		
t	v	h	s	v	h	s	v	h	s
℃	m³/kg	kJ/kg	kJ/(kg·K)	m³/kg	kJ/kg	kJ/(kg·K)	m³/kg	kJ/kg	kJ/(kg·K)
0	0.001 000 0	0.46	−0.000 1	0.000 999 8	0.77	−0.000 1	0.000 999 7	0.97	−0.000 1
10	0.001 000 1	42.49	0.151 0	0.001 000 0	42.78	0.151 0	0.000 999 9	42.98	0.150 9
20	0.001 001 6	84.33	0.296 2	0.001 001 5	84.61	0.296 1	0.001 001 4	84.80	0.296 1
40	0.001 007 7	167.94	0.572 1	0.001 007 5	168.21	0.572 0	0.001 007 4	168.38	0.571 9
50	0.001 011 9	209.75	0.703 5	0.001 011 8	210.01	0.703 4	0.001 011 7	210.18	0.703 3
60	0.001 016 9	251.56	0.831 0	0.001 016 8	251.81	0.830 8	0.001 016 7	251.98	0.830 7
80	0.001 028 8	335.29	1.075 0	0.001 028 7	335.53	1.074 8	0.001 028 6	335.69	1.074 7
100	0.001 043 2	419.36	1.306 6	0.001 043 1	419.59	1.306 4	0.001 043 0	419.74	1.306 2
120	0.001 060 1	503.97	1.527 5	0.001 060 0	504.18	1.527 2	0.001 059 9	504.32	1.527 0
140	0.001 079 6	589.30	1.739 2	0.001 079 4	589.49	1.738 9	0.001 079 3	589.62	1.738 6
150	0.001 090 4	632.30	1.842 0	0.001 090 2	632.48	1.841 7	0.001 090 1	632.61	1.841 4
160	0.383 58	2 767.2	6.864 7	0.001 101 8	675.72	1.942 7	0.001 101 7	675.84	1.942 4
180	0.404 50	2 811.7	6.965 1	0.247 11	2 792.0	6.714 2	0.194 43	2 777.9	6.586 4
200	0.424 87	2 854.9	7.058 5	0.260 74	2 838.7	6.815 1	0.205 90	2 827.3	6.693 1
250	0.474 32	2 960.0	7.269 7	0.293 10	2 949.2	7.037 1	0.232 64	2 941.8	6.923 3
300	0.522 55	3 063.6	7.458 8	0.324 10	3 055.7	7.231 6	0.257 93	3 050.4	7.121 6
350	0.570 12	3 167.0	7.631 9	0.354 39	3 161.0	7.407 8	0.282 47	3 157.0	7.299 9
400	0.617 29	3 271.1	7.792 4	0.384 26	3 266.3	7.570 3	0.306 58	3 263.1	7.463 8
450	0.664 20	3 376.0	7.942 8	0.413 88	3 372.1	7.721 9	0.330 43	3 369.6	7.616 3
500	0.710 94	3 482.2	8.084 8	0.443 31	3 479.0	7.864 8	0.354 10	3 476.8	7.759 7
600	0.804 08	3 699.6	8.349 1	0.501 84	3 697.2	8.130 2	0.401 09	3 695.7	8.025 9

（续表）

p	2.0 MPa			3.0 MPa			4.0 MPa		
饱和参数	$t_s = 212.47\ ℃$ $v' = 0.001\ 176\ 7,\ v'' = 0.099\ 60$ $h' = 908.64,\ h'' = 2\ 798.7$ $s' = 2.447\ 1,\ s'' = 6.339\ 5$			$t_s = 233.893\ ℃$ $v' = 0.001\ 216\ 6,\ v'' = 0.066\ 62$ $h' = 1\ 008.2,\ h'' = 2\ 803.2$ $s' = 2.645\ 4,\ s'' = 6.185\ 4$			$t_s = 250.394\ ℃$ $v' = 0.001\ 252\ 4,\ v'' = 0.049\ 771$ $h' = 1\ 087.2,\ h'' = 2\ 800.5$ $s' = 2.796\ 2,\ s'' = 6.068\ 8$		
t	v	h	s	v	h	s	v	h	s
℃	m³/kg	kJ/kg	kJ/(kg·K)	m³/kg	kJ/kg	kJ/(kg·K)	m³/kg	kJ/kg	kJ/(kg·K)
0	0.000 999 2	1.99	0.000 0	0.000 996 7	3.01	0.000 0	0.000 998	4.03	0.000 1
10	0.000 999 4	43.95	0.150 8	0.000 998 9	44.92	0.150 7	0.000 998 4	45.89	0.150 7
20	0.001 000 9	85.74	0.295 9	0.001 000 5	86.68	0.295 7	0.001 000 0	87.62	0.295 5
40	0.001 007 0	169.27	0.571 5	0.001 006 6	170.15	0.571 1	0.001 006 1	171.04	0.576 8
50	0.001 011 3	211.04	0.702 8	0.001 010 8	211.90	0.702 4	0.001 010 4	212.77	0.701 9
60	0.001 016 2	252.82	0.830 2	0.001 015 8	253.66	0.829 6	0.001 015 3	254.50	0.829 1
80	0.001 028 1	336.48	1.074 0	0.001 027 6	337.38	1.073 4	0.001 027 2	338.07	1.072 7
100	0.001 042 5	420.49	1.305 4	0.001 042 0	421.24	1.304 7	0.001 041 5	421.99	1.303 9
120	0.001 059 3	505.03	1.526 1	0.001 058 7	505.73	1.525 2	0.001 058 2	506.44	1.524 3
140	0.001 078 7	590.27	1.737 6	0.001 078 1	590.92	1.736 6	0.001 077 4	591.58	1.735 5
150	0.001 089 4	633.22	1.840 3	0.001 088 8	633.84	1.839 2	0.001 088 1	634.46	1.838 1
160	0.001 100 9	676.43	1.941 2	0.001 100 2	677.01	1.940 0	0.001 099 5	677.60	1.938 9
180	0.001 126 5	763.72	2.138 2	0.001 125 6	764.23	2.136 9	0.001 124 8	764.74	2.135 5
200	0.001 156 0	852.52	2.330 0	0.001 154 9	852.93	2.328 4	0.001 153 9	853.31	2.326 8
250	0.111 412	2 901.5	6.543 6	0.070 564	2 854.7	6.285 5	0.001 251 4	1 085.3	2.792 5
300	0.125 449	3 022.6	6.764 8	0.081 126	2 992.4	6.537 1	0.058 821	2 959.5	6.359 5
350	0.138 564	3 136.2	6.955 0	0.090 520	3 114.4	6.741 4	0.066 436	3 091.5	6.580 5
400	0.151 190	3 246.8	7.125 8	0.099 352	3 230.1	6.919 9	0.073 401	3 212.7	6.767 7
450	0.163 523	3 356.4	7.282 8	0.107 864	3 343.0	7.081 7	0.080 016	3 329.2	6.934 7
500	0.175 666	3 465.9	7.429 3	0.116 174	3 454.9	7.231 4	0.086 417	3 443.6	7.087 7
600	0.199 598	3 687.8	7.699 1	0.132 427	3 679.9	7.505 1	0.098 836	3 671.9	7.365 3

(续表)

p	5.0 MPa			6.0 MPa			7.0 MPa		
饱和参数	$t_s = 263.980\ ℃$ $v' = 0.001\ 286\ 1,\ v'' = 0.039\ 40$ $h' = 1\ 154.2,\ h'' = 2\ 793.6$ $s' = 2.920\ 0,\ s'' = 5.972\ 4$			$t_s = 275.625\ ℃$ $v' = 0.001\ 131\ 9,\ v'' = 0.032\ 40$ $h' = 1\ 213.3,\ h'' = 2\ 783.8$ $s' = 3.026\ 6,\ s'' = 5.888\ 55$			$t_s = 285.869\ ℃$ $v' = 0.001\ 351\ 5,\ v'' = 0.027\ 40$ $h' = 1\ 266.94,\ h'' = 2\ 771.7$ $s' = 3.121\ 0,\ s'' = 5.812\ 9$		
t	v	h	s	v	h	s	v	h	s
℃	m³/kg	kJ/kg	kJ/(kg·K)	m³/kg	kJ/kg	kJ/(kg·K)	m³/kg	kJ/kg	kJ/(kg·K)
0	0.000 997 7	5.04	0.000 2	0.000 997 2	6.05	0.000 2	0.000 996 7	7.07	0.000 3
10	0.000 997 9	46.87	0.150 6	0.000 997 5	47.83	0.150 5	0.000 997 0	48.80	0.150 4
20	0.000 999 6	88.55	0.295 2	0.000 999 1	89.49	0.295 0	0.000 998 6	90.42	0.294 8
40	0.001 005 7	171.92	0.570 4	0.001 005 2	172.81	0.570 0	0.001 004 8	173.69	0.569 6
50	0.001 009 9	213.63	0.701 5	0.001 009 5	214.49	0.701 0	0.001 009 1	215.35	0.700 5
60	0.001 014 9	255.34	0.828 6	0.001 014 4	256.18	0.828 0	0.001 014 0	257.01	0.827 5
80	0.001 026 7	338.87	1.072 1	0.001 026 2	339.67	1.071 4	0.001 025 8	340.46	1.070 8
100	0.001 041 0	422.75	1.303 1	0.001 040 4	423.50	1.302 3	0.001 039 9	424.25	1.301 6
120	0.001 057 6	507.14	1.523 4	0.001 057 1	507.85	1.522 5	0.001 056 5	508.55	1.521 6
140	0.001 076 8	592.23	1.734 5	0.001 076 2	592.88	1.733 5	0.001 075 6	593.54	1.732 5
150	0.001 087 4	635.09	1.837 0	0.001 086 8	635.71	1.835 9	0.001 086 1	636.34	1.834 8
160	0.001 098 8	678.19	1.937 7	0.001 098 1	678.78	1.936 5	0.001 097 4	679.37	1.935 3
180	0.001 124 0	765.25	2.134 2	0.001 123 1	765.76	2.132 8	0.001 122 3	766.28	2.131 5
200	0.001 152 9	853.75	2.325 3	0.001 151 9	854.17	2.323 7	0.001 151 0	854.59	2.322 2
250	0.001 249 6	1 085.2	2.790 1	0.001 247 8	1 085.2	2.787 7	0.001 246 0	1 085.2	2.785 3
300	0.045 301	2 923.3	6.206 4	0.036 148	2 883.1	6.065 6	0.029 457	2 837.5	5.929 1
350	0.051 932	3 067.4	6.447 7	0.042 213	3 041.9	6.331 7	0.035 225	3 014.8	6.226 5
400	0.057 804	3 194.9	6.644 8	0.047 382	3 176.4	6.539 5	0.039 917	3 157.3	6.446 5
450	0.063 291	3 315.5	6.817 0	0.052 128	3 300.9	6.717 9	0.044 143	3 286.2	6.631 4
500	0.068 552	3 432.2	6.973 5	0.056 632	3 420.6	6.878 1	0.048 110	3 408.9	6.795 4
600	0.078 675	3 663.9	7.255 3	0.065 228	3 655.7	7.164 0	0.055 617	3 647.5	7.085 7

(续表)

p	8.0 MPa			9.0 MPa			10.0 MPa		
饱和参数	$t_s = 295.048\ ℃$ $v' = 0.001\ 384\ 3,\ v'' = 0.023\ 52$ $h' = 1\ 316.5,\ h'' = 2\ 757.7$ $s' = 3.206\ 6,\ s'' = 5.743\ 0$			$t_s = 303.385\ ℃$ $v' = 0.001\ 417\ 7,\ v'' = 0.020\ 50$ $h' = 1\ 363.1,\ h'' = 2\ 741.9$ $s' = 3.285\ 4,\ s'' = 5.177\ 1$			$t_s = 311.037\ ℃$ $v' = 0.001\ 452\ 2,\ v'' = 0.018\ 00$ $h' = 1\ 407.2,\ h'' = 2\ 724.5$ $s' = 3.359\ 1,\ s'' = 5.613\ 9$		
t	v	h	s	v	h	s	v	h	s
℃	m³/kg	kJ/kg	kJ/(kg·K)	m³/kg	kJ/kg	kJ/(kg·K)	m³/kg	kJ/kg	kJ/(kg·K)
0	0.000 996 2	8.08	0.000 3	0.000 995 7	9.08	0.000 4	0.000 995 2	10.09	0.000 4
10	0.000 996 5	49.77	0.150 2	0.000 996 1	50.74	0.150 1	0.000 995 6	51.70	0.150 0
20	0.000 998 2	91.36	0.294 6	0.000 997 7	92.29	0.294 4	0.000 997 3	93.22	0.294 2
40	0.001 004 4	174.57	0.569 2	0.001 003 9	175.46	0.568 8	0.001 003 5	176.34	0.568 4
50	0.001 006 6	216.21	0.700 1	0.001 008 2	217.07	0.699 6	0.001 007 8	217.93	0.699 2
60	0.001 013 6	257.85	0.827 0	0.001 013 1	258.69	0.826 5	0.001 012 7	259.53	0.825 9
80	0.001 025 3	341.26	1.070 1	0.001 024 8	342.06	1.069 5	0.001 024 4	342.85	1.068 8
100	0.001 039 5	425.01	1.300 8	0.001 039 0	425.76	1.300 0	0.001 038 5	426.51	1.299 3
120	0.001 056 0	509.26	1.520 7	0.001 055 4	509.97	1.519 9	0.001 054 9	510.68	1.519 0
140	0.001 075 0	594.19	1.731 4	0.001 074 4	594.85	1.730 4	0.001 073 8	595.50	1.729 4
150	0.001 085 5	636.96	1.833 7	0.001 084 8	637.59	1.832 7	0.001 084 2	638.22	1.831 6
160	0.001 096 7	679.97	1.934 2	0.001 096 0	680.56	1.933 0	0.001 095 3	681.16	1.931 9
180	0.001 121 5	766.80	2.130 2	0.001 120 7	767.32	2.128 8	0.001 119 9	767.84	2.127 5
200	0.001 150 0	855.02	2.320 7	0.001 149 0	855.44	2.319 1	0.001 148 1	855.88	2.317 6
250	0.001 244 3	1 085.2	2.782 9	0.001 242 5	1 085.3	2.780 6	0.001 240 8	1 085.3	2.778 3
300	0.024 255	2 784.5	5.789 9	0.001 401 8	1 343.5	3.251 4	0.001 397 5	1 342.3	3.246 9
350	0.029 940	2 986.1	6.128 2	0.025 786	2 955.3	6.034 2	0.022 415	2 922.1	5.942 3
400	0.034 302	3 137.5	6.362 2	0.029 921	3 117.1	6.284 2	0.026 402	3 095.8	6.210 9
450	0.038 145	3 271.3	6.554 0	0.033 474	3 256.0	6.483 5	0.029 735	3 240.5	6.418 4
500	0.041 712	3 397.0	6.722 1	0.036 733	3 385.0	6.656 0	0.032 750	3 372.8	6.595 4
600	0.048 403	3 639.2	7.016 8	0.042 789	3 630.8	6.955 2	0.038 297	3 622.5	6.899 2

附表 5 干空气热物理性质($p = 101\ 325\ \text{Pa}$)

$t/℃$	ρ kg/m³	c_p kJ/(kg·K)	$\lambda \times 10^2$ W/(m·K)	$a \times 10^6$ m²/s	$\eta \times 10^6$ kg/(m·s)	$\nu \times 10^6$ m²/s	Pr
-50	1.584	1.013	2.04	12.7	14.6	9.23	0.728
-40	1.515	1.013	2.12	13.8	15.2	10.04	0.728
-30	1.453	1.013	2.20	14.9	15.7	10.80	0.723
-20	1.395	1.009	2.28	16.2	16.2	11.61	0.716
-10	1.342	1.009	2.36	17.4	16.7	12.43	0.712
0	1.293	1.005	2.44	18.8	17.2	13.28	0.707
10	1.247	1.005	2.51	20.0	17.6	14.16	0.705
20	1.205	1.005	2.59	21.4	18.1	15.06	0.703
30	1.165	1.005	2.67	22.9	18.6	16.00	0.701
40	1.128	1.005	2.76	24.3	19.1	16.96	0.699
50	1.093	1.005	2.83	25.7	19.6	17.95	0.698
60	1.060	1.005	2.90	27.2	20.1	18.97	0.696
70	1.029	1.009	2.96	28.6	20.6	20.02	0.694
80	1.000	1.009	3.05	30.2	21.1	21.09	0.692
90	0.972	1.009	3.13	31.9	21.5	22.10	0.690
100	0.946	1.009	3.21	33.6	21.9	23.13	0.688
120	0.898	1.009	3.34	36.8	22.8	25.45	0.686
140	0.854	1.013	3.49	40.3	23.7	27.80	0.684
160	0.815	1.017	3.64	43.9	24.5	30.09	0.682
180	0.779	1.022	3.78	47.5	25.3	32.49	0.681
200	0.746	1.026	3.93	51.4	26.0	34.85	0.680
250	0.674	1.038	4.27	61.0	27.4	40.61	0.677
300	0.615	1.047	4.60	71.6	29.7	48.33	0.674
350	0.566	1.059	4.91	81.9	31.4	55.46	0.676
400	0.524	1.068	5.21	93.1	33.0	63.09	0.678
500	0.456	1.093	5.74	115.3	36.2	79.38	0.687
600	0.404	1.114	6.22	138.3	39.1	96.89	0.699
700	0.362	1.135	6.71	163.4	41.8	115.4	0.706
800	0.329	1.156	7.18	188.8	44.3	134.8	0.713
900	0.301	1.172	7.63	216.2	46.7	155.1	0.717
1 000	0.277	1.185	8.07	245.9	49.0	177.1	0.719
1 100	0.257	1.197	8.50	276.2	51.2	199.3	0.722
1 200	0.239	1.210	9.15	316.5	53.5	233.7	0.724

附表 6　在大气压力($p=101\,325\,\text{Pa}$)下烟气热物理性质

$t/\text{℃}$	ρ	c_p	$\lambda \times 10^2$	$a \times 10^6$	$\eta \times 10^6$	$\nu \times 10^6$	Pr
	kg/m^3	$\text{kJ/(kg}\cdot\text{K)}$	$\text{W/(m}\cdot\text{K)}$	m^2/s	$\text{kg/(m}\cdot\text{s)}$	m^2/s	
0	1.295	1.042	2.28	16.9	15.8	12.20	0.72
100	0.950	1.068	3.13	30.8	20.4	21.54	0.69
200	0.748	1.097	4.01	48.9	24.5	32.80	0.67
300	0.617	1.122	4.84	69.9	28.2	45.81	0.65
400	0.525	1.151	5.70	94.3	31.7	60.38	0.64
500	0.457	1.185	6.56	121.1	34.8	76.30	0.63
600	0.405	1.214	7.42	150.9	37.9	93.61	0.62
700	0.363	1.239	8.27	183.8	40.7	112.1	0.61
800	0.330	1.264	9.15	219.7	43.4	131.8	0.60
900	0.301	1.290	10.00	258.0	45.9	152.5	0.59
1 000	0.275	1.306	10.90	303.4	48.4	174.3	0.58
1 100	0.257	1.323	11.75	345.5	50.7	197.1	0.57
1 200	0.240	1.340	12.62	392.4	53.0	221.0	0.56

附表 7　部分金属材料的热物理性质

材料名称	20 ℃			热导率(导热系数)/λ[W/(m·K)]							
	密度 ρ	比定压热容 c_p	热导率 λ	温度 t/℃							
	kg/m³	J/(kg·K)	W/(m·K)	−100	0	100	200	400	600	800	1 000
纯铝	2 710	902	236	243	236	240	238	228	215		
铝合金(92Al–8Mg)	2 610	904	107	86	102	123	148				
铝合金(87Al–13Si)	2 660	871	162	139	158	173	176				
铍	1 850	1 758	219	382	218	170	145	118			
纯铜	8 930	386	398	421	401	393	389	379	366	352	
铝青铜(90Cu–10Al)	8 360	420	56		49	57	66				
青铜(89Cu–11Sn)	8 800	343	24.8		24	28.4	33.2				
黄铜(70Cu–30zn)	8 440	377	109	90	106	131	143	148			
铜合金(60Cu–40Ni)	8 920	410	22.2	19	22.2	23.4					
黄金	19 300	127	315	331	318	313	310	300	287		
纯铁	7 870	455	81.1	96.7	83.5	7.1	63.5	50.3	39.4	29.6	29.4
阿姆口铁	7 800	455	73.2	82.9	74.7	67.5	61.0	49.9	38.6	29.3	29.3
灰铸铁($w_C \approx 3\%$)	7 570	470	39.2		28.5	32.4	35.3	36.6	20.8	19.2	
碳钢($w_C \approx 0.5\%$)	7 840	465	49.8		50.5	47.5	44.8	39.4	34.0	29.0	
碳钢($w_C \approx 1.0\%$)	7 790	470	43.2		43.0	42.8	42.2	40.6	36.7	32.2	
碳钢($w_C \approx 1.5\%$)	7 750	470	36.7		36.8	36.6	36.2	34.7	31.7	27.8	
铬钢($w_{Cr} \approx 5\%$)	7 830	460	36.1		36.3	35.2	34.7	31.4	28.0	27.2	27.2
铬钢($w_{Cr} \approx 13\%$)	7 740	460	26.8		26.5	27.0	27.0	27.6	28.4	29.0	29.0
铬镍钢(18–20Cr/8–12Ni)	7 820	460	15.2	12.2	14.7	16.6	18.0	20.8	23.5	26.3	
铬镍钢(17–19Cr/9–13Ni)	7 830	460	14.7	11.8	14.3	16.1	17.5	20.2	22.8	25.5	28.2
镍钢($w_{Ni} \approx 1\%$)	7 900	460	45.5	40.8	45.2	46.8	46.1	41.2	35.7		
镍钢($w_{Ni} \approx 25\%$)	8 030	460	13.0								
镍钢($w_{Ni} \approx 35\%$)	8 110	460	13.8	10.9	13.4	15.4	17.1	20.1	23.1		
锰钢($w_{Mn} \approx 12\%$, $w_{Ni} \approx 3\%$)	7 800	487	13.6			14.8	16.0	18.3			
锰钢($w_{Mn} \approx 0.4\%$)	7 860	440	51.2			51.0	50.0	43.5	35.5	27	
钨钢($w_W \approx 5\% \sim 6\%$)	8 070	436	18.7		18.4	19.7	21.0	23.6	24.9	25.3	
铅	11 340	128	35.3	37.2	35.5	34.3	32.8				
镁	1 730	1 020	156	160	157	154	152				
钼	9 590	255	138	146	139	135	131	123	116	109	103
镍	8 900	444	91.4	144	94	82.8	74.2	64.6	69.0	73.3	77.6
银	10 500	234	427	431	428	422	415	399	384		
锌	7 140	388	121	123	122	117	112				
钨	19 350	134	179	204	182	166	153	134	125	119	114
铂	21 450	133	71.4	73.3	71.5	71.6	72.0	73.6	76.6	80.0	84.2

附表 8　部分非金属和耐火、保温材料的热物理性质

材料名称	密度	最高使用温度	热导率(导热系数)
	$\rho/(\text{kg} \cdot \text{m}^{-3})$	$t_{\max}/℃$	$\lambda/[\text{W}/(\text{m} \cdot \text{K})]$
耐火黏土砖	1 800～2 000	1 350～1 450	$0.698+0.000\,582\,\{t\}_℃$
超轻质耐火黏土砖	270～330	1 100	$0.058+0.000\,17\,\{t\}_℃$
耐火黏土制品	950	1 350	$0.28+0.000\,233\,\{t\}_℃$
膨胀珍珠岩散料	40～160	1 000	$0.065\,2+0.000\,105\,\{t\}_℃$
水玻璃珍珠岩制品	190	600	$0.065\,8+0.000\,106\,\{t\}_℃$
水泥珍珠岩制品	350～400	600	$0.065+0.000\,105\,\{t\}_℃$
玻璃棉原棉	80～100	300	$0.038+0.000\,17\,\{t\}_℃$
超细玻璃棉	46	450	$0.028+0.000\,233\,\{t\}_℃$
无碱超细玻璃棉毡	≤60	600	$0.033+0.000\,3\,\{t\}_℃$
树脂超细玻璃棉制品	60～80	350	$0.037+0.000\,23\,\{t\}_℃$
矿棉纤维	80～200	600	$0.035+0.000\,15\,\{t\}_℃$
酚醛矿棉制品	80～150	350	$0.047+0.000\,17\,\{t\}_℃$
岩棉管壳	100～200	350	$0.037+0.000\,21\,\{t\}_℃$
微孔硅酸钙制品	200～250	650	$0.052+0.000\,105\,\{t\}_℃$
聚氨酯硬质泡沫塑料	30～50	100	$0.021+0.000\,14\,\{t\}_℃$
聚苯乙烯硬质泡沫塑料	20～50	75	$0.035+0.000\,14\,\{t\}_℃$
煤粉灰泡沫砖	500	300	$0.099+0.000\,2\,\{t\}_℃$
普通红砖	1 600～2 000	600	$0.465+0.000\,512\,\{t\}_℃$
玻璃	2 500		
钢筋混凝土(20 ℃)	2 400	200	0.65～0.71
碎石混凝土(20 ℃)	2 200		1.51
黏土砖砌体(20 ℃)	1 700～1 800		1.28
实心砖砌体(20 ℃)	1 300～1 400		0.76～0.81
松木(纵纹,21 ℃)	527		0.52～0.64
草绳	230		0.35
	117		0.064～0.113
棉花(20 ℃)			0.049
锅炉水垢(65 ℃)			1.13～3.14
烟灰			0.07～0.116

注：$\{t\}_℃$ 表示以℃为单位的材料平均温度的数值。

附表 9　未饱和水（$p = 101\ 325\ \text{Pa}$）与饱和水热物理性质

t	$p \times 10^{-5}$	ρ	c_p	$\lambda \times 10^2$	$a \times 10^7$	$\eta \times 10^4$	$\nu \times 10^6$	$\alpha_V \times 10^4$	Pr
℃	Pa	kg/m³	kJ/(kg·K)	W/(m·K)	m²/s	kg/(m·s)	m²/s	K⁻¹	
0	1.013	999.9	4.212	55.1	1.31	17.89	1.789	−0.63	13.67
10	1.013	999.7	4.191	57.5	1.37	13.06	1.306	0.70	9.52
20	1.013	998.2	4.183	59.5	1.43	10.04	1.006	1.82	7.02
30	1.013	995.7	4.174	61.8	1.49	8.02	0.805	3.21	5.42
40	1.013	992.2	4.174	63.4	1.53	6.54	0.659	3.87	4.31
50	1.013	988.1	4.174	64.8	1.57	5.49	0.556	4.49	3.54
60	1.013	983.2	4.179	65.9	1.61	4.70	0.478	5.11	2.98
70	1.013	977.8	4.187	66.8	1.63	4.06	0.415	5.70	2.55
80	1.013	971.8	4.195	67.5	1.66	3.55	0.365	6.32	2.21
90	1.013	965.3	4.208	68.0	1.68	3.15	0.326	6.95	1.95
100	1.013	958.4	4.220	68.3	1.69	2.83	0.295	7.52	1.75
110	1.43	951.0	4.233	68.5	1.70	2.59	0.272	8.08	1.60
120	1.99	943.1	4.250	68.6	1.71	2.38	0.252	8.64	1.47
130	2.70	934.8	4.267	68.6	1.72	2.18	0.233	9.19	1.36
140	3.62	926.1	4.287	68.5	1.73	2.01	0.217	9.72	1.26
150	4.76	917.0	4.313	68.4	1.73	1.86	0.203	10.3	1.17
160	6.18	907.4	4.346	68.3	1.73	1.73	0.191	10.7	1.10
170	7.92	897.3	4.380	67.9	1.73	1.63	0.181	11.3	1.05
180	10.03	886.9	4.417	67.5	1.72	1.53	0.173	11.9	1.00
190	12.55	876.0	4.459	67.0	1.71	1.45	0.165	12.6	0.96
200	15.55	863.0	4.505	66.3	1.71	1.36	0.158	13.3	0.93
210	19.08	852.8	4.555	65.5	1.69	1.30	0.153	14.1	0.91
220	23.20	840.3	4.614	64.5	1.66	1.24	0.148	14.8	0.89
230	27.98	827.3	4.681	63.7	1.64	1.20	0.145	15.9	0.88
240	33.48	813.6	4.756	62.8	1.62	1.15	0.141	16.8	0.87
250	39.78	799.0	4.844	61.8	1.59	1.09	0.137	18.1	0.86
260	46.95	784.0	4.949	60.5	1.56	1.06	0.135	19.1	0.87
270	55.06	767.9	5.070	59.0	1.51	1.02	0.133	21.6	0.88
280	64.20	750.7	5.230	57.5	1.46	0.983	0.131	23.7	0.90
290	74.45	732.3	5.485	55.8	1.39	0.945	0.129	26.2	0.93
300	85.92	712.5	5.736	54.0	1.32	0.912	0.128	29.2	0.97
310	98.70	691.1	6.071	52.3	1.25	0.885	0.128	32.9	1.03
320	110.94	667.1	6.574	50.6	1.15	0.854	0.128	38.2	1.11
330	128.65	640.2	7.244	48.4	1.04	0.813	0.127	43.3	1.22
340	146.09	610.1	8.165	45.7	0.917	0.775	0.127	53.4	1.39
350	165.38	574.4	9.504	43.0	0.789	0.724	0.126	66.8	1.60
360	186.74	528.0	13.98	39.5	0.536	0.665	0.126	109	2.35
370	210.54	450.5	40.32	33.7	0.186	0.568	0.126	264	6.79

附表10　干饱和水蒸气热物理性质

t	$p \times 10^{-5}$	ρ	h''	c_p	$\lambda \times 10^2$	$a \times 10^7$	$\eta \times 10^4$	$\nu \times 10^6$	Pr
℃	Pa	kg/m³	kJ/kg	kJ/(kg·K)	W/(m·K)	m²/s	kg/(m·s)	m²/s	
0	0.006 11	0.004 847	2 501.6	1.854 3	1.83	7 313.0	8.022	1 655.01	0.815
10	0.012 27	0.009 396	2 520.0	1.859 4	1.88	3 881.3	8.424	896.54	0.831
20	0.023 38	0.017 29	2 538.0	1.866 1	1.94	2 167.2	8.84	509.90	0.847
30	0.042 41	0.030 37	2 556.5	1.874 4	2.00	1 265.1	9.218	303.53	0.863
40	0.073 75	0.051 16	2 574.5	1.885 3	2.06	768.45	9.620	188.04	0.883
50	0.123 35	0.083 02	2 592.0	1.898 7	2.12	483.59	10.022	120.72	0.896
60	0.199 20	0.130 2	2 609.6	1.915 5	2.19	315.55	10.424	80.07	0.913
70	0.311 6	0.198 2	2 626.8	1.936 4	2.25	210.57	10.817	54.57	0.930
80	0.473 6	0.293 3	2 643.5	1.961 5	2.33	145.53	11.219	38.25	0.947
90	0.701 1	0.423 5	2 660.3	1.992 1	2.40	102.22	11.621	27.44	0.966
100	1.013 0	0.597 7	2 676.2	2.028 1	2.48	73.57	12.023	20.12	0.984
110	1.432 7	0.826 5	2 691.3	2.070 4	2.56	53.83	12.425	15.03	1.00
120	1.985 4	1.122	2 705.9	2.119 8	2.65	40.15	12.798	11.41	1.02
130	2.701 3	1.497	2 719.7	2.176 3	2.76	30.46	13.170	8.80	1.04
140	3.614	1.967	2 733.1	2.240 8	2.85	23.28	13.543	6.89	1.06
150	4.760	2.548	2 745.3	2.314 5	2.97	18.10	13.896	5.45	1.08
160	6.181	3.260	2 756.6	2.397 4	3.08	14.20	14.249	4.37	1.11
170	7.920	4.123	2 767.1	2.491 1	3.21	11.25	14.612	3.54	1.13
180	10.027	5.160	2 776.3	2.595 8	3.36	9.03	14.965	2.90	1.15
190	12.551	6.397	2 784.2	2.712 6	3.51	7.29	15.298	2.39	1.18
200	15.549	7.864	2 790.9	2.842 8	3.68	5.92	15.651	1.99	1.21
210	19.077	9.593	2 796.4	2.987 7	3.87	4.86	15.995	1.67	1.24
220	23.198	11.62	2 799.7	3.149 7	4.07	4.00	16.338	1.41	1.26
230	27.976	14.00	2 801.8	3.331 0	4.30	3.32	16.701	1.19	1.29
240	33.478	16.76	2 802.2	3.536 6	4.54	2.76	17.073	1.02	1.33
250	39.776	19.99	2 800.6	3.772 3	4.84	2.31	17.446	0.873	1.36
260	46.943	23.73	2 796.4	4.407 0	5.18	1.94	17.848	0.752	1.40
270	55.058	28.10	2 789.7	4.373 5	5.55	1.63	18.280	0.651	1.44
280	64.202	33.19	2 780.5	4.767 5	6.00	1.37	18.750	0.565	1.49
290	74.461	39.16	2 767.5	5.252 8	6.55	1.15	19.270	0.492	1.54
300	85.927	46.19	2 751.1	5.863 2	7.22	0.96	19.839	0.430	1.61
310	98.700	54.54	2 730.2	6.650 3	8.06	0.80	20.691	0.380	1.71
320	112.89	64.60	2 703.8	7.721 7	8.65	0.62	21.691	0.336	1.94
330	128.63	76.99	2 670.3	9.361 3	9.61	0.48	23.093	0.300	2.24
340	146.05	92.76	2 626.0	12.210 8	10.70	0.34	24.692	0.266	2.82
350	165.35	113.6	2 567.8	17.150 4	11.90	0.22	26.594	0.234	3.83
360	186.75	144.1	2 485.3	25.116 2	13.70	0.14	29.193	0.203	5.34
370	210.54	201.1	2 342.9	76.915 7	16.60	0.04	33.989	0.169	15.7
374	221.20	321.9	2 107.2		23.79	0.0	44.992	0.143	

附表 11　几种饱和液体的热物理性质

液体	t	ρ	c_p	λ	$a \times 10^8$	$\nu \times 10^6$	$\alpha_V \times 10^3$	γ	Pr
	℃	kg/m³	kJ/(kg·K)	W/(m·K)	m²/s	m²/s	K⁻¹	kJ/kg	
NH₃	−50	709.0	4.354	0.620 7	20.31	0.474 5	1.69	1 416.34	2.337
	−40	689.9	4.396	0.601 4	19.83	0.416 0	1.78	1 388.81	2.098
	−30	677.5	4.448	0.581 0	19.28	0.370 0	1.88	1 359.74	1.919
	−20	664.9	4.501	0.560 7	18.74	0.332 8	1.96	1 328.97	1.776
	−10	652.0	4.556	0.540 5	18.20	0.301 8	2.04	1 296.39	1.659
	0	638.6	4.617	0.520 2	17.64	0.275 3	2.16	1 261.81	1.560
	10	624.8	4.683	0.499 8	17.08	0.252 2	2.28	1 225.04	1.477
	20	610.4	4.758	0.479 2	16.50	0.232 0	2.42	1 185.82	1.406
	30	595.4	4.843	0.458 3	15.89	0.214 3	257	1 143.85	1.348
	40	579.5	4.943	0.437 1	15.26	0.198 8	2.76	1 098.71	1.303
	50	562.9	5.066	0.415 6	14.57	0.185 3	3.07	1 049.91	1.271
R152a	−50	1 063.3	1.560			0.382 2	1.625	351.69	
	−40	1 043.5	1.590			0.337 4	1.718	343.54	
	−30	1 023.3	1.617			0.300 7	1.830	335.01	
	−20	1 002.5	1.645	0.127 2	7.71	0.270 3	1.964	326.06	3.505
	−10	981.1	1.674	0.121 3	7.39	0.244 9	2.123	316.63	3.316
	0	958.9	1.707	0.115 5	7.06	0.223 5	2.317	306.66	3.167
	10	935.9	1.743	0.109 7	6.73	0.205 2	2.550	296.04	3.051
	20	911.7	1.785	0.103 9	6.38	0.189 3	2.838	284.67	2.965
	30	886.3	1.834	0.098 2	6.04	0.175 6	3.194	272.77	2.906
	40	859.4	1.891	0.092 6	5.70	0.163 5	3.641	259.15	2.869
	50	830.6	1.963	0.087 2	5.35	0.152 8	4.221	244.58	2.857
R134a	−50	1 443.1	1.229	0.116 5	6.57	0.411 8	1.881	231.62	6.269
	−40	1 414.8	1.243	0.111 9	6.36	0.355 0	1.977	225.59	5.579
	−30	1 385.9	1.260	0.107 3	6.14	0.310 6	2.094	219.35	5.054
	−20	1 356.2	1.282	0.102 6	5.90	0.275 1	2.237	212.84	4.662
	−10	1 325.6	1.306	0.098 0	5.66	0.246 2	2.414	205.97	4.348
	0	1 293.7	1.335	0.093 4	5.41	0.222 2	2.633	198.68	4.108
	10	1 260.2	1.367	0.088 8	5.15	0.201 8	2.905	190.87	3.915
	20	1 224.9	1.404	0.084 2	4.90	0.184 3	3.252	182.44	3.765
	30	1 187.2	1.447	0.079 6	4.63	0.169 1	3.698	173.29	3.648
	40	1 146.2	1.500	0.075 0	4.36	0.155 4	4.286	163.23	3.564
	50	1 102.0	1.569	0.070 4	4.07	0.143 1	5.093	152.04	3.515

(续表)

液 体	t	ρ	c_p	λ	$a \times 10^8$	$\nu \times 10^6$	$\alpha_V \times 10^3$	γ	Pr
	℃	kg/m³	kJ/(kg · K)	W/(m · K)	m²/s	m²/s	K⁻¹	kJ/kg	
11 号 润 滑 油	0	905.0	1.834	0.144 9	8.73	1 336			15 310
	10	898.8	1.872	0.144 1	8.56	564.2			6 591
	20	892.7	1.909	0.143 2	8.40	280.2	0.69		3 335
	30	886.6	1.947	0.142 3	8.24	153.2			1 859
	40	880.6	1.985	0.141 4	8.09	90.7			1 121
	50	874.6	2.022	0.140 5	7.94	57.4			723
	60	868.8	2.064	0.139 6	7.78	38.4			493
	70	863.1	2.106	0.138 7	7.63	27.0			354
	80	857.4	2.148	0.137 9	7.49	19.7			263
	90	851.8	2.190	0.137 0	7.34	14.9			203
	100	846.2	2.236	0.136 1	7.19	11.5			160

习 题 答 案

第 1 章　热力学第一定律和热力学第二定律

1 - 1　$p = 0.231$ MPa

1 - 2　$p = 20.6 \times 10^3$ Pa, $p_v = 615$ mmHg

1 - 3　$p_v = 80$ mmH$_2$O, $p = 98\,523.7$ Pa

1 - 4*　$t = 75\ ℃$, $T = 348.15$ K

1 - 5　$W = 0.18 \times 10^6$ J

1 - 6　$p_2 = 0.1$ MPa, $W = 0.139 \times 10^6$ J

1 - 7*　$W = 2.27$ kJ

1 - 8　$W = 26$ J

1 - 9　$Q_补 = 1\,542\,000$ kJ

1 - 10　$\Delta u = 2\,071.5$ kJ/kg

1 - 11　略

1 - 12　$\Delta t = 65.9\ ℃$

1 - 13　$q_m = 0.001\,24$ kg/s

1 - 14　$P = 32.4$ W

1 - 15　$P = -12.8$ kW

1 - 16　$\Delta u = 0$, $W = Q = 506$ kJ,
　　　　$W = Q = 39.1$ kJ

1 - 17　$q_{m2} = 12.63$ kg/min

1 - 18　$p_1 = 9.101\,3 \times 10^6$ Pa, $p_2 = 3\,919$ Pa;
　　　　$P_t = 13\,066.7$ kW; $\dfrac{P_t - P_t'}{P_t} = 0.63\%$;

　　　　$\dfrac{P_t - P_t''}{P_t} \approx 0$

1 - 19　$P = -11.2$ kW

1 - 20　$P = -0.98$ kW

1 - 21　$P = -1\,567.2$ kW

1 - 22*　略

1 - 23　$\eta_c = 64.1\%$; $P = 64.1$ kW;
　　　　$q_{Q2} = 129\,240$ kJ/h

1 - 24　$\eta_t > \eta_c$, 不可能实现

1 - 25　$P = 77\,837.9$ kJ/h,
　　　　$q_{Q1} = 496\,838$ kJ/h

1 - 26　$q_{Q1} = 6.19$ kW

1 - 27　$s_f = -7.459$ kJ/(kg · K),
　　　　$s_g = 1.40$ kJ/(kg · K)

1 - 28　$w_t = 201.1$ kJ/kg, $i = 24.51$ kJ/kg,
　　　　$s_g = 0.081\,7$ kJ/(kg · K)

1 - 29　可以实现, $W_{net,\,max} = 1\,137.5$ kJ

1 - 30　$Q_e = 146\,545$ kJ, $I = 131\,388.3$ kJ

1 - 31　$\eta_t = 0.712$, $I = 20.1$ kJ

1 - 32　$i = 57.06$ kJ/kg

1 - 33*　$W_{max} = 82\,003$ kJ

1 - 34　略

第 2 章　气 体 的 性 质

2 - 1　$R_g = 296.9$ J/(kg · K);
　　　　$v_0 = 0.80$ m^3/kg, $\rho_0 = 1.25$ kg/m^3;
　　　　$m_0 = 1.25$ kg/m^3;
　　　　$v = 2.30$ m^3/kg,
　　　　$V_m = 64.28 \times 10^{-3}$ m^3/mol

2 - 2　$m_1 = 2.01$ kg; $\Delta m = -0.39$ kg

2 - 3　$v = 0.018\,6$ m^3/kg; $V = 18.6$ m^3

2 - 4　$c_f = 1$ m/s, $q_m = 0.017\,8$ kg/s

2 - 5　$q_m = 0.007\,57$ kg/s, $q_{V,\,0} = 0.010\,6$ m^3/s

2 - 6　$q_m = 0.904$ kg/s; $A_2 = 0.063\,7$ m^2

2 - 7　$q_V = 104\,980.8$ m^3/h

2 - 8　$n_2 - n_1 = 0.273$ kmol

2-9 $\tau = 23.94$ min

2-10 $q_m = 9.01$ kg/s

2-11 $Q_V = 750.15$ kJ; $Q_V = 769.0$ kJ

2-12 $T_2 = 600$ K, $p_2 = 2 \times 10^5$ Pa,
$\Delta U = 0$, $\Delta H = 0$, $\Delta S = 1.143$ J/K

2-13* $\Delta S_{1-2} = 31.22$ kJ/K;
$\Delta S_{1-2} = 31.43$ kJ/K

2-14 $T_2 = 30$ ℃; $p_2 = 1.85 \times 10^5$ Pa

2-15 $q_{V_2} = 54.6$ m³/s; $q_Q = 3.552 \times 10^7$ kJ/h

2-16 $\Delta m = -11.73$ kg

2-17 $T_2 = 93.29$ ℃; $\Delta m = -0.01$ kg;
$p_4 = 0.672$ MPa

2-18* $v = 0.009\,74$ m³/kg,
$v_{id} = 0.011\,88$ m³/kg

2-19* $Z = 0.94$, $\rho = 34.9$ kg/m³,
$\rho_{id} = 32.8$ kg/m³

2-20* $m = 12.44$ kg; $m = 14.98$ kg

2-21* $v_{id} = 0.066\,733$ m³/kg,

$|v - v_{id}|/v = 5.44\%$;
$v' = 0.063\,340$ m³/kg,
$|v - v'|/v = 0.11\%$

2-22 略

2-23 $h = 2\,676.9$ kJ/kg,
$v = 0.184\,72$ m³/kg,
$s = 6.363\,5$ kJ/(kg·K),
$u = 2\,492.2$ kJ/kg

2-24 $h = 3\,230.1$ kJ/kg,
$s = 6.919\,9$ kJ/(kg·K),
$v = 0.099\,352$ m³/kg,
$D \doteq 166.1$ ℃

2-25 $x = 0.933\,5$, $h = 2\,608.4$ kJ/kg,
$s = 6.491\,5$ kJ/(kg·K),
$u = 2\,433.4$ kJ/kg

2-26 $h = 2\,771.0$ kJ/kg, $d_i = 1.07$ m

2-27 $q_m = 608.47$ kg/s

2-28 $q_{m_c} = 1\,283$ kg/h

第 3 章 理想气体混合气体及湿空气

3-1 $m = 7.51$ kg; $V_0 = 4.67$ m³;
$p_{CO_2} = 5.6 \times 10^4$ Pa,
$p_{N_2} = 2.8 \times 10^4$ Pa,
$p_{O_2} = 5.6 \times 10^4$ Pa

3-2 $w_{N_2} = 0.704$, $w_{CO_2} = 0.296$

3-3 $w_{CO_2} = 0.056$, $w_{O_2} = 0.163$,
$w_{H_2O} = 0.020$, $w_{N_2} = 0.761$;
$R_g = 288$ J/(kg·K),
$M = 28.87 \times 10^{-3}$ kg/mol;
$p_{CO_2} = 0.011$ MPa, $p_{O_2} = 0.044$ MPa,
$p_{H_2O} = 0.009\,6$ MPa, $p_{N_2} = 0.235$ MPa

3-4 $m_{CH_4} = 0.672$ kg

3-5 $p_{CO_2} = 0.217\,7$ MPa, $p_{O_2} = 0.326\,6$ MPa,
$p_{N_2} = 0.145\,2$ MPa

3-6 $m_2 = m_1 \left(\dfrac{p_2}{p_1} - 1 \right) \dfrac{R_{g1}}{R_{g2}}$

3-7 $\Delta S = 288.2$ J/K

3-8 $T_2 = 315.6$ K, $p_2 = 0.469\,7 \times 10^6$ Pa;
$p_{O_2} = 0.146\,1$ MPa, $p_{N_2} = 0.323\,6$ MPa;
$\Delta S = 836.6$ J/K

3-9 $t_d = 21.5$ ℃, $p_v = 2.545$ kPa,
$p_a = 97.454$ kPa

3-10 $h = 80$ kJ/kg 干空气,
$\omega = 0.019\,5$ kg 水蒸气 /kg 干空气,
$\varphi = 73\%$, $t_d = 23.5$ ℃,
$p_v = 2.387$ kPa, $\rho_v = 0.017\,0$ kg/m³

3-11 $m_a = 0.000\,436$ kg

3-12 $\varphi = 62.7\%$,
$\omega = 0.017$ kg 水蒸气 /kg 干空气

3-13 $t_d = 54.7$ ℃; $m_w = 0.104\,7$ kg

3-14* $q_{m,a} = 3\,322.5$ kg/h,
$q_{m,w} = 72.49$ kg/h, 能

第 4 章　气体的热力过程

4 - 1　$W=0$，$Q=316.5 \text{ kJ}$，$\Delta s=595.2 \text{ J/K}$

4 - 2　$\Delta U=-3\,007.8 \text{ kJ}$，
　　　　$\Delta H=-3\,919.5 \text{ kJ}=Q_p$

4 - 3　$p_2=0.1 \text{ MPa}$，$W=138.6 \text{ kJ}=Q$，
　　　　$\Delta s=0.199 \text{ kJ/(kg·K)}$

4 - 4*　$w/q_p=(\kappa-1)/\kappa$，$\Delta u/q=1/\kappa$

4 - 5　$v_2=1.338 \text{ m}^3/\text{kg}$，$T_2=466.2 \text{ K}$；
　　　　$W=933.9 \text{ kJ}$，$W_t=1\,307.3 \text{ kJ}$；
　　　　$\Delta U=-933.8 \text{ kJ}$，$\Delta H=-1\,307.3 \text{ kJ}$

4 - 6*　$n=1.494$；$c_V=0.70 \text{ kJ/(kg·K)}$，
　　　　$c_p=1.131 \text{ kJ/(kg·K)}$

4 - 7*　略

4 - 8　略

4 - 9　略

4 - 10　$w=623.2 \text{ kJ/kg}$，$w_t=936 \text{ kJ/kg}$

4 - 11　$s_2=6.76 \text{ kJ/(kg·K)}$，$t_2=213 \text{ ℃}$，
　　　　$h_2=2\,848 \text{ kJ/kg}$，$v_2=0.215 \text{ m}^3/\text{kg}$，
　　　　$q=393.7 \text{ kJ/kg}$，$w=178.7 \text{ kJ/kg}$

4 - 12　$Q=8\,520.4 \text{ kJ}$

4 - 13　$p_2=14 \text{ MPa}$，$Q=1\,639.8 \text{ kJ}$

4 - 14　$n=1.25$；$W_c=4\,190.6 \text{ J}$；
　　　　$T_2=118.2 \text{ ℃}$；$Q=-1.26 \text{ kJ}$

4 - 15　$p_{2,\max}=0.88 \text{ MPa}$；$P_c=18.35 \text{ kW}$

4 - 16　$T_2=441.2 \text{ K}$，$P=183.4 \text{ kW}$；
　　　　$T_2'=664.5 \text{ K}$，$P'=229.8 \text{ kW}$

4 - 17　$m_1=0.569\,5 \text{ kg}$

4 - 18　$\eta_{V,a}=0.898$，$\eta_{V,b}=0.878$，
　　　　$\eta_{V,c}=0.82$

第 5 章　气体与蒸汽的流动

5 - 1　$T^*=979.1 \text{ K}$，$p^*=1.014 \text{ MPa}$

5 - 2　缩放喷管，$A_{\min}=57.43\times10^{-4} \text{ m}^2$

5 - 3　$h_2=3\,275 \text{ kJ/kg}$；$t_2=406 \text{ ℃}$；
　　　　$v_2=0.245 \text{ m}^3/\text{kg}$；
　　　　$c_{f2}=621.3 \text{ m/s}$；$q_m=0.51 \text{ kg/s}$

5 - 4　$c_{f,cr}=621.3 \text{ m/s}$，$c_{f2}=1\,237.7 \text{ m/s}$，
　　　　$q_m=0.138\,3 \text{ kg/s}$，$A_{cr}=0.545\times10^{-4} \text{ m}^2$

5 - 5　$T^*=494.8 \text{ K}$，$p^*=0.697 \text{ MPa}$，
　　　　$h^*=497.3 \text{ kJ/kg}$，$p_{cr}=0.368 \text{ MPa}$，
　　　　$T_{cr}=412.3 \text{ K}$，$c_{f,cr}=407.0 \text{ m/s}$；
　　　　$T_2=346.35 \text{ K}$，$c_{f2}=546.2 \text{ m/s}$

5 - 6　$p_2=0.577\,1 \text{ MPa}$，$T_2=660.7 \text{ K}$，
　　　　$c_{f2}=515.2 \text{ m/s}$

5 - 7　$q_m=0.076 \text{ kg/s}$，$c_{f2}=303.8 \text{ m/s}$

5 - 8　$T^*=832.9 \text{ K}$，$p^*=0.544 \text{ MPa}$；
　　　　$c=571.5 \text{ m/s}$，$Ma=0.350$；
　　　　$p_2=0.287\,2 \text{ MPa}$，$T_2=694.0 \text{ K}$，
　　　　$c_{f2}=528.1 \text{ m/s}$，$A_2=28.1\times10^{-4} \text{ m}^2$

5 - 9　$s_g=0.1 \text{ kJ/(kg·K)}$，$i=0.238 \text{ kJ/kg}$；
　　　　收缩喷管，$c_{f2}=414.7 \text{ m/s}$，
　　　　$q_m=0.35 \text{ kg/s}$

5 - 10　$\Delta t=-6 \text{ ℃}$，$\Delta s=0.234 \text{ kJ/(kg·K)}$；
　　　　$\Delta w_t=125 \text{ kJ/kg}$；
　　　　$\Delta e_{x,H}=-67.86 \text{ kJ/kg}$

5 - 11*　$c_{f3}=611.23 \text{ m/s}$；
　　　　$\Delta e_k=-20\,199 \text{ J/kg}$；
　　　　$i=214.89 \text{ kJ/kg}$

5 - 12　$i=121.34 \text{ kJ/kg}$

5 - 13　$\Delta \dot{I}=-0.181 \text{ kW}$

5 - 14　$d_2=3.464d_1$

5 - 15　$t=243.1 \text{℃}$；$d_2=2.24d_1$

5 - 16　$x_1=0.967$

5 - 17　$m_a=153.8 \text{ kg}$；$q_{m,v}=32.5 \text{ kg/h}$；
　　　　$q_Q=43.1 \text{ kW}$；$q=4\,769 \text{ kJ/kg}$

5 - 18　$q_{m,v}=1.035 \text{ kg/min}$；$q_Q=4\,000 \text{ kJ/min}$；
　　　　$q_Q'=600 \text{ kJ/min}$

5-19*　$t_2 = 49.06\ ℃$，$p_2 = 70.81\ \text{kPa}$

5-20　$D \geqslant 0.105\ \text{m}$

5-21　$h_3 = 2\ 831.64\ \text{kJ/kg}$，$t_3 = 196.7\ ℃$，$v_3 = 0.258\ 6\ \text{m}^3/\text{kg}$

第6章　循　环

6-1　$p_2 = 2\ 167.4\ \text{kPa}$，$T_2 = 722.5\ \text{K}$，$T_3 = 2\ 003.8\ \text{K}$，$p_3 = 6.01\ \text{MPa}$，$p_4 = 0.277\ \text{MPa}$，$T_4 = 832.2\ \text{K}$；$\eta_t = 0.584$

6-2　$p_4 = 368.4\ \text{kPa}$，$T_4 = 1\ 090.2\ \text{K}$；$\eta_t = 0.606$

6-3　$\eta_t = 0.598$

6-4　$\eta_t = 45.2\%$，$\eta_c = 0.637$

6-5　$\eta_t = 64.1\%$，$w_{\text{net}} = 641\ \text{kJ/kg}$

6-6　图略，$\eta_{t,123\,451} > \eta_{t,12\,341}$

6-7　$P_c = 704.4\ \text{kW}$，$P_T = 1\ 781.6\ \text{kW}$，$P_c/P_T = 39.5\%$，$\eta_t = 0.369$

6-8　$q_m = 0.102\ \text{kg/s}$；$s_{g,c} = 0.316\ 6\ \text{kJ/(kg·K)}$，$s_{g,t} = 0.279\ 7\ \text{kJ/(kg·K)}$，$\dot{I}_c = 9.37\ \text{kW}$，$\dot{I}_t = 8.27\ \text{kW}$

6-9　$w_{\text{net}} = 1\ 010\ \text{kJ/kg}$，$q_1 = 3\ 127.4\ \text{kJ/kg}$，$\eta_t = 32.30\%$，$x_2 = 0.912$，$d = 9.90 \times 10^{-7}\ \text{kg/J}$；$w'_{\text{net}} = 1\ 102\ \text{kJ/kg}$，$q'_1 = 3\ 041.4\ \text{kJ/kg}$，$\eta'_t = 36.23\%$，$d' = 9.07 \times 10^{-7}\ \text{kg/J}$，$x'_2 = 0.847$

6-10　略

6-11　$\eta_t = 37.22\%$，$\eta'_t = 38.74\%$

6-12　$\eta_t = 27.52\%$，$w_{\text{net}} = 834.4\ \text{kJ/kg}$，$d = 1.198 \times 10^{-6}\ \text{kg/J}$

6-13　$\eta_t = 0.272$

6-14　$\eta_t = 0.369$

6-15　$q_1 = 12.635\ \text{kW}$；$w_{\text{net}} = 2.635\ \text{kW}$；2.591 冷吨

6-16　$\varepsilon'_c = 11.8$，$P = 21.19\ \text{kW}$，$q_{Q2} = 228.81\ \text{kW}$

6-17　$\varepsilon = 2.712$，$q_c = 30.94\ \text{kJ/kg}$；$\varepsilon' = 1.496$，$q'_c = 70.47\ \text{kJ/kg}$

6-18*　$\varepsilon_a = 1.50$；$\varepsilon_b = 0.58$

6-19　$\pi = 6.24$；$\varepsilon = 3.78$；$q_m = 0.012\ \text{kg/s}$；$q_{Q1} = 16.81\ \text{kJ/s}$，3.45 冷吨

6-20*　$q_m = 0.037\ 6\ \text{kg/s}$；$T_2 = 371\ \text{K}$，$P = 9.07\ \text{kW}$；$\varepsilon = 4.59$；$\dot{S}_g = 1.88 \times 10^{-3}\ \text{kJ/(K·s)}$，$\dot{I} = 0.564\ \text{kW}$

6-21　$q_1 = 1\ 110\ \text{kJ/kg}$，$q_2 = 950\ \text{kJ/kg}$，$w_{\text{net}} = 160\ \text{kJ/kg}$，$\varepsilon' = 6.938$；$P = 3.20\ \text{kW}$；$q_1 = 149\ \text{kJ/kg}$，$q_2 = 110\ \text{kJ/kg}$，$w_{\text{net}} = 39\ \text{kJ/kg}$，$\varepsilon' = 3.82$，$P = 5.82\ \text{kW}$

6-22*　$q_m = 195.3\ \text{kg/s}$，$\eta_t = 0.582$

6-23*　$\alpha = 0.248$，$\eta_t = 0.398$，$d = 1.22 \times 10^{-6}\ \text{kg/J}$；$\eta_{t,c} = 0.369$，$d' = 1.04 \times 10^{-6}\ \text{J/kg}$

第7章　传热的基本形式和机理

7-1　$\Phi = 6.75 \times 10^5\ \text{W}$，$q = 1.125 \times 10^5\ \text{W/m}^2$

7-2　$\Delta t = 1.875\ ℃$

7-3　$\Phi = 3\ 285.3\ \text{W}$，$q = 164.26\ \text{W/m}^2$

7-4　$\Phi = 840\ \text{W}$

7-5　$\lambda = 0.108\ \text{W/(m·K)}$

7-6　$t_w = 171.4\ ℃$，$\Phi = 1\ 963.5\ \text{W}$

7-7　$t_w = 119.5\ ℃$，$t'_w = 104.8\ ℃$

7 - 8 $\Phi = 1.3$ W；$\Phi' = 19.5$ W

7 - 9 $q_r = 103.64$ W/m²，q_r 将同步下降

7 - 10 $\Phi = 14\ 664$ W

7 - 11 $\Phi = 118.6$ W

7 - 12 $k = 1.026$ W/(m² · K)，$q = 23.6$ W/m²，

$t_{wi} = 14.1\ ℃$，$t_{wo} = -0.05\ ℃$

第 8 章 导 热

8 - 1 $\delta = 0.189$ m

8 - 2 $R_l = 0.901$ m · K/W，

$q_l = 277.5$ W/m，

$t_{w2} = 299.96\ ℃$，$t_{w3} = 221.43\ ℃$

8 - 3 $\delta = 0.072$ m

8 - 4 $q_l = 15\ 064.9$ W/m；$q_l' = 160.4$ W/m

8 - 5 $\Phi = 79.8$ W

8 - 6 $k = 0.996$ W/(m² · K)，

$q = 22.9$ W/m²，

$t_{wi} = 14.3\ ℃$，$t_{wo} = -0.14\ ℃$

8 - 7* $R = 4.304$ K/W，$q = 28.2$ W/m²

8 - 8 $\tau = 1\ 270$ s $= 21$ min

8 - 9 $\tau = 6\ 661.3$ s $= 1.85$ h

8 - 10 $h = 277.3$ W/(m² · K)

8 - 11* $t_1 = 437.48\ ℃$，$t_2 = 462.49\ ℃$，

$t_3 = 387.47\ ℃$，$t_4 = 412.50\ ℃$

8 - 12* $t_1 = 230.20\ ℃$，$t_2 = 363.30\ ℃$，

$t_3 = 228.82\ ℃$，$t_4 = 361.54\ ℃$，

$t_5 = 233.58\ ℃$，$t_6 = 354.06\ ℃$

第 9 章 对 流 传 热

9 - 1 $h = 47.1$ W/(m² · K)，$\Phi = 3\ 701.8$ W

9 - 2 $h = 4\ 853$ W/(m² · K)

9 - 3 $h = 7\ 985$ W/(m² · K)

9 - 4 $h = 49\ 014$ W/(m² · K)，$t_w = 303.6\ ℃$

9 - 5* $u = 2$ m/s

9 - 6 $h = 116.9$ W/(m² · K)

9 - 7 $h' = 177.4$ W/(m² · K)

9 - 8 $h = 54.2$ W/(m² · K)

9 - 9 $\Phi_l = 2\ 621$ W

9 - 10 $h = 4.47$ W/(m² · K)

9 - 11 $\Phi = 493.2$ W

9 - 12 $\Phi = 4\ 345$ W

9 - 13 $\Phi = 1\ 884$ W，$q_m = 3.005$ kg/h

9 - 14 $\Phi = 6\ 523$ W

9 - 15 $h = 5\ 112$ W/(m² · K)

9 - 16 $q_m = 9.534$ kg/h

9 - 17 $l = 9.32$ m

9 - 18 $t_{w,i} = 123.68\ ℃$

9 - 19* $h = 972$ W/(m² · K)，

$h' = 10\ 346$ W/(m² · K)

9 - 20 $q_c = 8.31 \times 10^5$ W/m²

第 10 章 辐 射 换 热

10 - 1 $\lambda_{m1} = 9.65\ \mu m$，$\lambda_{m2} = 0.724\ \mu m$

10 - 2 $E_b = 7\ 350$ W/m²

10 - 3 $E = 4.09 \times 10^5$ W/m²

10 - 4 $L_1 = 3.44$ m，$L_2 = 3.60$ m

10 - 5 $\tau_1 = 83.9\%$，$\tau_2 = 0.02\%$

10 - 6 $E_1 = 18\ 579.5$ W/m²，

$q = 15\ 176.7$ W/m²，

$J_1 = 19\ 430.2$ W/m²；$q'/q = 0.037$

10 - 7 $q = 90.3$ W/m²

10 - 8 $\Phi_{1,2} = 6\ 925.6$ W；$\Phi_{1,2}' = 6\ 839.0$ W

10 - 9 $t_3 = 1\ 053.4\ ℃$

10 - 10 $t_f = 27.2\ ℃$

10-11 略

10-12 $\Phi_{1,2} = 495.3\ \text{W}$

10-13 * $\Phi_{1,2} = 14.1\ \text{W}$

10-14 * $\Phi_{1,2} = 4\ 018\ \text{W}$

10-15 $\Phi_1 = 4.47\ \text{kW}, \Phi_2 = 0.14\ \text{kW}$

第 11 章   传热过程分析和换热器热计算基础

11-1 $\delta = 0.27\ \text{m}$

11-2 $k = 93.0\ \text{W/(m}^2 \cdot \text{K)}$

11-3 $\Phi = 35.5\ \text{W}, \Phi'/\Phi = 0.51$

11-4 $q_l = 293.3\ \text{W/m}, t_{w1} = 297.9\ ℃$, $t_{w2} = 36.7\ ℃$

11-5 $q_{sun} = 26.37\ \text{W/m}^2, q'_{sun} = 67.53\ \text{W/m}^2, 61.0\%$

11-6 * $q_l = 73.4\ \text{W/m}$

11-7 $k_1 = 5\ 426.6\ \text{W/(m}^2 \cdot \text{K)}$

11-8 $q = 570.6\ \text{W/m}^2, q' = 4\ 364.4\ \text{W/m}^2$

11-9 $k = 81.5\ \text{W/(m}^2 \cdot \text{K)}, q = 9.78\ \text{kW}$

11-10 $t = 48.2\ ℃$

11-11 $t = 61.2\ ℃, d_c = 0.027\ \text{m}$

11-12 * $k = 7.10\ \text{W/(m}^2 \cdot \text{K)}$

11-13 $A = 54.4\ \text{m}^2$

11-14 $A = 9.76\ \text{m}^2$

11-15 $q_{m2} = 13.65\ \text{kg/s}, A = 38.6\ \text{m}^2$

11-16 * $t''_1 = 39.7\ ℃, t''_2 = 29.9\ ℃$